KB131858

대한민국 트레킹 가이드

등산보다 가볍고
산책보다 신나는
**생애 가장
건강한 휴가**

신우석 이상은
지음

중앙books

"걷는 것은 자신을 세계로 열어놓는 것이다.
발로, 다리로, 몸으로 걸으면서
인간은 자신의 실존에 대한 행복한 감정을 되찾는다."

-다비드 르 브르통의 『걷기예찬』 중에서

등산은 산의 정상을 찍고 내려오는 행위를 말한다.
반면 트레킹은 꼭 등정을 목표로 하지 않는다.
꽃길, 물길, 강길, 섬길, 유적 답사 등
이 모든 길이 트레킹의 테마가 될 수 있다.

트레킹은 우리 땅의 속살을 파고든다.
마치 오래 전에 숨겨놓은 보물을 찾듯이.
그곳이 가장 아름다울 때를 발견하고 기록한다.

트레킹에 자유가 있습니다

어쩌다 보니 '걷는 인생'이 되었습니다. 학창 시절 홀로 지리산을 종주한 후부터 20년 넘게 걸었습니다. 아직도 길 위에 서면, '어떤 모험이 날 기다릴까?' 가슴이 콩닥콩닥 뜁니다. 길을 나서면 자유가 흘러넘치고, 자유로움은 나를 새로운 존재로 이끌어주죠. 덕분에 저는 바람이 되고, 구름이 되고, 별이 되어 반짝입니다.

"산에 자유가 있다." 저명한 미국의 등산 교과서 『마운티니어링(Mountaineering)』의 부제입니다. 맞는 말입니다. 산만큼 우리를 자유롭게 하는 곳이 또 어디 있을까요. 하지만 저는 "트레킹에 자유가 있다."고 주장합니다. 트레킹이 등산보다 대중적이며 범위가 넓기 때문이죠.

보통 등산은 산의 정상을 찍고 내려오는 행위를 말합니다. 반면 트레킹은 꼭 등정을 목표로 하지 않습니다. 산이라는 공간에 얽매일 필요도 없습니다. 그래서 트레킹의 영역은 무한히 확장되죠. 꽃길, 물길, 단풍길, 눈길, 강길, 섬길, 예술이 창작된 길, 유적 답사 등등. 이 모든 것들이 트레킹의 목적이자 테마가 될 수 있습니다. 그래서 저는 트레킹을 '상상력 공장'이라고 합니다.

이 책에는 전국에 흩어진 트레킹 명소를 모아 소개했습니다. 계절의 흐름에 따라 대상지를 골랐고, 테마에 따라 코스를 나누었습니다. 그렇게 한데 묶어보니 '우리 땅이 이렇게 아름다웠나?' 새삼 놀랐습니다. 트레킹은 국토의 속살을 헤집고 그 속의 아름다움을 발견하는 행위였던 것입니다.

이상은 작가는 특유의 친화력으로 사람들을 유쾌하게 하고, 언제나 활기 넘치는 모습이 아름다운 사람입니다. 산에 대한 해박한 지식과 노하우가 독자들에게 잘 전달되리라고 믿습니다. 이 책을 함께 만들어나간 박근혜, 문주미 편집자와 출판사 식구들, 그리고 길 위에서 함께 걸으며 땀 흘렸던 친구들에게 감사의 인사를 전합니다.

진우석

산에서 만날 이야기를 기대하세요

굳이 산꼭대기까지 오르지 않아도 좋습니다. 정상에 올라 등정 기념사진을 남기지 않더라도 산에서 얻을 수 있는 기쁨은 다양합니다. 새소리, 물소리, 나뭇잎의 사그락거리는 소리를 듣는 것, 물기 머금은 진초록 나무 사이를 걷는 것. 그것만으로도 행복한 일입니다. 일상의 먼지를 한 아름 안고 오든, 투정과 속 좁음을 가득 짊어지고 오든 산은 항상 먼저 나를 안아주더군요.

수수하지만 생명력 강한 야생화를 닮은 진우석 작가를 만난 건 16년 전 지리산에서였습니다. 처음 만난 이후로 많은 이야기를 나누었습니다. 각자 경험했던 산길도 공유하고, 정상 정복의 산행문화에 대한 이야기도 여러 차례 나누었던 것 같습니다. 그러던 어느 날 그의 트레킹 이야기에 함께 참여해달라는 제안을 받았고, 제 경험과 노하우가 누군가에게 도움이 될 수 있다는 생각에 기뻤습니다. 트레킹을 어떻게 계획하고, 준비해야 안전하게 즐길 수 있는지 전하고 싶었습니다.

트레킹은 가벼운 걷기 정도로 생각하기 쉽지만, 엄연히 대자연속에 나약한 인간으로 노출되는 야외 활동입니다. 여행도, 등산도, 트레킹도 결국엔 집을 떠나 다시 안전하게 집으로 돌아오는 과정이라 할 수 있겠죠. 즐겁고 안전한 트레킹을 위해서는 꼼꼼한 준비를 통해서 장비를 갖추고 용도에 맞게 사용해야 한다는 것을 기억했으면 합니다.

행복한 마음으로 길 떠나는 독자들이 몸과 마음 모두 건강하게 트레킹을 즐기는 데 이 책이 작은 보탬이 되길 바랍니다.

이상은

차 례

계절편

뜨거운 태양을 피해 계곡을 거니는, 여름 트레킹

차 례

차 례

준비편

트레킹을 떠나기 전에

『대한민국 트레킹 가이드』 이렇게 보세요

■ **이렇게 소개합니다**

국내 트레킹 코스 중에서도 여행작가가 엄선한 계절별, 테마별 66곳을 소개합니다.
혼자 가도, 함께 가도 좋은 코스를 난이도에 따라 구분했습니다.
꼭 알아두면 좋을 대표 코스부터 새롭게 개발된 코스까지 소개합니다.
부록(588~589쪽)에서 지역별 코스를 총정리, 가까운 트레킹 코스를 탐색할 수 있습니다.

■ **가고 싶은 장소를 정했다면**

코스 맛보기(거리, 시간, 난이도, 좋은 시기 등)를 확인합니다.
멋진 풍경 사진과 길목을 마음에 담습니다.
코스별 데이터(구간별 고도, 시간, 교통편, 추천 맛집·숙소)를 확인하고, 계획을 세웁니다.
교통, 식당, 숙박업소 등은 출발 전 휴일인지, 예약 가능한지 전화로 확인합니다.
코스 개념도는 참고용으로, 트레킹 시작 전 탐방안내센터나 홈페이지 등에서 상세지도를 얻거나 네비게이션을 함께 이용합니다.

■ 이 책에 실린 정보는 2021년 10월까지 수집한 정보를 바탕으로 하고 있습니다. 교통·주변명소·식당·숙소 등의 운영 정보는 바뀔 수 있습니다.

계획 세우기

트레킹을 가고 싶은 마음이 생겼다면, 주저하지 말고 계획을 짜보자. 하나하나씩 필요한 것들을 생각하고 준비하도록 한다. 거창한 계획보다 부담 없이 가볍게 떠날 수 있게 짠다. 좋은 사람들과 함께 자연을 누리는 기쁨을 만끽하는 기회가 될 것이다.

언제?

트레킹 일정 세우기

트레킹은 사계절 즐길 수 있는 운동이다. 봄이면 꽃구경, 여름엔 시원한 계곡, 가을엔 단풍놀이, 겨울엔 눈을 밟는 재미가 있다. 가고 싶은 마음만 있다면, 그리고 시간을 낼 수 있다면 사계절 언제든지 가볍게 떠날 수 있는 여행이다.
아무런 준비 없이 무작정 당일에 출발하는 것보다는 사전에 미리 계획을 세우고 준비하는 것이 좋다. 특히 시설물(숙소, 휴양림 등)이나 대중교통(비행기, 기차 등)을 이용해야 하는 트레킹이라면 적어도 한 달 전에는 미리 계획을 세우는 것이 좋다(대부분 휴양림이 다음 달 예약을 미리 받고 조기에 마감된다). 장비 준비와 체력 단련, 코스 숙지를 위해서 아무리 짧아도 일주일 정도는 여유를 갖고 트레킹 계획을 세우는 것이 좋다.

Tip

날씨에는 도전하지 마세요

기상 예보는 필수! 눈이나 비가 많이 내린다거나 태풍이 예보된 때에는 계획을 미루는 유연함을 발휘해야 합니다. 산이 갑자기 사라지진 않을 테니 더 좋은 날로 다시 계획을 세우세요. 무리한 산행은 절대 금물입니다.

누구와?

트레킹 친구 정하기

산에 올라 탁 트인 조망을 바라보면 이루 말할 수 없는 상쾌함과 성취감이 있다. 갑갑한 도시 생활에 찌들어 가슴 한 구석이 응어리진 듯하다면, 함께 떠나자. 가족, 친구, 연인, 직장 동료 혹은 동호회 사람들 어느 누구와 함께라도 좋다. 함께 오르막과 내리막을 지나며 즐거운 추억을 공유할 수 있다. 가장 좋은 것은 길잡이 역할을 해줄 리더와 비슷한 페이스를 가진 사람들이 함께 하는 구성이다.
여러 사람과 부대끼는 것도 별로고, 기분 전환할 겸 조용히 트레킹을 떠나고 싶은 사람들은 과감하게 혼자 길을 나서보자. 언제 나의 발걸음, 나의 숨소리에 집중해보겠는가. 멋진 풍경에 넋 놓고 한참을 시간 보내도 재촉할 이 없는 자유로움을 느낄 수 있다.

왜?

트레킹 목표와 테마 정하기

어떤 동기로 떠나고 싶은가. 목적에 따른 트레킹 코스를 탐색해보자. 트레킹은 등산과 다르다. 정상 등정만이 목적이 아니라 자연을 거닐면서 다양한 즐거움을 누릴 수 있다. 체력을 끌어올리기 위해서, 아름다운 자연을 사진에 담고 싶어서, 문화 유적을 발견하고 배우는 기쁨을 느끼고 싶어서, 산사에서 시간이 멈춘 듯한 유유자적함을 즐기고 싶어서, 일출을 직접 보고 싶어서 등.

트레킹을 하는 목적이 명확하다면 그만큼 성취감도 크다. 목적에 가장 적합한 장소를 찾아 자신의 상황에 맞게 코스를 계획해보자. 특별한 목적이 아닌 걷기를 위해서라면 피톤치드 가득한 숲길이나 조망이 좋은 곳을 선택한다.

어떻게?

트레킹 스타일 결정하기

달리기에 장거리, 단거리가 따로 있는 것처럼 트레킹을 즐기는 유형도 다르다. 언제, 누구와 어디로 갈지 정했다면 어떤 스타일로 트레킹을 즐길지 생각해보자. 5~6시간 정도의 당일 근교 트레킹, 산에 올라 안전한 곳에 잠자리를 펴고 밤을 보내는 비박 트레킹, 1박 이상의 중장거리를 걷는 종주 트레킹 등 일정과 숙박 여부를 결정하고, 트레킹 입구까지 어떤 방법으로 이동할지 교통수단도 고려해 정하자.

초보자들은 단숨에 중장거리 코스를 도전하기엔 좀 무리가 있다. 3~4시간 정도의 당일 산행을 통해 등산화, 배낭, 스틱 등 장비를 정확히 쓰는 것에 익숙해진 후 걷는 거리와 시간의 난이도를 높여가는 것이 좋다.

Tip

혼자 가는 산행에서 꼭 지켜야 할 것

자연을 벗삼아 떠나는 나홀로 트레킹도 많죠? 하지만 혼자 떠날 때에는 일기예보를 확인할 뿐아니라, 만일에 대비해서 꼭 주변 사람들에게 자신의 목적지와 코스, 일정(시간)을 알려두도록 합니다. 행여나 산에서 조난을 당했을 때 당신을 빨리 구조할 수 있는 안전장치입니다.

트레킹 계획하기

장소 정하기

자신의 체력과는 맞지 않게 무리한 트레킹을 하면 상쾌한 기분은 잠시, 다음날 각종 근육통으로 일상생활마저 방해된다. 그렇다고 너무 가벼운 산책은 재미가 없다. 다양한 기준으로 트레킹 코스를 선택하겠지만, 자신의 산행 능력도 고려해 선택해야 한다. 산행 능력에 따라 생각해볼 것은 걷는 시간, 걷는 거리, 자신의 체력 수준, 사람들이 많이 방문하는 곳인지 등이다.

A 초보 트레커

트레킹에 흥미를 갖기 시작한 트레커. 가고 싶은 코스 위주로, 무리하지 않는 것이 기본이다. 아직 트레킹에 적합한 근육이 단련되지 않아서 등산로 입구에 가는 것만으로 지쳐버리거나 산에서 발생하는 돌발 변수에 당황하기 쉽기 때문에 난이도 있는 트레킹은 피하는 것이 좋다. 트레킹 출발점부터 도착점까지 4~5시간 정도 되고, 입구와 정상의 고도 차이가 500미터 안쪽인 코스가 좋다. 코스에 상관없이 초보자는 맑은 날, 날씨가 좋은 계절(5~10월)에 움직이는 것이 좋다. 또한 길을 잃고 헤맬 위험도 있기 때문에 사람들이 많이 다니는 유명한 코스를 중심으로 주말에 트레킹을 하도록 한다.

초보 트레커 만만 코스: 강진 다산초당, 양구 광치계곡 옹녀폭포, 진안 데미샘, 강진 주작산, 제주 절물오름, 수원 수원화성, 하동 고소산성, 보은 삼년산성, 단양 온달산성, 구례 화엄사, 서울 남산, 삼척 준경묘, 문경 선유동계곡, 제주 쫄븐갑마장길 등.

초보 트레커 도전 코스: 여수 영취산, 태백 금대봉·대덕산, 부안 내변산, 인제 곰배령, 인제 자작나무숲길, 화개 십리벚꽃길, 여수 거문도, 통영 매물도, 포항 내연산 12폭포, 괴산 선유동·화양동계곡, 제주 한라산 영실, 정선 민둥산, 철원 한탄강, 평창 선자령, 강원 오대산, 봉화 청량산성, 태백 태백산, 경주 남산, 서울 한양도성, 단양 제비봉, 홍천 수타사계곡, 고성 새이령, 남원 구룡폭포, 영남 알프스, 조도 돈대봉, 신안 12사도 순례길, 진도 관매도 관매팔경, 제주 한대오름·돌오름, 남해 금산, 순창 용궐산 하늘길 등.

Tip

낭만 트레킹 코스

바람을 느끼며 사부작사부작 걷기 좋고, 드라마틱한 풍경을 선물하는 코스를 가족, 연인과 함께한다면 더 없이 좋겠죠. 분위기에 취하더라도 트레킹 예절은 지키도록 합니다.

추천 코스_ 안산 풍도, 진안 마이산, 화개 십리벚꽃길, 여수 영취산, 통영 매물도, 인제 자작나무숲길, 강진 주작산, 제주 절물오름, 제주 용눈이오름, 구례 화엄사, 서울 남산, 문경 선유동계곡, 신안 12사도 순례길, 진도 관매도 관매팔경 등.

B 산 좀 타본 트레커

비교적 험준한 산을 좀 다녀본 중급 트레커. 비박 산행부터 1박 정도의 트레킹으로 산길에 익숙해질 때가 되었다. 하지만 오히려 조심하고 갖춰야 할 것이 더 많다. 익숙해지면 별 것 아닌 것 같지만 사실 초급자보다도 중급자에게 더 많은 사고가 발생한다. 확실한 실력 향상을 위해서 종합적인 단련이 필요하다. 정기적으로 등산을 하는 것이 가장 좋고, 지구력, 심폐기능, 유연성 등 훈련 단계를 높여가는 것이 좋다.

중급 트레커 추천 코스: 삼척 응봉산 용소골, 정선 함백산, 서울 북한산 진달래능선, 남원 바래봉, 가거도 독실산, 대구 비슬산, 인제 방태산 아침가리계곡, 홍천 수타사계곡, 순천 송광사 암자 순례길과 굴목이재, 인제 개인산 생태탐방로와 개인약수 등.

C 마니아 트레커

한라산, 설악산, 지리산 종주는 기본, 산장 숙박을 넘어서 텐트 야영 형태의 중장기 트레킹도 거뜬한 고급 수준의 트레커. 코스 선택의 폭은 매우 넓지만 산행의 난이도가 높아 고도 차가 큰 급경사 트레킹과 암벽 등반, 설산 등반 등에 대해 충분한 이해가 필요하다.

마니아 트레커 추천 코스: 울릉도 종주, 설악산 공룡능선, 지리산 종주, 제주 한라산 등

Tip

트레킹에 맞는 체력 키우기

산길에서 쓰는 근육은 평소에 쓰는 근육과 다릅니다. 아무런 준비 없이 트레킹을 하면 너무 힘들고 피곤해서 다시는 하고 싶은 마음이 안 생길지도 모르죠. 일주일 전부터 체력을 단련하는 것이 좋습니다.

첫째, 되도록 걷고 걸으세요. 엘리베이터보단 계단을 이용해 지구력을 키워요.
둘째, 매일 아침 굳은 몸을 스트레칭으로 풀어주세요. 간단하게 10분이라도 투자해보세요.
셋째, 코스 시간에 맞춰서 활동량을 늘려보세요. 몇 분 걷고 몇 분 쉬면 좋은지 자신의 심폐 능력을 파악해두면 좋습니다.
넷째, 새 트레킹화와 스틱 등 장비에 익숙해지는 시간을 가지세요.
다섯째, 고급 코스에 도전한다면 암벽 타는 기술이나 로프 워크 기술 등도 연마해둡니다.

트레킹화

상쾌한 공기를 맞으며 사박사박 걷고 또 걷는 트레킹. 걷기가 기본인 트레킹에서 가장 중요한 장비는 단연 신발이다. 발이 편안해야 오래 걸을 수 있으며 트레킹을 충분히 즐길 수 있다. 뿐만 아니라 코스 성격에 맞춰 제대로 된 등산화를 신어야 사고 없이 안전하게 트레킹을 마칠 수 있다.

운동화 형태의 트래킹화

당일 근교 트레킹에 제격인 가벼운 트레킹화. 오르내리막이 심한 코스보다 제주 올레길 등 고도가 높지 않은 곳을 걷기에 적합하다. 날씨 변화에 강하고 활동성이 좋아 도심에서도 사계절 내내 운동화를 대신할 수 있다.

부츠

고도 차이가 거의 없는 겨울 평지 트레킹에서 보온과 패션을 모두 챙길 수 있는 아이템.

목이 긴 등산화

신발 목이 올라와 발목을 충분히 감싸주는 외형. 경사가 심하거나 미끄러운 길, 지리산 종주 등 중장거리 트레킹에 필수. 밑창이 충격을 완화시켜주고, 일상생활에서 쓰지 않는 발목근육을 보호해준다. 새 신발은 산행하기 전 발에 익숙해질 시간이 필요하다.

계곡화

여름 계곡 트레킹 아이템. 통풍이 잘 되고 시원하면서 앞뒤가 막혀 있어, 미끄러지기 쉬운 계곡에서 발가락을 보호해준다. 장거리 계곡 트레킹에는 일반 등산화를 신는 것이 안전하다.

중간 목 등산화

트레킹화보다 목 길이가 약간 긴 외형. 목이 긴 등산화보다는 가볍고 편하다. 일반적인 등산로를 걷기에 적합하다.

Tip

나에게 딱 맞는 트레킹화 고르기

코스, 기간, 계절 등을 고려해 내 소중한 발에 꼭 맞는 신발을 골라야 합니다. 트레킹화를 고를 때에는 두툼한 등산 양말을 신고 발가락, 발볼, 발등, 뒤꿈치에 큰 압박감이 없는 것으로 선택합니다. 발에 너무 딱 맞는 신발은 혈액순환을 방해해 겨울철 동상의 원인이 되므로 약간 여유 있는 정도가 좋죠. 하루 중 발이 더 부어 있는 저녁 무렵에 매장을 방문해서 신어보고 선택하는 것이 좋습니다. 평소 신발 사이즈에 한 치수 정도 큰 것으로 선택하면 무난합니다.

트레킹화 제대로 신는 방법

트레킹화를 제대로 신지 않으면 피로감도 빨리 몰려오고, 부상의 위험도 따른다. 산 좀 타본 사람들은 끈 묶는 요령부터 남다르다. 산을 오를 때는 신발 끈을 조금 느슨하게 묶고, 내려올 때는 발등 전체를 바짝 조여 묶어야 발끝이 앞으로 밀리지 않아 좋다. 휴식하는 도중에 틈틈이 트레킹화 끈도 정비하고 이동하는 여유도 갖자. 몇 시간의 트레킹을 마치고 난 뒤에도 풀리지 않는 탄탄한 매듭이 필요하다면 '이중나비매듭'을 활용하도록 하자.

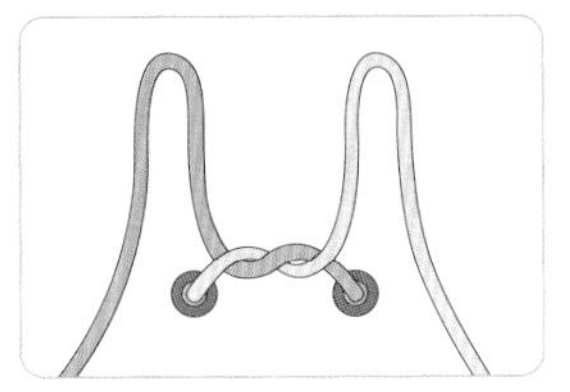

① 한 번 교차해 묶는다.

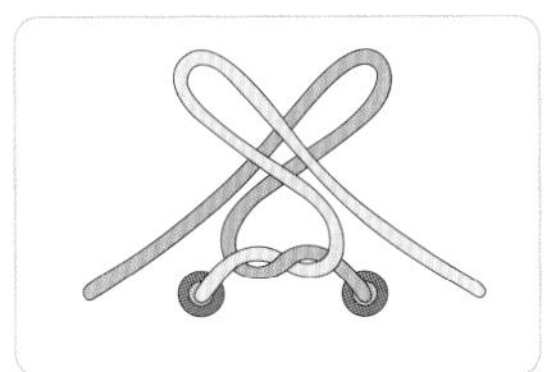

② 양쪽 끈으로 각각 둥근 귀를 만든다.

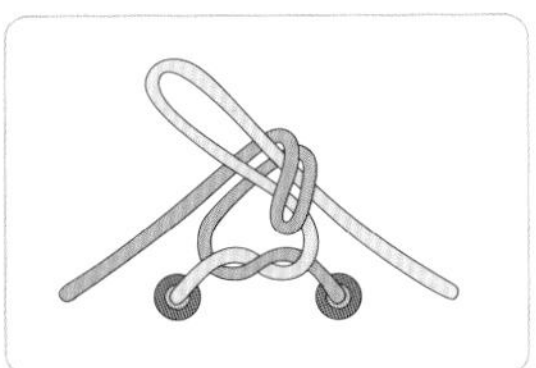

③ 왼쪽 둥근 귀로 오른쪽 둥근 귀를 뒤에서 앞으로 감싸고, 오른쪽 둥근 귀는 앞에서 뒤로 감싸 당겨 묶는다. (반대 방향으로 교차해 묶는다)

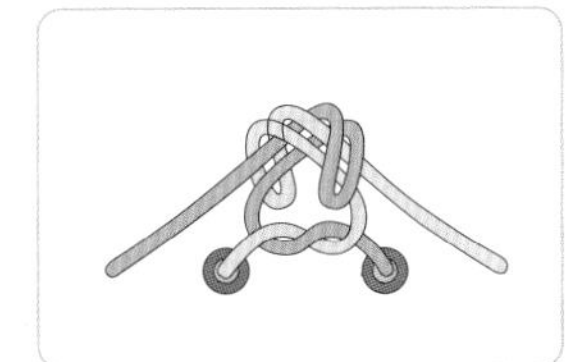

④ 탄탄하게 묶였는지 확인한다. (한 쪽을 잡아당기면 스르르 풀린다)

트레킹화 보관하기

집에 돌아온 뒤 트레킹화를 벗어 바로 신발장에 넣지 말고 그늘진 곳에서 잘 말리자. 신발 안팎의 습기를 제거하고 겉에 묻은 흙이 마르면 탈탈 잘 털어낸다. 그 다음엔 마른 신문지를 뭉쳐서 신발 안쪽으로 밀어 넣고 다시 말린다. 이렇게 해야 다음 번 트레킹 때 곰팡이 꽃이 핀 트레킹화를 신지 않을 수 있다.

트레킹화를 꼭 신어야 할까?

훌훌 가볍게 떠나고 싶은 트레킹인데, 오히려 준비할 것이 많다며 투덜대는 예비 트레커들도 있죠. 그냥 집에 있는 운동화나 스니커즈를 신으면 될 것을 거추장스럽게 묵직한 트레킹화를 신어야 할까? 중요한 것은 안전과 부상 방지입니다. 운동화나 스니커즈는 산행 중 발이 받는 피로감과 충격을 고스란히 몸에 전달해 걸을수록 피로가 누적되죠. 고생하는 발을 배려해 트레킹화를 준비한다면 발걸음 가볍게 즐거운 산행을 만끽할 수 있습니다.

배낭

배낭은 단순한 '짐 가방'이 아니다. 산행에 필요한 장비를 넣고, 운반하는 기능뿐 아니라 넘어지거나 부딪혔을 때 에어백처럼 신체를 보호해준다. 때문에 트레킹 중에는 배낭을 항상 메고 다니자. 자신의 체형과 코스 유형에 맞는 배낭을 준비하면 편안하게 트레킹을 즐길 수 있을 것이다.

20~30리터

가장 보편적으로 쓰이는 배낭. 20리터보다 좀 더 작은 배낭도 있지만, 가벼운 당일 트레킹에는 20리터 정도가 무난하다. 부담 없는 크기와 무게감으로 많은 여성 트레커들이 선호하는 용량이다.

카고백

원정을 갈 때나 해외 트레킹 갈 때 배낭에 들어가는 짐 외에 챙겨야 할 짐을 싸기에 좋다.

55리터 이상

1박 이상의 중장거리 트레킹이나 배낭여행에 적합하다. 배낭의 허리끈, 어깨끈, 등판이 자신에게 잘 맞는지 직접 메보고 구입하는 것이 가장 중요하다. 수납구조가 상하 구분되어 있는 것이 사용하기 편리하다.

눈이나 비가 내릴 때에는 배낭이 젖지 않도록 방수커버를 꼭 씌우자. 보통 배낭에 방수커버가 포함되어 있으니 확인하고 구입하는 것이 좋아요.

35~50리터

1박 2일 트레킹에 많이 쓰이는 배낭. 걷는 시간이 긴 트레킹 코스에는 수납 공간이 많은 것이 좋다. 특히, 보온을 위한 겉옷·아이젠·스패츠 등 챙길 것이 많은 가을·겨울에는 당일 트레킹일지라도 이 정도 용량이 필요하다.

허리색

배낭보다 작은 용량으로 간단한 소지품을 휴대하기 좋다. 배낭과 다르게 등판이 노출되어 시원한 것이 장점. 가벼운 근교 트레킹에 적합하다.

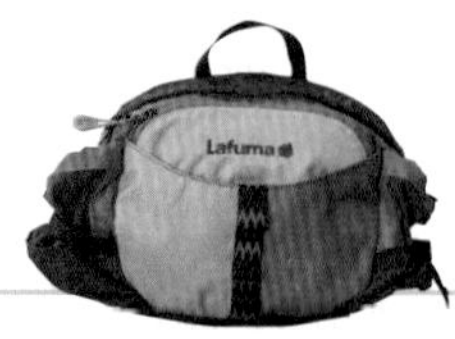

배낭을 가장 편안하게 착용하는 방법

트레킹 코스가 고될수록 모든 짐을 내던지고 싶을 만큼 지치는 순간이 있다. 배낭의 핵심은 끈이다. 끈만 잘 사용해도 한결 몸이 가뿐해진다. 좀 버거워지는 느낌이 들 때마다 허리끈, 어깨끈, 가슴끈을 잘 조절해 배낭을 착용하면 훨씬 편하다. 매장 직원에게 도움을 요청해 배낭을 메는 법을 배워두면 좋다.

① 허리끈은 골반뼈를 감싸도록 채워준다.
② 어깨끈을 잡아당겨서 가방 몸체가 엉덩이 살짝 위에 걸쳐질 만큼 조인다. 어깨끈이 길면 무게중심이 뒤로 쏠리고, 몸이 하중을 더 크게 느끼므로 엉덩이 위쪽으로 오게 길이를 조절한다.
③ 어깨부분의 당김끈을 당겨 배낭이 몸과 어깨에 착 밀착되도록 한다.
④ 가슴끈을 채워준다.

짐 꾸리는 요령

짐을 싸는 기본 중의 기본은 무거운 짐을 위쪽, 가벼운 짐은 아래쪽! 무거운 짐은 등쪽, 가벼운 짐은 바깥쪽! 그래야 무게 분산 효과가 있다. 내리막길에서는 위쪽에 무거운 것을 두면 균형이 깨지므로 가능하다면 어깨보다 위쪽에 놓지 않도록 한다. 자주 사용하는 것들은 배낭의 바깥주머니나 윗 주머니에 수납하고, 휴지, 배터리 등 방수포장해야 할 물건들과 속옷, 여벌옷 등은 별도로 비닐 포장한다(자세한 짐 꾸리기 요령은 p.32를 참고하자).

Tip

내 몸에 착 붙는 배낭 고르기

트레킹 배낭은 막상 필요해도 매장에서 만지작거리다가 뒤돌아서는 경우가 많습니다. 잘 모를 때에는 야무지게 직원에게 요청해 메봐야 합니다. 등판은 편안한지, 내 몸에 잘 맞는지, 어깨끈이 불편하지 않은지 직접 메보는 것이 좋아요. 또한 자신의 트레킹 일정을 감안할 때 예상되는 짐의 양보다 배낭이 좀 더 커야 짐을 넣고 빼기 편리하다는 점도 고려해야 합니다. 그밖에도 수납은 얼마나 편리하게 되어 있는지, 배낭 커버는 갖추어졌는지 등 배낭의 기능도 꼼꼼히 확인하세요.

트레킹 장비 준비하기

의류

산길을 걷다 보면 형형색색 멋쟁이 산꾼들을 어렵지 않게 마주칠 수 있다. 산에서도 패션을 포기할 수 없는 트레커들을 위해 색상과 라인이 강조된 옷도 많다. 하지만 트레킹에서는 옷의 소재와 기능을 무시할 수 없다. 트레킹 복장의 제1법칙은 몸을 보호할 수 있어야 한다는 것!

상의

산행에서 가장 기본 옷차림인 긴팔 상의. 팔이 나뭇가지에 스치거나 벌레에 물리는 것을 피하기 위해서라도 긴팔이 안전하다. 여름엔 수분을 흡수하고 빠르게 마르는 기능의 티셔츠, 겨울에는 안감에 기모 소재를 덧대 가볍고 보온 기능을 갖춘 티셔츠를 선택하자.

휴대하기 좋고, 수납하기 편하도록 포켓에 넣어간다.

겉옷

겉옷은 비, 바람, 눈 등을 차단해 몸을 보호한다. 비바람은 잘 막아주면서, 내부의 땀은 수증기 형태로 배출하는 방수·방풍·투습 기능이 있는 겉옷을 선택하는 것이 좋다. 여름이라고 겉옷을 챙기지 않는다면 큰 오산. 겉옷은 계절별로 재질의 차이는 있어도, 사계절 휴대해야 하는 아이템이다.

하의

가장 많은 움직임이 필요한 하의는 그만큼 신축성이 좋아야 한다. 입어 보았을 때 허리가 편안한지, 무릎을 굽혔을 때 무릎에 압박이 오지 않는지 확인하자. 꽉 쪼이는 바지는 혈액순환에 좋지 않다. 반바지 혹은 치마를 입을 경우에는 레깅스를 매칭해서 풀이나 벌레로부터 피부를 보호하자.

옆 지퍼는 통풍을 돕는다.

Tip

직장 동료들과 함께 가는 산행에서 주목받고 싶다면, 레깅스 패션을 추천해요. 단, 체력이 안 되면 멋 내는 것도 소용 없죠. 일주일 전부터 엘리베이터를 피하고 계단을 이용해 몸을 만들어 보세요.

트레킹과 체온 유지

"움직일 때는 벗고, 멈추면 입는다!"
"땀 나기 전에 벗고, 추워지기 전에 입는다!"

산은 도시보다 기온이 낮고, 낮보다 밤에 기온이 더 낮다. 변화무쌍한 일기 변화에 대처하려면 방수·방풍·투습·기능의 겉옷을 사계절 상관없이 항상 챙겨야 한다.

트레킹 중에 적절하게 체온 조절하는 것도 중요하다. 땀을 많이 흘리기 전에 옷을 벗어주고, 모자와 스카프를 벗고, 지퍼를 열어 땀이 배출될 수 있도록 한다.

속옷은 피부에 직접 닿기 때문에 촉감 좋고 땀을 잘 흡수하면서도 빨리 마르는 기능성 소재로 입는 것이 좋다. 기능성 소재의 바지를 입어 다리 부분은 빨리 말랐지만, 면 속옷을 입어 그 부분만 축축하게 젖어 보이는 민망한 상황이 종종 연출된다. 면은 땀 흡수는 좋지만 젖으면 잘 마르지 않고, 차가워져 체온유지에 문제가 있으니 면 소재 옷은 절대 금물!

계절별 코디

겨울 코디

겨울 코디의 기본은 방수·방풍·보온. 단, 트레킹 코스에 따라서 코디법이 달라진다. 고도가 있고 난이도가 높은 트레킹은 몸에서 열이 나므로 체온 조절을 위해 입고 벗기 쉬우면서 가벼운 옷차림이 좋다. 기본 옷차림에 고어텍스 점퍼 등 레이어드 스타일로 코디하는 것이 좋다. 올레길 정도 난이도의 트레킹에서는 두툼한 점퍼나 부츠 등으로 보온에 초점을 두고 옷을 입는다. 겨울 옷의 소재는 기본적으로 가벼우면서도 보온과 통기성이 좋아야 체온을 관리할 수 있다. 또한 혈액이 집중되어 있는 머리와 목을 따뜻하게만 해도 체온의 30~50% 정도 열손실을 줄일 수 있다.

모자 햇볕이 뜨거운 여름에는 챙모자로 강한 자외선을 피하고, 겨울철에는 방한 모자로 체온 손실을 막자.

평지 트레킹을 할 때

중급 난이도 이상의 트레킹을 할 때

장갑 혈액순환이 잘 되지 않으면 동상에 걸리기 쉽다. 장갑이 젖었다면 바로 여분의 장갑으로 갈아 끼고, 방수 장갑을 덧끼자. 방수 장갑은 겨울뿐 아니라 비오는 날에도 체온을 유지해주는 아이템이다.

Tip

속옷 피부에 직접 닿는 속옷은 땀이나 눈, 비에 젖었을 때 바람을 맞게 되면 체온을 급속히 저하시킬 수 있습니다. 따라서 땀이 잘 마르고 보온성이 좋아야 해요.

봄·가을 코디

산들산들 활동하기 딱 좋은 봄·가을에는 해충으로부터의 안전을 고려한 코디가 필요하다. 살갗이 나뭇가지나 벌레에 노출되지 않도록 감싸주는 것이 좋다.

여름 코디

여름 코디에서 가장 신경 써야 할 것은 햇볕과 비. 뜨거운 자외선은 차단하고 통풍이 잘 되는 소재인지, 방수가 잘 되고 빨리 마르는지 확인하자.

양말 여름철에는 흡수성이 좋은 소재의 양말을, 겨울에는 땀이 덜 차고 보온력이 우수한 소재의 양말을 선택해야 한다. 소재도 중요하지만 용도와 함께 발목의 밴드 처리, 발가락 부분의 박음질, 뒤꿈치의 충격 흡수 기능도 따져야 한다. 젖었을 땐 여분의 양말로 갈아신자.

멀티 스카프 여름철에는 헤어밴드나 두건으로 쓰고, 겨울철에는 목을 감싸는 용도로 쓸 수 있다.

스틱

스틱은 초보자이든 숙련자이든 구분없이 안전한 트레킹을 위해서 꼭 필요한 준비물이다. 무릎의 피로감을 덜어주고, 험한 길에서 몸의 균형을 잡아준다.

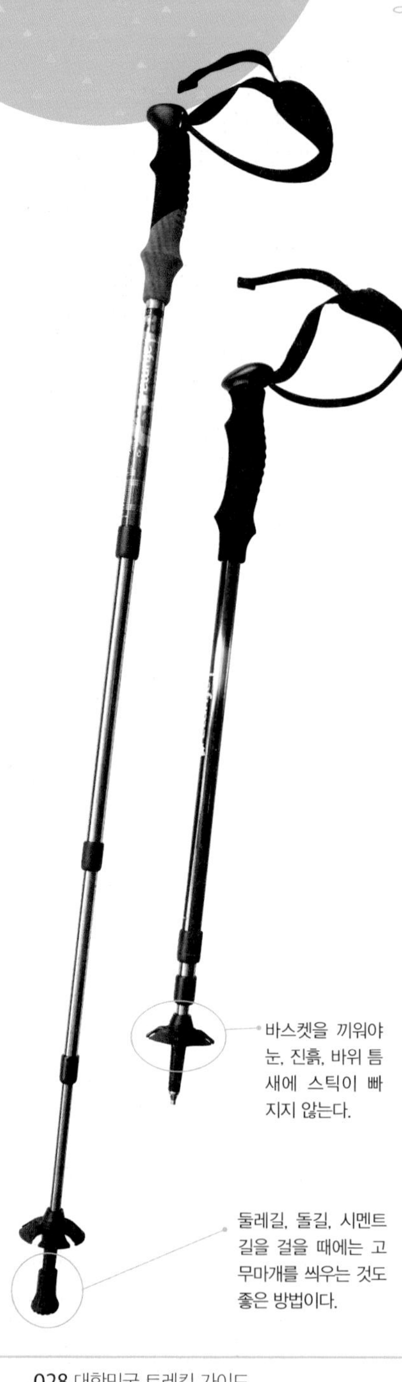

바스켓을 끼워야 눈, 진흙, 바위 틈새에 스틱이 빠지지 않는다.

둘레길, 돌길, 시멘트 길을 걸을 때에는 고무마개를 씌우는 것도 좋은 방법이다.

스틱의 효과

종종 스틱 1개를 한 손에만 쥐는 등산객들이 있다. 스틱은 2개를 모두 쓰는 것이 옳다. 2개를 양손에 들고 사용하면 내리막길에서는 브레이크처럼 속도를 제어하고, 무게를 분산해 무릎의 충격을 줄일 수 있으며, 균형도 잡기 쉽다. 또한 상체운동의 효과까지 있어 전신운동이 된다.

스틱 잡는 법

손을 손잡이 끈의 밑에서 위로 올려넣은 다음, 손바닥으로 끈을 누르고 손목에 걸리게 한다. 끈을 당겨 손목에 맞게 조여준다. 스틱을 쥐는 것이 아니라 손목에 걸고 오르는 것이다.

스틱 보관 법

배낭에 휴대할 때에는 스틱의 끝 부분을 아래로, 손잡이는 위로 가게 하고 배낭 끈으로 단단히 고정한다. 스틱을 쓰지 않을 때에는 고무마개(팁)로 스틱 끝을 덮는 게 안전하다. 스틱이 젖은 경우에는 분해한 뒤에 마른 천으로 닦아 보관하면 부식을 막을 수 있다.

스틱 사용 법

스틱 끝의 둥근 바스켓은 눈 쌓인 겨울뿐 아니라 항상 사용해야 한다. 스틱의 길이는 똑바로 섰을 때 팔꿈치의 각도가 90°를 이루도록 하고, 오르막길에서 조금 짧게, 내리막길에서 조금 더 길게 조절하는 것이 보통이다. 스틱을 들고 이동할 때에는 항상 스틱 끝 부분이 앞을 향하게 하여 뒷사람에게 해를 끼치지 않게 한다. 스틱 사용이 익숙치 않은 상태에서 2개의 스틱을 양손에 들면 걸음걸이가 어색해진다. 거추장스럽더라도 익숙해지면 제대로 활용할 수 있다.

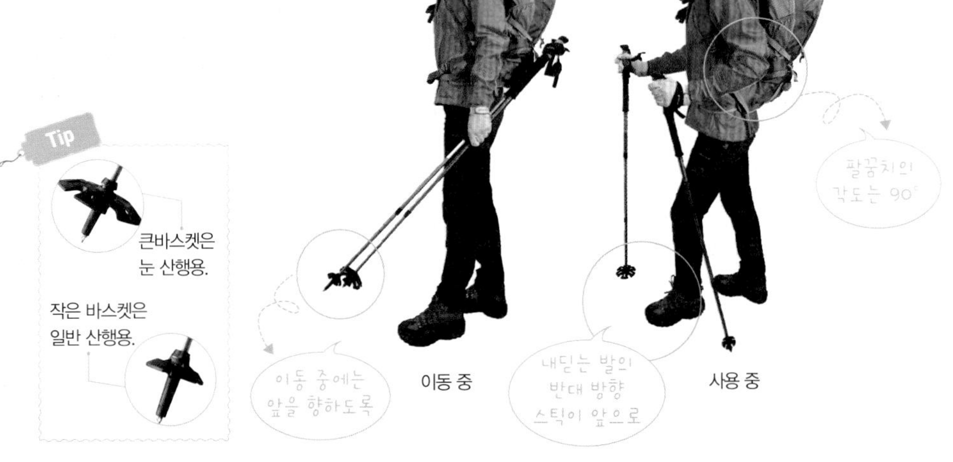

스틱 고르는 법

스틱은 사용자의 몸무게를 지탱하고, 하산 시 몸이 받는 충격을 흡수할 수 있어야 한다. 따라서 자신의 키와 몸무게에 따라 길이와 소재를 따져보고 스틱을 선택해야 한다. 예를 들어 키 180cm, 몸무게 80kg 남성이라면 길이가 130cm 이상 되어야 하고, 가벼운 카본 소재보다는 값이 비싸고 좀 무겁지만 티타늄 소재의 스틱을 사용해야 보다 안전하다.

Tip

스틱을 사용할 때 주의할 점

주의! 스틱으로 사람을 끌어당기지 마세요. 스틱은 3~4단으로 분리됩니다. 사람이 손으로 잡아당겼을 때 빠질 수 있어요. 트레킹 중에 동행자를 도와준다고 스틱을 내밀었다가는 더 큰 사고로 이어질 수 있습니다. 주의! 내리막길에서는 스틱을 한 번 더 점검하세요. 오르는 동안 살짝 느슨해진 스틱은 내려올 때 체중을 지탱하지 못할 수 있습니다. 트레킹 중간중간 수시로 확인하고, 하산하기 전에는 스틱을 다시 한 번 꽉 조여주세요.

트레킹 장비 준비하기

기타 장비

초보 트레커와 전문가는 장비 준비부터 차이가 난다. 초보 트레커들이 빠트리기 쉬운 장비들이 있는데, 바로 안전을 위한 장비이다. 다양한 트레킹 유형을 즐기기 위해서라도 기본 장비는 갖춰야 한다.

랜턴

당일 트레킹에도 꼭 챙겨야 할 필수 준비물. 산은 생각보다 해가 일찍 지기 때문에 항상 랜턴을 준비해야 한다. 손전등보다는 헤드랜턴이 더 편리하다. 양손이 자유로울 뿐만 아니라 시선에 따라서 불빛을 비출 수 있고, 불빛의 각도 조절과 줌 기능까지 가능하다.

선글라스(고글)

자외선 차단뿐 아니라 바람, 나뭇가지, 눈보라, 낙석, 먼지로부터 눈을 보호하기 위해 선글라스를 준비하는 것이 좋다. 선글라스를 고를 때에는 코나 눈이 눌리진 않는지, UV 차단이 되는 제품인지, 강도가 높아 튼튼한 제품인지 꼼꼼하게 확인한다. 오렌지 계열 색상의 렌즈는 선명한 시야를 제공해 안개가 짙게 낀 산이나 어두운 숲속을 산행할 때 적합하다.

지도·나침반·시계

등산로를 잘 따라간다면 특별히 위험한 일을 겪지 않겠지만, 등산로를 이탈하거나 어두워지면 다른 산길로 들어가기 쉽다. 막상 길을 잃으면 당황하기 마련. 트레킹에서 나침반과 지도는 기본 중의 기본이다. 산에서는 와이파이가 제공되지 않거나 배터리가 방전될 수도 있으니 휴대전화에 의지하기보다는 지도와 나침반을 따로 준비하는 것이 좋다. 해외 고산 트레킹의 경우 온도, 고도, 나침반, 기압 등 다양한 기능을 갖춘 아웃도어용 손목시계가 있으면 유용하다.

물병

가벼운 트레킹이라도 틈틈이 수분을 보충하는 것이 좋다. 특히 여름철에는 더욱 본인이 평소 마시는 물의 양보다 더 충분한 용량의 물병을 준비한다. 1회용 물병을 사용하기보다 자신의 물병을 휴대하도록 하자.

팔토시

여름철 반팔을 입은 경우, 팔토시를 착용해 자외선이나 나뭇가지, 해충으로부터 피부를 보호한다.

방석·접이식 의자

안전하게 휴식을 취하기 위한 장비. 맨땅에 그대로 앉으면 독초, 해충 등에 상처를 입거나 질병에 감염될 수 있다. 또한 계곡 등 젖은 땅에서도 유용하다.

스패츠

겨울철에는 신발이나 옷 속으로 눈이 들어오는 것을 막아 보온 효과를 누릴 뿐 아니라, 아이젠에 걸려 바지가 찢길 수 있는 것도 예방한다. 비가 내려 질척거리는 길을 걸을 때는 바지를 더럽히지 않을 수 있다. 잔돌이 튀어서 신발 안에 들어오는 것도 막아준다.

아이젠

겨울 트레킹의 필수 장비. 눈이나 얼음길에서 발이 미끄러지는 것을 막아 준다. 보통 눈이 내리면 아이젠을 착용한다고 생각하지만, 눈의 상태를 고려해 착용하는 것이 좋다. 수북이 쌓인 눈길보다 사람들이 많이 다녀 빙판처럼 다져진 눈길이 더 위험하기 때문이다. 봄에도 음지에는 얼음이 깔려 있으니 4월까지는 아이젠을 갖고 다니도록 한다.

스패츠 착용법

제일 먼저 등산화와 스패츠를 고정시키는 밴드를 양발 바깥쪽에 위치하도록 합니다. 발 안쪽에 있으면 반대쪽 발에 밟혀 넘어질 수 있어요. 그다음 스패츠 앞쪽에 달린 금속 고리를 등산화 제일 앞쪽 끈에 잘 겁니다. 스패츠가 흘러내리지 않도록 밴드나 조임끈으로 적당히 조여 주세요. 이때 너무 꽉 조이면 혈액순환이 방해됩니다. 길이는 무릎 바로 밑까지 올라오는 것이 좋아요.

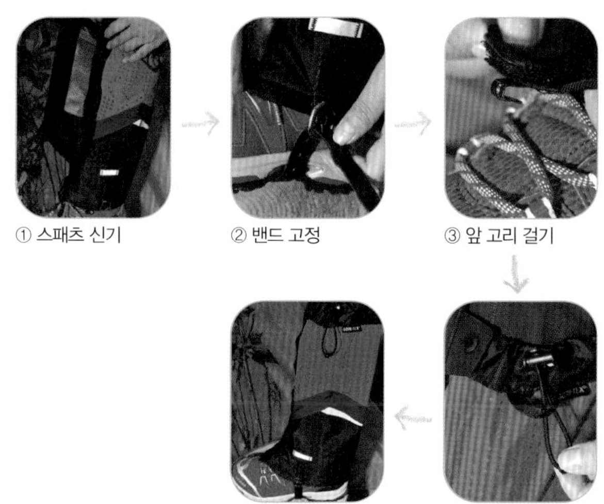

Tip

아이젠 사용법

빙판으로 이루어진 계곡을 오를 때나 그와 유사한 경우, 아이젠의 톱니가 땅에 모두 닿도록 발바닥 전체로 디뎌서 미끄러지지 않도록 합니다. 아이젠을 신은 발바닥에 눈이 많이 뭉치면 중간 중간 발을 털어줍니다. 아이젠은 자주 신고 벗어야 하므로, 탈착이 쉽고 밴드 부분이 튼튼한 제품을 선택합니다.

① 아이젠은 스패츠를 착용한 다음 앞꿈치부터 넣어 신는다.
② 잘 착용했는지 디뎌서 확인한다.

배낭 꾸리기

트레킹을 떠나는 당일, 신나는 기분으로 배낭을 꾸려보자. 짐을 꾸릴 때는 꼭 필요한 장비인지 아닌지, 어떤 계절인지, 숙식을 해결해야 하는지를 먼저 생각하도록 한다.

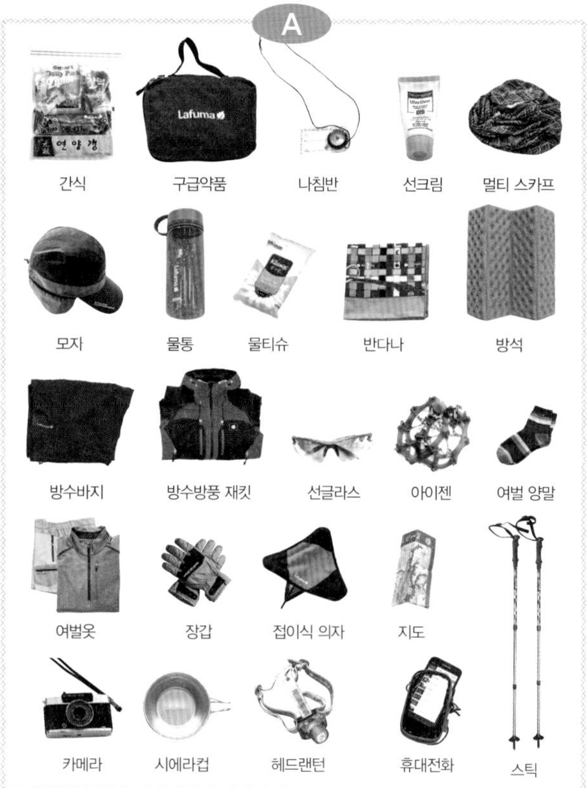

A

간식 구급약품 나침반 선크림 멀티 스카프

모자 물통 물티슈 반다나 방석

방수바지 방수방풍 재킷 선글라스 아이젠 여벌 양말

여벌옷 장갑 접이식 의자 지도

카메라 시에라컵 헤드랜턴 휴대전화 스틱

B

라이터 무전기 수저세트

멀티 나이프 버너&가스

\+

침낭

필기도구 코펠

당일 근교 트레킹 배낭

가장 기본적인 배낭 꾸리기. 가볍게 떠나는 트레킹이지만 의외로 꼭 챙겨야 할 기본 준비물이 많다. 안전한 트레킹을 위해 빼먹지 말고 준비한다. 특히 방수방풍 재킷은 계절에 상관없이 꼭 필요하다.

1박 이상 트레킹 배낭

기본 준비물에 식량과 취사도구, 잠자리를 위한 물품을 추가한다. 짐은 손에 들지 않고 배낭에 모두 넣는 것이 좋다. 설악산이나 지리산 종주 등 중장거리 트레킹을 떠날 때는 여기에 여벌옷과 식량, 공동장비(텐트 등)를 추가로 챙기면 된다.

야무지게 배낭 꾸리는 방법

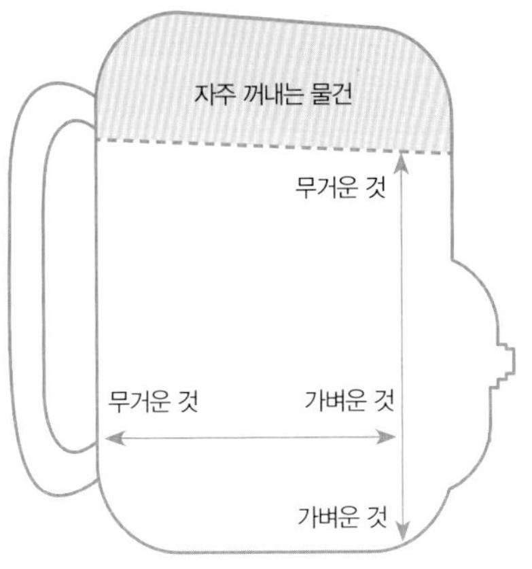

무거운 물건은 배낭 아래, 가벼운 물건은 배낭 위에 넣어야 한다고 착각하는 경우가 많다. 오히려 그 반대다. 무거운 물건은 배낭의 위쪽, 자신의 등 쪽으로 넣고, 가벼운 물건은 배낭의 바깥쪽, 아래쪽으로 넣어야 한다. 그래야 무게를 분산하는 효과가 있다. 단, 어깨보다 위쪽이 무거우면 내리막길에서는 균형이 깨질 수 있으므로 가능하다면 어깨보다 아래에 짐을 넣어둔다.

자주 꺼내서 사용하는 지도, 휴지, 간식, 칼 등은 배낭의 가장 윗주머니나 바깥주머니에 넣는다. 작은 물건은 종류별로 주머니에 따로 담아 넣어두면 배낭을 뒤적이지 않고 신속 정확하게 꺼낼 수 있다. 휴지, 배터리, 핸드폰, 속옷, 여벌옷 등은 방수를 위해 별도로 비닐포장해서 넣는 것이 좋다.

Tip

배낭은 '어깨가 아니라, 허리로 매는 것'입니다. 같은 무게라도 배낭 끈을 잘 조절하면 무겁지 않게 배낭을 멜 수 있습니다. 자신의 배낭 끈이 어디에 달려 있는지, 무슨 용도인지 미리 확인해두는 것이 좋아요. 끈을 조이기도 하고 풀기도 하면서 자신의 몸에 맞게 착착 조절하세요.

배낭을 정리하는 요령

배낭의 외부는 간결하게 정리해야 안전하다. 물통이나 컵, 스틱, 옷 등이 덜렁덜렁 매달려 있으면 몸이 움직일 때마다 흔들거려서 체력이 분산되기도 하고, 나뭇가지 등에 걸리기 쉽다. 되도록이면 배낭 안에 모든 짐을 넣도록 하자. 모든 짐을 다 넣은 뒤, 바깥으로 나와 있는 배낭의 끈과 지퍼 등은 깔끔하게 정리해주고, 배낭의 좌우 모양과 무게가 한쪽으로 쏠리지 않았는지 확인한다.

Tip

간단한 당일 트레킹일지라도 헤드랜턴, 방수방풍 재킷, 여벌옷은 꼭 준비해야 합니다. 기상상황이 갑자기 변하거나 옷이 젖게 되면 체온이 떨어져서 위험할 수 있습니다. 선글라스, 모자, 장갑 등 소품도 계절에 맞게 준비하는 센스도 발휘해보세요.

간식 챙기기

트레킹은 일상생활에 비해 2배 이상의 열량이 소모된다. 산행 중에 적절하게 영양을 섭취하는 것도 트레킹의 기술. 트레킹 간식은 언제 어디서든 손쉽게 꺼내먹을 수 있어야 한다. 포인트는 체온조절을 위한 수분과 에너지 보충을 위한 탄수화물이다.

트레킹 간식의 조건

- **휴대성:** 물기가 적고 부피가 작은 것이 좋고, 한입 크기나 한번 먹을 만큼 포장해 가는 것이 좋다.
- **고열량과 빠른 흡수:** 몸이 지치면 소화기능도 떨어진다. 빠르게 에너지로 변환될 수 있는 게 좋다.
- **보관하기 좋고 간편한 처리:** 잘 변하지 않는 건조 식품이나 밀봉포장이 된 것이 좋다. 또한 과일이나 야채는 미리 손질해가고, 유리 용기보다는 부피가 적고 되가져오기 좋은 비닐 포장이 좋다.

견과류와 건과일류

잘 상하지 않으면서도 가벼워 사계절 간식으로 챙기기에 좋다. 오드득 씹는 재미도 있고, 간편하게 열량과 영양을 보충할 수 있다.

당류

휴대하기 좋고, 고열량에 소화와 흡수도 빠른 식량. 초코바, 사탕 등 녹을 수 있는 식량은 개별로 비닐 포장 돼 있어야 더운 여름철에도 편하게 먹을 수 있다.

행동식

식사대용으로 취사하지 않고 간편하게 먹기 좋은 행동식에는 빵, 떡, 김밥, 소세지, 치즈 등이 있다. 특히 여름철에는 식중독에 주의해야 한다.

음료

수분이 부족하면 체온이 급격히 상승하고, 빨리 지친다. 생수로 수분을 보충하기보다는 전해질이 풍부한 스포츠 음료 분말을 준비해서 산행 중간 중간 마시면 좋다. 전해질은 일사병과 탈진을 막는 핵심적인 역할을 한다. 물은 한꺼번에 많이 마시지 말고 조금씩 자주 마시는 것이 좋다.

Tip

자연을 즐기러 갔다면 환경도 생각하자

물병, 시에라컵, 수저세트, 쓰레기봉투도 잊지 마세요. 일회용 제품보다 인체에 무해하고 예쁜 나만의 물통, 수저세트도 준비하는 것이 자연에 대한 예의입니다. 물병 케이스를 사용하면 여름엔 보냉, 겨울엔 보온 효과도 누릴 수 있죠. 먹고 난 후에 남은 쓰레기는 꼭 쓰레기봉투에 넣어서 되가져오도록 합니다.

최종 체크하기

☐ 체력에 맞게 코스, 걷는 시간 등 계획을 세웠는가?
☐ 오늘 몸 컨디션(어지러움, 몸살 기운 등)은 양호한가?
☐ 필요한 장비와 준비물은 빠짐없이 챙겼나?
☐ 기본 식량과 비상식은 잘 챙겼나?
☐ 주변 사람에게 자신의 행선지와 시간을 알렸는가?
☐ 기상예보는 확인했는가?

준비물 체크 리스트

⊙ 필수 · 개인 판단 – 불필요

품목	준비물	계절별 필요도			
		봄	여름	가을	겨울
신발	트레킹화	⊙	⊙	⊙	⊙
배낭	배낭	⊙	⊙	⊙	⊙
	배낭 커버	⊙	⊙	⊙	⊙
의류	방수방풍 재킷	⊙	⊙	⊙	⊙
	다운재킷	·	–	·	⊙
	바지(긴바지)	⊙	·	⊙	⊙
	바지(반바지)	–	⊙	–	–
	방수방풍 덧바지	·	·	·	⊙
	티셔츠(긴팔)	⊙	·	⊙	⊙
	티셔츠(반팔)	·	⊙	·	–
	여벌옷	·	⊙	·	⊙
	내의	·	·	·	⊙
	양말(여벌 포함)	⊙	⊙	⊙	⊙
	등산용 스카프(반다나)	⊙	⊙	⊙	⊙
	모자	⊙	⊙	⊙	⊙
	장갑	⊙	⊙	⊙	⊙
기타 장비	스틱	⊙	⊙	⊙	⊙
	헤드랜턴(+여분 배터리)	⊙	⊙	⊙	⊙
	지도, 개념도	⊙	⊙	⊙	⊙
	휴대전화(+여분 배터리)	⊙	⊙	⊙	⊙
	나침반	⊙	⊙	⊙	⊙
	아이젠	·	–	·	⊙

품목	준비물	계절별 필요도			
		봄	여름	가을	겨울
기타 장비	스패츠	·	·	·	⊙
	선글라스	·	⊙	·	⊙
	카메라(+여분 배터리)	·	·	·	·
	우산	·	⊙	·	·
	구급약품	⊙	⊙	⊙	⊙
	선크림	⊙	⊙	⊙	⊙
	필기구	·	·	·	·
	방석	⊙	⊙	⊙	⊙
	접이식 의자	·	⊙	·	⊙
숙식 장비	간식(비상식)	⊙	⊙	⊙	⊙
	물통	⊙	⊙	⊙	⊙
	쓰레기봉투	⊙	⊙	⊙	⊙
	휴지(물티슈)	⊙	⊙	⊙	⊙
	세면도구	·	·	·	·
	개인식기(컵, 수저세트)	⊙	⊙	⊙	⊙
	멀티나이프	·	·	·	·
	코펠	·	·	·	·
	버너	·	·	·	·
	라이터(성냥)·연료	·	·	·	·
	침낭	·	·	·	·

* 계절, 일정, 여행스타일에 따라 개인이 판단해 준비한다.

건강한 트레킹 걷기

트레킹은 산 정상을 오르는 것이라기보다 산길을 걷는다는 느낌이 더 맞다. 헉헉 거리며 힘들게 산을 오르려고만 하지 말고, 자신의 평소 보폭이나 속도보다 비슷하거나 살짝 느린 정도로 편안하게 산길을 즐겨보자.

트레킹 시작하기에 앞서

트레킹 출발점에 섰다면 장비와 배낭끈을 점검하고 스트레칭을 한다. 평소에 운동을 했든 안 했든 상관없이 걷기 전후로 반드시 스트레칭을 해야 한다. 일상생활에서 쓰지 않는 근육을 쓰게 되기 때문에 충분히 몸의 근육을 풀어줘야 부상의 위험을 줄일 수 있다. 특히 무릎이나 허리 등 체중이 실리는 곳을 집중해 풀어준다. 손목과 발목 돌리기, 무릎 스트레칭, 허리 · 어깨 · 목 돌리기 등 5분 정도만 해도 효과가 좋다. 스트레칭을 할 때에는 반동을 이용하지 말고 천천히 늘리는 느낌으로 몸을 푼다.

올바른 트레킹 보행법

- 기본 자세: 자세가 바르면 지치지 않고 오래 걸을 수 있다. 팔꿈치 각도가 90°를 이루도록 스틱을 바로 잡아 하중을 분산하고, 배낭은 끈을 조절해 제대로 멘다. 시선은 땅만 보지 말고, 멀리 멋진 풍광과 숲을 보자. 한곳에만 시선을 집중하면 쉽게 피로해진다. 어깨와 허리는 곧게 펴고 자연스럽게 걷는다.
- 속도: 평소보다 1/2 속도로 천천히 시작한다. 이후에 살짝 속도를 늘리더라도 평소보다 느리게 걸어보자. 빨리 오른다고 우쭐할 것은 아니다. 다른 사람을 의식하느라 자신의 페이스를 놓치지 말자. 하산할 때는 서둘러 내려오기 쉬운데, 표지판을 못 보고 지나치거나 부상을 당하지 않도록 속도를 더 늦춰야 한다.
- 보폭: 오르막에서는 평지보다 보폭을 줄이고 모델처럼 발을 엇갈리게 올려 걸으면 무게 중심이 직선으로 이동하며 힘이 절약된다. 허리와 무릎으로 가는 충격도 덜 수 있다. 발을 내딛을 때 되도록 발바닥 전체를 사용하고, 딛기 좋은 곳을 선택해 걷는다.
- 스틱 사용: 힘들어서 뭐라도 짚고 싶을 때에도 나뭇가지나 바위는 너무 믿지 말자. 생각보다 체중을 지탱하지 못해서 위험한 사고로 이어질 수 있다. 스틱은 트레킹의 기본이다. 양손에 스틱을 잘 걸어 쥐고 걷자. 초보자는 사용이 어색해서 왼팔과 왼발이 동시에 나가는 '바보 걸음'을 걷기도 한다. 불편한 듯해도 사용하다보면 없는 것보다 훨씬 편하다.

편안한 호흡법

숨이 가쁠 만큼 빨리 걷지 말자. 자연스럽게 호흡과 발걸음을 일치시키는 것이 좋다. 예를 들면 왼발을 내딛을 때 들숨, 오른 발을 내딛을 때는 날숨을 쉬면 무리하지 않게 걸을 수 있다. 숨이 가빠진다면 잠시 멈춰 숨을 고르자. 숨이 가쁘다고 심호흡을 과하게 한다면 산소가 갑자기 많이 공급되면서 현기증이 날 수도 있다.

휴식 취하기

- **시간:** 휴식은 자신의 페이스에 맞춰서 적절하게 취한다. 보통 트레킹을 시작한 지 20~30분이 지나면 몸에 열기가 올라온다. 첫 휴식은 30분 걸은 후에 10분 정도 쉬면서 옷매무새와 장비를 점검한다. 그 뒤로는 50분 걷고 10분 정도 쉬면 좋다. 너무 자주 쉬는 것도 몸이 흐름을 적응하지 못하므로 바람직하지 않다.
- **장소:** 휴식을 취할 때에는 다른 사람들의 트레킹을 방해하지 않도록 길 한 쪽으로 비켜서 자리를 잡자. 간식을 먹고 경치도 감상하기 위해 쉬는 거라면 접이식 의자나 방석에 앉아서 편하게 몸을 이완시키자. 잠시 숨고르기를 위해 1~2분 정도 쉴 때에는 스틱에 몸을 잠시 기대도 좋다.
- **화장실:** 출발 전에 등산로 입구나 산장 화장실을 미리 이용하는 것이 최상이다. 하지만 정말 급할 때에는 밖에서 해결할 수밖에 없는 노릇. 자연을 위해 물가에서 20m 정도 떨어진 곳에서 해결하자.

Tip

트레킹에서 지켜야 할 10가지 매너

1. 힘들게 올라오는 사람에게 길 먼저 양보하기
2. 추월할 때에는 앞 사람에게 양해 구하기
3. 시끄러운 음악이나 소리로 사람과 동물에게 피해 주지 말기
4. 마주치는 등산객과 기분 좋은 인사 나누기
5. 지정된 등산로를 이용하고 안전 수칙 지키기
6. 계곡물 오염시키지 말기
7. 지정된 장소에서만 취사, 야영하기
8. 트레킹 중에 음주, 흡연하지 말기
9. 야생동물에게 먹이를 주거나 과일 껍질 버리지 않기
10. 머무른 흔적을 남기지 말고 쓰레기 되가져오기

계절별 트레킹

트레킹은 사계절 내내 즐기기 좋다. 한 번 갔던 코스라도 계절이 바뀌면 또 다른 매력을 뽐내 다시 가보고 싶어지기도 한다. 계절에 따라 변하는 코스의 특성을 잘 알아두자.

봄(3~5월) "봄바람이 불어도 아직 겨울 기운이 남아 있어요."

낮 동안 햇볕에 녹은 얼음이 밤에 다시 얼기를 반복하는 해빙기이다. 때로는 얼음이 살짝 녹으면서 낙석이 발생하기도 한다. 봄철에 주의해야 할 것은 두 가지. 일교차와 살얼음이다. 까다로운 계절인 만큼 트레킹을 위한 준비물을 꼼꼼히 챙기자. 방풍재킷, 모자와 장갑, 아이젠과 스패츠는 봄철 필수 준비물이다. 일교차가 큰 데다가 산에서는 체감 온도가 더 떨어지므로 의류를 챙길 때 보온에 신경 써야 한다. 모자와 장갑도 체온을 높이는 데에 도움이 된다. 4월에도 눈이 내리는 날이 있고, 살얼음에 실족하는 경우도 생기므로 겨울 아이템인 아이젠과 스패츠를 챙겨야 한다.

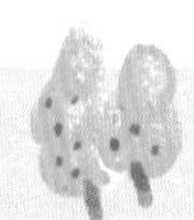

여름(6~8월) "뜨거운 햇빛과 장마에 건강을 잃지 말아야 해요."

여름철 트레킹에서 가장 주의해야 할 것 세 가지. 비와 햇볕, 그리고 식중독. 여름 트레킹의 가장 큰 걸림돌이라면 바로 비다. 비에 젖으면 산길도 불편해지지만 장비와 몸이 무거워지고 체온이 떨어져 저체온증이 발생할 수 있다. 배낭 커버와 방수방풍 재킷, 방수 바지는 꼭 챙기자.

또한 강한 햇볕에 오랜 시간 노출돼 체온이 올라가면 일사병의 위험도 있다. 몸이 과열되지 않도록 일기에 따라 시원하게 통풍이 잘 되는 옷차림과 선글라스, 머리 전체를 가릴 수 있는 모자, 손수건을 챙기도록 한다. 특히 수분이 부족하면 체온 조절이 더 어려우므로, 물은 충분히 마시고, 짭짤한 간식을 준비해서 땀으로 배출된 염분을 보충하도록 한다. 상하기 쉬운 식품은 피하고, 건조식품이나 개별 포장 등으로 식중독을 예방하자.

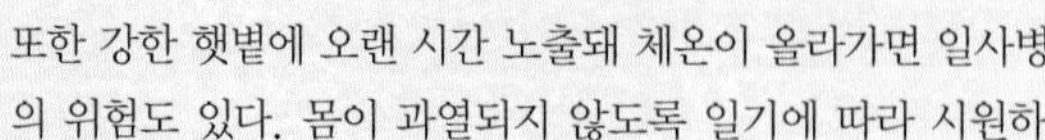

가을(9~11월) "화려한 단풍에 취해 하산 시간을 놓치면 안 돼요."

트레킹 하기에는 더 없이 좋은 계절이다. 하지만 사랑하는 사람과 노을을 보면서 분위기 잡으려다가 생각지도 못한 상황이 생길 수도 있다. 가을 트레킹에서 주의할 점은 해가 점점 짧아지는 시기라는 것이다. 더구나 산은 일몰시간이 더 빠르게 느껴지고 해가 지면 기온이 뚝 떨어져 기온 차가 10도 이상 벌어진다. 이른 시간에 출발하고, 어둡기 전에 트레킹을 마치는 것이 바람직하고, 혹시 늦어질 경우를 대비하여 헤드랜턴과 고열량 비상식을 항상 배낭에 넣어 다니도록 한다.

또 가을 트레킹을 하다 보면 탐스럽게 익은 열매나 농작물에 손을 대고 싶은 충동이 일 때가 있다. 주인에게 피해주는 것은 둘째 문제다. 섣불리 손을 댔다가 독초나 해충, 알레르기 등으로 다칠 수 있다. 아무거나 건들거나 만지지 말고 집에서 챙겨온 맛있는 간식만 먹자.

겨울(12~2월) "춥기 전에 입고, 덥기 전에 벗고, 배고프기 전에 먹어요."

겨울 트레킹의 포인트는 체온 유지. 먼저 따뜻하게 몸을 보호해주는 의류(구스다운재킷, 고어텍스 등산화, 방수 장갑, 방수 모자, 기능성 내의, 멀티스카프 등)를 입는다. 트레킹 중 몸에 열이 나기 전까지는 활동하기 좋게 두터운 구스다운재킷은 벗고, 쉬는 시간에는 무조건 입는다. 땀을 흘렸다면 여분의 장갑과 양말을 바로 갈아 신어 주는 것이 좋다. 겨울 트레킹 필수 장비로는 아이젠, 스패츠, 스틱(넓은 바스켓), 보온병, 접이식 의자, 핫팩 등을 챙긴다. 기온이 떨어지면 건전지가 빨리 방전되므로 휴대전화, 헤드랜턴, 카메라는 여분의 배터리나 별도의 충전 장치를 준비해야 한다.

겨울 트레킹 중에서도 얼음 트레킹을 할 때는 얼음이 가장 꽁꽁 얼었을 때 즐기는 것이 안전하다. 미끄러짐에 대비해서 배낭을 잘 메고 스틱을 꼭 사용한다. 얼음 축제 등 지역 축제 공식 홈페이지를 통해서 안전한 시기를 확인하고, 현지에 도착해서도 직접 눈으로 얼음 상태를 확인한 뒤에 트레킹을 시작하는 것이 좋다.

안전한 트레킹

주의하는 만큼 사고를 줄일 수 있다. 아는 길이라도 이정표와 일행을 놓치지 않도록 조심조심 길을 거닐자. 사고를 예방하려면 어떻게 해야 하는지, 사고 상황에는 어떻게 대처하는 것이 좋은지 알아두자.

• 길을 잃고 조난됐을 때

동행하는 사람과 이야기 하느라, 다른 경치에 눈길을 주느라 이정표를 놓치는 경우가 종종 있다. 코스 이동 시간을 염두하고 다음 포인트가 나올 것을 주의하며 간다. 길을 잃었을 때에는 무작정 앞으로 돌진하지 말자. 왔던 길을 차분히 되짚어 돌아가는 것이 좋다. 계곡길이 있다면 그 길을 따라 아래로 내려오는 것이 좋다. 어두워서 방향을 전혀 찾이볼 수 없을 때에는 확실히 아는 곳까지만 이동하고, 그 자리에서 체온을 유지하며 날이 밝아지거나 사람이 지나갈 때까지 기다리는 것이 좋다. 여름에는 일조시간이 길어서 트레킹이 가능한 시간도 길지만 가을과 겨울은 금방 해가 떨어져 어두우지니 여름보다 짧은 코스를 고른다. 해가 지기 전에 하산하는 것이 가장 좋고, 비상시를 대비해 헤드랜턴과 보온의류는 계절과 날씨에 상관없이 준비해야 한다.

• 급류·낙석·우뢰

비가 오는 날 산은 위험하다. 가장 중요한 건 날씨가 악화되기 전에 빨리 하산해 피하는 것이다. 계곡보다 지반이 튼튼하고 주변보다 높은 안전지대로 대피하고, 물건을 챙기느라 시간을 지체하지 않도록 한다. 폭우가 내리면 조그만 개울이라도 피하고 경사도가 30° 이상인 곳은 산사태의 위험도 있으므로 멀리하도록 한다. 하강할 때에는 로프를 잘 잡고 내려간다.
사람의 몸 자체가 벼락을 유인하기 때문에 천둥번개가 칠 때에는 몸을 가능한 낮게 하고 우묵한 곳이나 동굴 속으로 피한다. 큰 나무 밑에는 벼락이 떨어질 가능성이 크므로 피한다.

• 골절

뼈가 부러지는 경우 위험한 상황까지 갈 수 있다. 의식이 있을 때에는 빨리 구조요청(119 신고, 호루라기 등)을 하고, 구조대가 올 동안 체온을 유지시켜 준다. 인대를 다쳐 삐끗한 곳이나 뼈가 부러진 부위는 부목을 대서 고정시켜 준다. 탈구는 함부로 손을 대서 악화되지 않게 한다. 낙엽이 깔린 길은 숨은 얼음이나 미끄러운 길일 수도 있으니 미리 조심하고, 스틱을 사용해 관절의 충격을 줄이도록 한다.

• 쥐가 난 경우

갑작스런 운동으로 근육이 놀라 쥐가 난 경우가 종종 있다. 등산화를 벗고, 다리를 곧게 펴고 앉아 발가락을 몸 쪽으로 당긴다. 쥐가 난 부분을 마사지하고, 따뜻한 꿀물 등 당분과 수분을 충분히 섭취한다. 트레킹 시작 전에 충분히 스트레칭을 하고, 무리한 산행을 피해 땀을 흘리며 걷지 않는 것이 좋은 예방법.

• 동상

동상은 추운 환경에 오래 노출될 때 혈액순환 장애로 인해 생긴다. 자신의 체력에 맞는 산행, 보온과 적절한 식품섭취가 답이다. 피부가 빨갛게 변하며 붓고 가려운 증상을 보이면 1도 동상이다. 따뜻한 장소로 이동해 마른 옷으로 갈아입힌 후, 동상 부위를 문지르거나 비비지 말고 미지근한 물에 담근다. 전체 체온을 높여주는 것도 좋은데, 따뜻한 꿀물 등 고열량의 소화흡수가 빠른 식품을 섭취한다. 물집은 터뜨리지 말고 신속하게 병원으로 간다.

• 일사병

여름철에 가장 주의해야 할 것 중 하나. 몸이 적응할 수 있도록 걷는 속도를 천천히 하고 통풍이 잘 되는 옷과 햇빛을 가리는 모자도 쓰자. 수시로 나무 그늘 아래에서 염분과 수분을 보충해 체온을 조절해주는 것이 좋다.

• 저체온증

여름이라고 저체온증에 걸리지 않을 거라고 생각하면 큰 오산이다. 한여름이라도 비온 뒤에 젖은 옷을 입고 차가운 산 바람을 쐬면 급작스러운 열 손실로 저체온증에 걸릴 수 있다. 따라서 트레킹 중에는 땀이 나기 전에 옷을 벗고 춥기 전에 옷을 입을 수 있게 방수·방풍 재킷을 꼭 휴대하고, 젖었을 때 바로 갈아입을 수 있는 여분의 옷을 준비하자.

• 벌

꽃을 따거나 땅을 파다가 벌집을 건드리지 않도록 주의한다. 특히 향수, 화장품, 과일향의 음료수 등은 벌을 유인하므로 피하는 것이 좋다. 벌의 공격을 받을 때는 머리를 땅 쪽으로 낮추고, 움직이지 않고 가만히 있는 것이 좋다. 쏘였을 경우에는 벌침을 핀셋으로 빼내고 찬물로 씻어준다.

• 독사

급한 볼일을 해결하는 장소 중에는 뱀이 머무르기에도 좋은 장소가 많다. 볼일은 트레킹 전에 미리 해결하도록 하고 급한 경우라면 코스에서 많이 벗어나지 않는 것이 좋다. 뱀에 물렸을 때 2개의 이빨자국이 뚜렷하면 독사이므로, 응급조치를 취하고 바로 병원으로 간다. 움직이지 말고, 상처를 비눗물로 씻는다. 부어오르기 전에 반지 · 시계 등을 푼 뒤 심장보다 낮게 유지하고, 상처 위 심장 쪽 신체 부위를 약하게 묶는다.

트레킹 정보 얻기

산림청

- **홈페이지:** www.forest.go.kr

산림청에서 운영하며 우리나라 휴양림, 수목원, 숲길과 둘레길, 100명산, 산림생태탐방 등 관련된 모든 정보를 제공한다.

숲나들e

- **홈페이지:** www.foresttrip.go.kr
- **앱:** iOS · 안드로이드(무료)

산림청에서 운영한다. 전국의 거의 모든 자연휴양림의 숙소와 야영장 등을 예약하고 결제할 수 있다.

국립공원관리공단 예약통합시스템

- **홈페이지:** www.reservation.knps.or.kr

국립공원관리공단에서 운영한다. 전국 모든 국립공원의 야영장, 대피소, 탐방로, 탐방프로그램 등 시설물과 프로그램을 예약 및 결제할 수 있다.

한국등산·트레킹지원센터

- **홈페이지:** www.komount.kr

건전한 등산 문화의 확산과 국민의 등산활동을 지원하기 위하여 설립됐다. 금강소나무숲길, DMZ펀치볼둘레길, 백두대간트레일 등 탐방을 예약할 수 있고, 숲길 걷기 원정대 등을 운영한다.

두루누비(코리아둘레길)

- **홈페이지:** www.durunubi.kr
- **앱:** IOS·안드로이드(무료)

해파랑길, 남파랑길, 서해랑길, DMZ 평화의 길 등 코리아둘레길 걷기여행의 길잡이. 코리아둘레길 노선 정보를 중심으로 교통·숙박·음식·문화시설 등 주변 관광정보를 제공한다. GPX 파일을 받을 수 있고, 따라가기를 통해 각 노선을 걸을 수 있다.

제주 올레길

- **홈페이지:** www.jejuolle.org

사단법인 제주올레에서 운영하는 홈페이지. 제주 올레길 각각의 코스와 관광 정보는 기본이고 교통, 주변 식당과 숙소 정보를 다운로드 받거나 출력할 수 있다. 오디오 가이드북까지 제공하고 있어서 올레길 탐방 정보를 편리하게 얻을 수 있다.

트랭글(tranggle)

- **앱:** iOS · 안드로이드(무료)

아웃도어 GPS 앱. 등산, 자전거, 걷기 등으로 이동한 시간, 거리를 측정하는 기능은 기본. 트랙 정보를 다른 이용자와 공유할 수 있고, 또 누적 이동거리와 활동 점수로 랭킹을 매겨 운동 동기를 부여한다. 친구 · 클럽 메뉴를 통해 함께 트레킹을 떠날 수 있다.

지리산 둘레보고

- **홈페이지:** jirisantrail.kr
- **앱:** iOS · 안드로이드(무료)

지리산 둘레길 구간별 코스 정보와 주변 정보를 제공하고, 특히 지도와 교통정보를 출력할 수 있다. 지리산 둘레보고 앱은 코스에 관한 다양한 정보(관광정보, 편의 시설, 목적지까지 거리, 예상 시간 등)와 관광지 오디오 가이드 서비스, 긴급구난 서비스를 제공한다.

북한산둘레길

- **앱:** iOS · 안드로이드(무료)

북한산둘레길 12개 구간을 안내하는 앱. 코스와 165개 지점의 생태 · 역사 · 경관자원에 대한 정보를 스토리텔링 방식의 오디오 서비스로 안내받을 수 있다. 혼동하기 쉬운 갈림길 61개 지점에 대한 안내가 있어 좋다.

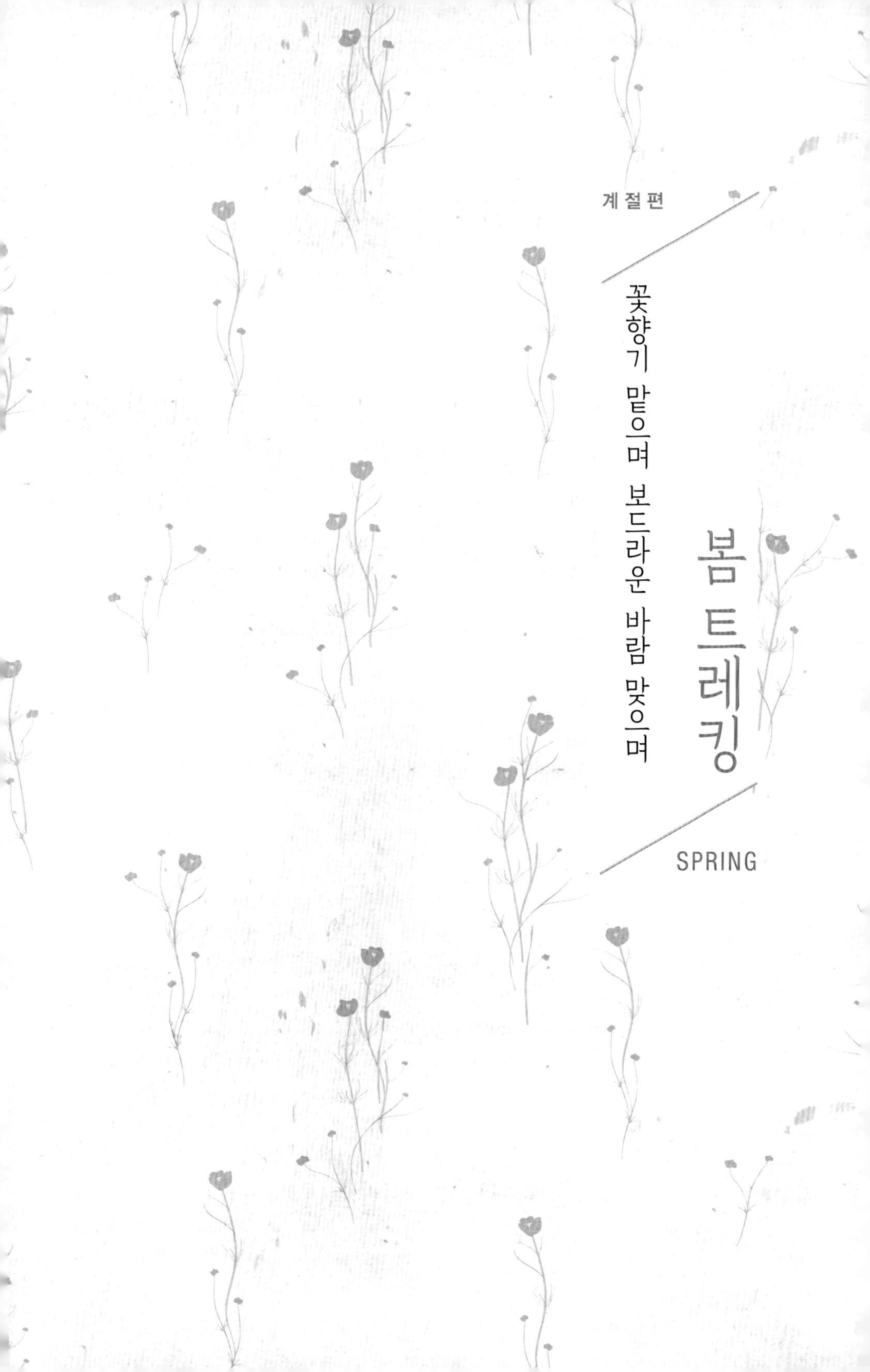

계절편

봄 트레킹

꽃향기 맡으며 보드라운 바람 맞으며

SPRING

코스 가이드

장소	전라남도 여수시 적량동 · 상암동 · 중흥동
코스	진달래축제장~진례산~상암초등학교
걷는 거리	5.5km
걷는 시간	3시간
난이도	무난해요
좋을 때	3월 말, 4월 초(진달래)

영취산 개구리바위, 암봉과 진달래 군락, 바다가 어우러져 절경을 이룬다

봄바다 물들이는 연분홍 치맛자락

여수 영취산

영취산(510m)은 진달래 명산 중에서 가장 먼저 봄소식을 전해주는 산이다. 국내 최대 규모의 진달래 군락이 연분홍빛으로 물들인 산사면은 넘실대는 푸른빛 바다와 어우러져 선경을 이룬다. 높이는 510m에 불과하지만, 웅장한 산세와 곳곳에 발달한 기암, 천년 고찰 흥국사 등 명산의 품격을 두루 갖췄다. 영취산에 진달래가 많은 것은 아이러니하게도 여천공단에서 품어내는 공해 덕분이다. 공해로 대다수 수종은 고사하고, 대신 공해에 강한 진달래가 무성해진 것이다.

여천 공단의 공해와 진달래 군락의 연관성

영취산의 진달래 군락은 능선을 따라 골고루 퍼져 있다. 서릉에 형성된 군락을 정상 군락지, 동릉의 길쭉한 바위봉인 개구리바위 북사면 일대는 개구리바위 군락지, 그 동쪽 골망재 근처 능선 북사면은 골망재 군락지, 돌고개

근처는 돌고개 군락지, 그리고 정상 남쪽 봉우재부터 시루봉 정상까지 펼쳐진 진달래밭은 봉우재 군락지라 부른다. 예전에는 안내판에 군락지도 표시되어 있었지만, 현재 바뀐 안내판에는 그 이름이 빠졌다.

산길은 곳곳의 진달래 군락을 자연스럽게 이어준다. 추천하는 코스는 진달래축제 행사장~개구리바위~정상~봉우재~시루봉~봉우재~상암초등학교 코스다. 출발점은 영취산 북쪽 진례동의 진달래축제 행사장①으로, 주차공간이 넓다. 길 건너편은 여천공단이다. 거대한 굴뚝과 미로처럼 복잡해 보이는 공장시설이 가득하다.

시멘트 포장도로가 곧 산길로 바뀌고 폐허로 남겨진 민가를 지나면, 급경사 오르막이 시작된다. 주변으로 신록과 벚나무가 빚어내는 화사한 파스텔빛에 황홀하다. 멀리 위쪽을 올려다보면, 산꼭대기에는 광채처럼 붉은 기운이 감돈다. 그 빛에 이끌려 20분쯤 급경사를 오른다. 이내 능선에 올라붙고, 드디어 진달래를 만나게 된다. 진달래 군락은 능선에서 올라온 방향의 산사면에 가득하다.

휘파람 절로 나는 능선길을 좀 오르면 삼거리 공터②에 닿는다. 다시 제법 가파른 능선을 10분쯤 오르면 459봉에 올라붙는다. 뒤를 돌아보면 풍성한 진달래꽃밭 너머로 여천공단의 둥근 정유시설들이 잘 보인다. 마치 폐허가 된 미래 도시처럼 느껴진다. 그 너머 아스라이 펼쳐진 바다는 광양만이다.

여천공단과 광양만 사이에 자리한 제법 큰 섬은 묘도다. 묘도는 임진왜란

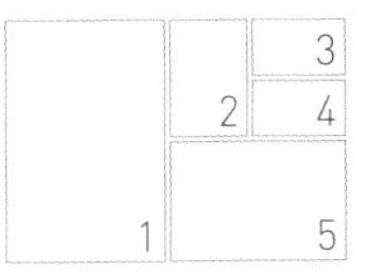

1 개구리바위를 내려서면 만나는 연분홍 꽃길. **2** 능선 삼거리의 진달래 터널. **3** 개구리바위를 내려서는 철계단 뒤로 여천공단이 펼쳐진다. **4** 종착점인 상암초등학교. **5** 진달래 군락과 여천공단이 어울려 독특한 느낌을 풍긴다. 뒤로 묘도대교가 보인다.

당시 조선과 명나라 연합군이 진을 치고 일본군의 대함대와 맞서 싸웠던 기항지다. 조·명 연합군은 이 섬을 기점으로 노량해전을 벌여 7년간 끌어온 임진왜란을 끝낼 수 있었다. 이순신 장군은 노량해전에서 전사하기 전날인 1598년 11월 18일, 묘도에서 하룻밤을 보냈다. 묘도에서 최후의 작전회의를 하고 이튿날 노량해협에서 적선 450척을 격파하는 대승을 거뒀지만, 안타깝게도 적의 유탄에 유명을 달리했다. 여천공단과 묘도 사이에 놓인 다리는 묘도대교이고, 묘도와 광양만 사이에는 이순신대교가 놓여 있다.

459봉에서 진례산을 바라보며 걷는 길이 시원하다. 헬기장을 지나 철계단을 오르면 암봉에 올라서는데, 이곳이 일명 개구리바위③(코끼리바위, 기차바위)다. 개구리바위에서는 불그스레한 진달래밭이 온 산록을 채운 풍치가 발아래로 가득 펼쳐진다. 개구리바위를 내려오는 길도 긴 철계단이다. 탕탕 계단을 내려오면 부드러운 능선이 이어진다. 왼쪽은 소나무숲이고 오른쪽은 진달래밭이다.

꿈길 같은 꽃밭을 지나 아기자기한 암릉 지대를 지나면 산불감시 CCTV 철탑이 세워진 진례산 정상④에 올라붙는다. 예전에는 이곳을 영취산이라 했지만, 『신증동국여지승람』과 『동국문헌비고』 등 여러 고문헌의 기록에 따라 진례산으로 이름을 바꿨다. 지금의 영취산은 흥국사 대웅전 뒤쪽에 자리한 439m봉을 말한다. 진례산 정상은 과거 기우제를 지내는 신령스런 자리였다.

진례봉에서 탁 트인 사방을 둘러보며 조망을 감상하고 남쪽 봉우재 방향으로 내려선다. 급경사를 10분쯤 내려오면 도솔암을 지나 봉우재⑤에 닿는다. 진달래철이 되면 봉우재가 가장 붐빈다. 봉우재는 진달래밭까지 가장 쉽게 오를 수 있는 지점이면서, 간이음식점과 화장실 등이 있기 때문이다. 가볍게 진달래를 즐기고 싶은 사람들은 봉우재만 봐도 좋다. 시루봉 정상을 향

남해 푸른 바다와 연분홍 진달래가 어우러진 진례산 정상.

해 곧게 난 산길은 급경사이면서 여기저기 자리잡고 있는 바윗덩이들이 진달래밭 조망대 역할을 한다. '영취산 시루봉⑥(418.7m)' 팻말 앞에 서면 앞쪽 능선의 진달래 군락이 역광을 받아 반짝인다. 뒤를 돌아보면 지나온 진례산 일대의 웅장한 산세가 멋지게 펼쳐진다. 특히 개구리바위의 웅장한 암봉의 힘과 기운이 일품이다.

하산은 계속 능선을 따라 남쪽으로 가지 말고 다시 봉우재로 내려가는 것이 좋다. 봉우재에서 왼쪽으로 내려서면 흥국사, 오른쪽이 상암초등학교⑦다. 어느 쪽을 선택해도 길이 쉽고 편하지만, 상암동 쪽 교통이 더 편리하다. 상암동 방향으로 향하면 한동안 임도가 이어진다. 임도가 호젓한 오솔길로 바뀌면 곧 마을이 나타난다. 마을길에서는 동네 아주머니들이 재배한 더덕과 가시오가피순 등을 팔고 있다. 동백꽃이 핀 평화로운 마을을 지나면 상암초등학교 앞에 이르며 트레킹이 마무리된다.

course data

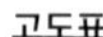

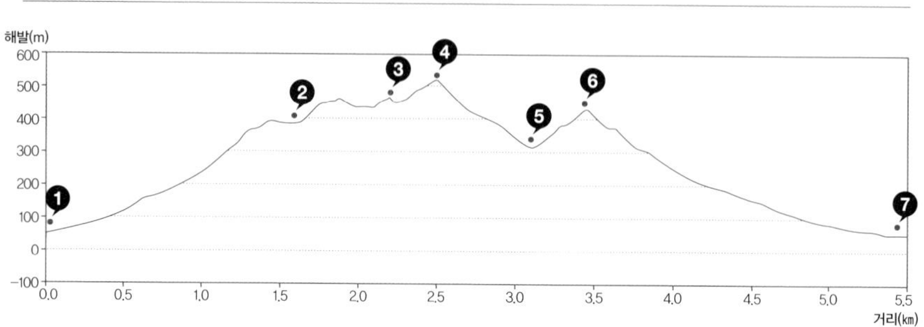

길잡이

영취산 코스는 전체적으로 완만한 편이라 가족 단위로 즐기기 좋다. 영취산의 아름다움을 두루 살펴보려면, 본문에서 소개한 진달래축제 행사장~개구리바위~진례산~봉우재~시루봉~상암초등학교 코스가 좋다. 총 거리는 5.5㎞, 3시간 소요된다. 가볍게 진달래를 즐기려면 단축코스를 이용하자. 상암초등학교(또는 흥국사)~봉우재~상암초등학교(또는 흥국사) 코스를 추천한다. 이 코스는 4㎞, 2시간쯤 걸린다.

교통

수도권에서 여수로 가려면 KTX를 이용하는 게 빠르고 편하다. 서울역 또는 용산역에서 출발하는 KTX 05:10~21:50, 1일 15회 운행하며, 3시간~3시간 30분쯤 걸린다. 버스는 센트럴시티터미널에서 여수행 버스가 05:50~24:00, 1일 15회 운행하며, 4시간 15분쯤 걸린다. 진달래축제장(GS칼텍스), 상암동, 흥국사 등으로 가는 시내버스는 여수시 교통정보(its.yeosu.go.kr)를 참조한다.

맛집

여수연안여객터미널 근처에 맛집이 많다. 원앙식당(061-664-5567)은 게장백반이 유명한 집이다. 간장게장, 양념게장, 갓김치, 된장찌개 등이 푸짐하게 나온다. 대성식당(061-663-0745)은 삼치회를 전문으로 하는 집이다.

course map

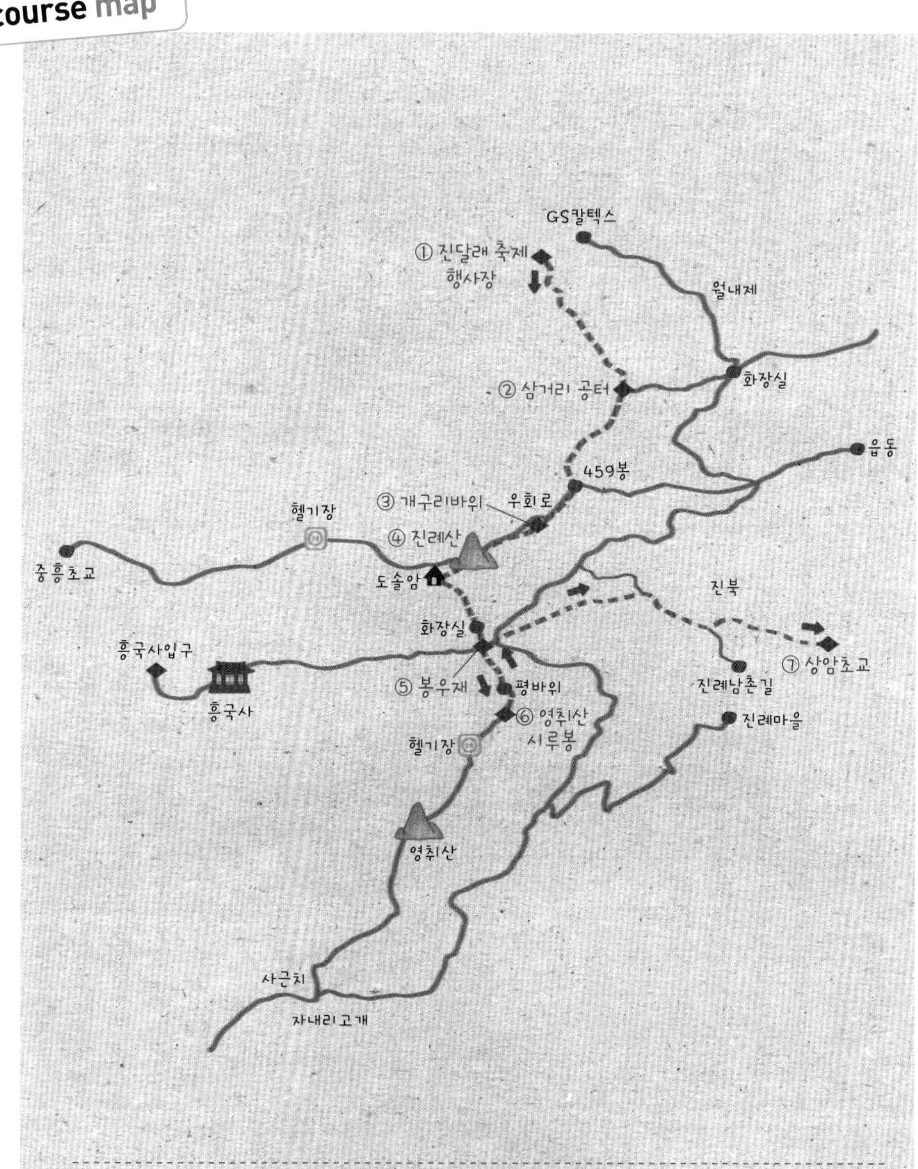

숙소 엠블호텔 여수(061-660-5800)와 베니키아 여수호텔(061-662-0001) 등이 시설이 좋다. 벨라지오관광호텔(061-686-7977)은 가성비가 좋다. 캠핑족은 여수굴전캠핑장(1588-3896), 경도오토캠핑장(010-2114-7474) 등을 이용한다.

코스 가이드

장소	서울특별시 강북구 수유동
코스	백련사 입구~진달래능선~대동문~북한산 성탐방지원센터
걷는 거리	7.2㎞
걷는 시간	3시간 40분
난이도	조금 힘들어요
좋을 때	3월 말, 4월 초(진달래)

서울에서 봄철 꽃산행으로 좋은 북한산 진달래능선은 비교적 완만해 인기가 높다.

백운대 바라보며 걷는 꽃길 능선

북한산 진달래능선

국립공원

북한산(836.5m)은 서울의 진산鎭山으로, 조선의 수도를 한양으로 결정하는 데 결정적인 역할을 한 산이다. 저마다 아름다움을 뽐내는 32개의 화강암 봉우리가 특징이다. 북한산에서는 가벼운 워킹에서 암벽등반까지 다양한 산행을 즐길 수 있다. 진달래능선은 북한산 동쪽에 자리한 낮고 볼품없는 능선이지만, 봄철이면 진달래가 만발해 유백색의 암봉과 멋지게 어울려 선경을 연출한다. 아울러 야생화가 만발하고 문화유적이 많은 북한산성 코스와 연결하면 봄나들이 코스로 그만이다.

진달래와 백운대가 어우러진 풍경

북한산 진달래능선은 주능선인 대동문에서 북동쪽으로 우이동까지 약 3km 뻗어 내린 능선이다. 코스의 출발점은 백련사 입구①이다. 흔히들 우이동에서 출발하지만, 수유동 백련사 입구를 출발점으로 선택하면 더욱 빨리 진달래능선에 올라붙을 수 있다. 마을버스에서 내려 도로 안쪽으로 들어서면, 곧 수려한 계곡이 눈에 들어오고 주변으로 벚꽃이 만발해 환하다.

벚꽃의 환영을 받으며 산길을 올라선다. 북한산둘레길을 따르는 갈림길이 나오고, 10분쯤 더 오르면 백련사 앞이다. 현대적인 건물로 치장한 백련사② 는 아쉽지만 볼거리는 없다. 그대로 통과하면 제법 가파른 돌계단 오르막이 나타난다. 그 길을 따라 오르느라 숨이 차오르고 등에 땀이 맺힐 무렵이면 진달래능선에 올라붙는다.

진달래능선③에 서자 울긋불긋 꽃대궐을 이룬 진달래가 반겨준다. 잠시 한숨을 돌리고 본격적으로 능선을 밟는다. 이곳부터 주능선을 만나는 대동문까지는 1.5km의 완만한 오르막이다. 능선을 따라 오른쪽으로는 나뭇가지 사이로 북한산의 백운대, 만경대, 인수봉이 어른거리고, 작은 봉우리를 오르면 암반이 나타나면서 조망이 열린다.

예로부터 북한산은 삼각산이라 불렸다. 세 봉우리(백운대, 만경대, 인수봉)가 유독 수려하고 우뚝하기 때문이다. 진달래의 붉은 빛과 북한산의 유백색 암봉이 어울린 모습은 봄에만 볼 수 있는 절경이다. 인수봉 옆으로 영봉, 도봉산 오봉을 거쳐 만장대로 이어진 능선이 하늘에 마루금을 그린다. 수도 서울에 북한산과 도봉산이 존재한다는 것은 그야말로 하늘이 내린 축복이다.

제법 가파른 길은 갑자기 평지처럼 부드러워지고, 길 양쪽으로 진달래가 펼쳐진다. 차마 발길이 떨어지지 않는 꿈결 같은 길을 지나면, 가파른 암릉

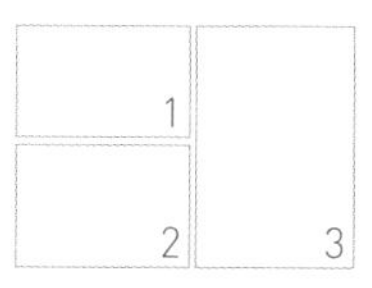

1 진달래가 만발해 터널을 이룬 진달래능선. **2** 북한산성의 성문 중에서 가장 웅장한 자태를 자랑하는 대동문. **3** 설악산이 부럽지 않은 북한산성계곡. 뒤로 원효봉이 우뚝하다.

이 나온다. 그 끝에는 로프가 걸려 있다. 진달래능선의 가장 난코스다. 두 손으로 로프를 꼭 잡고 20m쯤 조심 조심 오르니 다시 길이 완만해지면서 대동문을 만나게 된다. 대동문④은 북한산 동쪽 지역인 수유동에서 올라오는 관문으로 여러 길의 교차점이라 항상 사람들로 북적인다. 대동문 안의 넓은 공터는 점심 장소로 인기가 좋다.

공터에서 점심을 먹고, 북한산성 안쪽으로 하산길 방향을 잡는다. 산성 안으로 내려가는 길은 순하고 부드럽다. 북한산성은 포물선을 그리는 주능선과 의상봉능선에 쌓은 성이다. 밖에서 보면 험하기가 철옹성같지만, 그 안은 완만하고 넓은 터가 형성되었다. 하늘이 내린 천혜의 지형이다.

산비탈에 가득한 노랑제비꽃을 구경하며 내려오면 곧 북한산성계곡을 만난다. 여기서부터는 계곡을 따르는 호젓한 길이다. 계곡 옆으로 다시 등장한 진달래가 신록과 어우러져 농염한 봄빛을 내뿜고 있다. 행궁터 안내 팻말이 서 있는 갈림길에서 왼쪽 길을 따라 10분쯤 오르면 행궁터가 나온다. 행궁은 임금이 궁 밖으로 행차할 때 임시로 머무르던 별궁別宮을 말한다.

북한산성은 병자호란 이후 1711년 조선 숙종 때 대대적으로 증축됐다. 전쟁 등의 유사시에 천혜의 지형을 활용하기 위해서다. 14개의 성문과 120칸의 행궁, 140칸의 군창 등이 있어 유사시에 수도의 역할을 대신할 수 있게 설계됐다.

갈림길에서 15분쯤 내려가면 수려한 계곡 옆으로 주춧돌만 남은 산영루 터⑤가 나온다. 기록에 의하면 산영루는 북한산성계곡 최고의 절경인 향옥탄을 바라보고 있고, 조선 초기의 문인 김시습이 이곳에서 온종일 시를 써서 계곡물에 띄워 보냈다고 한다. 산영루 터 앞쪽이 비석거리다. 비스듬히 누운 암반에 비석들이 즐비하게 서 있다. 비석들은 당대 북한산성 총사령관들의

북한동으로 내려가는 호젓한 계곡은 사색하며 걷기에 좋다.

선정비가 대부분이다.

비석거리를 지나 커다란 구름다리를 건넌다. 노적사 갈림길이 등장한다. 잠시 오른쪽으로 향해 노적사에 들러 노적가리처럼 우뚝한 노적봉을 감상한다. 선인들은 이곳 일대를 노적동露積洞이라 부르며 찾아와 즐겼다. 다시 갈림길로 돌아와 계곡을 따라 가면 중성문에 닿는다. 중성문⑥은 북한산성 안의 내성內城으로 순한 계곡길을 보완하기 위해 만들었다. 능선이 아닌 계곡에 있는 문으로는 유일하며, 그 옆 계곡에는 수문의 흔적이 남아 있다.

중성문을 나오면 북한동에 닿는다. 예전에는 식당이 즐비해 사람들이 붐비던 곳이었지만, 지금은 북한동역사관만이 덩그러니 남아 있다. 북한산성 계곡은 오른쪽 백운대 방향에서 내려온 물을 껴안고 더욱 큰 소리로 흐른다. 계곡을 따라 30분쯤 내려와 북한산성탐방지원센터⑦에 닿으면서 트레킹이 마무리된다.

course data

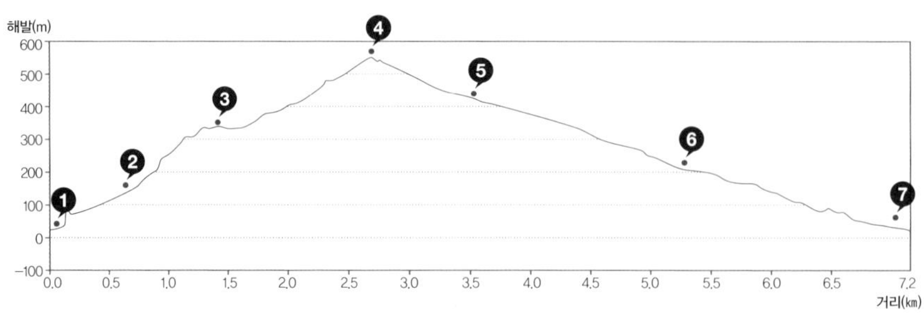

길잡이

진달래능선과 북한산성계곡을 연결한 코스다. 벚꽃, 신록, 진달래가 어우러진 능선과 계곡의 봄빛을 만끽할 수 있다. 아울러 북한산성의 역사와 유적을 둘러볼 수 있어 좋다. 백련사 입구~대동문까지 거리는 2.7km, 1시간 40분 소요된다. 대동문에 다다르기 전 진달래능선의 난코스에서 지쳤다면, 대동문까지만 보고 내려와도 좋다. 문화유적까지 충분히 즐기고 싶다면, 대동문~북한산성탐방지원센터까지 도전하자. 거리는 4.5km, 약 2시간 코스다.

교통 대중교통 이용 시 지하철 4호선 수유역 1번 출구로 나온 후, 버스정류장에서 강북01번 마을버스를 타고 백련사에서 내린다.

맛집 대보명가(02-907-6998)는 제천에서 약초밥으로 유명한 식당으로 2011년 수유동에 분점을 냈다. 재료는 제천에서 기르거나 산에서 캔 약초를 주로 사용한다. 대표 메뉴는 약초밥인데, 남자 밥과 여자 밥을 따로 내온다. 남자 밥은 인삼과 복령 등, 여자 밥은 당귀와 천궁 등의 약재 달인 물로 밥을 짓는다.

곤드레이야기(02-994-5075)는 마치 강원도 정선에서 먹는 것처럼 곤드레나물밥을 제대로 잘하는 집이다. 안주로는 숯불돈제육이 좋고, 여름철에는 오이소박이국수도 별미다. 백련사 버스정류장에서 가깝다.

course map

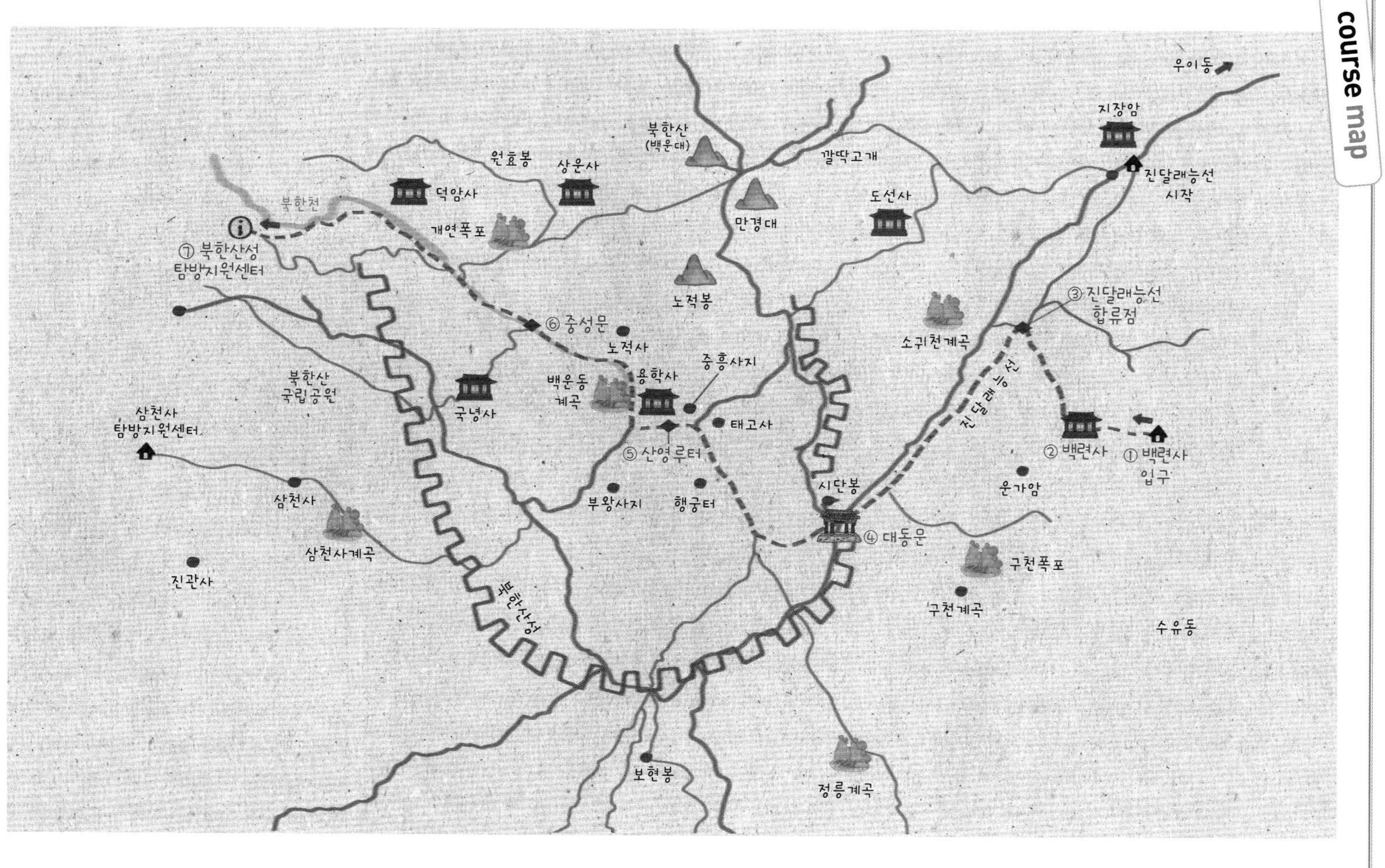

우이동
지장암
진달래능선 시작
북한산
(백운대)
깔딱고개
원효봉
상운사
덕암사
북한천
개연폭포
만경대
도선사
⑦ 북한산성 탐방지원센터
노적봉
③ 진달래능선 합류점
소귀천계곡
⑥ 중성문
노적사
중흥사지
용학사
북한산 국립공원
백운동 계곡
국녕사
태고사
진달래능선
② 백련사
① 백련사 입구
삼천사 탐방지원센터
⑤ 산영루터
시단봉
운가암
삼천사
부왕사지
행궁터
④ 대동문
삼천사계곡
구천폭포
진관사
북한산성
구천계곡
수유동
보현봉
정릉계곡

코스 가이드

장소	대구광역시 달성군·경상북도 청도군 각북면
코스	비슬산자연휴양림~대견사~천왕봉~유가사 주차장
걷는 거리	9㎞
걷는 시간	4시간 40분
난이도	제법 힘들어요
좋을 때	4월 중순·말(진달래)

비슬산 고원에 형성된 참꽃군락지 제1전망대. 약 30만 평이 온통 진달래꽃밭이다.

흐르는 돌강, 파도치는 연분홍 물결

대구

비슬산

대구광역시 달성군과 청도군에 걸친 비슬산은 산림청이 지정한 100명산에 이름을 올린 대구·경북 지역의 명산이다. 생김새가 거문고와 같아 '비파 비琵', '거문고 슬瑟'자를 써서 비슬산으로 불렀다는 기록이 】유가사 창건 내력(에 나온다. 『삼국유사』에는 '포산包山'과 '소슬산所瑟山'으로 적혀 있다.

세계 최대 규모의 신비로운 돌강

비슬산의 으뜸 자랑은 참꽃(진달래꽃) 군락지다. 조화봉과 월광봉 아래 드넓은 고원이 온통 진달래 군락지다. 크기가 무려 30만 평으로 고양호수공원과 비슷하다. 호수공원이 전부 진달래밭이라고 생각하면 된다. 또 하나의 자랑은 천연기념물로 지정된 '달성 비슬산 암괴류岩塊流'다. 그밖에 대견사大見寺

의 장쾌한 조망과 영험한 기운, 정상 일대의 웅장한 풍모 등을 꼽을 수 있다.

비슬산 진달래 트레킹은 암괴류가 넓게 형성된 비슬산자연휴양림①을 출발점으로 대견사지~참꽃군락지~월광봉~천왕봉~유가사 코스가 좋다. 비슬산자연휴양림은 대구 시민들의 쉼터로 비슬산 중턱에 자리해 쾌적하다. 관리사무소를 출발해 '숲속의 집'을 지나면 탐석 산책로를 만난다. 비슬산 암괴류를 둘러보기 좋은 길이지만, 대견사로 올라가는 길에 자연스럽게 볼 수 있어 그냥 통과한다. 이어 '비슬산 쉼터②'에서 식수를 물통에 담는다. 휴양림 곳곳에 약수터가 많아 좋다.

쉼터 앞이 갈림길이다. 대견사와 조화봉이 갈린다. 대견사 방향으로 접어들면 비로소 등산로가 나타난다. 소나무 우거진 숲길은 급경사로 변하고, 오른쪽으로 암괴류가 펼쳐진다. 암괴류는 쉬운 말로 '돌강③', 돌이 흐르는 강이다. 둥글거나 각진 암석 덩어리가 아주 천천히 흘러내리면서 산 경사면이나 골짜기에 쌓인 것을 말한다. 둥근 바위들을 타고 넘어 돌강의 중간쯤에 서니, 아래에서 콸콸 청량한 물소리가 들린다. 바위틈에서는 여기저기 진달래가 피어 봄기운을 물씬 풍긴다. 돌강은 강물처럼 가운데가 수심이 가장 깊고 가장자리로 갈수록 얕아진다. 가장 깊은 곳은 5m에 이른다.

돌강은 대견사 아래 해발 1,000m 지점에서 흐름을 시작해 700m 고도에서 맞은편 산에서 온 다른 돌강과 합류한 뒤 450m 고도까지 이어진다. 현재 길이는 1.4km, 하천개수공사와 휴양림 시설을 짓기 위해 훼손된 곳까지

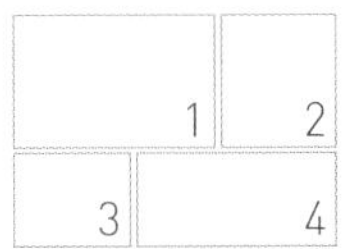

1 영험한 기도 도량이었던 대견사의 삼층석탑. 벼랑에 선 모습이 위풍당당하다. **2** 천왕봉을 병풍처럼 두른 천년고찰 유가사. **3** 비슬산 진달래꽃은 다른 산에 비해 유독 색이 진하다. **4** 천왕봉 오르는 길에 뒤돌아본 풍경. 왼쪽 월광봉, 그 뒤로 축구공 모양의 강우레이더관측소 건물이 들어선 조화봉이 보인다.

합치면 2km에 이른다. 세계적으로 영국 다트무어, 미국 시에라네바다, 호주 태즈매니아 등이 유명하지만, 비슬산의 규모에 미치지 못한다. 비슬산 돌강이 세계적으로 가장 규모가 크다.

바윗덩어리들은 비교적 둥글둥글하고 큰 것은 지름이 10m에 이른다. 이 화강암 바위들은 중생대 말 백악기 때 깊은 땅속에 뚫고 들어온 마그마가 굳어 형성됐다. 그리고 빙하기를 거치면서 얼었다 녹기를 반복하면서 지금의 모습처럼 만들어졌다.

조망이 일품인 대견사 삼층석탑

울퉁불퉁한 돌강의 가장자리와 뒤엉킨 가파른 산길을 따르면 대견사[4]에 이른다. 대견사는 신라 흥덕왕 때 창건되었을 것으로 추정하며 태종 16년(1416년)과 세종 5년(1423년)에 절에 있던 장육관음상丈六觀音像이 땀을 흘려 조정에까지 보고된 일이 있었다. 임진왜란 전후에 불탔고, 1900년 영친왕의 즉위를 축하하기 위해 이재인이란 사람이 중창하였으나 1909년에 폐허가 되었다. 그리고 2014년 3월 1일 달성군과 동화사의 노력으로 대견사가 다시 중창됐다.

벼랑 끝에 매달린 삼층석탑 앞에 서면 시원하게 조망이 열린다. 멀리 현풍들판 일대와 낙동강 줄기가 반짝이며, 석탑 아래로는 돌강이 흘러내린다. 삼층석탑은 마치 거대한 돌강 전체를 기단으로 삼은 듯하다. 석탑은 본래 9층이었는데, 도굴꾼들에 의해 무너져 3층으로 복원됐다고 전한다. 탑 주변에는 돼지바위, 형제바위, 코끼리바위 등이 갖가지 형상을 한 바위들이 널려 있어 그것을 찾아보는 재미가 쏠쏠하다.

대견사를 병풍처럼 에워싸고 있는 거대한 바윗덩어리 사이에 놓인 계단

대견사 아래에서 본 비슬산 암괴류(돌강). 세계 최대 규모로 자연의 신비로움이 가득하다.

참꽃군락지 한가운데에 난 데크길은 꽃을 즐기며 걷기 좋다.

을 오르면 갑자기 시야가 열리면서 연분홍 물결이 파도처럼 몰려온다. 비슬산의 자랑인 참꽃 군락지⑤다. 30만 평의 완만한 고원이 온통 진달래다. 이곳 진달래는 다른 산에 비해 유독 색이 진하다. 툭 터진 고원에서 강한 바람을 맞으며 자랐기에 생명력 강하고 색이 진한 것은 아닐까.

정상으로 가려면 오른쪽 능선을 타면 되지만, 진달래 군락을 가로지르는 데크길을 따른다. 좀 더 가까이서 꽃을 즐기고 싶어서다. 데크를 따라 좀 내려가면 널따란 제1전망대와 제2전망대가 차례로 나온다. 참꽃 군락지 한가운데 만들어진 쉼터이자 조망대다. 계속 데크를 따르면 참꽃 군락지를 가로질러 월광봉 아래 능선에 올라붙는다. 진달래밭 사이를 걸어왔더니, 온몸이 연분홍으로 물든 느낌이다.

이제부터는 능선길이다. 조망이 열린 곳에서 내려다보는 참꽃 군락지가 장관이다. 산길은 월광봉 정상 아래로 우회해 천왕봉⑥으로 이어진다. 한동안 완만한 능선이 지루하게 이어지다가 억새들이 보이기 시작하면, 정상이 가까워졌다는 뜻이다. 점점 관목이 줄어들고 고원 느낌이 들면서 정상이 나타난다. 비슬산 정상을 예전에는 대견봉으로 불렀으나, 지금은 본래 이름인 천왕봉으로 불린다. 정상 남쪽 산사면은 바위들이 우뚝해 '병풍등'이라 부른다. 암봉으로 이루어진 정상은 조망이 뛰어나다. 서쪽으로 유가사가 성냥갑처럼 보이고, 멀리 현풍면 일대가 아스라하다. 남쪽으로 걸어왔던 길과 조화봉의 기상 관측 레이더가 까마득히 멀어 보인다.

하산은 북쪽으로 능선을 좀 타다가 유가사로 내려가는 길을 택한다. 정상에서 곧장 내려가는 길도 있지만, 워낙 급경사라 좋지 않다. 잠시 부드러운 능선이 이어지다가 길은 급경사로 바뀐다. 40분쯤 급경사를 내려오면 도성암 갈림길⑦이 나온다. 여기서 유가사 방향을 택하면 길이 완만해지면서 지그재그로 이어진다. 솔숲 그윽한 운치 있는 길은 곧 포장 임도를 만난다. 도성암으로 이어진 도로다. 도로 중간에 오솔길이 있어 그곳을 따른다. 몇 구비를 돌면 수도암이 나오고, 모퉁이를 한 번 더 돌면 유가사⑧다. 주황색 기와가 인상적인 유가사 천방루 뒤로 천왕봉이 병풍처럼 펼쳐진다. 천천히 유가사를 구경하고 내려와 유가사 주차장⑨에 닿으면서 트레킹이 마무리된다.

course data

고도표

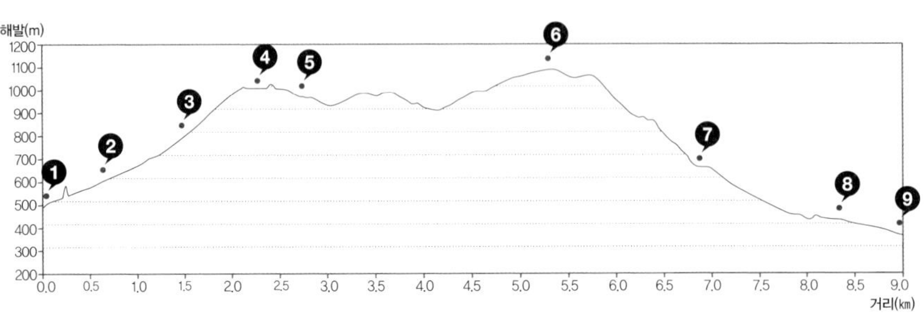

길잡이

비슬산 트레킹 코스는 비슬산자연휴양림~대견사~진달래(참꽃) 군락지~천왕봉~도성암 갈림길~유가사 주차장. 총 거리 9km, 4시간 40분쯤 걸린다. 유가사를 출발점으로 잡아 원점회귀 하는 코스도 가능하지만, 돌강의 신비로움을 보려면 비슬산자연휴양림에서 시작하는 것이 좋다. 오르내리는 길이 매우 급경사라서 스틱을 이용해 무릎의 하중을 줄이는 것이 좋겠다. 정상에서 유가사로 곧장 내려가는 길은 경사가 심하므로 도성암을 거쳐 하산한다.

교통

자가용으로 가려면 중부내륙고속도로 현풍IC로 나와 찾아간다. 서울남부터미널(1688-0540)에서 출발하는 현풍행 버스가 11:20~18:10, 1일 5회 운행하며, 3시간 40분쯤 걸린다. 비슬산자연휴양림과 유가사행 시내버스 노선은 대구 버스노선안내시스템(businfo.daegu.go.kr)을 참조한다. 현풍에서 택시를 이용하면 휴양림과 유가사까지 1만원 미만으로 나온다.

한편 비슬산자연휴양림 공영주차장에서 반딧불이 전기차가 대견사까지 09:20~16:20(주말 09:05~16:30), 1일 15회(주말 19회) 운행하며 35분쯤 걸린다.

course map

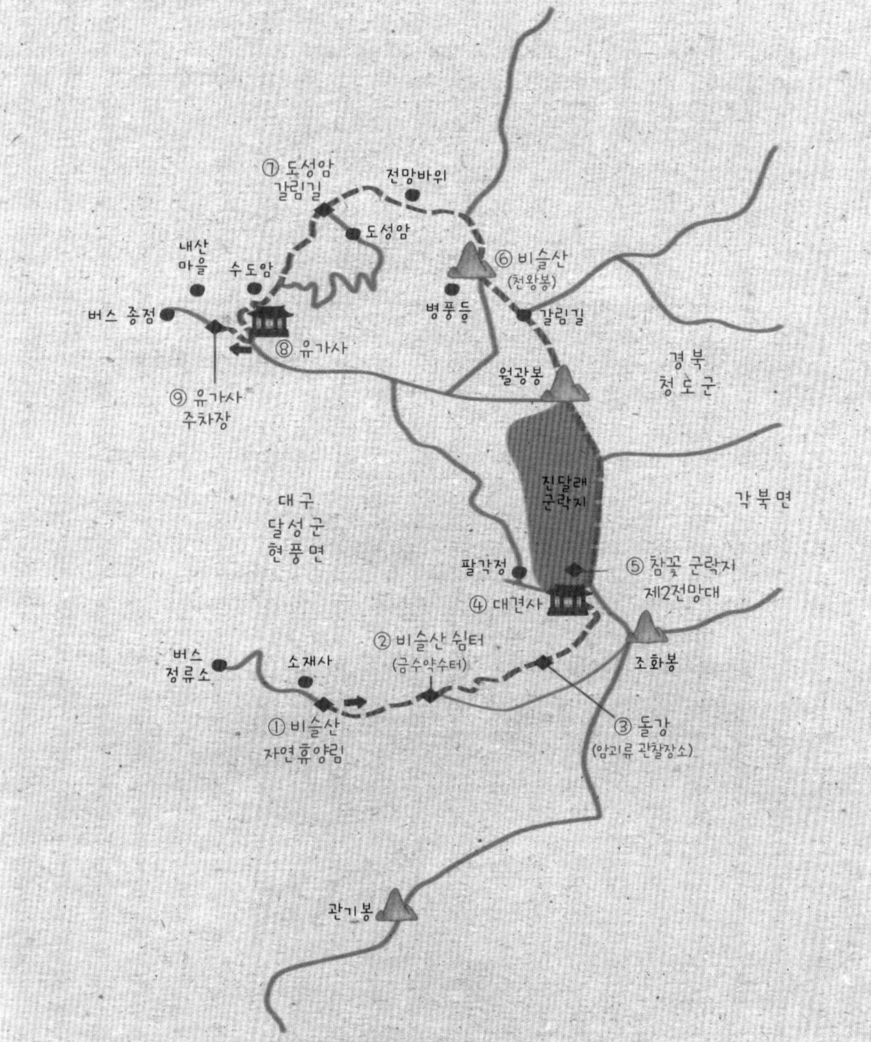

⑦ 도성암 갈림길
전망바위
도성암
내산 마을
수도암
⑥ 비슬산 (천왕봉)
병풍듬
갈림길
버스 종점
⑧ 유가사
⑨ 유가사 주차장
월광봉
경북 청도군
진달래 군락지
대구 달성군 현풍면
각북면
팔각정
⑤ 참꽃 군락지 제2전망대
④ 대견사
② 비슬산 쉼터 (금수약수터)
버스 정류소
소재사
조화봉
① 비슬산 자연휴양림
③ 돌강 (암괴류 관찰장소)
관기봉

숙식

비슬산 품에 자리한 비슬산자연휴양림(053-659-4400)에서 1박을 한 후에 트레킹을 시작하면 더할 나위 없이 좋다. 현풍은 현풍할매집곰탕이 유명하다. 원조현풍박소선할매집곰탕(053-615-1122)와 원조현풍할매집곰탕(053-614-2031)이 잘한다.

코스 가이드

장소	전라북도 남원시 운봉읍
코스	전북학생교육원~바래봉~지리산허브밸리
걷는 거리	12.5㎞
걷는 시간	6시간
난이도	조금 힘들어요
좋을 때	5월 초·중순(철쭉), 1월(눈꽃)

바래봉 철쭉의 최고 군락지는 팔랑치 일대다. 뒤로 연초록빛을 품으며 솟은 봉우리가 바래봉이다.

철쭉이 수놓은 지리산 전망대

남원 바래봉

국립공원

남원은 '민족의 어머니 산'인 지리산이 넓게 펼쳐진 고을이다. 백두대간 줄기를 따라 덕두산(1,150m)·삼봉산(1,187m)·명선봉(1,586m)·반야봉(1,732m)·노고단(1,507m) 등 해발 1,000m 이상의 산들이 우뚝 솟았고, 그 아래에는 해발 450~650m에 달하는 운봉고원이 넓게 펼쳐져 있다. 운봉읍·인월면·산내면·아영면에 걸쳐 있는 운봉고원에는 정령치·등구재·다리재·꼬부랑재·여원재·팔랑치 등 험한 고개들이 많다.

운봉고원 위에 자리한 바래봉(1,167m)은 철쭉 덕분에 유명해진 산이다. 성삼재 북서쪽에 자리한 지리산 변두리의 작은 봉우리였지만, 철쭉 군락이 알려지면서 인기 있는 명산으로 혜성처럼 등장했다. 바래봉 철쭉은 우리나라 최고란 수식어가 아깝지 않다. 말끔한 초원지대 여기저기 봉긋한 철쭉 군락이 퍼져 있으며, 꽃도 크고 붉은 기운이 짙어서 한결 아름답다. 정상에서 감상하는 지리산 주능선 조망도 일품이다.

철쭉 군락의 핵심은 팔랑치 일대

바래봉 철쭉 군락은 본래 국립종축원 남원지원의 목장지대이다. 1970년대 초 면양을 키우며 철쭉밭이 조성됐다. 목장에서 키우는 먹성 좋은 면양들이 새순이 돋자마자 뜯어먹는 바람에 대다수의 수목이 깡그리 말라죽었지만, 독성이 있는 철쭉잎은 건드리지 않았던 것이다. 게다가 초지 조성을 위해 뿌린 비료 덕에 철쭉은 더욱 무성하게 자랐고, 지금과 같은 철쭉 화원을 이루게 됐다.

추천하는 철쭉 트레킹 코스는 전북학생교육원을 출발점으로 서북능선을 타면서 팔랑치 일대와 바래봉 일대의 철쭉을 감상하는 코스다. 철쭉 명소를 두루 들를 수 있고 산행 부담도 없어 바래봉 철쭉 코스 중에서 가장 좋다.

자가용을 가져왔으면 무료로 주차할 수 있는 전북학생교육원① 주차장을 이용하는 것이 좋다. 교육원 건물 옆에 있는 바래봉 등산 안내판을 확인하고 시멘트 도로를 따라 끝까지 오르면 등산로를 만나게 된다. 여기서부터 지리산 서북능선으로 이어지는 세동치까지 1.8km의 완만한 오르막이 이어진다.

산길 초입에는 하늘을 찌를 듯한 소나무가 울창하게 숲을 이루고 있다. 상쾌한 솔향 맡으며 걸음을 옮기면 어느새 소나무가 사라지고 활엽수들이 나타난다. 분위기 좋은 이깔나무숲을 지나면 제법 경사졌던 산길이 완만해지면서 하나둘 철쭉이 보이기 시작한다. 화사한 연분홍 철쭉의 환영인사를 받

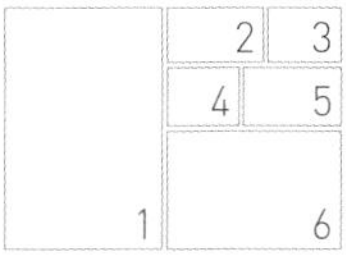

1	2	3
	4	5
	6	

1 전북학생교육원에서 세동치로 이어지는 울창한 숲길. **2** 지리산허브밸리의 바래봉 입구. **3** 전북학생교육원에서 등산로 초입으로 가는 길. **4** 지리산 주릉 조망이 시원하게 펼쳐지는 바래봉 정상. **5** 싱그러운 연초록 숲 사이로 바래봉이 봉긋 솟았다. **6** 부운치를 지나면 처음으로 철쭉 군락지가 나온다.

으며 마지막 비알길을 오르면 대망의 지리산 서북능선에 올라붙는다. 세동치② 고갯마루에 한숨 돌리며 쉬노라면, 정령치에서 출발해 세걸산을 넘어온 산꾼들이 바람처럼 스쳐간다. 능선을 오래 걸어온 탓에 가속도가 붙어 속도가 빠르다.

엉덩이를 툴툴 털고 일어나 작은 봉우리에 올라붙으면 오른쪽으로 시야가 넓게 열리며 지리산이 한눈에 펼쳐진다. 손을 뻗으면 닿을 듯한 펑퍼짐한 반야봉이 반갑고, 그 뒤로 노고단이 살짝 고개를 내민다. 웅장한 지리산의 모습에 기운을 얻어 작은 봉우리를 넘어서면 부운치③다. 남쪽의 평화로운 부운마을에서 올라오는 길이 여기서 만난다. 부운치를 거쳐 완만한 오르막에 올라서면 넓은 공터가 펼쳐진 1123봉이다. 사람들은 대개 이곳에서 옹기종기 모여 앉아 점심을 먹는다.

꿀맛 같은 점심을 먹고, 가야 할 길을 굽어보면 드디어 모습을 드러낸 울긋불긋 철쭉군락지가 어서 오라 유혹한다. 철쭉 빛깔에 이끌려 서둘러 내리막을 미끄러지듯 내려서면 비로소 철쭉 군락의 품에 안긴다. 바래봉 철쭉은 다른 곳에 비해 색이 다양하고 짙은 것이 특징이다. 첫 번째 철쭉밭을 지나면 목장 같은 초원이 펼쳐지고 군데군데 울긋불긋한 철쭉이 화룡점정을 찍는다. 어느 천국이 이보다 아름다울까. 초원 언덕에 올라서면 우와~ 탄성이 터져 나온다. 팔랑치④(철쭉 군락지) 드넓은 구릉 지대가 온통 붉은 물결이다. 그 물결 너머로 멀리 지리산 천왕봉이 우뚝하다. 까르르~ 철쭉밭에서 기념촬영을 하며 아이처럼 좋아하는 사람들 얼굴에도 꽃이 핀다.

팔랑치 철쭉 군락지를 충분히 즐겼으면 바래봉으로 출발이다. 팔랑치부터는 임도가 이어져 두 사람이 도란도란 이야기 나누며 걷기 좋다. 구상나무 조림지대를 지나면 삼거리⑤가 나온다. 지리산허브밸리에서 올라온 길이 여

계곡 아래로 부운마을이 아늑하고, 웅장한 지리산 줄기가 첩첩 산그리메를 그린다.

기서 만나 바래봉으로 이어진다. 간혹 힘들다며 바래봉을 생략하고 그대로 하산하는 사람이 있는데, 바래봉에 꼭 올라야만 산행의 대미를 장식할 수 있다.

바래봉⑥ 방향으로 걸음을 옮기면, 연초록 구상나무숲 위로 봉긋이 올라온 바래봉이 보인다. 그곳을 향해 걸음을 옮겨가다보면 급경사 된비알이 기다리고 있다. 초원지대의 강한 바람을 온몸으로 맞으며 바래봉을 오르는 기분은 꼭 지리산 최고봉인 천왕봉을 오르는 느낌이다. 바래봉에서의 조망은 그야말로 감동이다. 천왕봉에서 노고단까지 이어진 지리산 주릉이 파노라마처럼 한눈에 펼쳐진다.

하산은 다시 바래봉에 오르기 전에 만났던 삼거리까지 내려와 잘 닦여진 임도를 따른다. 방향은 지리산허브밸리, 임도길이 지루하고 팍팍하지만, 앞쪽에 펼쳐진 운봉읍의 산과 들이 어우러진 모습이 눈을 맑게 한다. 이 길을 출발점으로 바래봉을 오르내리는 것은 무척 재미없는 산행 코스다. 1시간쯤 임도를 따르면 드넓은 초지가 펼쳐진다. 국립축산과학원 가축유전자원시험장이다. 이곳을 지나 운지암 갈림길을 통과하면 지리산허브밸리⑦에 닿으며 트레킹이 마무리된다.

course data

고도표

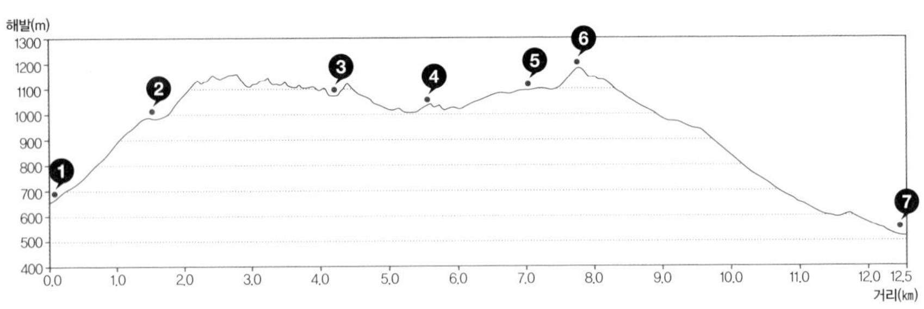

길잡이

대부분 사람들이 이용하는 지리산허브밸리~바래봉 왕복 코스는 9.4㎞, 4시간 30분쯤 걸린다. 이 코스는 임도를 따르는 길로, 특별한 것이 없어 지루하고 제법 힘들다. 그래서 조금 더 시간을 투자해 전북학생교육원~바래봉~지리산허브밸리 코스를 이용하는 것이 좋다. 총 거리 12.5km, 6시간 걸린다. 봄철에는 분홍빛 철쭉 군락과 연두빛 초원을 볼 수 있다. 종주를 즐기는 마니아 트레커라면 정령치~바래봉~춘향허브마을 코스를 추천한다. 거리는 18㎞, 8시간쯤 걸린다.

교통

자가용으로 가려면 순천완주고속도로 오수IC로 나와 운봉읍을 찾아간다. 기차는 서울역·용산역 → 남원역 KTX 05:10~21:50, 1일 16회 운행하며, 2시간쯤 걸린다. 버스는 서울센트럴터미널 → 남원버스터미널 06:00~22:20, 1일 11회 다니며, 3시간 10분쯤 걸린다. 남원에서 운봉 가는 버스는 수시로 다니며, 운봉에서 전북학생교육원까지는 택시를 이용한다.

맛집

운봉읍의 지리산고원흑돈(063-625-3663)은 지리산에서 자란 명품 흑돼지를 내놓는데, 제주 흑돼지가 부럽지 않을 정도로 맛이 좋다. 남원 시내 추어탕 거리에서는 새집추어탕(063-625-2443)이 가장 유명하다.

course map

⑦ 지리산허브밸리
운봉읍사무소
덕두산
운봉읍
⑥ 바래봉
⑤ 삼거리
운남초등학교
④ 팔랑치
공안제
철쭉군락지
내령리
1123봉
③ 부운치
① 전북학생교육원
상부운
② 세동치
고기탐방지원센터
세걸산
부운리
큰고리봉
덕동초등학교
정령치

숙소

광한루 뒤편에 자리한 남원예촌(063-636-8001)은 전통의 미를 간직한 세련된 한옥호텔이다. 켄싱턴리조트 지리산남원(063-636-7007), 지리산중앙하이츠콘도(063-626-8080) 등 리조트도 있다. 운봉읍의 남원 백두대간 캠핑장(063-620-5752)은 숙소와 캠프사이트를 잘 갖췄다.

코스 가이드

장소	경상남도 합천군 대병면·가회면
코스	모산재주차장~황매산~오토캠핑장
걷는 거리	8.2㎞
걷는 시간	5시간
난이도	조금 힘들어요
좋을 때	5월 초·중순(철쭉)

황매평전에서 정상으로 향하는 길은 철쭉으로 수 놓은 천상화원이다.

고산 평원과 화강암 봉우리가 어우러진 철쭉 명산

합천 황매산

군립공원

경상남도 산청군 차황면과 합천군 대병면·가회면의 경계에 자리한 황매산(1108m)은 예로부터 '영남의 소금강'이라 불렸다. 모산재(767m) 일대 각양각색의 화강암 바위들은 설악산과 북한산이 부럽지 않을 정도로 수려하고, 정상에서 하봉을 거쳐 회양리나 삼봉으로 굵게 이어지는 능선은 지리산처럼 웅장하다.

특히 매년 5월 초에는 정상에서 남쪽 베틀봉(946.3m)으로 이어지는 산릉과 그 양쪽 산사면 수십만 평의 고원이 철쭉꽃으로 덮인다. 그 선홍빛 철쭉 군락지의 황홀함이 황매산의 백미라 할 만하다. 황매산은 우리나라 3대 철쭉 명산을 꼽을 때에 빠지지 않는 곳이다. 최근에는 미국 방송사 CNN이 운영하는 문화여행 프로그램 'CNN GO'에서 선정한 '한국에서 가봐야 할 가장 아름다운 TOP 50'에 포함되기도 했다.

돛대바위 · 무지개터 · 모산재로 이어지는 절경

황매산은 웅장한 산세에 비해 코스가 평범하고 유순해 초보자도 큰 어려움 없이 오를 수 있다. 철쭉 군락은 정상 남쪽 황매평전이 가장 유명하지만, 북서릉의 떡갈재에서 남릉의 베틀봉에 이르기까지 능선 일대가 다 아름답다. 트레킹의 출발점으로는 합천 쪽의 모산재 주차장과 최근 문을 연 황매산오토캠핑장, 산청 쪽의 장박리와 떡갈재가 일반적이다. 추천하는 코스는 모산재와 황매평전 철쭉 군락지, 그리고 정상을 두루 둘러보는 길이다.

출발점은 모산재 주차장①이다. 여기서 능선을 타고 모산재로 곧장 가도 되지만, 영암사지를 들렀다가 가는 것이 좋다. 15분쯤 도로를 따르면 영암사지②가 나온다. 이 절터에는 화강암으로 만든 예사롭지 않은 유물들이 가득한데, 특히 쌍사자석등 뒤로 보이는 모산재 일대의 암릉이 일품이다. 절터 뒤 숲 속에 자리한 금당터에는 거북 모양의 비석받침대가 남아 있다. 비록 비와 머리장식은 없어졌지만, 용머리가 고개를 들고 있는 모습은 힘차고 당당하다. 금당터에서 왼쪽 산길을 따르면 모산재 주차장에서 출발한 길과 만나면서 험한 암릉이 시작된다.

급경사 암릉길은 팍팍하기 짝이 없다. 그래도 앞쪽으로 마치 설악산 울산바위처럼 버티고 있는 순결바위 능선을 보면서 오르기에 눈은 즐겁다. 20분쯤 코가 닿을 듯한 급경사 철계단을 오르면 돛대바위(황토돛대바위)③를 만나면서 조망이 열린다. 돛대바위는 사랑하는 연인을 만나러 은하수로 가던 중

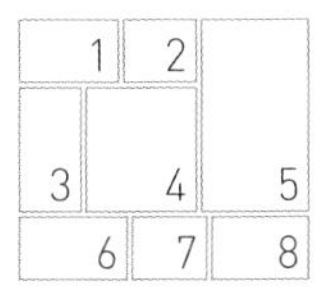

1 영암사지에서 험악한 암릉을 오르면 모산재에 닿는다. 뒤로 황매산 주봉들이 병풍처럼 둘러싸고 있다. **2** 모산재에서 바라본 돛대바위 암릉. **3** 설악산 바위가 부럽지 않은 돛대바위. **4** 황매평전의 영화세트장. 역광 속에 진분홍 철쭉 빛이 쏟아진다. **5** 황매평전에서 정상으로 향하는 길. **6** 영남 지방에서 큰 절로 추정하는 영암사지는 석탑과 석등 등 돌로 만든 유적이 정교하다. **7** 정상 직전의 전망대에서는 황매평전이 한눈에 들어온다. **8** 철쭉동산에서 본 철쭉 군락과 황매산 주봉.

배가 바위에 걸렸다는 전설이 내려오는 곳이다. 돛대바위 뒤로 대기저수지 일대가 시원하게 펼쳐진다.

돛대바위부터는 설악산 같은 수려한 암릉이 펼쳐지고, 점점 순결바위 능선이 내려다보인다. 암릉이 갑자기 끝나는 지점이 무지개터다. 이곳은 예로부터 명당자리로 유명하다. 풍수학자들은 엄청난 에너지가 모산재에서 이곳으로 흐른다고 전한다. 여기서 자연의 기운을 받아 호젓한 숲길을 5분쯤 가면 대망의 모산재 정상에 닿는다. 모산재④는 고갯마루가 아니라 정상 같다. 돌로 쌓은 멋진 제단이 놓여 있고 그 앞으로 조망이 넓게 열린다. 올라온 돛대바위 일대의 암릉은 입이 쩍 벌어질 정도로 험준하고, 반대편으로는 황매산 정상·중봉·하봉이 병풍처럼 둘러싸고 있다. 모산재부터는 휘파람이 절로 나는 숲길이다. 소나무 군락이 활엽수로 바뀌면서 잘 손질한 철쭉 군락지⑤가 나오고, 봉우리를 넘으면 철쭉 제단이 나오면서 선홍빛 물결이 넘실거린다. 철쭉 제단 아래에는 최근 개설한 오토캠핑장이 있다.

본격적인 철쭉 트레킹은 철쭉 제단부터 시작된다. 제단에서 베틀봉까지 능선의 왼쪽 사면이 전부 철쭉이다. '어떻게 여기가 다 철쭉밭이지!' 하는 감탄이 저절로 나올 정도로 넓다. 길은 철쭉 군락 사이사이에도 나 있다. 잠시 철쭉밭 사이로 난 길로 들어가 온몸을 붉게 물들이고 팔각정으로 발길을 옮긴다. 팔각정에서 광활한 철쭉 군락을 감상하고 길을 나서면 힘차게 솟은 황매산의 바위 봉우리가 한눈에 들어온다.

작은 언덕 위에 서 있는 영화세트장을 지나 황매평전에 내려서는 길은 제법 넓다. 산청과 합천에서 올라온 길이 그곳에서 만났다. 드넓은 고원인 황매평전⑥은 예전에 목장지대였다. 곧게 뻗은 나무데크 길과 함께 황매평전 능선이 시작된다. 데크 옆에 놓인 제법 그럴싸한 산성과 성문은 모두 영

배틀봉의 산사면을 가득 매운 광활한 철쭉 군락.

화세트다. 세트장과 어울린 철쭉 군락과 첩첩 산줄기가 제법 근사하다.

산청군에서 조성한 성문 옆의 철쭉 제단을 본 뒤 황매산 정상⑦을 향해 발을 옮긴다. 나무계단은 천천히 고도를 올리고 계단이 끝나 돌밭을 지나면, 바위봉 아래 전망데크가 나온다. 비행기에서 내려다보듯 펼쳐진 황매평전과 주변 산줄기를 한눈에 가득 담을 수 있다. 여기서 내려다봐야 비로소 드넓은 황매평전의 진가를 알 수 있다. 전망데크 위 우뚝한 바위봉은 정상이 아니다. 바위봉에서 10분쯤 더 가야 비로소 정상을 만날 수 있다. 작은 바위봉우리인 황매산 꼭대기에는 소박한 정상 표석이 서 있다. 정상에 서면 사방이 훤히 열려 첩첩 산줄기를 시원하게 볼 수 있다. 하산은 다시 황매평전으로 되돌아 나오고, 황매평전에서 오토캠핑장⑧으로 내려가 마무리한다.

course data

고도표

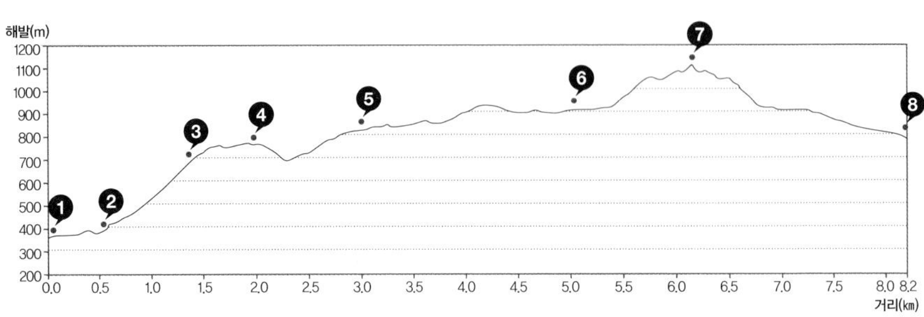

길잡이

황매산은 7부 능선인 오토캠핑장(850m)까지 차를 타고 올라갈 수 있어 산행 부담이 없다. 가족 단위 트레커라면 오토캠핑장~황매평전~황매산 정상~오토캠핑장 코스가 좋다. 거리는 4㎞, 2시간 걸리는 코스다. 수려한 암릉, 국내 최대 규모의 철쭉밭, 웅장한 산세 등 황매산의 진면목을 감상하려면 조금 힘들지만 모산재 주차장~황매산 정상~오토캠핑장 코스가 좋다.

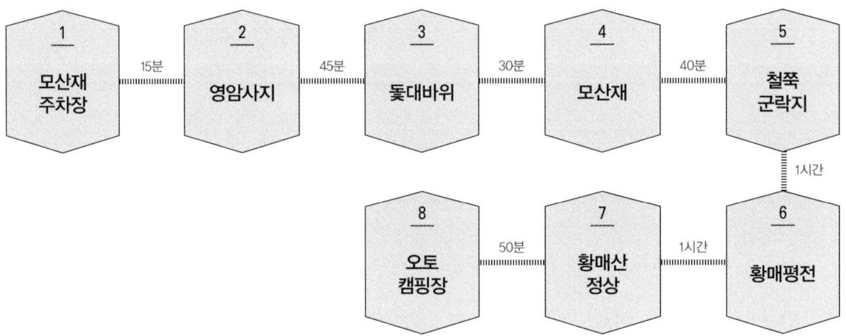

교통 자가용으로 가려면 대전통영고속도로 생초IC로 나와 합천호 관광단지를 거쳐 찾아간다. 합천행 버스는 서울남부터미널(1688-0540에서 07:50~18:40, 1일 4회 다니며 4시간쯤 걸린다. 합천 → 삼가행 버스는 06:40~18:00, 1일 14회 다닌다. 삼가에서 모산재 주차장 또는 황매산 오토캠핑장으로 가려면 택시를 이용해야 한다.

맛집 식당은 황매산 인근 삼가면 일부리에 삼가식육식당(055-933-8947)이 좋다. 주인장이 직접 소를 키워 질 좋은 고기를 저렴하게 내온다.

course map

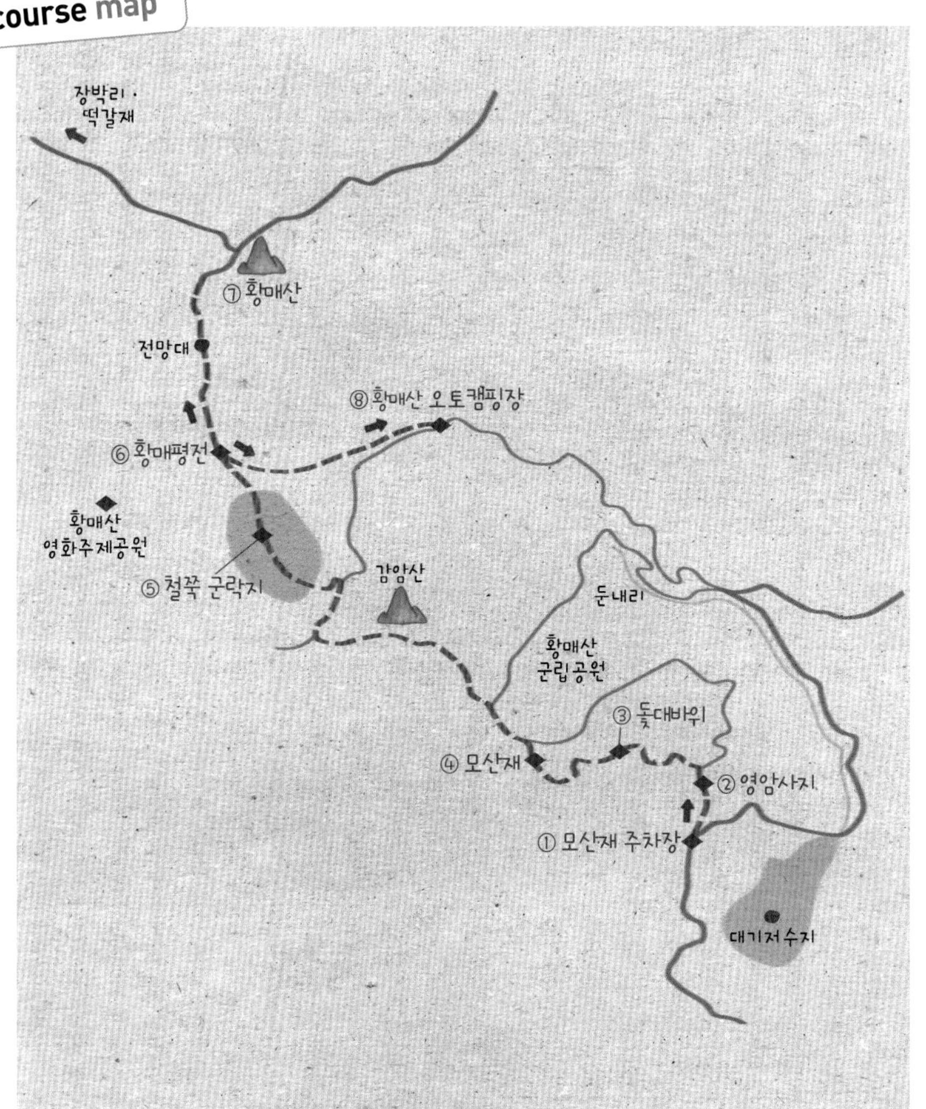

숙소 합천호 인근에는 좋은 숙소가 많다. 휴테마파크펜션(huethemepark.com)은 카라반과 캠프사이트를 두루 갖췄다. 황매산 오토캠핑장(055-932-5880, camp850.com)에 베이스캠프를 마련하고 트레킹을 즐기면 금상첨화다.

코스 가이드

장소	충청북도 단양군 가곡면·단양읍
코스	새밭~국망봉~비로봉~천동리
걷는 거리	17.3㎞
걷는 시간	8시간
난이도	힘들어요
좋을 때	5월 말·6월 초(철쭉), 1~2월(눈꽃)

철쭉과 연초록 신록으로 가득한 국망봉 삼거리

주목과 철쭉이 어우러진 천상화원

단양 소백산

국립공원

고된 산행길을 보상해주는 아름다운 꽃밭

소백산은 지리산 세석평전과 더불어 고산 철쭉 명산의 고전이다. 기후가 변화하면서 세석의 철쭉은 사라졌지만, 소백산 철쭉 군락은 아직까지 굳건하게 남아 있다. 소백산의 철쭉은 연화봉·비로봉·국망봉·상월봉 일대로 한 주능선에 골고루 퍼져 있다. 따라서 철쭉을 보기 위해서는 주능선까지 오르는 힘든 트레킹을 해야 한다. 어느 코스를 선택하든지 능선에 오르려면 적어도 3시간 이상 발품을 팔아야 한다.

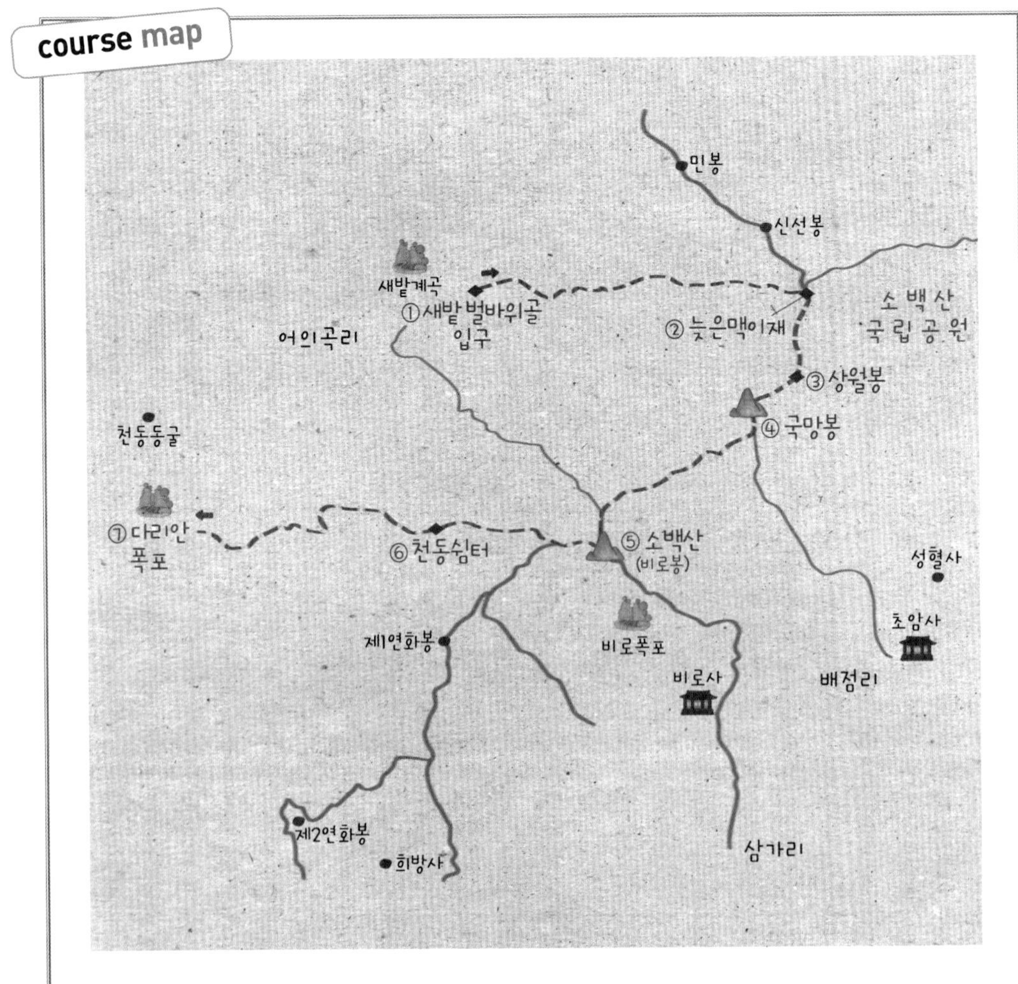

course data

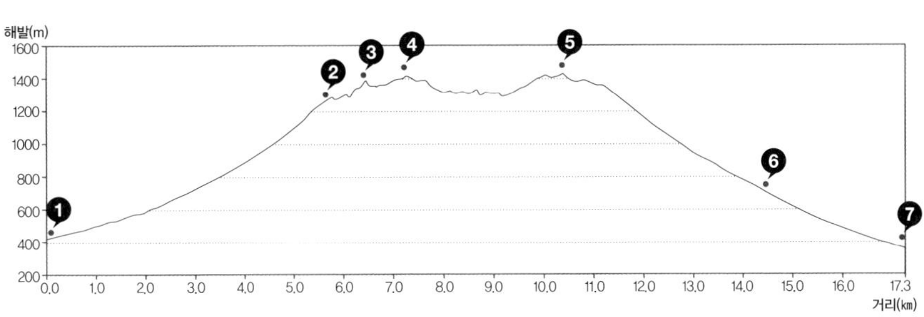

길잡이

추천하는 철쭉 트레킹 코스는 단양 어의곡리를 출발점으로 한 새밭~국망봉~비로봉~천동리 코스가 좋다. 이 코스는 상월봉·국망봉·비로봉 일대를 모두 둘러볼 수 있다. 총 거리 17.3km, 8시간 걸리므로 이 코스가 힘들다면 희방사~연화봉~비로봉~삼가리 코스도 괜찮다. 총 거리는 11km이고, 시간은 5시간 30분쯤 걸린다.

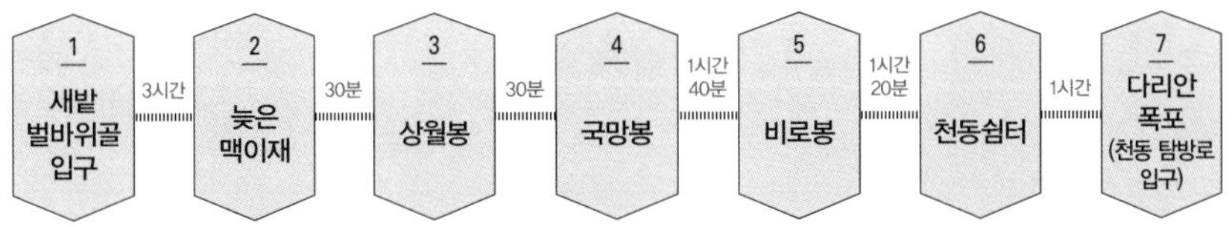

교통

자가용으로 가려면 중앙고속도로 북단양 나들목으로 나와 어의곡리를 찾아간다. 수도권에서 2시간 30분쯤 걸린다. 버스는 동서울터미널에서 출발하는 단양행 버스가 07:00~16:40, 1일 7회 운행한다. 단양 → 어의곡리 시내버스는 1일 7회 운행하고, 단양 → 천동계곡 시내버스는 7회 운행한다. 문의는 단양시외버스터미널(043-421-8800).

맛집

단양 읍내의 장다리식당(043-423-3960) 마늘돌솥밥은 단양의 대표 별미 중의 하나다. 돌솥에 마늘을 비롯해 흑미, 기장, 찹쌀, 백미 네 가지의 곡식과 밤, 대추, 은행, 콩 등을 함께 넣고 짓는다.

코스 가이드

장소	강원도 태백시·정선군 고한읍
코스	두문동재~금대봉~대덕산~안창죽
걷는 거리	10.8㎞
걷는 시간	5시간
난이도	무난해요
좋을 때	4~7월(야생화), 12~1월(눈꽃)

금대봉과 고곡나무샘 사이에 자리한 범꼬리 군락. 오른쪽 멀리 하이원 스키장이 위치한 백운산이 아스라하다.

검룡소를 품은 생태계 보존지역

태백 금대봉·대덕산

국립공원

강원도 태백시와 정선군의 경계를 이루는 대덕산(1,307m)과 금대봉(1,418m)은 국내 최고의 야생화 군락지로, 천연기념물인 하늘다람쥐가 날아다니고 꼬리치레도롱뇽이 집단 서식하는 자연생태계 보전지역이다. 한강의 발원지 검룡소를 품고 있어 일찍부터 주목받았으나, 풍부한 야생화 군락은 비교적 뒤늦게 알려졌다. 대덕산은 인근의 태백산과 함백산의 명성에 가려 인적이 뜸했고, 백두대간 마루금에서 살짝 벗어난 덕분에 생태계의 원형을 잘 간직하고 있다.

희귀식물과 꼬리치레도룡뇽이 서식하는 생태계 보고

1993년 환경부는 전문가들로 구성된 조사단을 대덕산과 금대봉 일대로 파견해 2년에 걸쳐 종합적인 자연자원조사를 벌였다. 조사해보니 우리나라 특산 식물 15종과 16종의 희귀식물이 자생하고 있었고, 천연기념물인 참매,

새매, 검독수리 등이 발견됐다. 또한 고한 쪽 두문동 계곡에서는 도마뱀, 한소리 계곡에서는 도롱뇽, 창죽계곡에서는 꼬리치레도롱뇽의 집단서식지가 발견됐고, 곤충류는 한국 미기록종 13종을 기록했다. 태백의 숲해설사인 김부래 씨에 의하면 대덕산에는 줄잡아 2,000종 정도의 식물이 서식하고 있다고 한다. 한국의 야생식물 종류가 약 4,000종이므로 그중 절반쯤을 대덕산 한 곳에서 볼 수 있는 셈이다.

금대봉·대덕산 야생화 트레킹은 두문동재(1,268m)를 출발점으로 하는 코스다. 금대봉~대덕산~검룡소를 두루 둘러보고 창죽동 방면으로 내려오는 게 좋다. 두문동재①는 고려가 멸망하고 조선이 개국하자 충절을 지킨 고려 유신들이 벼슬에 나가지 않고 이곳으로 이주해 두문불출했다고 하여 붙여진 이름이다. 고개 정상에는 산림감시초소가 있다. 차량 통행을 막아 놓은 차단기를 넘어 임도로 들어서면 야생화 트레킹이 시작된다.

금대봉으로 가는 길은 백두대간의 마루금으로, 불바래기 능선으로 불린다. 불바래기는 불을 바라본다는 뜻으로, 화전민들이 밭을 일구기 위해 산 아래에서 불을 놓고 이곳에서 기다리다 맞불을 놓아 산불을 진화했던 곳이다. 길섶에 들자 노란 뱀무가 잎사귀를 흔들고, 풀섶에서는 수줍은 듯 초롱꽃이 고개를 숙이고 있다. 모퉁이를 돌아서자 기다렸다는 듯 보라색 노루오줌과 흰색 꿩의다리가 모습을 드러낸다.

불바래기 능선은 금대봉 정상②에서 끝난다. 정상은 의외로 작고 소박하

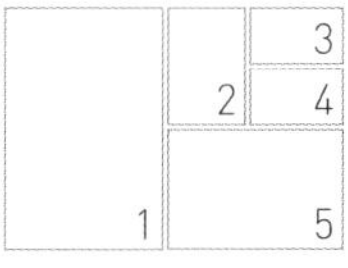

| 1 | 2 | 3 / 4 / 5 |

1 금대봉을 내려오면 조림한 독일가문비나무가 이국적 풍경을 물씬 풍긴다. **2** 이무기가 승천했다는 전설이 내려오는 검룡소. **3** 펑퍼짐한 형상의 금대봉은 다양한 식물들을 품고 있다. **4** 한강 발원지 중 하나인 고목나무샘. **5** 우암산 직전의 범꼬리 군락.

다. '금대봉'이라 쓰인 비석 또한 아담하다. 잡목 사이로 태백 일대의 웅장한 연봉들을 감상하고 내려오면, 독일가문비 나무가 도열한 이국적인 숲길이 펼쳐진다. 여기서 길은 왼쪽으로 방향을 틀어 언덕에 오른다. 탄성이 절로 터져 나온다. 갑자기 시원한 조망이 열리면서 첩첩 산줄기가 펼쳐지는데, 산비탈이 온통 범꼬리 군락이다. 바람에 흔들리며 낄낄거리는 범꼬리 군락과 웅장한 산세가 어울려 장관이다.

범꼬리 군락지를 지나면 분주령으로 가는 숲길로 들어선다. 길섶은 고사리 종류인 거대한 관중이 원시적 분위기를 물씬 풍긴다. 이 능선의 왼쪽으로는 정선 땅이고 오른쪽으로는 태백 땅이다. 오른쪽 태백 땅 120만 평은 생태보전지구로 지정돼 있다. 물컹거리는 길을 따라 조금 내려가면 '고목나무샘③'이 나온다. 이름 그대로 고목나무 아래의 샘으로, 한강의 발원지로 알려졌다. 이 샘에서 솟은 물이 이내 땅속으로 숨었다가 한강 발원지인 검룡소에서 다시 솟기 때문이다.

완만한 능선을 내려서면 드넓은 꽃밭이 펼쳐지는 분주령④이다. 여기서 대덕산 정상과 검룡소 쪽으로 내려가는 길이 갈린다. 대덕산으로 이어진 능선을 따르면 부드럽게 꽃으로 덮인 길 덕분에 힘든 줄 모른다. 대략 1시간쯤 지나면 갑자기 나무 그늘이 사라지고 하늘이 열린다. 가슴이 후련해지는 들꽃 세상, 바로 대덕산 정상⑤이다. 평퍼짐한 정상 일대는 봄부터 가을까지 형형색색 들꽃들로 화려하게 장식된다. 5~6월에는 전호로 온통 하얗게 덮히고 7월에는 궁궁이가 가득하다. 군데군데 하늘나리, 하늘말나리 등이 피어 붉은 반점을 찍어놓은 듯하다. 바람 부는 이곳에 풀을 베고 누우면, 푸른 하늘에 흰 구름이 고요히 흐른다. 천상 세계가 따로 없다. 남쪽 방향으로는 금대봉~은대봉~함백산~태백산으로 이어지는 백두대간 마루금이 힘차고, 동쪽 매봉

6 노루오줌. 7 한계령풀. 8 기린초 군락과 표범나비. 9 큰구슬붕이. 10 피나물.

산 바람의 언덕에 놓인 풍력발전기들이 바람개비처럼 작게 보인다.

하산은 남쪽을 따른다. 15분쯤 능선을 걸으면 오른쪽으로 내려서는 길을 만나게 된다. 올라오면서 혀를 헉헉 내민다는 일명 '땡칠이고개'를 내려서면 부드러운 숲길이 나타난다. 20분쯤 그윽한 숲길을 따르면 검룡소 갈림길이다. 여기서 오른쪽 검룡소까지는 불과 300m. 트레킹을 마무리하기 전에 한강의 발원지 검룡소⑥에 꼭 들러보자. 한강의 발원지답게 신비스런 분위기가 물씬 풍기고, 이무기가 용이 되려고 승천하면서 몸부림쳤다는 폭포가 장관이다. 검룡소는 금대봉과 대덕산 능선에 숨어 있는 제당굼샘과 고목나무샘에서 솟아나는 물이 땅속으로 스며들었다가 다시 뿜어져 나오는 곳이다. 시원한 물 한 모금 들이켜고 내려오면 안창죽(검룡소 주차장)⑦에 닿으면서 트레킹이 마무리된다.

course data

고도표

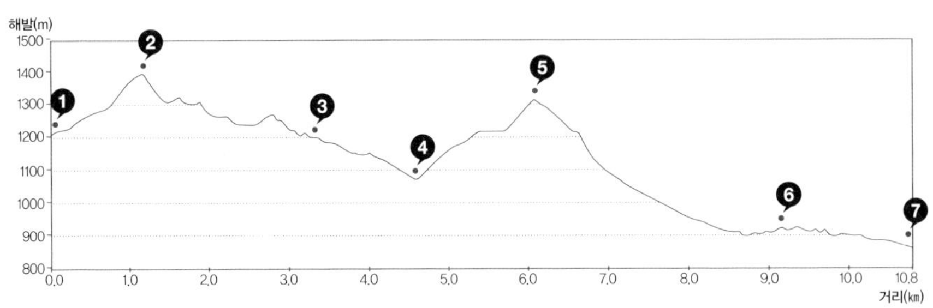

길잡이

금대봉과 대덕산은 곰배령과 더불어 국내 최고의 야생화 군락지로 두 산을 잇는 능선 코스가 일품이다. 두문동재를 출발해 검룡소 주차장까지 약 10.8㎞, 넉넉잡고 5시간쯤 걸린다. 금대봉과 대덕산 일대는 2016년 8월 지정된 태백산국립공원 영역에 포함된다.

• **사전 예약제:** 4월 셋째 금요일부터 9월 30일까지 개방하며, 인터넷 예약으로 하루 300명만 입장할 수 있다. 탐방 기간 중 출입 시간은 오전 9시~오후 3시다. 인터넷 예약일은 매월 1일/15일 오전 10시. 자연환경해설사의 해설도 들을 수 있다(두문동재~고목나무샘 구간). 카카오톡 '태백산, 내 도시락을 부탁해' 서비스에서 알찬 도시락을 주문할 수도 있다. 예약은 국립공원 예약통합시스템 홈페이지(reservation.knps.or.kr), 문의는 태백산국립공원(033-550-0000).

교통

자가용은 중앙고속도로 제천IC로 나와 찾아간다. 태백행 버스는 동서울터미널(1688-5979)에서 06:00~22:30, 1일 16회 운행하며 3시간쯤 걸린다. 기차는 청량리역에서 07:05~23:20, 1일 6회 운행하며 3시간 30분~4시간쯤 걸린다. 태백역에서 두문동재로 가려면 택시를 이용해야 한다. 안창죽 → 태백 가는 버스는 16:20, 1일 1회 있다.

course map

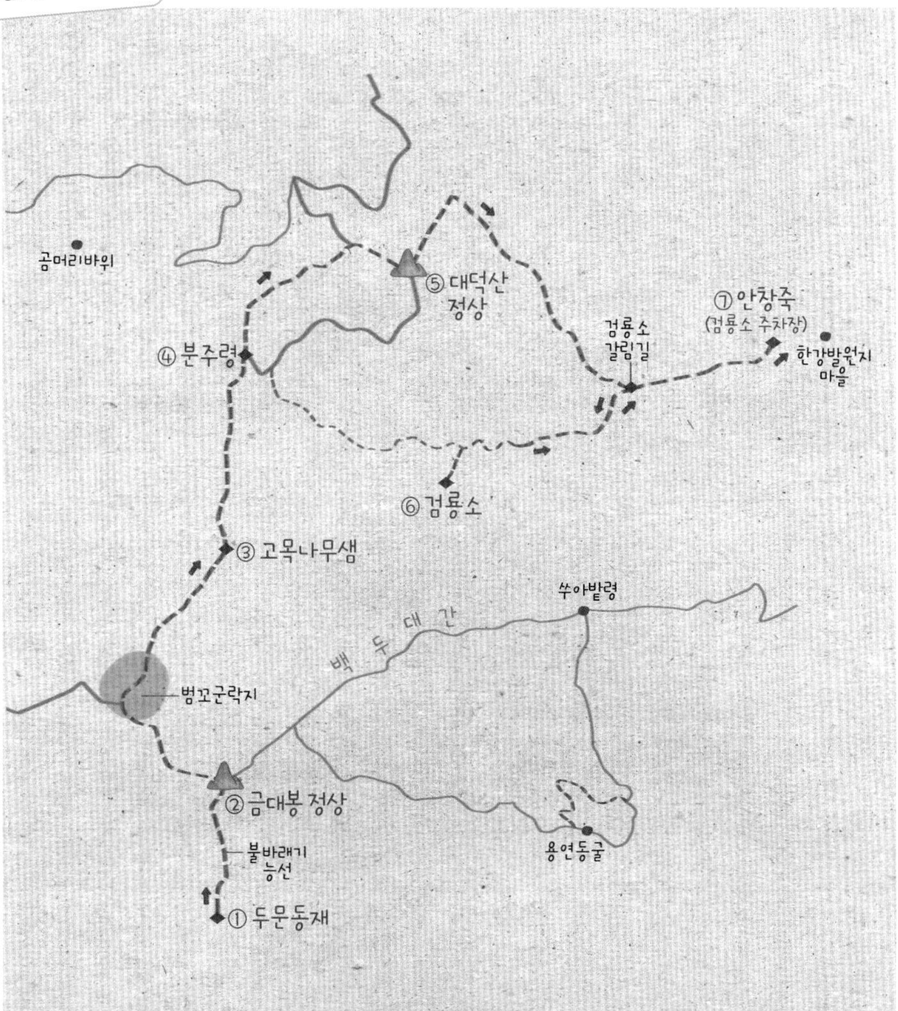

곰머리바위
⑤ 대덕산 정상
⑦ 안창죽 (검룡소 주차장)
한강발원지 마을
검룡소 갈림길
④ 분주령
⑥ 검룡소
③ 고목나무샘
싸리재
백 두 대 간
범꼬리군락지
② 금대봉 정상
불바래기 능선
용연동굴
① 두문동재

맛집

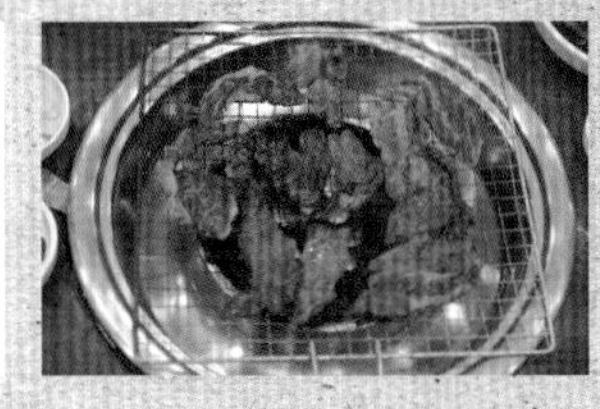

태백 시내의 태백한우골 실비식당(033-554-4599), 원조태성 실비식당(033-552-5287)는 연탄불에 질 좋은 태백 한우를 구워 먹는다.

숙소

백병산 품에 안긴 태백고원자연휴양림(033-582-7440)이 태백 여행의 베이스캠프로 좋다. 태백산의 들머리인 당골광장 근처 태백산 민박촌(033-553-7440)은 가성비가 좋다. 예약은 국립공원 통합예약시스템(reservation.knps.or.kr)에서 한다.

코스 가이드 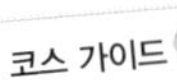

장소	강원도 인제군 기린면 진동리
코스	곰배령 입구(삼거리)~곰배령~곰배령 입구
걷는 거리	10.3㎞
걷는 시간	4시간
난이도	무난해요
좋을 때	4~7월(야생화), 12~1월(눈꽃)

천상화원을 이루는 곰배령 정상. 펑퍼짐한 정상부가 수천 평을 이루지만, 일부 구간만 밟을 수 있다.

인제 곰배령

구름 속 천상화원을 거닐다

점봉산(1,424m)은 설악산 남쪽 한계령 건너편에 우뚝한 산이다. 흔히 남설악이라 부르지만, 점봉산이란 독특한 이름을 가지고 있다. 설악산이 화려한 산세로 보는 이의 넋을 쏙 빼놓는 반면, 점봉산은 깊고 부드럽다. 이러한 산세 덕분에 점봉산 일대는 생태계가 가장 잘 보존돼 '국내 최고의 원시림'이란 찬사를 받는다. 점봉산 정상에서 남쪽으로 2.5km쯤 떨어진 고개가 곰배령이다. 오래 전 인간의 활동으로 인위적인 초원이 형성됐는데, 이 초원에 여름부터 가을까지 수많은 자생식물이 한바탕 꽃축제를 벌인다.

한반도 식물종의 20%가 서식하는 곰배령

점봉산의 본래 이름은 덤봉산이다. 한자로는 점봉산點鳳山이라고 쓴다. 다른 산에 비해 그리 험하지 않고 산머리가 둥글게 보여 이런 이름이 나왔으리라

추측한다.

곰배령 아랫마을인 설피밭은 진동2리 일대를 부르는 옛 지명이다. 겨울이면 시베리아처럼 많은 눈이 내려 설피 없이 이동할 수 없기에 붙여진 이름이다. 옛 주민들은 마누라 없이 살아도 설피 없이는 못 살았다는 우스갯 소리도 있다. 이곳은 툭하면 비가 내린다. 심각한 가뭄으로 다른 지역은 논농사와 밭농사를 포기할 때도 진동리 계곡에는 물이 철철 흘러넘친다고 한다. 국내 최고를 자랑하는 원시림이 독특한 기후를 만들기 때문이다.

점봉산 일대는 산림보호를 위해 출입을 제한하고 있다. 유일하게 민간에게 개방된 곳이 곰배령으로, 오직 강선골을 통해서만 오를 수 있다. 최근에는 하루 탐방 인원을 200명으로 제한해 생태계를 보호하면서 비교적 쾌적하게 트레킹을 즐길 수 있다.

곰배령 입구①는 삼거리다. 여기서 곰배령과 단목령(북암령)으로 가는 길이 갈린다. 하지만 단목령 일대가 출입 통제 구역이기 때문에 유일하게 곰배령만 길이 열린다. 곰배령 입구에서 출입증을 받고 '점봉산 생태관리센터' 건물 앞을 지나면 본격적으로 숲길이 시작된다. 길은 강선골을 따라 이어지는데, 투명하고 맑은 공기가 훅 끼쳐온다. 계곡 옆에는 대나무 젓가락처럼 생긴 속새가 무성하게 자라고 있다. 다른 곳에서는 보기 힘든 식물이지만 여기서는 잡초처럼 흔하다. 손에 들고 있던 휴대전화를 보니 통화불능 지역이란 메시지가 뜬다. 이곳은 아직까지 휴대전화가 터지지 않는다. 그만큼 오지 중의 오지라는 것. 휴대전화의 전원을 꺼놓으니 왠지 기분이 좋다.

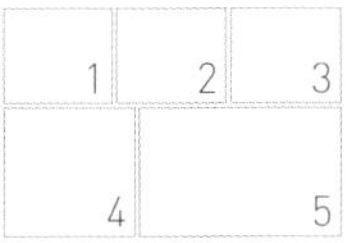

1	2	3
4	5	

1 강선골의 숲은 거대한 고비가 원시림 분위기를 물씬 풍긴다. **2** 곰배령 입장은 생태탐방안내소에서 출입증을 받아야 한다. **3** 관리 초소 앞에서 징검다리로 호젓한 계곡을 건너는 맛이 일품이다. **4** 극상의 활엽수가 터널을 이루는 호젓한 숲길. **5** 강선골 초입의 아담한 강선폭포.

도란도란 이야기하며 걷다보면 돌무더기가 쌓인 서낭당과 '강선마을'을 알리는 이정표가 서 있다. 이곳을 지나면 수려한 강선폭포②를 만난다. 높이 5m 정도의 작은 폭포지만, 강선골의 유일한 폭포다. 폭포를 지나면 강선리 마을이다. 신선이 내려온다는 이름의 강선리는 예전에 많은 가구가 살았지만, 가난과 적막함을 견디지 못하고 사람들이 하나둘 이곳을 떠났다. 지금은 서너 가구가 고요하게 자리를 지키며 살고 있다.

간이음식점 두 곳을 지나면 마을을 벗어나면서 계곡을 건너게 된다. 200년 넘은 버드나무 앞 징검다리를 건너는데, 이곳의 계곡 풍광이 근사하다. 마지막 출입통제소③에서 출입증 검사를 받고 나면 심원한 숲길이 펼쳐진다. 길섶은 온통 거대한 고비가 가득해 마치 원시림을 걷는 듯한 분위기를 풀풀 풍긴다. 전호, 삿갓나물과 이름 모를 꽃들을 만나며 한동안 계곡길을 따르면 '곰배령 1.3km' 이정표가 서 있는 쉼터④를 만나게 된다. 이곳 벤치에서 한숨 돌린다. 다시 완만한 길에 오르면 온통 박새로 가득하다. 7월 초순이면 흰 박새꽃으로 길이 훤해진다.

구름 속 신비스러운 산길, 곰배령

박새를 구경하다 보면, 나무들이 점점 작아지면서 대망의 곰배령 정상⑤에 올라붙는다. 정상 일대는 언제나 그렇듯 구름 속에 잠겨 있다. 6~8월까지 몇 번이고 곰배령을 찾았지만, 그때마다 구름이 가득했다. 여름철에 파랗게 맑은 시야를 선사하는 곰배령을 만나는 건 하늘에 별따기다. 곰배령의 고갯마루는 가칠봉(1,165m) 아래의 호랑이코빼기(1,219m)와 점봉산 아래 작은점봉산(1,295m) 사이에서 수천 평의 광활한 초원지대를 이룬다. 이 초원지대는 봄부터 가을까지 계절 따라 야생화와 산나물이 빼곡하게 수놓아 천상의

곰배령은 시종일관 계곡을 따르는 고요한 숲길이다.

화원이라 불린다.

곰배령 이름은 고무래(밭의 흙을 고르게 하는 농기구)의 강원도 사투리인 '곰배'에서 왔다는 설과 곰이 하늘을 보고 누워 있다고 해서 붙여졌다는 설이 내려온다. 곰배령 정상 일대는 나무 데크가 설치돼 있어 그곳으로만 보행이 가능하다. 데크 구간을 최대한 축소해 사람들 출입을 통제하고 있다. 예전에는 곰배령 일대를 마음껏 활보했지만, 지금은 그림의 떡이다. 바닥에는 미나리아재비, 쥐오줌, 검종덩굴, 요강나물, 산당귀, 범꼬리 등이 지천으로 널려 있다. 학계에서는 한반도 식물종의 20%인 854개 종이 곰배령 일대에서 자생하는 것으로 본다. 야생화들과 구름 속의 산책을 즐겼으면 이제 하산이다. 정상에서 상주하는 생태감시원은 오후 2시가 되면 탐방객들을 내려 보낸다. 하산은 올라온 길을 똑같이 되짚어 내려온다.

course data

고도표

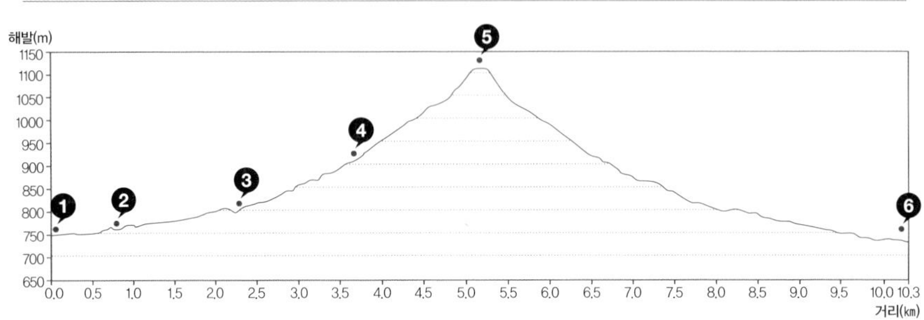

길잡이

곰배령은 트레킹은 곰배령 입구에서 곰배령까지 왕복 코스만 가능하다. 점봉산, 단목령, 북암령 등 진동리 일대의 모든 코스가 출입 통제다. 곰배령 입장은 산림청 홈페이지(www.forest.go.kr)에서 사전 예약(1일 450명)해야 한다. 설피밭 마을의 펜션과 민박을 이용한 경우(1일 450명)에도 입장이 가능하다. 인터넷 예약은 경쟁이 매우 치열하므로 일찌감치 예약하는 게 좋다.

탐방 예약은 매주 수요일 오전 9시부터 주 단위로 4주차 일요일까지 예약할 수 있고, 인원은 신청자 이외 동행자 1명까지다. 월요일, 화요일은 탐방이 없다. 하절기(4월 21일~10월 31일)는 1일 3회(9 · 10 · 11시), 동절기(12월 16일~익년 2월 말)는 1일 2회(10·11시) 운행한다. 문의는 점봉산산림생태관리센터(033-463-8166).

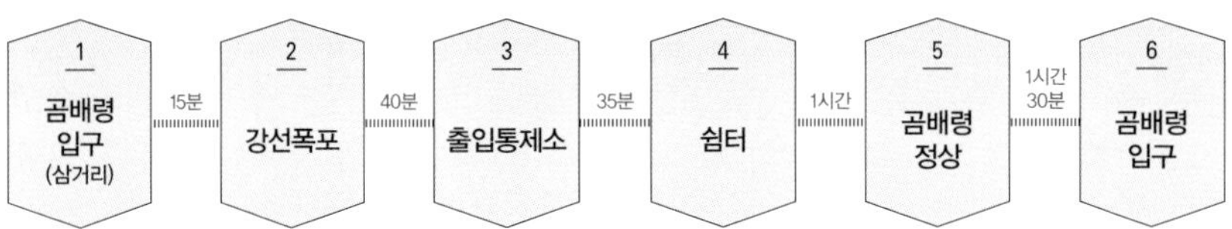

교통

자가용은 서울양양고속도로 서양양IC로 나와 찾아간다. 버스는 동서울터미널에서 인제 현리 시외버스터미널로 간다. 08:15~17:40, 1일 4회 운행하며 2시간 10분쯤 걸린다. 현리에서는 설피밭행 농어촌 버스를 타고 종점인 설피밭 진동분교에서 내린다. 버스는 하루 3회(06:20, 12:40, 17:20) 운행한다. 문의는 현리터미널(033-461-5364).

숙식

설피밭(진동2리)에는 설피밭지수네(033-463-0411), 산수갑산펜션(033-462-3108) 등 펜션과 민박이 많다. 방동리의 고향집(033-461-7391)은 두부전골, 두부구이, 모두부백반, 콩비지백반 등의 두부요리를 잘하는 숨은 맛집이다. 이웃 주민들에게 사들인 국산 콩만 쓰는 데다 매일 필요한 만큼만 아침에 직접 만들어뒀다가 판다. 숲속의빈터방동막국수(033-461-0419)는 가성비 좋은 맛집이다.

course map

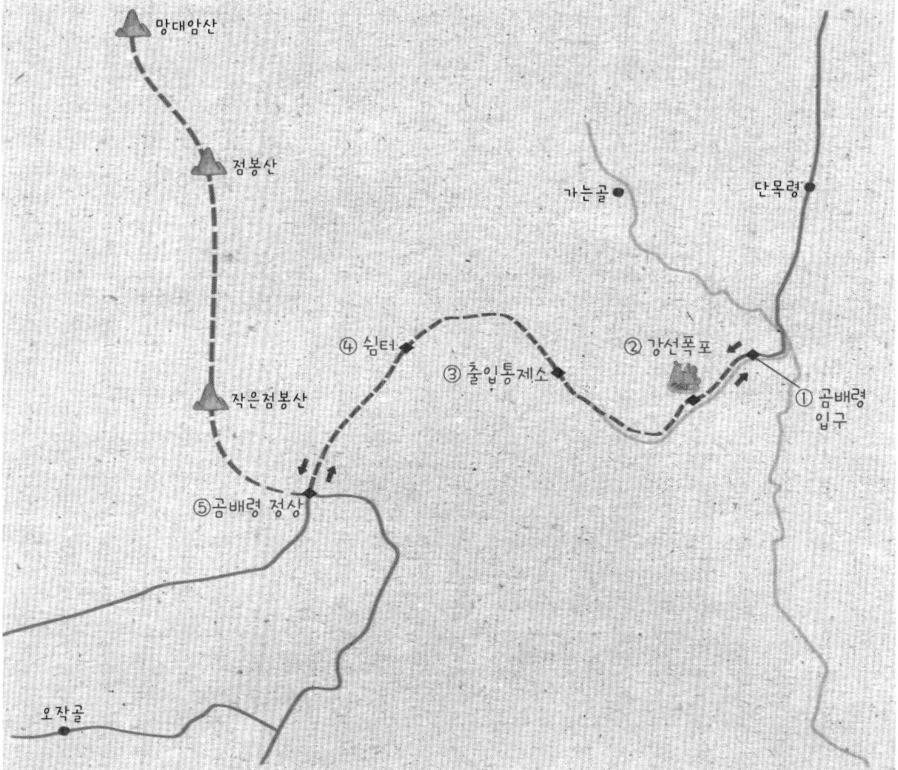

망대암산
점봉산
가는골
단목령
④ 쉼터
② 강선폭포
③ 출입통제소
① 곰배령 입구
작은점봉산
⑤곰배령 정상
오작골

곰배령의 야생화

1 홀아비바람꽃. 2 얼레지. 3 꿩의바람꽃.

코스 가이드

장소	경기도 안산시 단원구 풍도동
코스	풍도 선착장~후망산~북배~풍도 선착장
걷는 거리	5.1㎞
걷는 시간	2시간 30분
난이도	걷기 좋아요
좋을 때	3월 중순(야생화)

꿩의바람꽃 군락지를 걷는 야생화 탐방객들.

안산 풍도

풍도바람꽃, 풍도대극이 반기는 꽃섬

풍도는 경기도 안산시에 속한 작은 섬이다. 면적 1.84km², 해안선 길이 5km, 인구는 약 160명(2001년 기준)이고 대부도에서 24km쯤 떨어졌다. 풍도라는 이름을 듣고 바람섬風島을 생각하기 쉽지만, 예로부터 단풍나무가 많아 풍도楓島가 되었다. 청일전쟁 때 이곳 앞바다에서 청나라 함대를 기습하여 승리한 일본이 자신들에게 익숙한 풍도豊島로 표기한 뒤로 우리 문헌에도 풍도豊島로 표기돼 굳어지게 되었다.

풍도는 수산자원이 풍부하다고 알려졌지만, 정작 풍요로움과는 거리가 멀다. 섬 주변에 갯벌이 없는 까닭이다. 예전에는 해마다 겨울 몇 달 동안은 주민들이 인근 섬에 이주해 수산물을 채취하며 생활했다고 한다. 풍도의 풍요로움은 전혀 뜻밖의 장소에서 발견됐다. 후망산(175m) 일대를 화려하게 수놓는 야생화가 그것이다.

풍도에서만 자라는 풍도바람꽃과 풍도대극

풍도의 야생화는 자생지가 넓고 개체수가 많아서 유명해진 것도 있지만, 풍도에서만 볼 수 있는 고유한 식물이 두 종이나 있기 때문이다. 풍도바람꽃과 풍도대극이 그것이다. 풍도 야생화 트레킹은 마을 위의 은행나무 위에서 산길로 접어들어 후망산 야생화 군락지를 감상하고, 바위가 아름다운 북배를 거쳐 해안을 따라 선착장으로 돌아오는 길이 좋다.

풍도마을은 풍도 선착장①을 중심으로 옹기종기 모여 있다. 집들은 마치 약속이라도 한 듯 일제히 동남쪽 육지를 바라보고 있다. 마을길로 접어드니 물고기, 문어, 조개 등이 그려진 담벼락 안으로 손바닥만 한 건물과 운동장이 보인다. 여기가 대남초등학교 풍도분교다. 학교는 작지만 역사가 무려 80년이다. 정문 옆 알림판에 아이가 그린 듯한 '입학 축하' 그림이 붙어 있다. 알고 보니, 2013년에는 3년 만에 입학식이 열렸다고 한다. 입학생은 한 명. 덕분에 풍도분교의 전교생이 두 명이 됐다. 마을은 전체적으로 낡았고 계속 낡고 있다. 그러다 2012년 8월 '2012 경기도 서해 섬 관광 활성화 사업'의 일환으로 '풍도에 물들다' 프로젝트가 진행됐다. 벽화, 조형물 등이 세워지면서 마을이 조금은 밝고 명랑해졌다.

물고기가 그려진 골목길을 휘돌아 산비탈을 오른다. 동무재에 올라서자 바다가 시원하게 펼쳐진다. 살랑 불어오는 봄바람이 기분 좋게 얼굴을 핥는다. 앞쪽으로 인조의 은행나무②가 보인다. 500년 묵은 이 은행나무는 이괄

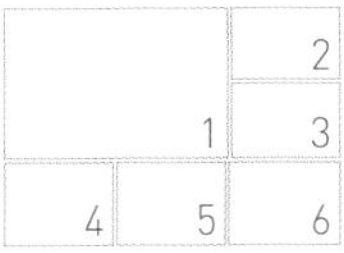

1	2
	3
4	5	6

1 배에서 바라본 풍도는 부드럽고 순하다. **2** 후망산 고목 아래에서 볕을 쬐고 있는 풍도바람꽃. **3** 복수초와 꿩의바람꽃. **4** 붉은대극과 비슷한 풍도 고유종인 풍도대극. **5** 색이 고운 분홍노루귀. **6** 야생화 산길이 시작되는 인조의 은행나무.

의 난을 피해 풍도로 피난 온 인조가 섬에 머문 기념으로 심은 것으로 전해진다. 나무 아래의 샘을 주민들은 은행나무샘이라 부른다. 은행나무가 수맥을 끌어당겨 만든 특이한 샘으로, 주변의 여러 섬 중에서도 물맛이 가장 좋았다고 한다. 샘에서 넘친 물이 은행나무 앞을 늪처럼 만들었다. 그곳을 건너가면 산길이 시작된다.

가장 먼저 만난 꽃은 복수초다. 복수초 중에서도 가지복수초인데, 다른 곳보다 크고 색이 진하다. 꽃 아래에 복슬복슬 자라난 진초록 잎이 꽃과 잘 어울린다. 아기곰처럼 귀엽다. 복수초 다음으로 만난 것이 노루귀다. 분홍색 노루귀와 흰색 노루귀가 번갈아 가며 나타나 특유의 솜털을 자랑한다.

계속 산길을 따르면 여기저기서 사람들이 무릎을 꿇고 있다. 꽃 사진을 찍기 위한 기묘한 자세다. 그 모습이 마치 경이로운 존재를 알현하는 자세처럼 보인다. 철조망이 보이기 시작하면 풍도바람꽃을 볼 차례다. 철조망[3] 안으로 들어서면 눈부시게 흰 바람꽃으로 그득하다. 여리고 고운 바람꽃 일가에는 너도바람꽃, 나도바람꽃, 변산바람꽃, 풍도바람꽃 등이 있다. 학명은 아네모네Anemone. 바람꽃은 바람의 여신 아네모네를 따라 붙여진 이름이다.

처음 풍도바람꽃을 발견했을 때 변산바람꽃인줄 알았다. 식물학자인 오병윤 교수가 다른 부분을 발견했다. 우선 꽃이 변산바람꽃보다 크다. 결정적으로는 밀선의 크기다. 변산바람꽃은 생존을 위해 꽃잎이 퇴화돼 2개로 갈라진 밀선蜜腺(꿀샘)이 있다. 풍도바람꽃은 밀선이 변산바람꽃보다 좀 더 넓은 깔때기 모양이다. 2009년 변산바람꽃의 신종으로 학계에 보고됐고, 2011년 1월 국가표준식물목록위원회에서 풍도바람꽃으로 정식 명명됐다.

철조망 지대를 나와 좀 더 오르면 널찍한 공터가 나온다. 공터 곳곳에 로프로 바람꽃과 복수초 군락지를 보호하고 있다. 여기서 정상처럼 보이는 언덕

풍도 최고 절경인 북배. 붉은 바위가 이국적이다.

에 올라 계속 능선을 타면 군부대를 만난다. 북배는 군부대 뒤쪽 산비탈로 내려서야 한다. 이 길에 풍도대극이 많다.

제법 가파른 길을 타고 내려오면 북배④에 닿는다. 북배는 풍도의 서쪽 해안을 이루고 있는, 알려지지 않은 비경을 간직하고 있다. 붉은바위를 뜻하는 '붉바위'에서 유래한 이름이라 추측한다. 북배의 붉은바위는 그 색감이 오묘하며 푸른 바다와 어우러져 그야말로 절경이다.

북배에서부터 오른쪽 해안길을 따른다. 흉하게 파헤친 채석장은 폐허로 변해 풍도의 아픔이 됐다. 상쾌한 파도소리 들으며 길을 따르면 풍도등대⑤ 앞이다. 나무계단을 따라 등대로 올라서면 시원한 바다 조망이 열린다. 후망산 동쪽 정상에 위치한 풍도등대는 인천과 평택, 당진항을 드나드는 선박과 인근 해역의 여객선, 소형 어선의 안전 항해를 위해 1985년 8월 16일에 점등했다. 다시 해안을 따라 큰여뿔 산책로를 걷는다. 이곳에 올 때 처음 만났던 풍도마을로 되돌아온다.

course data

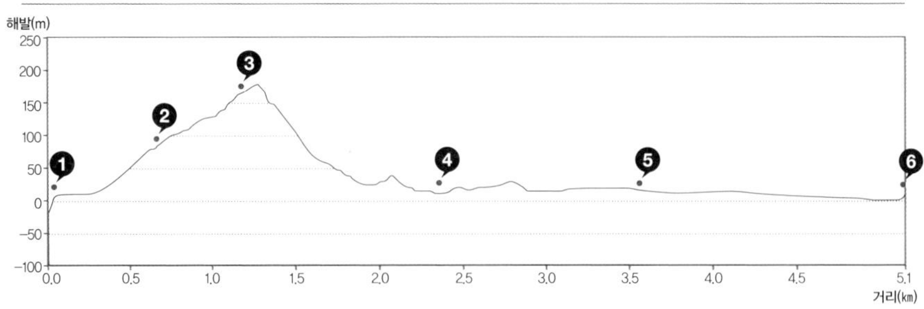

길잡이

풍도 트레킹은 후망산의 야생화 군락지와 서쪽 북배를 연결하는 코스로, 풍도 선착장~풍도마을~은행나무~군부대~북배~풍도등대~풍도 선착장을 잇는다. 총 거리 5.1㎞에 2시간 30분쯤 걸린다. 야생화 사진을 찍으려면 철조망 지대에서 시간을 더 충분하게 잡자. 3~4월에 볼 수 있는 야생화는 복수초, 노루귀, 풍도바람꽃, 풍도대극이다.

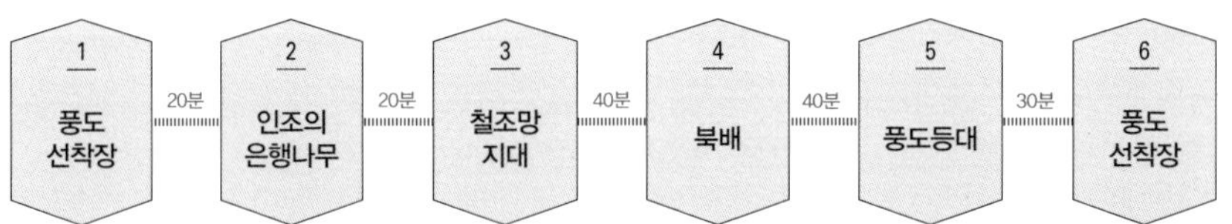

교통

풍도로 가는 배는 인천항 여객터미널에서 매일 09:30에 출발한다. 이 배는 대부도 방아머리 선착장에 들러, 10시 30분에 출항한다. 풍도까지 2시간쯤 걸린다. 전날 미리 배편 운행을 확인해야 한다(문의 032-887-6669). 배가 하루에 1회밖에 없기 때문에 섬에서 민박을 할 수밖에 없다. 영흥도항, 삼길포항에서 낚싯배를 빌리면 당일치기로도 가능하다.

숙식

숙박하기 괜찮은 곳으로 풍도랜드(032-831-0596), 풍도민박(032-831-7637)이 있다. 식사는 풍도랜드의 꽃게탕백반이 괜찮다. 영흥도 근처 선재도의 바람의마을(032-889-0725)은 굴밥, 주꾸미 철판요리 등을 잘한다.

course map

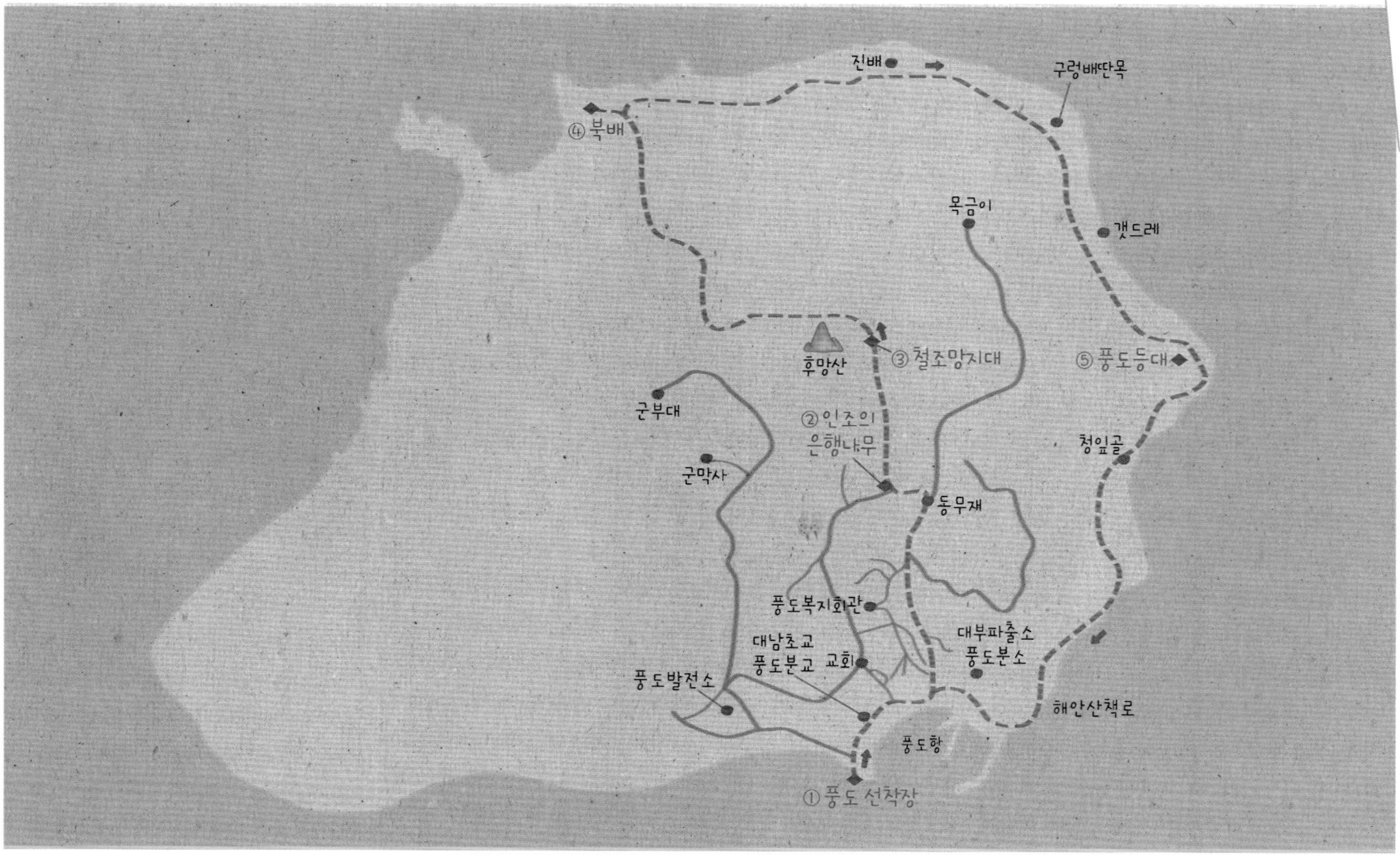

진배
구렁배딴목
④ 북배
목금이
갯드레
후망산
③ 철조망지대
⑤ 풍도등대
군부대
② 인조의
은행나무
청잎골
군막사
동무재
풍도복지회관
대남초교
풍도분교
교회
대부파출소
풍도분소
풍도발전소
해안산책로
풍도항
① 풍도 선착장

코스 가이드

장소	전라북도 진안군 마령면
코스	남부주차장~탑사~북부주차장
걷는 거리	3.5㎞
걷는 시간	2시간
난이도	걷기 좋아요
좋을 때	4월 중순·말(벚꽃)

은수사에서 북부주차장으로 넘어가는 고갯마루에서 본 수마이봉의 웅장한 모습. 정상 일대의 나무는 털처럼 보인다.

대자연의 신비를 느끼며 '벚꽃 엔딩'

진안 마이산

도립공원

전주·무주·장수·임실·금산 등지에서 진안으로 입성하려면 통과의례처럼 거쳐야 할 절차가 있다. 그것은 바로 홀연히 나타난 마이산과 눈을 맞추는 일이다. 그렇게 마이산은 진안의 상징이다. 서로 마주한 수마이봉(667m)과 암마이봉(673m)은 바라보는 사람과의 거리와 각도에 따라 하나로 보이다가 둘로 바뀌고, 토끼귀가 말귀가 되고, 하늘로 치솟으려는 우주 왕복선이거나 거대한 남근으로 변하고, 구름이 낀 날에는 나비처럼 나풀거리기도 한다. 이러한 변화무쌍한 모습에 경의를 표하는 것이 진안으로 들어가는 즐거운 의례인 셈이다.

진안 최고의 절경, 마이귀운

마이산은 신라시대에 서다산西多山으로 불렸다. 이것은 '섯다' '솟다'라는 말의 한자음 표기로 추측된다. 고려시대의 이름은 용출봉湧出峰. 마찬가지로 '솟아니다' '솟아오르다'는 뜻이 담겨 있다. 조선시대 『신증동국여지승람』에 따르면, 태종이 남행하던 중에 이 산 아래를 지나다가 관리를 보내 제사를 지냈고, 산의 형세가 말의 귀와 같다며 마이산이란 이름을 내렸다고 한다.

진안에서도 가장 빼어난 절경을 자랑하는 8곳을 '월랑8경越浪八景'이라 한다. '월랑'은 백제시대에 월랑月良이라 부르던 진안의 옛 이름에서 유래한 것이다. 월랑8경 중에서도 단연 으뜸은 '마이귀운馬耳歸雲'이다. 마이산을 둘러싸던 구름이 서서히 걷히는 모습을 말한다. 마이산이 가장 아름다운 시기를 꼽으라면, 벚꽃 만발한 4월 말이다. 화사한 벚꽃 사이로 우뚝한 봉우리가 솟구친 모습에서 대자연의 경외로움을 만끽할 수 있다.

마이산 벚꽃 트레킹은 남부주차장①에서 시작한다. 올라가면서 탑사, 은수사와 어우러진 마이산 절경을 둘러보고 북부주차장으로 넘어가는 것이 정석이다. 코스의 출발점인 남부주차장은 오래전부터 산길이 나 있던 곳으로 많은 식당이 자리 잡고 있다. 식당들은 진안 명물인 흑돼지를 구워 맛있는 연기 피우며 손님을 유혹한다.

식당가를 지나면 금당사②를 만난다. 금박을 입힌 대웅전 건물이 햇빛을 받아 번쩍번쩍 빛난다. 금당사를 지나면 왼쪽으로 탑영제③ 둑방으로 오르는 길이 있다. 그 길을 따라 둑방에 서면 탄성이 터져 나온다. 탑영제 드넓은 호수 뒤로 마이산 암봉들이 버티고 있다. 마침, 바람에 날린 벚꽃 잎들이 호수로 날아든다.

탑영제를 지나면 마이산 봉우리 사이를 휘돌아 탑사④에 닿는다. 탑사는

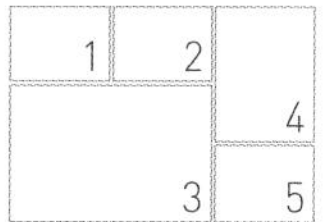

1 은수사 입구에서 바라보면 수마이봉 표면에 할아버지의 얼굴이 보인다. **2** 암마이봉 표면에는 구멍처럼 보이는 타포니가 많다. **3** 탑영제는 벚꽃과 마이산 봉우리들이 어우러져 절경을 이룬다. **4** 마이산의 상징인 탑사. 이갑룡 처사가 쌓은 돌탑이 마이산과 절묘하게 어우러진다. **5** 은수사에서 북부주차장으로 넘어가는 데크길.

마이산만큼 유명한 절로 이갑용 처사가 세운 돌탑이 일품이다. 이갑용 처사는 1885년 은수사에서 솔잎 등으로 생식하며 수도하던 중에 꿈에서 신의 계시를 받고 돌탑을 쌓기 시작했다. 10년 동안에 모두 120기를 세웠다. 신기한 것은 오로지 두 손만 가지고 돌을 하나하나 쌓아올렸다는 점. 돌탑은 오늘날까지 무너지지 않고 마이산의 신비로움을 더하고 있다.

탑사 왼쪽으로 솟구친 봉우리가 암마이봉이다. 암마이봉을 자세히 살펴보면 윗부분에 구멍이 뚫린 듯, 크고 작은 홈을 볼 수 있다. 이를 타포니Taphony라고 한다. 풀어서 설명해보자면 이렇다. 마이산 바위는 거대한 역암덩어리이다. 역암이란 자갈이 진흙이나 모래에 섞여 단단히 굳은 퇴적암을 말한다. 약 1억 년 전 이 일대가 거대한 호수였을 때 상류에서 흘러들어온 자갈이 차곡차곡 쌓였다가 오랜 세월이 지나면서 흙과 모래와 뒤섞여 퇴적된 것이다. 거대한 퇴적덩어리는 수천 년에 걸친 지층의 융기현상, 단층현상 등으로 솟아올라 지금과 같은 암봉이 되었다.

마이산 역암덩어리의 두께는 지하에 잠긴 부분까지 합치면 1,500m에 이르는 엄청난 규모다. 마이산에서 시작된 역암층은 멀리 임실까지 광범위하게 분포하는데, 지질학계에서는 이를 '마이산 역암층'이라 부른다. 마이산 남쪽 사면에 발달한 타포니는 역암의 자갈 사이를 메우는 물질인 메트릭스가 자갈보다 빨리 풍화·침식되면서 자갈이 빠져나간 자리에 생긴 구멍이다. 마이산 타포니의 규모는 세계에서도 가장 큰 편에 든다고 한다. 이와 같은 마이산의 지질학적 가치와 독특한 아름다움을 인정받아, 2003년 문화재청에서는 마이산을 명승으로 지정했다.

탑사를 구경하고 오른쪽 언덕에 올라서면 은수사⑤다. 은수사는 조선 태조 이성계와 관련된 몇 가지 이야기가 전해 내려온다. 이성계가 절에서 마

남부주차장에서 탑영제로 가는 길에 벚꽃이 절정이다.

신 물이 은같이 맑다 하여 은수사란 이름을 내렸다는 이야기, 이성계의 꿈에 마이산 신령이 나타나 나라를 다스리라는 금척을 주었다는 전설도 전해진다. 그 꿈 이야기를 화폭에 담은 '몽금척도'가 은수사 태극전에 걸려 있다.

은수사 경내로 들어서면 오른쪽으로 수백 년 묵은 청배실나무가 환한 꽃등을 켜고 있다. 은수사에 이르면 비로소 암마이봉과 수마이봉의 전모가 드러난다. 왼쪽 펑퍼짐한 암마이봉은 생김새가 푸근하고, 오른쪽 우뚝한 수마이봉은 옹골차면서도 힘이 넘친다. 수마이봉을 한참 보고 있자면, 한쪽 눈을 감은 할아버지의 얼굴이 드러난다. 예로부터 그 얼굴을 마이산 산신이라고 했다.

은수사를 두루 구경했으면 북부주차장으로 넘어간다. 산길은 암마이봉과 수마이봉 사이로 나 있다. 제법 가파른 나무계단을 오르면 고갯마루에 이른다. 여기서 바라보는 수마이봉은 우람한 남근처럼 보인다. 바위 표면에 나무들은 마치 털처럼 보인다. 고갯마루 오른쪽으로 화엄굴 속에 맛좋은 약수가 샘솟는다. 이 물을 마시고 산신령께 기도를 올리면 아들을 낳는다는 전설이 내려온다. 하지만 지금은 낙석 때문에 출입을 금하고 있다. 고갯마루에서 천천히 계단을 내려와 북부주차장⑥에 닿으면 트레킹이 마무리된다.

course data

고도표

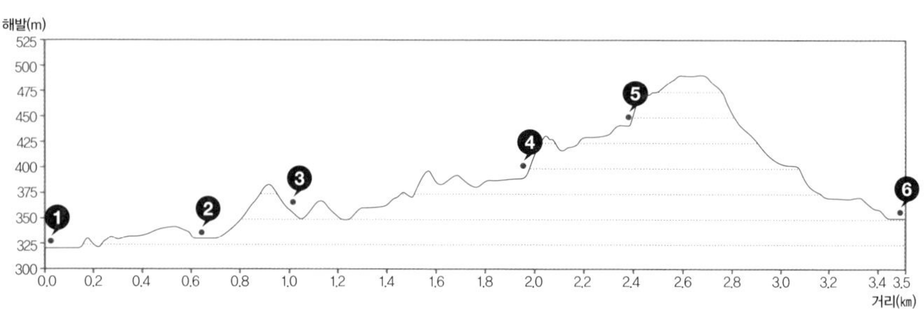

길잡이

마이산은 국내에서 가장 늦게 벚꽃을 볼 수 있는 곳이다. 벚꽃놀이 지각생들이 찾으면 좋다. 코스의 출발점은 북부주차장과 남부주차장 중에 선택할 수 있는데, 꼭 남부주차장에서 시작할 것을 권한다. 산길은 비교적 순탄하고 크게 어려운 코스가 없다. 기본 코스는 남부주차장~금당사~탑영제~탑사~은수사~북부주차장. 총 거리 3.5km, 2시간쯤 걸린다. 만약 차를 남부주차장에 주차했다면, 은수사까지 구경하고 왔던 길을 되돌아간다.

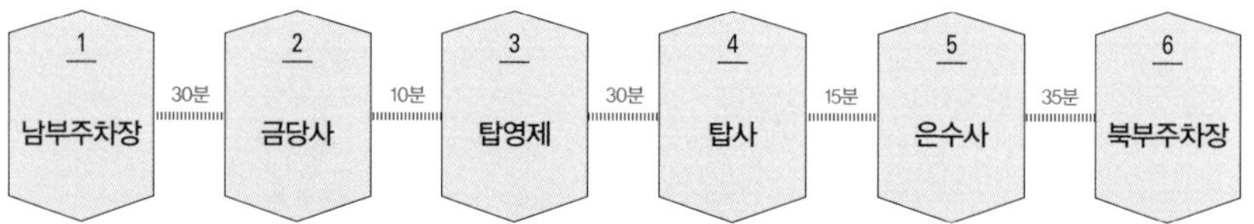

교통

익산포항고속도로 진안IC로 나오면 마이산 북부주차장이 지척이다. 남부주차장은 백운면 방향으로 10분쯤 더 가야 한다. 버스는 서울센트럴시티터미널에서 진안행 버스가 10:10, 15:10에 있으며 3시간 걸린다.

진안은 제주와 더불어 흑돼지가 맛있는 고장이다. 시내 우체국 옆의 열린숯불갈비(063-433-1202)는 주민들이 즐겨 찾는 맛집이다. 고기가 부드러워 아이들이 좋아한다. 마이산 남부주차장쪽 식당가에는 항상 고기 굽는 냄새가 진동한다. 그중 초가정담(063-432-2469)과 벚꽃마을(063-432-2007)이 유명하다. 산채비빔밥, 등갈비, 목살, 도토리묵 등이 나오는 세트 메뉴가 좋다.

course map

마이산북부
예술관광단지
사양제
⑥ 북부주차장
삿갓봉
전망대
출입통제
수마이봉
암마이봉
⑤ 은수사
④ 탑사
② 금당사
탕금봉
나도산
③ 탑영제
이산묘
마이산청소년
야영장
마 이 산
군 립 공 원
① 남부주차장

숙소

진안홍삼스파를 운영하는 홍삼빌(063-433-0396)이 쾌적하다. 숙소에서 마이산을 조망할 수 있다. 데미샘을 품은 데미샘자연휴양림(063-290-6991)에서 묵으면 풍요롭다.

코스 가이드

장소	서울특별시 중구 회현동1가
코스	장충단 공원~정상~장충단 공원
걷는 거리	7.6㎞
걷는 시간	3시간
난이도	무난해요
좋을 때	4월 초·중순(벚꽃), 11월(단풍)

남산 남측순환도로에서 바라본 남산 전경. 온통 봄빛이 가득하다.

벚꽃 흰 띠를 두른 서울의 친구

서울 남산

남산(265.2m)은 서울 시민들에게 가장 친근한 산이다. 남산에서 소풍과 데이트를 즐겨보지 않은 사람이 없을 정도로 서울 시민의 삶과 밀착돼 있다. 북한산이나 관악산처럼 험하지 않은 데다가 케이블카가 있어 누구나 쉽게 접근할 수 있다. 남산이 가장 아름다울 때는 벚꽃이 만개한 봄날이다. 남산 순환도로를 따라 걸으며 벚꽃과 서울 조망을 즐기는 맛은 서울 시민들의 커다란 즐거움이지 싶다.

조선의 국사당과 봉수대가 있던 산

남산은 북쪽의 북악산, 동쪽의 낙산, 서쪽의 인왕산과 함께 서울의 중앙부를 둘러싼 내사산이다. 옛 이름은 목멱산. 조선 태조가 한양을 도읍으로 정했을 때 남산은 풍수지리상으로 안산案山 겸 주작朱雀에 해당하는 중요한 산이었다. 한양의 도성은 북악산·낙산·인왕산·남산의 능선을 따라 축성됐다. 남산의 정상에는 조선 중기까지 봄·가을에 초제醮祭를 지내던 국사당이 있었고, 조선시대 통신 제도의 하나인 봉수제의 종점인 봉수대가 있어 국방상 중요한 역할을 담당했다.

지하철 3호선 동대입구역에서 내려 2번 출구로 나오면 바로 장충단공원① 이다. 이곳은 단순한 공원이 아니다. 대한제국 때 을미사변과 임오군란으로 순사한 충신, 열사를 기리며 제사 지내던 곳이다. 1895년 을미사변으로 명성황후가 시해되자, 고종은 1900년 9월에 옛 남소영南小營 자리에 장충단을 꾸몄다. 장충단에서 잠시 비석을 살펴본 뒤 길을 나서면 고풍스러운 화강암 돌다리가 눈에 띈다. 물의 수위를 재는 수표교다. 1959년 청계천이 복개되면서 이곳으로 옮긴 것이다. 청계천의 가장 오래된 다리가 이곳에 자리한 것이 참으로 아이러니하다.

공원 안쪽으로 들어가면 도산 안창호 선생의 동상이 보이고, 공원이 끝나면서 동국대학교 후문이 보인다. 여기서 길을 건너면 남산으로 올라가는 계단길이 보인다. 무려 500여 개가 이어지는 계단이다. 보기만 해도 숨이 턱 막히지만 이 계단 끝 북측순환도로와 만나는 지점에는 개나리가 가득하고, 그 뒤로 활짝 핀 벚꽃이 웃고 있다.

북측순환도로②는 오로지 걷는 사람들을 위해 차량이 통제된 길이다. '웰빙조깅메카길'이라는 매우 촌스러운 이름으로도 불린다. 일단 순환도로를

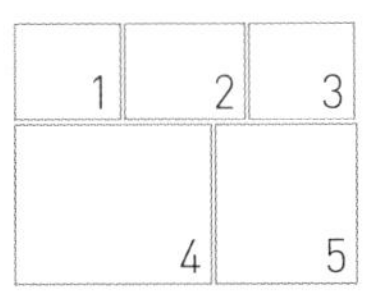

1 조선시대 전국의 소식이 집결했던 남산 봉수대. **2** 남측순환도로를 따라가다 만나는 소나무 숲길. **3** 서울 남부와 한강 조망이 일품인 남측 포토아일랜드. **4** 차가 다니지 않아 트레커들에게 천국인 북측순환도로. **5** 대한제국 때 충신과 열사의 제사를 지냈던 장충단.

만나면 길이 평화롭다. 구불구불 이어진 도로를 따라 걸으며 꽃과 어우러진 남산을 감상할 수 있다. 앞에 보이던 N서울타워가 어느새 뒤로 물러나면, 남산한옥마을 갈림길이 나온다. 이곳을 지나면 왼쪽으로 와룡묘가 보인다. 『삼국지』에 등장하는 책략가 제갈공명을 기리는 사당이다. 와룡묘를 지나면 유난히 벚꽃이 만발한 쉼터가 보인다. 그 가운데에 조지훈의 시 「파초우」가 새겨진 커다란 시비가 서 있다. 이곳 의자에 앉아 쉬는 사람들의 얼굴이 모두 꽃처럼 환하다.

서울 대표 풍경이 펼쳐진 전망대

조지훈 시비③를 출발하면, 이내 갈림길을 만난다. 여기서 N서울타워 방향으로 가파른 계단길을 오른다. 20분쯤 헐떡거리며 오르면 전망대 앞에 선다. 멀리 북한산이 하늘에 마루금을 그리고, 그 아래 인왕산과 북악산이 펼쳐진다. 그리고 두 산 아래로 도심의 빌딩이 가득하다. 빌딩과 산이 어우러진 모습, 이것이 서울을 대표하는 풍경 중 하나다.

계속 이어지는 계단을 하나둘 오르면 케이블카 정류장이 보이고, 대망의 정상④에 선다. 가장 먼저 눈에 띄는 것은 봉수대. 전국의 파란만장한 소식이 마지막으로 도착하는 장소다. 봉수대는 조선을 건국한 태조가 1394년 도읍을 한양으로 옮긴 후에 설치했고, 갑오개혁 다음 해인 1894년까지 사용했다. 무려 500여 년 동안 연기가 솟고 불을 밝힌 것이다. 팔각정을 지나 N서울타워 둘레를 한 바퀴 돌며 서울을 내려다본다.

N서울타워를 돌아 나오면 하산길이다. 버스정류장을 지나면 남측순환도로를 따라 내려오게 된다. 이 도로는 차가 다니지만, 버스만 다니기에 비교적 쾌적하게 걸을 수 있다. 만개한 벚꽃을 바라보며 걷다보면, 남측 포토아

벚꽃이 가장 화사한 조지훈 시비 앞.

일랜드 전망대⑤에 닿는다. 여기서는 N서울타워가 우뚝한 남산이 잘 보이고, 남쪽으로 한강과 어우러진 도심이 한눈에 펼쳐진다.

포토아일랜드 전망대에서 기념사진을 남기고 지나면 울창한 소나무 군락지를 만난다. "남산 위의 저 소나무 철갑을 두른 듯" 하는 구절이 「애국가」에 있을 정도로 본래 남산에는 소나무가 울창했다. 일제가 우리 정신을 빼앗겠다며 소나무를 베어내고 아카시아 등의 잡목을 심어 산의 경관을 많이 해쳤다. 소나무를 구경하고 내려오면 다시 작은 전망대를 만난다. 이곳을 지나면 국립극장 갈림길. 여기서 북측순환도로가 시작된다. 국궁장을 지나면 장충단공원에서 올라왔던 계단길을 만나고, 그 길을 내려오면 출발지였던 장충단공원⑥을 다시 만나며 트레킹이 마무리된다.

course data

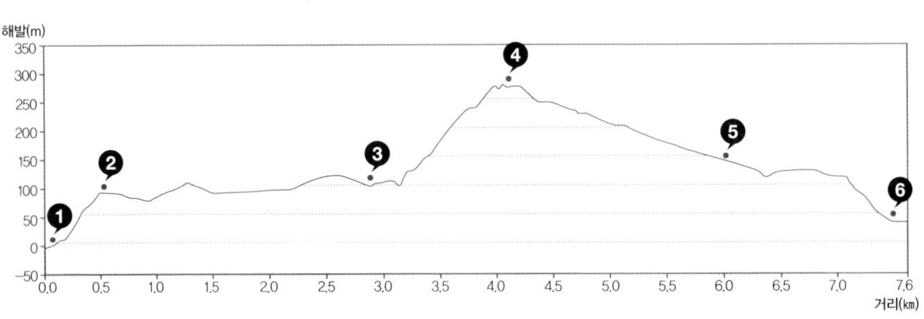

길잡이

남산의 벚꽃을 감상하기에 가장 좋은 곳은 조지훈 시비 일대이다. 벚꽃이 가장 화사하다. 코스는 장충단공원~목멱산방(점심)~정상~남측 포토아일랜드 전망대~장충단공원. 총 거리 7.6km, 3시간쯤 걸린다. 아주 가볍게 서울시 전망과 벚꽃 구경을 하려면, 케이블카를 타고 정상을 둘러본 뒤 내려와도 된다. 하산은 국립극장이나 남산한옥마을로 잡아도 좋다.

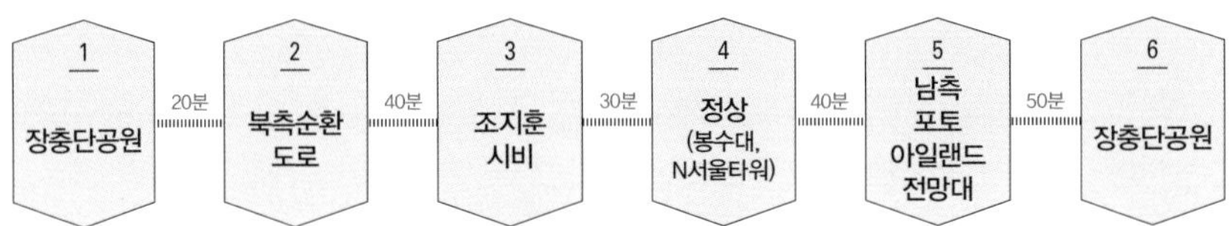

교통

대중교통을 이용하려면 지하철 3호선 동대입구역 2번 출구로 나와 장충단공원으로 가면 된다. 지하철 4호선 명동역 3번 출구로 나와 중국영사관 쪽으로 10분 정도 걸어가면 케이블카 정류장이다. N서울타워까지 바로 가는 버스는 남산순환버스(02, 03, 05번 버스), 서울시티투어버스가 있다. 02번 남산순환버스는 지하철 3호선·4호선 충무로역 2번 출구 대한극장 앞에서 타면 된다.

맛집

미슐랭 맛집으로 유명한 목멱산방(02-318-4790)은 산방비빔밥이 맛깔나다. 그밖에 도토리묵과 해산물 부추전도 별미다.

course map

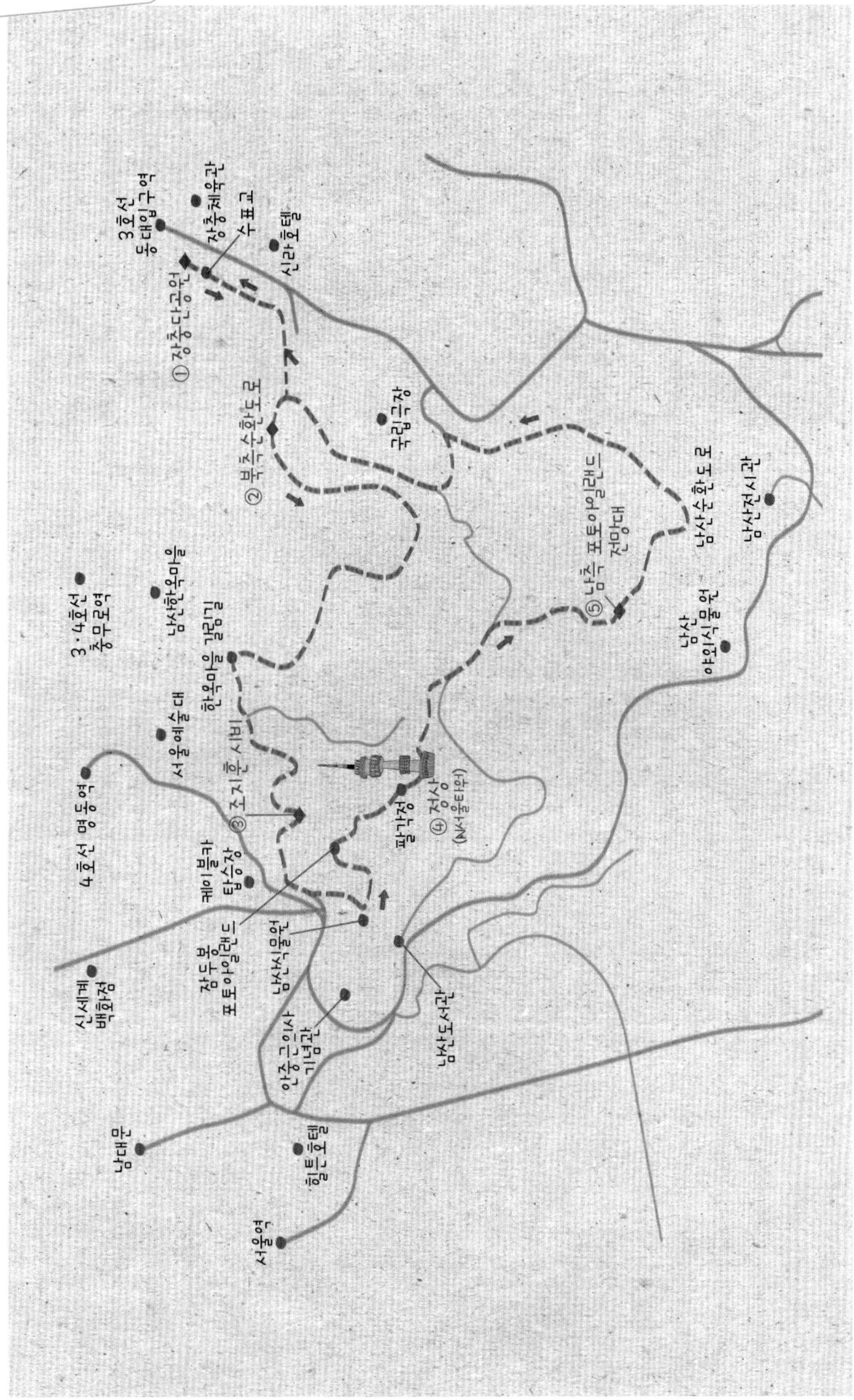

3호선
동대입구역
① 장충단공원
장충체육관
수표교
신라호텔
② 북측순환도로
국립극장
3·4호선
충무로역
남산한옥마을
서울예술대
한옥마을 갈림길
4호선 명동역
신세계
백화점
케이블카
탑승장
③ 조지훈 시비
잠두봉
포토아일랜드
남산식물원
안중근의사
기념관
남대문
힐튼호텔
서울역
남산도서관
팔각정
④ 정상
(N서울타워)
⑤ 남측 포토아일랜드
전망대
남산
야외식물원
남산순환도로
남산전시관

코스 가이드

장소	경상남도 하동시 화개면
코스	국사암~쌍계사~화개장터
걷는 거리	8.4㎞
걷는 시간	3시간 30분
난이도	무난해요
좋을 때	3월 말, 4월 초(벚꽃)

봄눈처럼 바람에 벚꽃 날리는 화개는 '요요한 아름다움'으로 가득하다.

'요요한 아름다움' 가득한 눈부신 꽃길

화개 십리벚꽃길

꽃피는 산골 화개花開는 4월 초순이면 활짝 핀다. 화개는 이름부터 탐미적이다. 고려시대 때 쌍계사 근처에 벚나무가 많아 화개라는 명칭이 붙었다고 하지만, 이웃한 지리산과 함께 상상해야 제 맛이다. 화개는 지리산 주능선에서 갈라지는 불무장등(1,446m) 능선과 남부능선 사이에 자리해, 마치 지리산이 가랑이 벌리고 있는 형국이다. 그 사이에서 맑은 화개천이 흘러내려 섬진강과 몸을 섞는다. 십리벚꽃길 트레킹은 천년고찰 국사암과 쌍계사를 묶어서 걷는 것이 좋다.

진감선사와 세 마리의 기러기

출발점은 국사암 가는 길목에 있는 목압마을 입구①이다. 쌍계사 입구 주차장에서 위쪽으로 700m쯤 떨어져 있다. 일주문처럼 생긴 거대한 목압문을 지나 목압교를 건너면 마을로 들어서게 된다. 마을은 군데군데 벚꽃이 피어 화사하다. 오른쪽으로 고풍스러운 한옥건물이 보이는데, '산차연구원 운암차 살림'이란 안내판이 붙어 있다.

목압마을의 이름은 쌍계사를 중창한 진감선사 혜소와 관련이 있다. 진감선사는 화개에 내려와 절터를 잡고자 나무기러기 세 마리를 날려 보냈다. 나무기러기는 각각 목압마을, 국사암 자리, 쌍계사 자리에 떨어졌다고 한다. 목압마을은 진감선사가 보낸 나무기러기가 그대로 마을 이름으로 굳어진 것이다. 진감선사는 이곳에 목압사도 세웠는데, 지금은 사라지고 없다.

마을길을 이리저리 휘돌아 오르면 국사암 연지를 만난다. 여름철에는 연꽃이 장관인 아담한 연못이다. 다시 가파른 길을 좀 오르면 국사암②에 닿는다. 국사암은 현재 쌍계사의 말사末寺다. 국사암은 의상대사의 제자인 삼법이 창건했다. 삼법은 중국에서 혜능의 정상頂相(머리)을 가져온 것으로 유명하다. 후대에 진감선사가 쌍계사를 중창하면서 혜능의 정상을 모셨다고 전한다.

국사암은 정면 6칸, 측면 4칸의 ㄷ자 법당이 단출한 암자다. 인적이 뜸해 고요하다. 법당을 나오면 진감선사가 짚고 다니던 지팡이에서 싹이 나 자랐다는 느릅나무가 서 있다. 수령은 1,200년으로 추정하며 높이가 무려 40m에 이른다. 가지가 사방으로 뻗어 사천왕수四天王樹라고도 불린다.

느릅나무 옆으로 이어진 운치 있는 오솔길이 쌍계사로 가는 길이다. 대숲과 솔숲이 뒤섞인 호젓한 길은 마치 열반의 세계로 들어가는 듯 고요하다. 야트막한 고개를 넘으면 삼거리다. 불일폭포와 쌍계사로 갈린다. 쌍계사 방

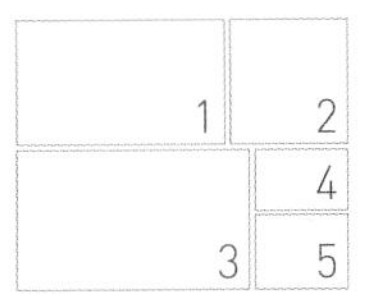

1 국사암에서 쌍계사까지는 호젓한 숲길이 이어진다. 가운데 솟은 나무가 '사천왕수'라고 불리는 국사암의 느티나무다. **2** 금당 뒤편에는 동백 군락지가 숨어 있다. 어느 유명 동백 명소에 뒤지지 않을 정도로 동백이 풍성하다. **3** 전망대에서 본 화개 십리벚꽃길. 풍성한 벚꽃과 푸른 화개천, 지리산이 어우러져 선경을 연출한다. **4** 화개장터의 대장간. **5** 최치원이 쓴 글씨로 알려진 쌍계석문.

향으로 내려서면 급경사가 나오다가 쌍계사[③] 금당 입구를 만난다. 여기서 계단을 따라 오르면 쌍계사의 핵심 구역인 금당으로 들어선다.

푸른 기와를 쓴 아담한 건물 금당에는 '육조정상탑'이란 현판이 걸려 있다. 육조 혜능의 정상을 모셨다는 말이다. 금당 안의 소박한 탑이 육조정상탑이다. 중국에서는 혜능선사가 돌아가실 때에 동방에서 내 머리를 가져가는 사람이 있을 것이라고 예언했다는 이야기가 전해진다. 금당 뒤편은 고창 선운사 부럽지 않는 동백나무 군락지가 펼쳐진다. 금당 왼쪽으로 동백나무 군락지로 가는 길이 있으므로 꼭 구경하고 가자. 나무에서 뚝뚝 떨어진 농염한 동백꽃들이 길섶에 가득하다.

금당을 내려와 쌍계사의 명물인 진감선사탑비, 투박한 마애불 등을 두루 구경하고 내려오면 매표소를 지난다. 여기서 좀 더 내려가면 길이 갈린다. 새로 생긴 큰 도로가 아닌, 오른쪽으로 예전부터 다져진 길을 따라야 쌍계석문을 만날 수 있다. 최치원의 글씨로 알려진 '쌍계'와 '석문' 각자가 각각 둥그런 바위에 새겨져 있다.

쌍계석문, 이상향 청학동은 어디인가

쌍계석문[④]은 쌍계사 일주문 역할을 하지만, 예전에는 청학동 입구를 알리는 상징이었다. 조선시대 사대부들은 지리산 유람록을 남겼다. 즐겨 찾는 코스가 천왕봉과 화개였다. 천왕봉은 지리산 최고봉이므로 그곳에 올라 호연지기浩然之氣를 기르는 것은 당연하지만, 화개는 왜 찾아갔을까? 그 답은 청학동靑鶴洞과 관계가 있다. 현재 청학동은 하동 묵계리 마을의 정식 지명으로 됐지만, 당시 청학동은 지리산 어딘가에 있다고만 전해 내려오는 이상향이었다. 화개 쌍계사 또는 불일암 근처, 세석평전 아래, 하동 묵계 등이 물망에 올랐는데, 가장 유력한 곳이 화개였다.

이수광의 저서 『지봉유설』에 의하면 청학동은 '청학青鶴이 깃들어 살고 있어 그렇게 이름 붙었고', '신라시대 최치원이 신선이 되어 아직도 그곳에 살고 있다'고 전해진다. 그리고 최치원이 지었다는 '동국의 화개동/이 세상의 별천지/선인이 옥베개를 건네주니/신세가 천년을 훌쩍 뛰어넘네…'라는 시가 남아 있다. 이상향 청학동을 찾아 가장 먼저 길 떠난 사람은 고려시대의 이인로였다. 그는 화개에서 화개동천을 거슬러 오르지만, 청학동은 오리무중이다. 이인로는 청학동에 대한 아쉬움과 그리움에 시 한편을 남기고 떠났다.

두류산은 아득하고 저녁 구름 낮게 깔려,
천만 봉우리와 골짜기 회계산 같네.
지팡이를 짚고서 청학동 찾아가니,
숲 속에선 부질없는 원숭이 울음소리뿐.
누대에선 삼신산三神山이 아득히 멀리 있고,
이낀 낀 바위에는 네 글자가 희미하네.
묻노니, 신선이 사는 곳 그 어디멘가.
꽃잎 떠오는 개울에서 길을 잃고 헤매네.

두류산은 지리산을 말한다. 백두산이 흘러 내려와 바다를 건너기 전에 멈춰선 산이라는 뜻으로, 지리산의 옛 이름이다. 회계산은 춘추시대 와신상담의 고사가 나온 유명한 명산이다. 6연의 '네 글자'는 쌍계사 초입 바위에 새겨진 쌍계석문을 말한다. 이인로는 쌍계석문 앞에서 발길을 돌린다. '꽃잎 떠오는 개울'이란 구절에서 쌍계석문 너머 어딘가에 청학동이 있을 것만 같

십리벚꽃길은 녹차와 벚꽃이 어우러져 눈이 호강한다.

은 추측을 불러일으킨다.

쌍계석문을 나오면 쌍계사 주차장을 만난다. 화개 십리벚꽃길이 끝나는 지점이다. 여기서 벚꽃길을 거꾸로 내려간다. 십리벚꽃길에는 수령이 80년 넘은 고목 벚나무 800여 그루가 가득하다. 고목이 피어낸 화사한 벚꽃길은 걸어가는 것이 아니라 둥둥 떠가는 느낌이다. 신촌1교를 지나면 삼단 같은 머리를 한 녹차밭이 펼쳐진다. 정금교⑤를 지나면 삼신마을로 들어선다.

옛 정취가 그리운 화개장터

흰 벚꽃과 녹차의 연둣빛, 그리고 푸른 섬진강이 어우러진 화개는 눈부시게 아름답다. 그러나 그 아름다움은 인간의 정신을 부드럽게 순화시켜주기만 하는 것은 아니다. 『화첩기행』의 저자 김병종 교수는 "화개는 사람을 다치게 할 만한, 어쩐지 사람의 운명에 개입하고야 말 듯한 그런 아름다움이 서려 있다."고 하면서 이를 '요요한 아름다움'이라 불렀다. 어쩌면 소설가 김동리 역시 이러한 화개의 아름다움을 직관적으로 간파했을지도 모른다. 그는 단편 『역마』를 통해 주인공 성기와 계연이의 이루어질 수 없는 사랑, 길 위를 떠도는 자들의 운명을 화개장터를 배경으로 서정적으로 그려냈다.

삼신마을을 지나면 물줄기가 굽이치고, 갈림길을 만난다. 도로가 일방통행이 되면서 두 갈래로 나눠지는 곳이다. 여기서 윗길로 가야 전망대를 만난다. 전망대⑥에 서면 화개천을 따라 도열한 벚꽃터널을 내려다볼 수 있다. 화개중학교 앞을 지나면 십리벚꽃길도 마무리가 된다. 19번 국도를 만나기 전에 왼쪽으로 길이 이어지고, 화개교를 건너기 전에 옛 화개장을 알리는 표석이 서 있다. 눈에 잘 띄지 않는 표석을 확인하고 다리를 건너면 화개장터다.

화개장터⑦는 현대에 들어와 복원한 재래시장이다. 1948년 김동리가 『역마』를 쓸 당시의 낭만어린 화개장터가 아니다. 지금은 관광지가 되어 버렸다. 화개장은 섬진강의 물길을 주요 교통수단으로 경상도와 전라도 사람들이 모여, 내륙에서 생산된 임산물 및 농산물과 남해에서 생산된 해산물들을 서로 교환했다. 『화개면지』에서는 1770년대에 화개장이 1일·6일 형식의 오일장이 섰던 것으로 전하고 있다. 옛 정취가 사라진 시끌벅적한 화개장터에서 걷기를 마무리한다.

course data

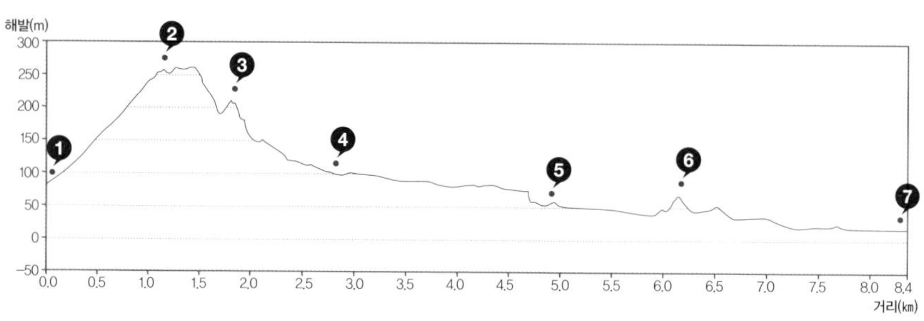

길잡이

십리벚꽃길 코스는 목압마을 입구~국사암~쌍계사~쌍계석문~정금교~전망대~화개장터. 총 거리 8.4㎞, 3시간 30분이 걸린다. 출발점인 목압마을에서 국사암 오르는 길이 좀 가파르지만, 국사암부터는 길이 쉽다. 쌍계사는 금당 뒤편의 동백숲이 일품이다. 십리벚꽃길은 보행자를 위한 인도가 따로 없는 구간이 많다. 차를 조심하며 걸어야 한다.

교통

자가용은 순천완주고속도로 구례화엄사IC로 나와 찾아간다. 서울남부터미널 → 화개행 버스가 06:40~19:30, 1일 9회 다니며 3시간 20분쯤 걸린다. 화개에서 들머리인 목압마을 방향으로 가는 버스는 07:00~21:00, 1일 18회 다닌다. 쌍계사 종점까지만 가는 버스를 타면 700m쯤 걸어야 한다. 화개시외버스공용터미널 055-883-2793.

맛집

찻잎마술(055-883-3316)은 녹차를 활용한 음식점이다. 주메뉴는 고운비빔밥(담백비빔밥)과 별천지찜(삼겹살찜)으로 이름부터 범상치 않다. '고운'은 고운 최치원을 말한다. 고운비빔밥에는 열 가지가 넘는 정성스러운 반찬이 나온다.

course map

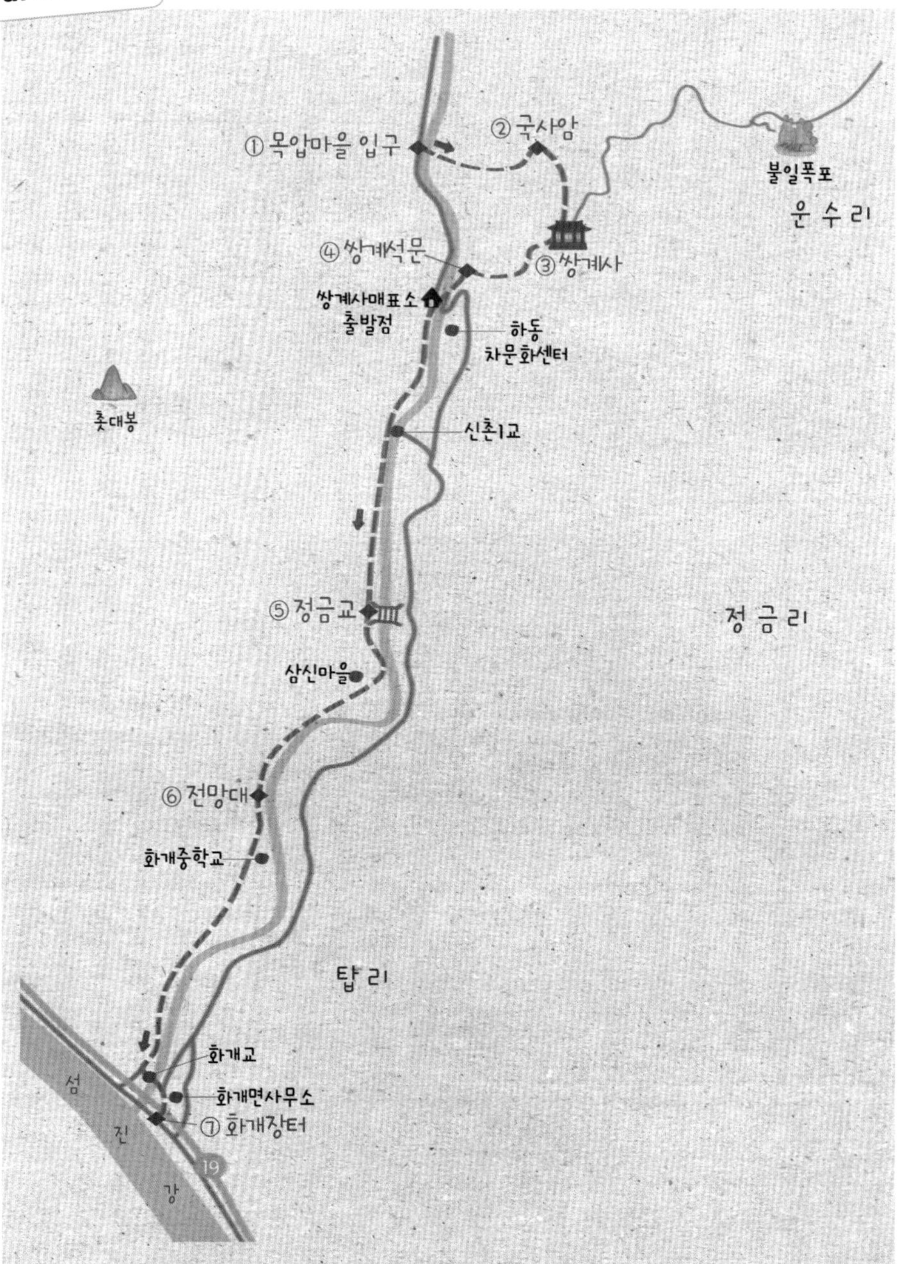

① 목압마을 입구
② 국사암
불일폭포
운수리
④ 쌍계석문
③ 쌍계사
쌍계사매표소
출발점
하동
차문화센터
촛대봉
신촌1교
⑤ 정금교
정금리
삼신마을
⑥ 전망대
화개중학교
탑리
화개교
화개면사무소
⑦ 화개장터
섬진강
19

숙소 아름다운 산골(055-883-7601)은 칠불사 아래 범왕천을 옆에 낀 황토 펜션이다. 청정계곡을 끼고 있어서 펜션 어디에서도 물소리를 들을 수 있어 좋다. 켄싱턴리조트 지리산하동점(055-880-8000)은 하동야생차박물관 위에 자리한 콘도로 깨끗한 시설과 시원한 조망이 일품이다.

코스 가이드

장소	전라남도 여수시 삼산면 거문리 거문도
코스	거문항~보로봉~거문도등대~거문항
걷는 거리	8.7㎞
걷는 시간	4시간
난이도	무난해요
좋을 때	3월 말~4월 초(동백)

거문도 최고 절경으로 꼽히는 기와집몰랑. 수려한 바위 능선에서 바라보는 거문도의 다양한 풍경이 일품이다.

어둑한 숲길 동백은 붉은 등을 켜고

여수 거문도

거문도는 여수와 제주도의 중간 지점에 위치한 다도해의 최남단 섬이다. 여수에서 남쪽으로 114.7km, 제주도에서 동북쪽으로 86km 거리를 두고 있다. 육지보다 제주도에 더 가깝기에 하늘이 맑은 겨울날에는 거문도등대에서 눈 덮인 한라산 봉우리가 보인다. 봄철 거문도는 동백꽃의 낙원이다. 동백섬으로 유명한 여수 오동도는 거문도에 비하면 새발의 피다. 서도의 불탄봉, 보로봉, 거문도등대 일대는 떨어진 동백꽃으로 길이 붉게 물든다. 차마 그 꽃을 지르밟지 못하고 종종걸음 치다보면 애잔하면서도 행복한 감정이 밀려온다.

세 개의 섬이 감싼 천혜의 항구

거문도는 본래 삼도라 불렀다. 서도, 동도, 고도 세 섬이 절묘하게 모여 있기 때문이다. 지도를 보면 마치 두 손이 가운데를 감싸듯 서도와 동도가 서로 마주 보고 있다. 북쪽 바다와 만나는 지점은 병목처럼 좁고, 남쪽 바다는 자그마한 고도가 떡하니 버티고 있다. 3개 섬이 둘러싼 바다는 그야말로 호수처럼 잔잔하다. 그래서 이곳을 삼호, 도내해島內海라고 부른다. 삼호는 큰 배들이 자유롭게 드나들 수 있는 천혜의 항구 역할을 한다. 이러한 입지적 여건 때문에 거문도는 예로부터 빈번히 열강의 침입을 받아왔다. 거문도 주민들은 3개 섬의 가슴 언저리에서 서로 마주 보면서 옹기종기 모여 산다.

거문도에 빼놓을 수 없는 명소가 거문도등대로 향해 난 동백숲이다. 등대로 가는 길이 울창한 동백숲으로 뒤덮여 있어 멋진 트레킹 코스가 된다. 이 길과 보로봉 일대 '기와집몰랑' 암릉과 연결하면 그야말로 환상적인 트레킹 코스가 된다. 삼호교~보로봉~거문도등대~삼호교 왕복 코스는 약 8.7km 거리이며, 4시간쯤 걸린다.

출발점은 고도 거문항①이다. 여기서 삼호교를 건너면 서도로 들어선다. 삼호교 가장 높은 곳에서 바라본 삼호는 한없이 평화롭다. 삼호교에서 서도의 산을 바라보면 볼품없어 보인다. 하지만 거센 파도를 직접 만나는 서도의 바깥쪽은 파도와 바람이 조각해놓은 기암괴석이 수려하다. 따라서 능선에 올라봐야 그 진면목을 볼 수 있다.

삼호교를 건너면 한려해상국립공원(거문도) 안내판이 서 있다. 여기서 지도를 살펴보고 길을 나서면 반달모양의 유림해수욕장에 도착한다. 거문도의 유일한 해수욕장으로, 맑은 날이면 에메랄드빛으로 화려하게 반짝인다.

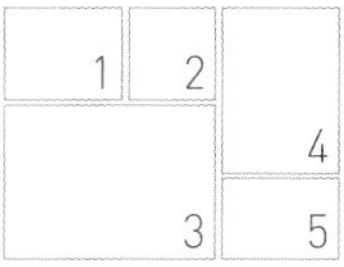

1 거문항의 평화로운 모습. 뒤로 보이는 다리가 서도와 연결된 삼호교다. **2** 거문도 동백. **3** 해안절벽에 자리한 거문도등대. 왼쪽 정자가 관백정이다. **4** 거문도등대로 가는 동백숲길. 떨어진 동백꽃을 밟지 않기 위해 종종걸음 쳐야 한다. **5** 보로봉에서 내려오는 길에 멀리 보이는 거문도등대.

해수욕장을 지나면 거문분소를 만나고 여기서 왼쪽 길로 접어들면서 산길로 들어선다. 길섶에는 보리수나무가 많다. 발그스레한 열매를 따 입에 넣자 오미자처럼 새콤한 맛이 입 안을 가득 채운다.

산길에서는 제비꽃이 무리 지어 인사하고, 떨어진 동백꽃이 길바닥에 가득하다. 이런! 꽃을 밟지 않으려고 종종걸음을 친다. 바닥에 떨어진 꽃이 붉은 등을 켠 듯 밝고 환하다. 차마 떨어지기 힘든 발걸음을 옮겨 한동안 오르막을 오르면 불탄봉과 보로봉 사이 안부에 올라붙는다. 안부에서 비로소 반대편 해안이 눈에 들어오는데, 기암괴석이 장관이다.

동백나무 가득한 기와집몰랑

안부는 암릉이 아기자기한 능선길이다. 돌탑을 지나 동백터널을 지나면 거문도 최고의 비경으로 꼽히는 기와집몰랑②이 시작된다. '몰랑'은 산마루를 뜻하는 전라도 사투리다. 바다에서 보면 능선의 암릉이 울퉁불퉁한 기와집의 영마루처럼 보인다고 해서 기와집몰랑이라는 이름이 붙여졌다. 몰랑몰랑~ 이름이 재미있다. 거친 암릉 사이사이로 빼곡하게 들어찬 동백나무가 뿜어내는 경관이 일품이다.

보로봉 직전에서 오른쪽을 보면 바다 쪽에서 불끈 튀어나온 봉우리가 보인다. 이곳이 유명한 신선대다. 동백숲을 헤치고 조심조심 오르자 시야가 거침없다. 멀리 거문도등대까지 서도의 서쪽 해안이 한눈에 펼쳐지고, 반대쪽은 천길 벼랑이라 오금이 저린다. 다시 능선으로 돌아와 보로봉③에 오르자 이번에는 북쪽으로 거문도 전경이 눈에 들어온다. 동도, 서도, 고도가 옹기종기 모여 삼호를 부드럽게 감싼다. 남쪽 거친 해안 풍경과는 천지 차이다.

다시 길을 나선다. 수월봉에서 흘러내린 자락 끝에 우뚝한 거문도등대를

바라보며 걷는다. 등대가 손에 잡힐 듯이 점점 가까워오면 '365계단'을 내려가야 한다. 끝없는 계단길에 허벅지가 뻐근할 때쯤 목넘어④를 만난다. 거문도등대가 선 수월봉과 서도를 잇는 지점으로 바람이 센 날은 파도가 길을 후려친다. 거센 바람을 맞으며 목넘어를 건너면 호젓한 동백숲길이다. 이제 등대까지는 1km 남짓. 곧 만나는 쉼터에서는 전남 무형문화재 제1호인 '거문도 뱃노래'를 들어볼 수 있다. '어야디야 어야디야 어기여차 어서가세…'

동백나무 숲에 울리도록 뱃노래 한 구절을 흥얼거리며 길을 걷다 보면 어느새 거문도등대⑤에 당도한다. 거문도등대는 1905년 남해안 최초로 세워졌으니, 100세를 훌쩍 넘겼다. 옛 등대는 왼쪽 절벽 위에 자리하고, 지금은 높게 세워진 새 등대가 붉은 빛을 밝힌다. 등대 뒤편의 정자는 백도가 보인다고 해서 관백정이다. 등대에서 거문항⑥으로 되돌아가는 길, 어두한 숲길에서 떨어진 동백꽃들이 붉은 등을 밝힌다. 저 등이 꺼지면 봄도 떠나리라.

6 7

6 서도와 거문도등대를 연결하는 목넘어에는 바람이 거세다. **7** 거문도에서 가장 조망이 좋은 신선대.

course data

고도표

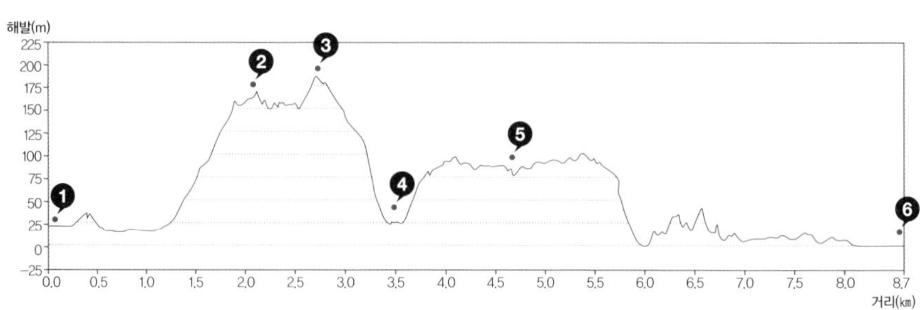

길잡이

거문도 동백길은 거문도등대로 가는 길과 서도의 기와집몰랑과 보로봉을 연결한 코스로 거문도 절경을 두루 둘러보는 길이다. 코스는 거문항~삼호교~유림해수욕장~기와집몰랑~보로봉~목넘어~거문도등대~목넘어~유림해수욕장~거문항. 총 거리는 8.7km, 4시간쯤 걸린다. 거문도등대로 갈 때는 기와집몰랑과 보로봉을 연결한 코스로 갔다가, 돌아올 때는 목넘어에서 해변을 따라 난 빠른 길을 택한다.

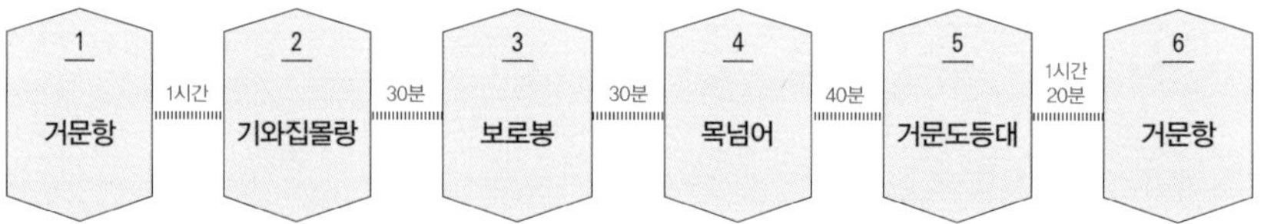

주변 명소

백도_ 백도는 거문도에서 동쪽으로 28㎞ 거리에 있으며, 크게 상백도와 하백도로 나뉜다. 백도라는 이름은 온통 하얗게 보인다고 해서 붙여졌다는 설이 있고, 섬의 수가 100개에서 하나가 모자란 99개여서 '일백 백(百)'에서 '하나 일(一)'을 뺀 '백도(白島)'로 했다는 설이 있다. 백도는 실제로 39개의 섬으로 이루어진 군도이다. 백도에는 전해내려오는 이야기가 있다. 아주 먼 옛날 옥황상제의 아들이 아버지의 노여움을 받아 이 세상으로 쫓겨났다. 다시 못된 짓을 하자 옥황상제가 화가 나서 아들과 신하들을 벌을 주어 돌로 변하게 했고, 그것이 크고 작은 섬인 백도가 되었다고 한다. 백도는 일반인이 발을 들일 수 없는 무인도다. 거문도에서 출항하는 관광유람선으로 둘러볼 수 있고, 맑은 날에는 거문도 일대에서도 백도가 잘 보인다.

course map

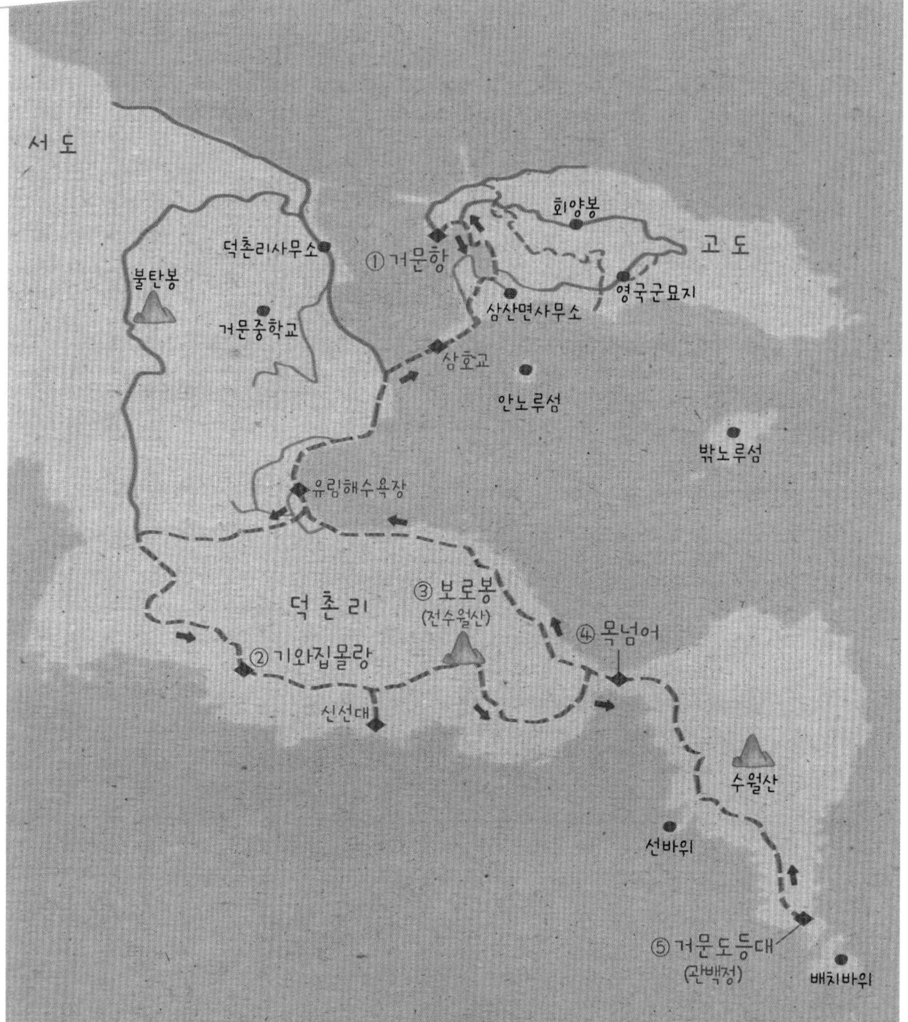

교통 서울역 또는 용산역에서 출발하는 여수행 KTX는 05:10~21:50, 하루 15회 운행하며, 3시간~3시간 30분쯤 걸린다. 버스는 센트럴시티터미널에서 여수행 버스가 05:50~24:00 하루 15회 운행하며, 4시간 15분쯤 걸린다. 거문도로 가는 배편은 여수연안여객선터미널에서 14:30에 있다. 2시간 20분쯤 걸린다. 문의 엘에스쉽핑(061-662-1144).

숙소 숙소는 거문항에 몰려 있다. 거문도대흥민박(061-666-8016), 터미널민박(061-665-8281), 섬마을횟집(061-666-8111) 등은 식당과 숙소를 겸한다.

코스 가이드

장소	전라남도 강진군 도암면 만덕리
코스	귤동마을~다산초당~백련사~백련사 주차장
걷는 거리	3.5㎞
걷는 시간	1시간 30분
난이도	쉬워요
좋을 때	3~4월(동백)

백련사에서 내려오는 길. 울창한 동백 숲 너머로 강진만이 시원하게 펼쳐진다.

다산이 혜장스님 만나러 가던 꽃길

강진 다산초당

전라남도 강진은 월출산을 기대고 강진만을 바라보는 곳이다. 육지가 끝나는 땅끝이라 해도 과언이 아니다. 다산 정약용이 강진으로 유배온 것은 어쩌면 행운이었을지도 모른다. 혜장스님, 초의선사 등과 한 잔의 차를 마시고 교류하며 그의 학문은 더욱 깊어졌다. 다산은 18년 강진 유배생활을 마치고 "차를 마시면 흥하고, 술을 마시면 망한다."는 말을 남기고 떠났다.

유배 8년 만에 만덕산에 마련한 초당

다산이 만덕산(408m) 아래에 소박한 거처를 마련한 것은 강진에 유배온 지 8년 만이었다. 해남 윤씨 가문의 도움이 컸다. 만덕산은 예로부터 야생 차밭이 많아 다산茶山으로 불렸다. 정약용의 호 다산이 여기서 나왔다. 다산은 초당에서 심심치 않게 백련사를 드나들며 혜장스님과 교우했다. 그에게 배운 것은 차를 마시는 것. 당시 다산의 외롭고 고통스러운 유배의 나날을 함께한 이가 혜장이고, 쇠약해진 심신을 지켜준 것이 만덕산의 야생차였다.

다산이 혜장스님을 만나러 백련사로 가는 길이 다산유배길이다. 다산초당~백련사를 잇는 숲길로, 제10회 '전국 아름다운 숲 대회'에서 어울림상(장려상)을 받기도 했다. 만덕산 산비탈을 타고 돌아 걷기 좋고, 봄이 오면 백련사 일대 수만 그루의 동백꽃이 동시에 만개해 장관을 연출한다.

코스의 출발점은 만덕리 귤동마을①. 마을 꼭대기 작은 주차장에서 다산초당으로 가는 길이 이어진다. 그 길로 들어서면 소나무 뿌리들이 서로 뒤엉킨 길을 만난다. 예전에는 사람들이 무심코 지나쳤지만, 정호승 시인은 큰 감동을 받아 「뿌리의 길」이란 시를 썼다. 이 시가 널리 알려지면서 지금은 '뿌리의 길'이라 부른다.

계단처럼 이어진 나무 뿌리들을 밟고 걸어가면 그 끝에 다산초당②이 있다. 초당은 아쉽게도 기와집이다. 당시의 초가집이 기와집으로 잘못 복원된 것이다. 초당 주변은 울창한 동백 숲으로 둘러싸여 분위기가 그윽하다. 다산은 초당 옆에 작은 연못을 팠고, 동암에서 기거했다. 『목민심서』, 『경세유표』, 『흠흠신서』 등 총 600권 넘는 방대한 저술이 동암에서 탄생했다.

동암을 지나면 강진만이 훤히 보이는 천일각이다. 다산은 마음이 답답할 때 이곳에서 바다를 바라봤다고 한다. 일렁거리는 물결을 바라보며 두고 온 가족을 떠올리고, 흑산도로 유배 간 형 정약전을 생각했다. 천일각을 나

1	2
	3
4	5	6

1 동백나무가 우거진 다산초당. **2** 다산이 답답한 마음과 가족에의 그리움을 달랬던 천일각. **3** 해월루에 오르면 강진만이 시원하게 펼쳐진다. **4** 다산초당으로 오르는 길에 만나는 뿌리의 길. **5** 다산초당의 다산 초상화. **6** 다산이 혜장을 만나러 수시로 드나들던 백련사. 백구가 그 앞을 지키고 있다.

백련사 동백숲에 숨어 있는 부도. 동백꽃이 붉은 등을 켜고 있다.

오면 길은 부드럽게 이어진다. 삼나무를 비롯한 난대림이 그윽한 숲길이다.

천연기념물이 된 백련산 동백숲

슬그머니 작은 고개를 넘으면 2층 누각인 해월루③가 나온다. 최근에 지었는데 주변에 비해 규모가 좀 큰 것이 흠이다. 2층에 오르면 강진만 일대가 시원하게 펼쳐진다. 강진만이 바다와 만나는 지점에 작은 섬이 보이는데, 그곳이 가우도다. 육지와 섬을 연결하려고 최근에 만든 출렁다리가 보인다.

해월루를 벗어나면 내리막길이 이어지고 넓은 녹차밭이 나온다. 녹차밭 뒤로 만덕산의 수려한 암봉이 모습을 드러낸다. 녹차밭이 끝나면 길은 울창한 백련사 동백숲으로 들어간다. 천연기념물로 지정된 숲으로, 백련사 주변을 빙 둘러 600~800년 묵은 동백나무 1만여 그루가 자생하고 있다.

울창한 동백숲은 하늘을 가려 어둑어둑하다. 땅에 떨어진 동백꽃은 나무에서 핀 꽃보다 붉게 빛난다. 그것을 본 사람의 마음은 애잔해진다. 그래서 동백꽃이 나무에서, 땅 위에서, 마음속에서 세 번 꽃을 피운다고 했나 보다. 동백 숲에는 몇 기의 부도가 숨어 있는데, 미로 같은 길을 걸으며 찾아보자.

숲을 나오면 백련사④가 보인다. 만덕산 중턱 제법 너른 터에 자리한 절이다. 혜장스님은 절 앞 배롱나무 앞에서 수시로 고개를 넘어왔던 다산을 기다렸다고 한다. 혜장은 다산보다 열 살 어렸지만, 두 사람은 서로 친구이자 스승으로 허물없이 어울렸다. 절을 둘러보고 나오면 시멘트로 포장된 길을 따라 내려간다. 길 주변에도 온통 동백 숲이다. 길에 깔린 동백을 밟을까봐 조심조심 내려와 백련사 주차장⑤에 닿으면서 트레킹이 마무리된다.

course data

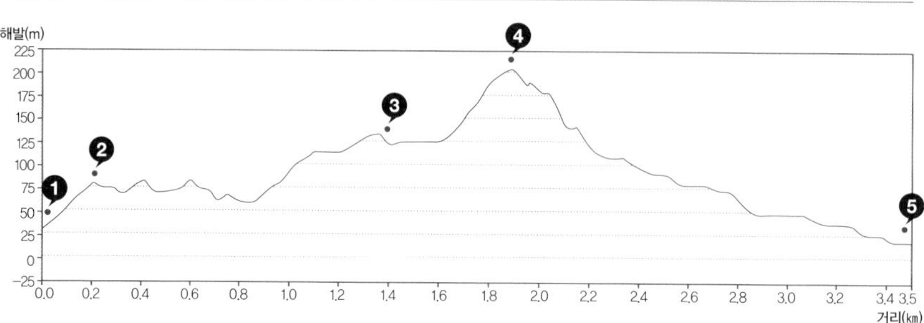

길잡이

출발점은 귤동마을(다산명가)이나 다산유물전시관으로 한다. 다산유물전시관에서 시작하는 코스는 전시관에서 출발해 두충나무숲을 지나 귤동마을에 이른다. 그 이후로는 귤동마을 출발 코스와 동일하다. 기본 코스는 귤동마을~다산초당~해월루~백련사~백련사 주차장. 총 거리는 3.5km, 1시간 30분 걸린다. 차를 출발점인 귤동마을에 두었다면, 백련사를 찍고 왔던 길을 되짚어 돌아가면 된다.

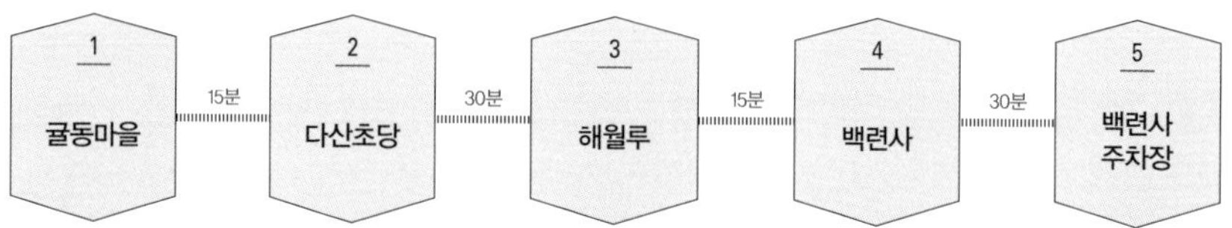

교통 서울 센트럴시티터미널 → 강진 버스가 07:30~17:40, 1일 4회 다니며 4시간 30분쯤 걸린다. 강진버스터미널에서 귤동마을 입구로 가는 군내버스가 하루 8회 운행한다.

맛집 강진은 한정식이 유명하다. 흥진식당(061-434-3031)은 가성비가 좋고 푸짐한 상을 내온다. 둥지식당(061-433-2080), 청자골 종가집 (061-433-1100), 명동식당(061-434-2147) 등도 유명하다.

course map

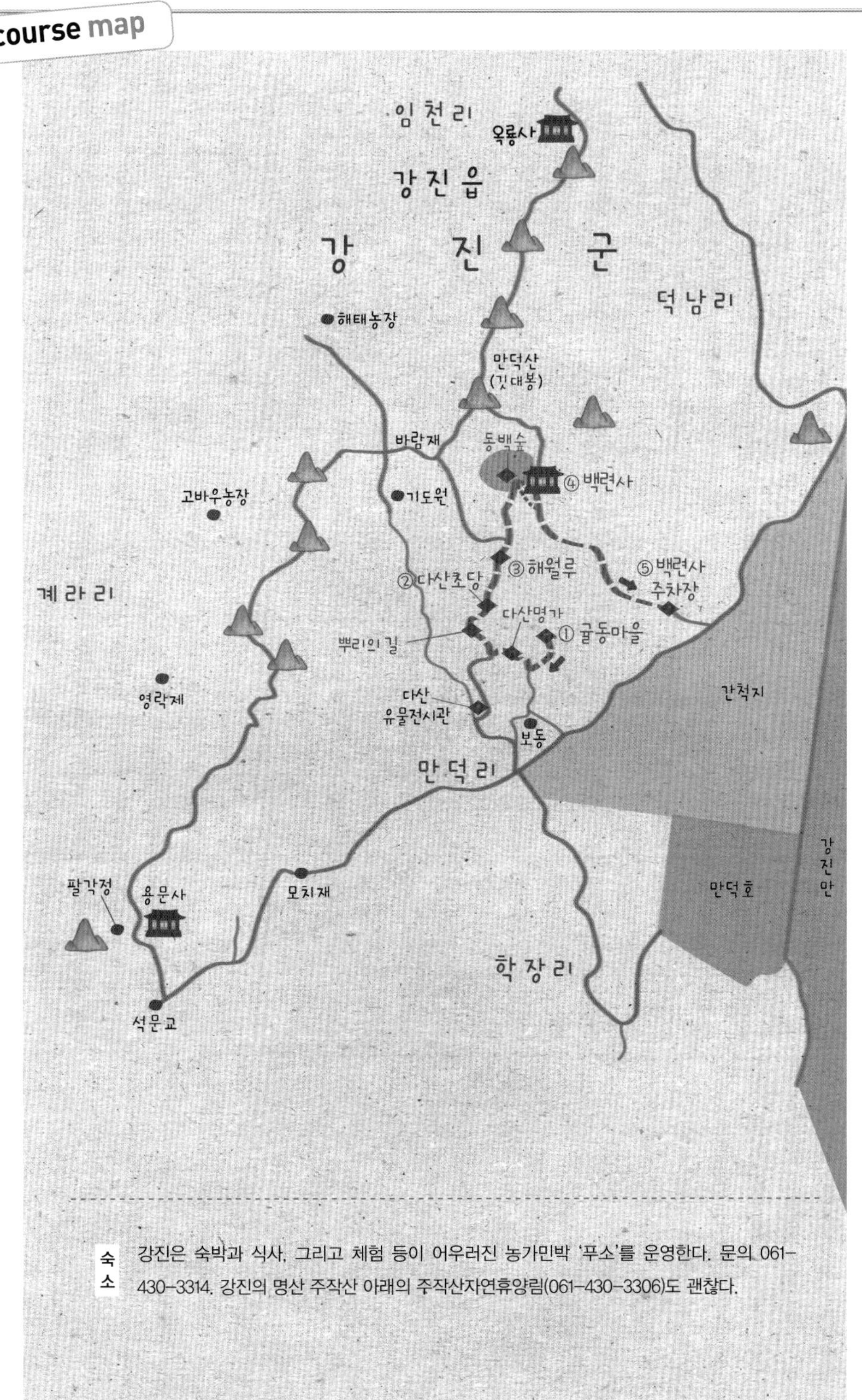

숙소 강진은 숙박과 식사, 그리고 체험 등이 어우러진 농가민박 '푸소'를 운영한다. 문의 061-430-3314. 강진의 명산 주작산 아래의 주작산자연휴양림(061-430-3306)도 괜찮다.

코스 가이드

장소	경상남도 통영시 한산면
코스	당금항~장군봉~당금항
걷는 거리	6.8㎞
걷는 시간	3시간 20분
난이도	무난해요
좋을 때	봄(3월·동백), 가을

당금마을전망대로 가는 길에 뒤돌아본 풍경. 가운데 봉긋한 언덕이 해금강전망대, 뒤로 어유도와 가왕도(맨 오른쪽)가 펼쳐진다

한려해상국립공원의 동백섬

통영 매물도

매물도는 보통 대매물도를 말하지만, 대매물도·소매물도·등대섬을 통칭하기도 한다. 소매물도는 사람이 사는 통영의 100여 개 섬 중에서 가장 인기가 좋다. 하지만 매물도를 찾는 사람은 드물었다. 최근에 생긴 바다백리길(통영 미륵도, 한산도, 비진도, 매물도, 소매물도, 연대도의 걷기길)에 매물도가 포함되면서 탐방객이 부쩍 늘고 있다. 매물도는 섬 곳곳에 동백나무가 울창하다. 다른 지역보다 나무의 발육상태가 좋아 탐스러운 꽃이 주렁주렁 열린다. 붉은 동백과 푸른 바다가 어우러진 절경 속을 원 없이 걸을 수 있다.

바다백리길로 세상에 드러난 섬의 비경

매물도는 2.4km^2 면적에 해안선 길이도 약 8km 정도로 크지도 작지도 않은 섬이다. 통영시 한산면에 속하며 통영항에서 남동쪽으로 25km쯤 떨어져 있다. 반면 거제 저구항에서는 10km쯤 거리다. 그래서 서울 사람들은 통영 여객터미널을, 부산과 창원 사람들은 거제 저구항을 이용해 간다. 통영에서 배를 타면, 이순신 장군이 활약했던 한산도 앞바다를 지나 비진도 앞을 미끄러져 매물도에 이른다. 매물도 당금항에 내리면 방파제 뒤로 깎아지른 어유도가 펼쳐지고, 산비탈에 옹기종기 모인 집들이 정겹게 다가온다.

매물도라는 지명은 매물, 즉 메밀을 많이 경작한 것에서 유래한다. 다른 해석으로는 개선장군이 군마 안장을 푼 뒤 쉬고 있는 듯한 섬의 형상 때문이라고도 한다. '말 마馬' 자와 '꼬리 미尾' 자를 써서 마미도라고 부르던 것이 나중에 매미도를 거쳐 매물도로 바뀌었다는 설이다. 옛 문헌에는 매매도每每島, 매미도每味島 등으로도 적혀 있다.

매물도 바다백리길의 이름은 '해품길'이다. 섬 곳곳에서 빼어난 일출과 일몰을 감상할 수 있기 때문이다. 해품길을 거닐면 매물도의 마을, 산, 해안 등을 거의 모두 둘러볼 수 있다. 트레킹 출발점인 당금항① 해품길 안내판 옆에는 배가 불룩한 '바다를 품은 여인' 조형물이 서 있다. 매물도는 2007년 문화체육관광부의 '가보고 싶은 섬' 프로젝트에 선정됐다. 덕분에 공공미술 작품들로 마을이 꾸며져 산뜻해졌다.

마을 골목길로 들어서면 소박한 주민 이야기가 담긴 문패가 눈길을 끈다. '고기 잡는 할아버지', '해녀의 집' 등 재미있다. 골목을 이리저리 휘돌아 가면 발전소에 이른다. 발전소 왼쪽 언덕을 오르면 해금강전망대②가 나온다. 날이

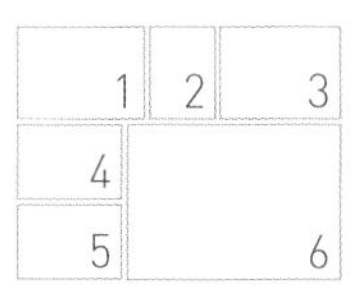

1 매물도 분교를 지나면 동백나무가 도열한 길이 이어진다. 매물도의 동백나무는 꽃이 많고 색이 진하다. 2 주민들의 꿈과 사랑이 담긴 매물도 분교. 지금은 민박집으로 사용한다. 3 당금마을은 산비탈에 옹기종기 모인 집들과 항구, 어유도가 어우러져 평화롭다. 4 길섶에 떨어져 붉은 등을 켠 동백꽃. 5 장군봉 정상의 장군과 말 조형물. 장군봉의 전설을 형상화했다. 6 매물도 앞바다의 가익도(왼쪽)과 소지도(오른쪽) 위로 떨어지는 장엄한 일몰.

좋을 때 거제의 남부면과 해금강 일대가 훤히 보이며, 일출 풍광도 빼어나다.

다시 발전소로 내려와 부드러운 초원을 따르면 옛 매물도 분교③에 이른다. 분교는 섬에서 가장 평탄한 곳에 자리 잡았다. 주민들은 섬의 척박한 환경에서도 아이들을 가르치기 위해 1963년 직접 학교를 지었다. 42년 동안 섬마을 아이들의 꿈과 희망이 가득했던 학교는 2005년 폐교됐다. 지금은 민박집으로 사용하고 있다. 분교 앞의 몽돌해변은 이 섬의 유일한 해수욕장이다. 섬 아이들은 까르르~ 웃으며 운동장을 뛰어놀다가 해안으로 달려가 파란 바다에 몸을 담궜을 것이다.

소매물도 최고 전망대, 장군봉

분교를 지나면 완만한 오르막이 이어지고, 동백터널을 지난다. 길섶에 떨어진 동백꽃은 붉은 등을 켠 듯 반짝반짝 빛난다. 동백은 나무에 매달려 있을 때보다 땅에 떨어져 있을 때가 더 아름답다. 대숲길을 내려오면 길 양편으로 다시 동백나무가 도열한다. 굵은 나무들은 짙은 붉은 꽃을 가득 달고 있다. 지금껏 이렇게 꽃이 풍성한 동백나무들을 본 적이 없다. 잠시 걸음을 멈추고 꽃밭에 앉아 동백의 향기에 취한다.

다시 엉덩이를 털고 일어나 언덕을 오르면 당금마을전망대④에 이른다. 이곳은 사방이 툭 터진 바람의 길이다. 그늘막 아래 평상에 앉으면 매물도 분교와 해금강전망대·여유도·가왕도가 차례로 펼쳐지고, 바다 건너편으로 거제도 망산과 여차홍포 해안이 아스라하다. 동쪽으로는 드넓은 초원이 펼쳐지며, 서쪽으로 웅장한 장군봉이 우뚝하다. 이곳 전망대는 한참을 머물고 싶은 멋진 공간이다.

전망대를 출발해 앞쪽으로 장군봉을 바라보며 걷는다. 장군봉은 210m 높

장군봉을 내려오면서 만나는 소매물도.

이에 불과하지만, 우락부락한 생김새로 체감 높이는 500m를 훌쩍 넘긴다. 장군봉 산사면은 온통 동백으로 덮여 있다. 봉우리를 넘으면 급경사를 내려와야 한다. 두 봉우리 사이 안부가 대항마을 갈림길⑤이다. 섬을 둘러볼 시간이 없는 사람은 여기서 대항마을로 바로 내려가면 된다.

장군봉 오름길은 지그재그로 꺾여진 임도다. 어유도전망대⑥를 지나면 모퉁이를 두어 번 돌아 장군봉 정상⑦에 닿는다. 정상은 철탑이 우뚝하고, 그 앞의 너른 공터가 정상 역할을 한다. 장군봉은 장군이 군마를 탄 모습에서 이름이 유래됐다. 그래서인지 장군봉에 장군과 말을 형상화한 독특한 조형물이 설치됐다. 누구나 말의 등에 올라탈 수 있게 제작한 점이 마음에 든다. 말에 올라타면 장군이 된 듯 힘이 넘치고 기분이 좋아진다.

장군상 뒤 전망 데크에 서면 숨어 있던 소매물도와 등대섬이 나타난다.

소매물도는 꼭 거친 바다를 헤엄치는 거북이처럼 보인다. 장군봉에서 내려오는 길은 휘파람이 절로 나는 완만한 초원길이다. 가을에는 억새가 우거지고 구절초가 만발한다. 보는 장소에 따라 조금씩 달라지는 소매물도의 모습이 재미있다. 등대섬전망대⑧를 지나면 길은 오른쪽으로 크게 꺾인다.

산비탈에 이어진 편안한 길이 꼬돌개 오솔길이다. 꼬돌개는 경남 고성 등에서 온 초기 정착민들이 흉년과 괴질로 '꼬돌아졌다(꼬꾸라졌다)'고 해서 붙여진 이름이다. 소리 내어 보면 재밌지만 그 속에 매물도의 아픈 역사가 담겨 있다. 운치 있는 대숲을 지나면 대항마을⑨이 코앞이다. 마을로 들어가기 전 매물도 당산나무인 후박나무(경남도기념물 제214호)를 구경하자. 수령 300년의 이 후박나무는 한 가지 소원은 꼭 들어주는 나무라고 한다.

아담한 대항마을은 사람들이 떠난 옛집과 신축한 펜션들이 뒤섞여 있다. 대항마을을 지나 낮은 고갯마루에 올라서면 시야가 열린다. 매물도 앞바다에 솟구친 서너 개의 바위 기둥은 가익도다. 다섯 개의 크고 작은 바위로 이뤄진 가익도는 주민들 사이에서 '삼여' 또는 '오륙도'라고도 불린다. 보는 위치에 따라 바위가 세 개로도, 다섯 개로도 보인다. 고갯마루를 내려오기 전에 당금항⑩을 유심히 바라본다. 방파제가 두 팔 벌려 앉은 항구, 작은 산처럼 솟은 어유도, 그리고 산비탈에 따개비처럼 붙은 집들이 어우러진 마을이 평화롭다.

course data

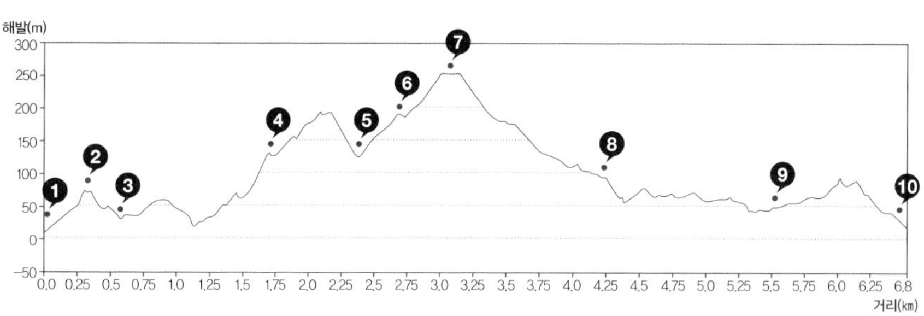

길잡이

매물도 코스는 당금항~해금강전망대~매물도 분교~당금마을전망대~대항마을 갈림길~어유도전망대~장군봉~등대섬전망대~대항마을~당금항. 총 거리 6.8㎞, 3시간 20분 걸린다. 매물도 전체를 돌아볼 시간이 없다면 대항마을 갈림길에서 대항마을로 바로 내려간다. 해품길의 종착점은 대항항이지만, 당금항으로 돌아오는 것이 좋다. 대항항은 이용하는 사람이 적어 여객선이 서지 않을 수 있기 때문이다.

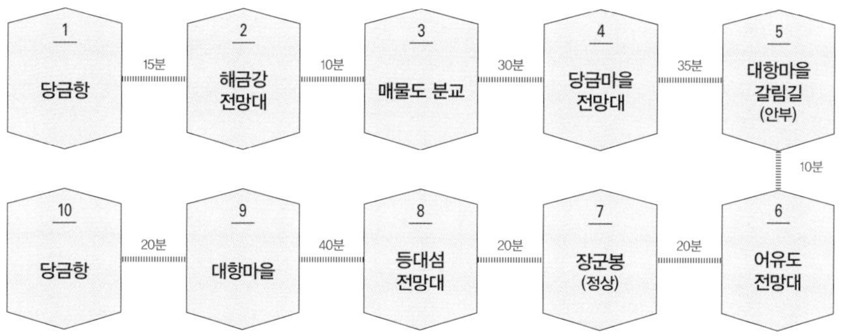

교통 여객선은 통영과 거제에서 다닌다. 통영↔대·소매물, 통영여객선터미널에서 한솔해운(055-645-3717)에서 1일 3회(06:50, 10:50, 14:30) 운행하며, 1시간 30분쯤 걸린다. 거제↔대·소매물도, 거제시 남부면 저구항에서 매물도해운(055-633-0051)에서 1일 4회(08:30, 11:00, 13:30, 15:30) 출항하며, 30분쯤 걸린다.

course map

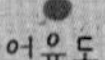

숙식

머물수록펜션(02-010-9397), 해누리펜션(070-8841-2603) 등 숙박시설이 있다. 바다 조망이 탁월한 당금마을 한산초등학교 매물도분교에서 캠핑을 즐길 수 있다. 당금구판장에 문의하며, 캠핑 이용료는 1인 15,000원이다. 봄철 별미인 도다리쑥국은 통영항에서 가까운 분소식당(055-644-0495)이 잘한다.

계절편

뜨거운 태양을 피해 계곡을 거니는

여름 트레킹

SUMMER

코스 가이드

장소	전라북도 남원시 주천면
코스	육모정~구룡폭포~구룡치~주천치안센터
걷는 거리	11.1㎞
걷는 시간	5시간
난이도	조금 힘들어요
좋을 때	4~8월(봄꽃·녹음), 10월(단풍)

복숭아꽃이 무릉도원을 연상하게 하는 구룡계곡 초입

웅장한 구룡계곡과 순박한 지리산둘레길의 만남 남원

구룡폭포 순환코스

남원 구룡계곡은 지리산 골수 산꾼들도 잘 모르는 숨은 보석 같은 계곡이다. 지리산의 품에 있지만, 지리산 등산로와 직접 연결되지 않은 까닭이다. 구룡계곡은 일부 남원 사람들만 곶감 빼먹듯 야금야금 즐기던 곳이다. 그러다 지리산 국립공단에서 구룡계곡 산길을 정비하며 조금씩 외부에 알려졌고, 이 길이 지리산둘레길 주천~운봉 구간과 만나면서 '구룡폭포 순환코스'라는 환상적인 코스가 탄생했다.

동편제 소리꾼의 성지, 구룡폭포

구룡계곡은 지리산 서북능선의 최고봉 만복대에서 우당탕 굴러온 청정 계류와 운봉고원을 적신 물이 한바탕 어우러진 계곡이다. 보통 주천면 호경리에서 덕치리까지 펼쳐진 약 5km 심산유곡으로, 사실 계곡보다 구룡폭포가 더 유명하다. 구룡폭포는 일명 원천폭포로, 구룡계곡의 아홉 명소 중 으뜸으로 꼽힌다. 폭포 자체의 자연미도 빼어나지만, 동편제 소리꾼들에게 성지로 통한다. 송만갑, 박초월, 강도근 등 당대 최고의 국창, 명창들이 각고의 노력 끝에 웅장한 폭포 소리에 맞서 절세의 소리를 다듬었다고 전한다.

구룡폭포 순환코스의 출발점은 구룡탐방지원센터 근처에 있는 육각정 형태의 육모정①이다. 육모정은 예전에 원동향약 계원들이 모이던 곳이다. 육모정 앞의 춘향묘는 춘향의 가묘이다. 남원에서는 웬만하면 춘향의 이름을 갖다 붙인다. 육모정에서 정령치 방향으로 200m쯤 도로를 오르면 구룡계곡 탐방안내소② 앞에 다다른다. 안내소 옆 계단으로 내려서면 드디어 구룡계곡이 시작된다.

길 초입에 개복숭아나무 붉은 꽃잎이 바람에 날려 꽃비가 내리고 있다. 이곳이 무릉도원임을 알려주는 상징이 아닌가. 마음이 달떠 서둘러 계곡길을 따르면, 맑은 물을 흠뻑 빨아들인 나무마다 형형색색의 싱싱한 새순을 내놓고 있다. 그 눈부시고 투명한 풍경에 도화가 화룡점정을 찍고, 계곡은 콸콸 우렁차게 흘러간다. 차가 다니는 도로에서 불과 몇 분 들어오지 않았는데, 그야말로 별유천지비인간別有天地非人間, 인간 세계가 아닌 듯하다.

호젓한 오솔길을 지나 점점 깊어지는 계곡의 풍경 속에서 구룡구곡 중 4곡인 구시소(서암)가 모습을 드러낸다. 1곡 송력동폭포, 육모정 앞의 2곡 용소, 3곡 학서암은 출발점 아래에 있어 볼 수 없었다. 구시소는 물살에 패인 바위

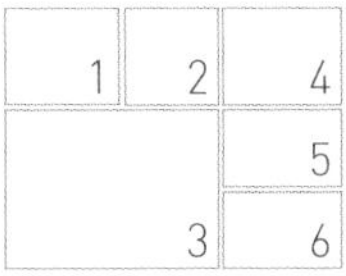

1	2	4
3		5
		6

1 언덕에서 내려다본 구룡계곡 전경. **2** 회덕마을의 샛집은 정감 어린 고향의 정취를 물씬 풍긴다. **3** 구룡치로 가는 그윽한 솔숲길에 진달래가 활짝 피었다. **4** 남원장에 다니던 장꾼들이 조약돌로 다무락(담)을 쌓으며 무사안녕을 기원했다는 사무락다무락. **5** 서어나무가 일품인 개미정지. **6** 구룡계곡에 떨어진 복숭아꽃.

모양이 소나 말의 먹이통인 구유처럼 생겼다 해서 붙여진 이름이다. 서암은 거대한 바위가 물 가운데 우뚝 솟아 있고 건너편 작은 바위는 중이 꿇어 앉아 독경하는 모습 같다 하여 붙여진 이름이다. 이어 철다리인 구룡교와 사랑의 다리를 연달아 지나면 5곡인 유선대다. 계곡에 거대한 너럭바위들이 펼쳐져 있는데, 바위에 금이 그어져 있어 선인들이 바둑을 즐겼다고 한다.

유선대를 지나면서 계곡은 점입가경이다. 크고 작은 폭포와 소와 담이 그 수를 헤아리기 어려울 정도로 많다. 작은 기암이 하늘을 떠받칠 기세로 솟은 6곡 지주대를 지나면 출렁다리를 건너 7곡 비폭동에 닿는다. 반월봉에서 흘러내린 물이 아름다운 물보라를 그리며 용이 승천하는 모습을 그려낸다고 해서 붙여진 이름이다. 비폭동은 평소에 수량이 적어 비가 많이 온 날에 봐야 제 맛이다.

비폭동부터 길은 가파르게 경사진 된비알 계단을 따른다. 계곡이 워낙 험해 길을 산으로 돌린 탓이다. 그래서 8곡인 경천벽은 볼 수가 없다. 아기자기한 암릉을 오르내리면 대망의 구룡폭포[3] 앞이다. 출렁다리를 건너면서 약 40m에 이르는 와폭 구룡폭포 하단의 웅장한 모습이 시야에 들어온다. 이어지는 철계단을 따라 오르면 구룡폭포 상단이 나타난다. 약 15m 높이에서 떨어진 폭포가 구룡담에서 머물렀다가 다시 하단으로 소용돌이치며 미끄러져 내려간다. 그 모습을 가만히 보고 있으면 마치 폭포로 빨려 들어갈 것 같다. 호연지기가 느껴지는 폭포의 장쾌한 모습은 남원8경 중 1경으로 꼽힌다. 구룡폭포는 음력 4월 초파일이면 아홉 마리의 용이 하늘에서 내려와 각기 아홉 폭포 중 한 곳에 자리를 잡아 노닐다가 다시 승천했다는 데서 그 이름이 유래되었다.

구룡포 상단. 상단을 미끄러져 내려온 물은 소에 모았다가 하단으로 소용돌이치며 흘러간다.

사람들 모여 구룡치 넘던 회덕마을과 샛집

구룡폭포를 구경했으면 철계단을 내려와 출렁다리로 되돌아가야 한다. 출렁다리 건너기 직전에 오른쪽으로 이정표가 나 있지만, 그곳으로 가면 많이 돌아간다. 출렁다리를 건너면 왼쪽으로 로프가 묶인 곳이 보인다. 그 길로 가는 것이 지름길인데, 따로 이정표가 없으니 주의하자. 제법 가파른 길을 로프를 잡고 10분쯤 오르면 임도가 나온다. 그 길을 따르면 계곡 옆에 다소곳이 자리한 구룡사를 만난다. 구룡사는 구룡폭포 상단 바로 위에 자리한 절집으로 계곡 풍광이 빼어나다.

구룡사를 지나 농로를 한동안 걸으면 구룡교 앞에서 도로를 만나게 된다. 도로를 10분쯤 따르면 지리산둘레길 합류점인 정자나무 쉼터를 만난다. 거대한 정자나무 앞에는 동네 주민들이 구수한 냄새를 풍기며 부침개와 막걸리를 판다. 정자나무 앞에서 곧장 지리산둘레길 주천 방향으로 접어들지 말고, 도로를 따라 운봉 방향으로 300m쯤 가서 회덕마을의 샛집(초가)을 구경하고 가는 것이 좋다.

예전에 회덕마을④을 '모데기'라 불렀다. 운봉에서 온 사람과 달궁에서 온 사람이 모여 구룡치를 넘었다고 해서 붙은 이름이다. 풍수지리설에 따르면 덕두산, 덕산, 덕음산의 덕을 한 곳에 모아 마을을 이루었다는 뜻이다. 샛집은 이곳 말로 구석집이라 부르는 초가로 억새로 이은 풍성한 지붕이 일품이다. 지붕이 두터운 덕분에 집은 여름에 시원하고 겨울이면 따뜻하다. 회덕마을이 있는 주천면 덕치리는 운봉 고원처럼 고도가 높은 지대라 겨울에 눈이 많이 내리는 지역이다. 보통 짚으로 지붕을 이으면 1~2년마다 갈아야 하지만, 억새를 사용해 무려 30~40년을 버틸 수 있다고 한다. 이 집은 1895년 박창규 씨가 처음 지었고 한국전쟁 때 불탔다가 1951년 새로 지었다. 툇마

구룡폭포 직전의 출렁다리 앞에는 봄빛 가득 머금은 물이 흐른다.

루에 앉으니 앞으로 지리산 서북능선이 시원하게 흘러간다.

샛집을 나와 논두렁을 따라 지리산둘레길 주천 방향에 오른다. 여기서 구룡치를 넘으면 주천에 이르게 된다. 구룡치는 운봉 사람들과 지리산 깊숙한 뱀사골과 달궁 마을 사람들이 남원장을 가기 위해 넘던 고개다. 남원까지 2박 3일이 걸렸기에 사흘장을 본다고 했다. 구룡치란 이름은 구룡폭포와 관련이 깊다. 4월 초파일 구룡계곡에 내려온 아홉 마리 용이 서로 희롱하는 구룡농주九龍弄珠의 명당혈이 이 고개에 있다 하여 붙여진 이름이다.

산길에 접어들자 소나무가 시원하게 맞이하고 작은 고개를 넘자 여러 돌탑이 서 있다. 이곳이 사무락다무락. 남원장에 다니던 장꾼들이 조약돌을 모아 다무락(담)을 쌓으며 무사안녕을 기원했다고 한다. 사무락은 사망(모든 희망)의 이곳 사투리다. 돌탑에 돌을 하나 더 올리고 더욱 깊어지는 솔숲으로 들어서면 소나무 연리지가 나온다. 연리지는 영원한 사랑을 상징한다. 이 나무를 배경으로 사진을 찍으면 사랑이 이루어진다고 한다.

연리지를 지나 15분쯤 오르면 구렁이 담 넘듯 구룡치⑤를 넘어서게 된다. 은근슬쩍 넘어가서 어디가 구렁치 고갯마루인 줄 모르겠다. 갈수록 내리막길이기에 지나온 곳이 구룡치 꼭대기였음을 짐작한다. 다소 가파른 내리막길이 한동안 이어지다가 거대한 소나무 사이로 주천면이 시야에 들어온다. 넓은 들녘을 품은 마을은 평화로워 보인다. 이어 아담한 서어나무 숲을 통과하는데, 여기가 개미정지⑥다. 개미정지는 구룡치의 살기가 마을로 들어오는 것을 막으려고 조성한 서어나무 숲이다. 개미정지를 지나면 내송마을에 닿는다. 마을 정자에서 한숨 돌리고 농로와 도로를 번갈아 걸으며 행정교를 지나 주천치안센터⑦에 닿는다. 치안센터 옆에 남원 둘레길안내소가 보이면 트레킹은 마무리된다.

교통 자가용은 광주대구고속도로 지리산IC로 나와 찾아간다. 서울역·용산역 → 남원역 KTX 기차는 05:10~21:50, 1일 16회 운행하며 2시간 30분쯤 걸린다. 버스는 서울 센트럴시티터미널 → 남원행 버스가 06:00~22:20, 1일 11회 운행하며 3시간 10분쯤 걸린다. 남원시외버스터미널 앞 시내버스 정류장에서 육모정 가는 101번 버스는 06:45~19:10, 1일 9회 운행한다.

맛집

주천면 호경리의 송림산장(063-625-0326)은 푸짐한 보리밥 백반을 저렴하게 먹을 수 있다. 운봉읍의 지리산고원흑돈(063-625-3663)은 지리산에서 자란 명품 흑돼지를 내놓는다. 회덕마을의 회덕쉼터와 정자나무쉼터에서는 막걸리와 부침개 등으로 요기할 수 있다.

숙소 춘향테마파크 안 춘향가(063-636-4500)는 남원 전통을 느낄 수 있는 한옥형 호텔이다. 운봉읍의 남원 백두대간 캠핑장(063-620-5752)은 숙소와 캠프사이트를 잘 갖췄다. 지리산둘레길을 걷다가 주천, 호경마을, 노치마을 등에서 민박도 가능하다. 문의 063-635-0850.

course data

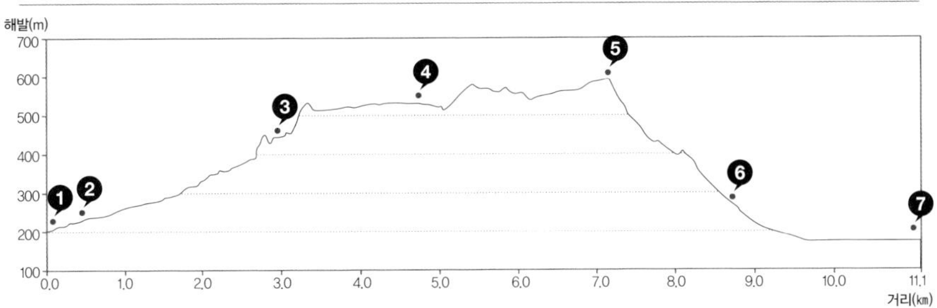

길잡이

구룡폭포 순환코스는 구룡폭포와 지리산둘레길 주천~운봉 구간 중 구룡치 옛길을 연결한 길이다. 코스는 육모정~구룡계곡 탐방지원센터~구룡폭포~구룡사~회덕마을 정자나무 쉼터~회덕마을 샛집~구룡치~연리지~주천치안센터로 이어진다. 회덕마을에서는 샛집을 구경하고 구룡치를 넘는 게 좋다. 총 거리는 11.1km, 4시간 40분이 걸린다. 가볍게 계곡을 즐기려면 회덕마을 샛집~구룡사~구룡폭포~육모정 코스가 좋다. 간단한 코스의 총 거리는 5㎞이며, 시간은 2시간 30분쯤 걸린다. 구룡계곡은 단풍철인 10월 한 달만 예약제를 운영한다. 예약은 국립공원통합예약시스템(reservation.knps.or.kr).

course map

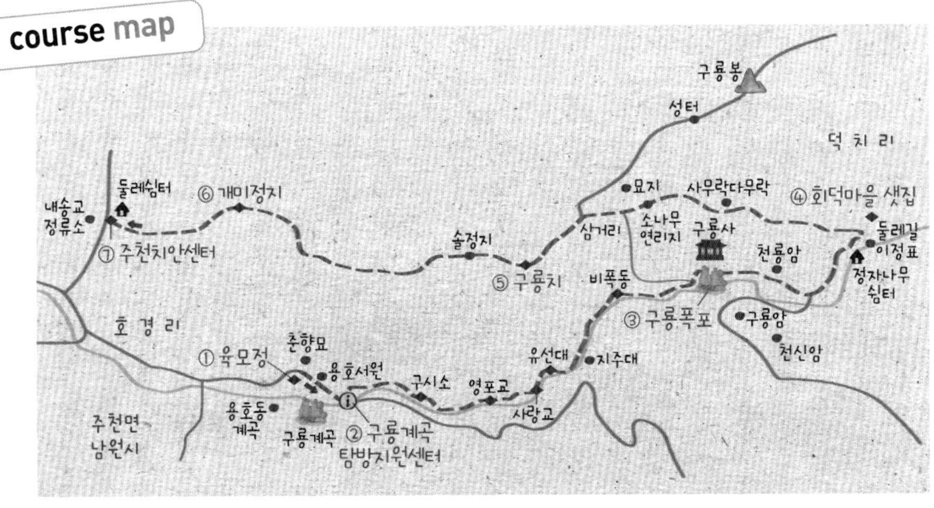

코스 가이드

장소	경북 문경시 가은읍 완장리
코스	학천정 주차장~세심대~운강 이강년기념관
걷는 거리	3㎞
걷는 시간	1시간
난이도	쉬워요
좋을 때	4~11월

선유동계곡의 유려한 풍광이 펼쳐지는 9곡 옥석대와 8곡 난생뢰 구간

선비의 향기가 흐르는 계곡 **문경**

선유동계곡

백두대간 마루금 위에 솟은 대야산(931m)은 걸출한 계곡 두 개를 품고 있다. 충북 괴산군에 속한 선유동계곡과 경북 문경시에 속한 선유동계곡이다. 조선 중기에 활동한 선비 정경세는 "양쪽 선유동은 가까운 거리인데 / 지금은 그 사이에 구름이 한가롭고 / 어느 곳이 뛰어난지 평하기도 어렵도록 / 하늘의 장수가 있어 수석 고루 나눴네"라고 노래했다.

대야산이 품은 2개의 선유동

정경세의 시구처럼 괴산과 문경 선유동의 경치는 막상막하로 아름답다. 괴산 선유동이 스케일이 크다면, 문경 선유동은 아기자기하다. 괴산 선유동에 퇴계 이황의 흔적이 남아 있다면, 문경 선유동은 고운 최치원이 신선처럼 거닐었다. 고운은 봉암사에 드나들면서 가까운 문경 선유동을 찾아 아홉 절경을 찾아 '선유구곡'을 새겼다고 한다. 그뿐만 아니라 우복 정경세, 도암 이재, 손재 남한조, 병옹 신필정 등 선비들이 즐겨 찾아 자취를 남겼으며, 근세에 이를 발견하고 시를 남긴 유학자는 외재 정태진이다.

출발점인 학천정鶴泉亭 입구에는 제법 널찍한 학천정 주차장①이 있다. 주차장에서 내려가면 곧 계곡을 만나고, 계곡 건너편으로 학천정이 자리한다. 학천정은 조선 후기 도암 이재가 후학을 가르치던 자리에 지역 유림이 그의 덕망을 기려 세웠다. 학천정 뒤의 바위에 새겨진 붉은 글씨가 눈길을 사로잡는다. 산고수장山高水長, 산처럼 높고 물처럼 장구하다는 뜻으로 고결한 사람의 인품이 오래도록 존경받는다는 뜻이다.

학천정 앞으로 수려한 계곡이 펼쳐지는데, 선유동계곡의 핵심적 명소들이 집중되어 있기에 잘 살펴보자. 먼저 왼쪽 커다란 바위 위에 최치원이 새겼다고 전해지는 '선유동' 글씨가 선명하다. 그 아래에 반질반질한 화강암 바위가 층층 쌓인 곳이 선유구곡 중 9곡인 옥석대玉舄臺다. '옥 같은 돌'이란 뜻이 아니라 '옥으로 만든 신발'을 말하며, 이는 득도자가 남긴 유물이라고 한다.

옥석대 아래를 흐른 물은 너른 암반 지대를 부드럽게 적신다. 여기가 선유구곡의 하이라이트 중 하나인 8곡 난생뢰鸞笙瀨다. 여울 흐르는 물소리가 대나무로 만든 악기인 생황笙簧이 연주하는 것 같다는 뜻이다. 참으로 놀라운 상상력이 아닐 수 없다. 눈을 감고 가만히 귀를 기울인다. 졸졸 물소리와 새소리가 어우러진 화음이 마음을 평화롭게 한다.

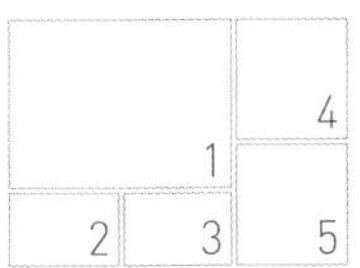

1 도암 이재가 후학을 가르치던 학천정. **2** 최치원이 새겼다고 전해지는 '선유동' 글씨. **3** 반석이 첩첩 쌓인 선유구곡 중 9곡 옥석대. **4** 벚꽃 화사한 봄날의 선유동 계곡. **5** 선유동계곡에 난 '선유동천 나들길'을 알리는 비석.

너른 암반이 펼쳐지는 선유구곡 4곡 세심대

다시 계곡을 따르면, 길은 계곡 옆의 호젓한 오솔길로 이어지며 제7곡 영귀암詠歸岩, 6곡 탁청대濯淸臺, 5곡 관란담觀瀾潭을 차례로 지난다. 우람한 소나무 앞에서 징검다리를 건너면 넓은 잔디밭이 있는 폐가를 만난다. 잔디밭 앞에서 계곡으로 내려서면, 온통 반석이 깔린 4곡 세심대洗心臺②가 나타난다. 발 담그며 잠시 쉬었다가 가기 그만이다. 신발과 양말을 벗고 탁족을 즐긴다. 시원하고 부드러운 물의 촉감이 일품이다. 바위에 전서체로 쓰인 '세심대洗心臺' 글씨는 춤을 추듯 역동적이다.

엉덩이를 털고 다시 길을 나서면, 거대한 펜션 건물이 나타나 눈이 휘둥그레진다. 펜션 앞의 계곡이 3곡 활청담活淸潭이다. 긴 암반을 타고 내려오는 물줄기가 마치 휘파람을 불며 흘러내리는 듯하다. 그러나 펜션 건물 때문에 계곡이 다소 훼손되어 안타깝다. 이어지는 오솔길을 따르면 희고 큰 반석 위에 올라선다. 수십 명이 설 수 있을 정도로 거대하다. 여기가 2곡 영사석靈槎石이다. '신령한 뗏목 바위'라는 뜻으로 반석을 뗏목에 비유한 것이 재미있

다. 영사석 왼쪽으로 기이하게 생긴 바위가 눈길을 붙잡는다. 큰 손을 들어 다섯 손가락을 쿡 찍어 놓은 듯하다. '장군손바위'로 선유구곡에서 수련하던 선인의 자취라고 한다.

가은 선비 7명의 자취가 서린 선유칠곡

다시 계곡을 따르면 선유구곡의 1곡은 안개에 싸인 바위, 옥하대玉霞臺를 만난다. 신선놀음의 시작점으로 절묘한 이름이다. 여기까지가 선유구곡이고 하류 쪽으로 선유칠곡이 이어진다. 한말 가은의 선비 7명은 서로 깊은 우정과 학문을 나누었는데, 공교롭게도 이들의 호에 '어리석을 우(愚)'자가 들어갔다. 이 소문을 들은 의친왕 이강은 '칠우정七愚亭'이라는 이름을 정자에 내

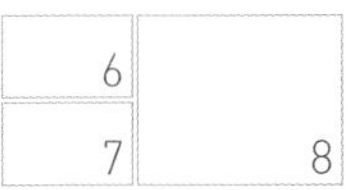

6 세심대의 날아갈 듯한 글씨. **7** 종착점인 운강 이강년 기념관. 왼쪽으로 칼을 높이 든 의병장 운강의 동상이 생동감 넘친다. **8** 선유칠곡 중 백석탄.

렸다고 한다. 칠우정을 중심으로 수려한 계곡 풍경 7곳 즉, 칠우대七愚臺 · 망화담網花潭 · 백석탄白石灘 · 와룡담臥龍潭 · 홍류천紅流川 · 월파대月波臺 · 칠리계七里溪를 선유칠곡이라 부른다.

옥하대에서 다시 내려가면 7곡 칠리계, 6곡 월파대, 5곡 홍류천, 4곡 와룡담이 차례로 나온다. 큼직한 다리 아래의 크고 흰 바위가 3곡 백석탄이다. 백석탄 이후 2곡 망화담과 1곡 칠우대는 확인이 어렵다. 계곡 옆에 새로 생긴 문경녹색캠핑장③을 만나면, 수려한 계곡은 시나브로 사라진다. 넓어진 오솔길은 20분쯤 더 걸으면 종착점인 운강 이강년 기념관④에 닿는다.

기념관 안으로 들어서면 칼을 빼 들고 위풍당당하게 선 운강의 동상이 눈에 띈다. 운강은 한말의 의병장으로 동학농민운동과 을미사변 때 문경에서 의병을 일으켜 충주 · 가평 · 인제 · 강릉 · 양양 등지에서 큰 전과를 올린 명장이다. 1962년 건국훈장 대한민국장이 추서됐고, 최근 활발하게 재조명되고 있다. 동상 앞에서 꾸벅 절을 올리고, 트레킹을 마무리한다.

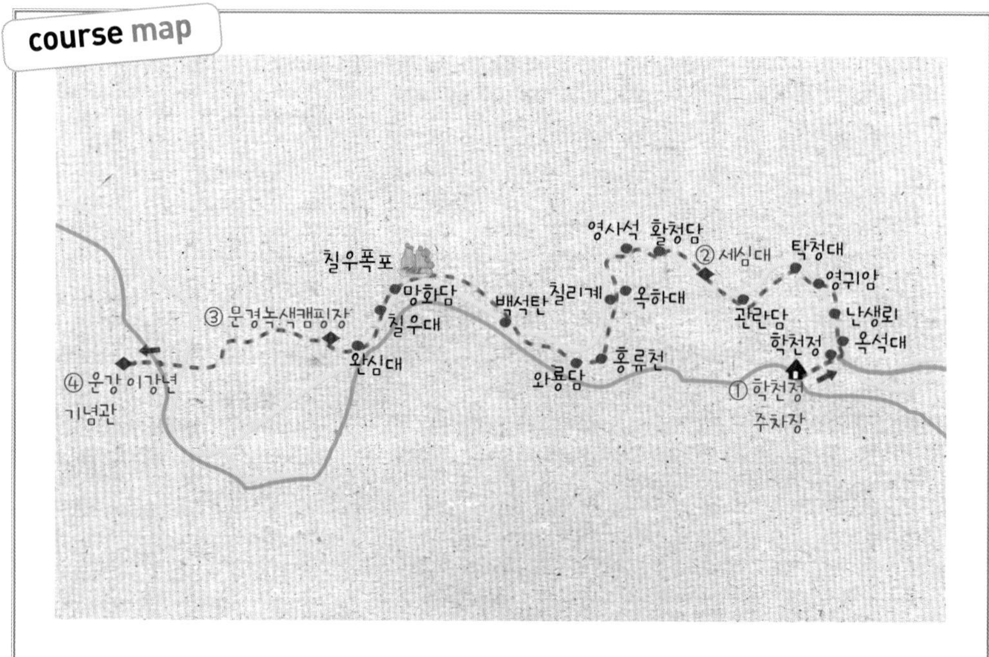

course data

고도표

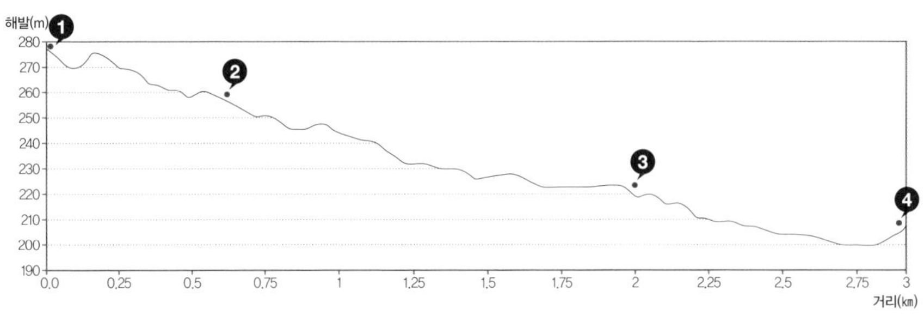

길잡이

선유동계곡은 대야산 용추계곡 입구인 벌바위부터 가은읍까지 유장하게 이어진다. 그중 접근성이 좋고 명소들이 몰려 있는 학천정에서 운강 이강년 기념관까지 느긋하게 걷는 길을 추천한다. 학천정 바로 아래 선유구곡 중 9곡 옥석대와 8곡 난생뢰, 그리고 여기서 10분쯤 떨어진 세심대가 빼어나니 여기서 탁족을 즐기자. 선유동계곡과 용추계곡에는 '선유동천 나들길'이란 트레일이 나 있다. 이정표가 잘 설치되어 있으니, 이를 참고하자.

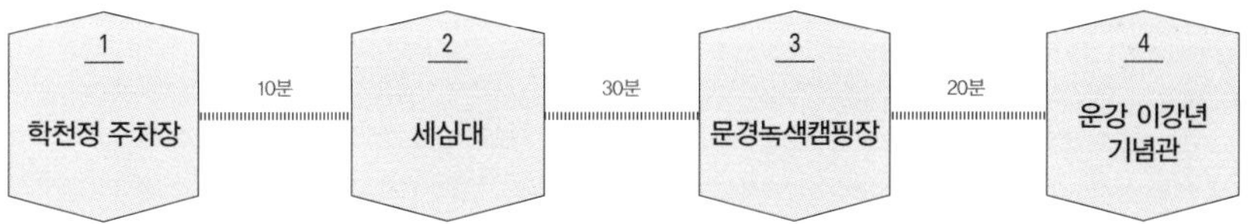

교통

동서울버스터미널에서 가은 가는 버스가 1일 3회(08:20, 13:20, 18:10) 있으며, 2시간 40분 걸린다. 가은버스터미널(054-571-7233)에서 벌바위행(용추계곡) 버스는 1일 5회(07:25, 09:10, 11:15, 13:20, 17:50) 다니며 완장리 운강 이강년 기념관 또는 벌바위 종점에서 내린다. 자가용은 '학천정'을 내비게이션에 찍고 오면 된다.

맛집

식당이 드문 가은읍에는 옥녀봉집두부(054-571-3834)가 괜찮다. 두부전골, 두부구이 등을 잘한다. 문경새재 앞의 하초동(054-571-7977)의 약돌한우능이버섯전골과 약돌돼지고추장석쇠구이가 일품이다. 숙소는 선유동계곡 바로 위에 자리한 대야산 자연휴양림(054-571-7181)에 묵으면 그윽한 숲과 용추계곡을 만끽할 수 있다.

코스 가이드

장소	홍천군 동면 노천리·덕치리
코스	노천1교~궝소 출렁다리~수타사
걷는 거리	7.5㎞
걷는 시간	2시간 30분
난이도	조금 힘들어요(거친 계곡이 위험할 수 있음)
좋을 때	6~8월(여름), 10월(단풍)

원시적 계곡 느낌을 물씬 풍기는 상류 쪽의 궝소

수타사계곡 따라 공작의 품에 안기다

홍천

수타사계곡

영서 지방의 명산인 공작산은 품이 넓은 산이다. 산세가 마치 공작이 화려한 두 날개를 펼친 형국이다. 그 왼쪽 날개 품에 청정한 수타사계곡이 흐르며 천년 고찰 수타사가 안겨 있다. 수타사계곡에는 수타사를 중심으로 원점 회귀하는 '수타사 산소길'이 나 있어 부담 없이 걸을 수 있다. 하지만 수타사계곡의 진수를 맛보고 싶다면, 홍천 동면 노천1교부터 수타사 입구까지 약 8㎞ 계곡을 첨벙첨벙 내려오는 장쾌한 코스를 추천한다.

인적 뜸한 계곡의 원시적 모습

출발점은 홍천 동면 노천리의 노천1교①다. 다리를 건너 계곡 따라 이어진 시멘트 포장길을 700m쯤 가면 길이 끊긴다. 여기서 계곡으로 들어가면서 본격적인 트레킹이 시작된다. 인적이 뜸한 계곡은 원시적인 느낌을 물씬 풍긴다.

'물길 걷기'는 말 그대로 길은 나두고 물을 따라 걷는 걸 말한다. 물길을 걷다가 험한 구간은 길을 따라 걸어야 한다. 등산화를 신은 채 물에 발목을 적시면 얼음처럼 차가움에 몸이 찌릿찌릿하다. 그렇게 첨벙첨벙 시원하게 30분쯤 걸으면 온통 화강암 암반이 깔린 지점이 나온다. 빛바랜 안내판에는 '귕소②'라고 적혀 있다.

'귕'은 사투리로 구유를 말한다. 구유는 아름드리 통나무를 파서 만든 소 여물통이다. 계곡 생김새가 길고 거대한 구유 같아 붙은 이름이다. 귕소는 계곡 아래쪽에도 또 하나가 있다. 귕소 주변은 온통 돌단풍이 피어 장관이다. 귕소를 지나면 계곡에서 자라는 풍성한 갈대밭을 만난다. 갈대밭 사이를 헤치며 나아가는 기분이 짜릿하다.

인적 뜸한 계곡은 고요하다. 풍덩풍덩~ 물을 밟는 소리가 정적을 깨뜨린다. 신봉교③ 다리에서 도로를 만나면 수타사계곡의 2/3쯤 온 것이다. 돌다리를 건너면 펜션을 지나 작은 논두렁을 만난다. 계곡 길에서 논을 만나 어리둥절하지만 반갑다. 논을 지나면 다시 계곡으로 들어서고 귕소 출렁다리④가 나온다. 계곡에 제법 큰 다리가 놓였다. '수타사 산소길'을 만들면서 다리를 놓은 것이다. 다리 중간에서 감상하는 수려한 계곡 풍광이 일품이다.

귕소 출렁다리 일대 계곡 풍광 일품

다리를 건너면 조붓한 오솔길이 나온다. 사람들은 대개 길을 따라 내려가

1	2	3
4		
5		6

1 출발점인 노천1교. **2** 계곡 옆의 논두렁을 걷는 길. **3** 물길 걷기는 등산화 신고 계곡을 첨벙첨벙 걷는다. **4** 귕소 출렁다리. 마치 신선의 세계로 입장하는 기분이다. **5** 수려한 계곡에 걸린 귕소 출렁다리. 이 일대가 수타사계곡에서 가장 빼어나다. **6** 수타사계곡은 계곡을 끼고 걷는 맛이 일품이다.

느라고 귕소를 지나치는데, 길에서 계곡으로 내려가 귕소를 만나야 한다. 위에서 만난 귕소보다 더 크고 암반이 반질반질하다. 수타사계곡의 최고 절경이라 해도 과언이 아니다. 물과 바위, 그리고 시간이 만든 작품이다.

귕소를 지나면 날것처럼 싱싱한 계곡이 펼쳐진다. 꽃과 신록으로 치장한 계곡은 투명한 햇살을 받아 반짝반짝 빛난다. 그곳을 걸어가는 기분이 붕붕 떠다니는 것 같다. 길은 계곡과 눈높이로 나 있다. 졸졸~ 쏴~ 콸콸~ 물소리를 친구 삼아 걷는다. 한참을 걷다 보면 큰 바위 지대로 올라서는데, 여기가 용담이다. 용담은 실 한 타래를 풀어 넣어도 그 깊이를 잴 수 없다는 곳으로, 이곳과 통하는 박쥐굴을 통해 용이 승천했다는 전설을 품고 있다. 용담에서 내려오면 공작교를 만난다. 공작교 건너편에 수타사⑤가 자리한다.

수타사는 신라 성덕왕 7년(708년) 원효대사가 창건했다고 알려졌다. 당시는 일월사라 불렀고, 공작교 건너기 전 언덕에 일월사터 삼층석탑이 남아 있다. 1568년 일월사를 현재 자리로 옮겨지었고 절 이름을 수타사水墮寺로 바꿨다. 절터는 공작이 알을 품은 '공작포란지지'孔雀抱卵之地 형국으로 알려졌지만, 임진왜란에 불타버린다. 그리고 인조 14년(1636년)에야 공잠대사가 법당을 지으며 중창된다. 그 후 수타사水墮寺가 정토 세계의 무량한 수명을 상징하는 수타사壽陀寺로 바뀐다. 하지만 수타사에 들어온 사람은 수려한 계곡을 보고 수타사水墮寺란 이름에 고개를 끄덕인다. '물이 두들기는 절'이란 말이 참 절묘하다. 수타사 구경을 끝으로 트레킹을 마무리한다. 수타사 옆에 드넓게 자리한 공작산 생태숲은 여유롭게 산책하기 좋다.

작은 폭포와 거대한 소가 어우러진 용담

수타사 중심 건물인 대적광전. 현액 양편으로 석가모니불을 3구씩 배치한 것이 특이하다.

course data

고도표

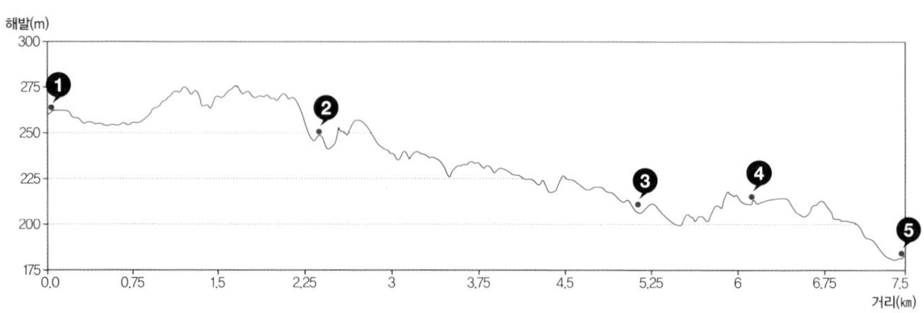

길잡이

수타사계곡(덕지천) 물길 걷기는 노천1교부터 수타사까지 걷는 길을 추천한다. 상류 쪽은 인적 없는 무주공산이 펼쳐지지만, 등산로가 정비되지 않아 위험할 수 있다. 혼자는 되도록 가지 말고, 계곡 트레킹 경험자와 함께하는 게 좋다. 두 개의 스틱을 사용해 중심을 잡으면서 걷는 게 요령이다. 가볍게 수타사계곡을 걷고 싶으면 수타사 산소길 코스를 추천한다. 수타사 입구~수타사~공작산 생태숲~귕소 출렁다리~용담~수타사 원점 회귀 코스로 6㎞, 2시간쯤 걸린다.

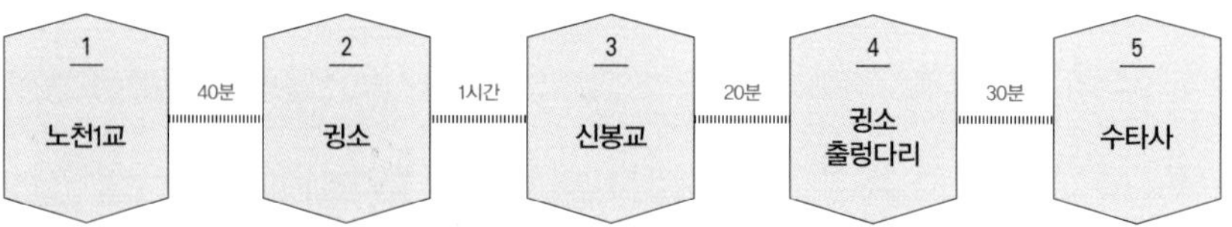

교통 동서울터미널에서 홍천행 버스는 06:15~22:20, 수시로 있으며 직행은 1시간쯤 걸린다. 홍천버스터미널에서 노천1교가 있는 노천리 가는 버스는 1일 5회(06:20, 09:00, 12:40, 15:40, 19:30) 운행한다. 수타사행 버스는 1일 4회(06:15, 09:10, 12:30, 16:30) 있다. 홍천 대중교통정보는 홈페이지(www.hongcheonterminal.co.kr) 참고, 전화 문의는 홍천버스터미널(033-432-7893).

맛집 수타사 입구 쪽의 느티나무집(033-436-6292)은 정갈한 곤드레밥과 감자옹심이를 잘하는 집이다.

course map

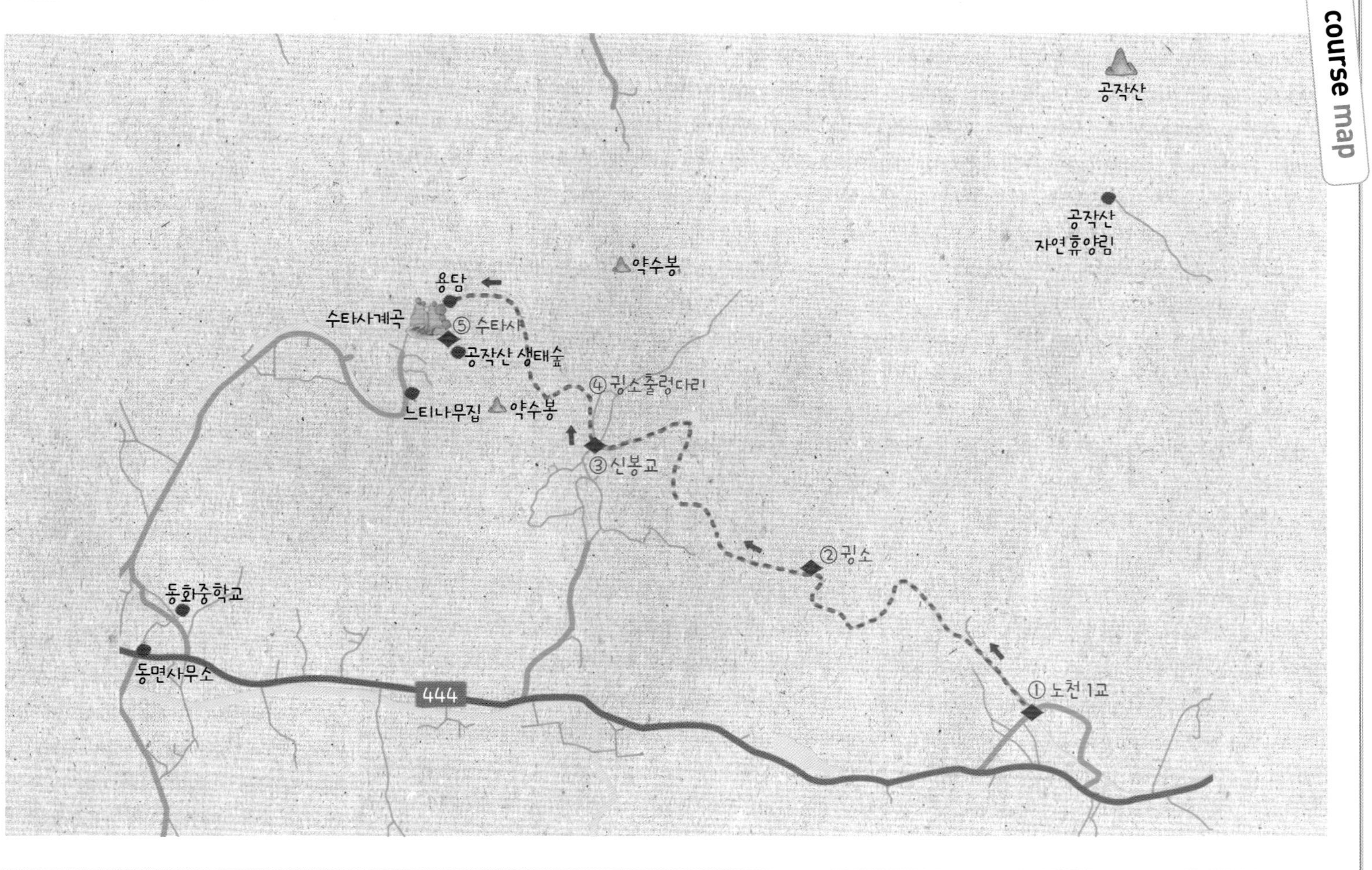

공작산
공작산
자연휴양림
약수봉
용담
수타사계곡
⑤ 수타사
공작산 생태숲
④ 궝소출렁다리
느티나무집
약수봉
③ 신봉교
② 궝소
동화중학교
동면사무소
444
① 노천1교

코스 가이드

장소 경상북도 포항시 북구 송라면
코스 보경사 매표소~연산폭포~보경사 매표소
걷는 거리 5.7㎞
걷는 시간 2시간 30분
난이도 무난해요
좋을 때 6~8월(계곡)

30m 높이에서 장쾌하게 쏟아지는 연산폭포.

겸재 정선이 반한 12폭포 비경의 물길

포항

내연산 12폭포

포항 송라면·죽장면과 영덕 남정면의 경계에 자리한 내연산(930m)은 빼어난 보경사계곡으로 유명하다. 1983년 군립공원으로 지정된 내연산은 산의 규모와 풍광 그리고 생태적 가치로 보면 국립공원과 비교해도 격이 떨어지지 않는다. 내연內延, '안으로 길게 끌어 들인다'는 이름처럼 문수봉~삼지봉~향로봉~매봉~삿갓봉~천령산 등이 말발굽형 산세를 이룬다. 그 한가운데 형성된 30여 리 길고 깊은 골짜기가 청하골, 12폭포골, 내연골 등 다양한 이름으로 불리는 보경사계곡이다.

폭포전시장 이룬 30리 골짜기

보경사계곡은 유별나게도 빼어나게 아름다운 폭포가 많아서, 폭포전시장이라 해도 과언이 아니다. 그중에서도 규모가 크고 널찍한 암반과 기암이 어우러진 폭포 12개를 뽑아 '내연산 12폭포'라 부른다. 내연산 트레킹은 정상을 등정하는 것보다 폭포의 아름다운 경관을 천천히 감상하는 것이 좋다. 추천 코스는 보경사~상생폭포~연산폭포 구간의 왕복코스로, 7개의 폭포를 차례로 둘러보고 원점회귀하는 길이다.

내연산 트레킹 출발점은 보경사다. 보경사 매표소①에서 문화재관람료를 내고 들어서면 그윽한 솔숲이 펼쳐진다. 미끈하면서도 밑동 굵은 아름드리 금강소나무가 가득하다. 보경사② 일주문을 지나 천왕문을 통과하면 단아한 오층석탑 앞에 선다. 석탑은 무뚝뚝할 정도로 투박하지만, 그 나이가 천 년이 넘었다. 보경사의 최고 보물은 경내에서 200m쯤 떨어진 원진국사비. 그리로 가는 호젓한 숲길이 일품이다.

절에서 나와 보경사 담장 아래 수로를 따라 걷는다. 서운암 갈림길에서 계속 수로를 따르면 드디어 계곡을 만난다. 계곡의 수량은 위로 올라갈수록 점점 많아지고, 협곡 절벽에서 떨어진 돌들이 수석처럼 놓여 있다. 점점 수려해지는 계곡을 몇 구비 돌아서자, 멀리 12폭포 중 첫 번째인 상생폭포③가 나타나면서 탄성이 터져 나온다. 서둘러 가까이 다가서자 기화소妓花臺 절벽과 드넓은 소인 기화담妓花潭과 함께 어우러진 폭포의 전모가 드러난다.

상생폭포는 흰 돌기둥처럼 쏟아져 내리는 두 줄기의 물줄기도 장관이지만, 크고 깊이를 알 수 없는 검푸른빛 기화담이 압권이다. 그곳에서 젊은 청춘들이 물놀이 삼매경에 빠져 있다. 폭포 오른쪽으로 난 계단을 오르면 폭포와 가까워지면서 우렁찬 낙숫물 소리에 어안이 벙벙하다.

1 청하면에서 본 내연산 산줄기. 부드러우며 웅장한 흐름이 장관이다. **2** 투박하고 수수한 보경사 오층석탑. **3** 보경사 입구의 금강소나무 군락지. **4** 보경사계곡에서 가장 넓은 소인 기화담을 거느린 상생폭포.

상생폭포를 지나 좀 더 오르면 계곡 한가운데 병풍 같은 바위를 만나는데, 그곳에 작은 폭포가 2~3개 걸려 있다. 이곳이 제2폭포인 보현폭포다. 나무계단을 타고 폭포 위쪽으로 오르면, 오밀조밀한 바위 협곡을 따라 흘러가는 물줄기를 볼 수 있다. 다시 한 번 감탄을 쏟아내며 길을 나서면 제3폭포인 삼보폭포를 알리는 이정표가 서 있다. 삼보폭포를 보려면 산길에서 벗어나 200m쯤 숲길을 따라야 한다. 세 줄기로 쏟아지는 폭포가 삼보폭포다. 다시 산길로 돌아와 제법 가파른 비탈을 오르면 제4폭포 잠룡폭포를 알리는 이정표가 보인다. 폭포는 절벽 아래 있어 접근이 쉽지 않다. 선일대라는 절벽을 끼고 있는데, 이곳에서 용이 승천했다는 전설이 내려온다. 또한 잠룡폭포는 영화 〈남부군〉의 목욕 신을 촬영한 장소로도 유명하다. 사실 영화의 배경이 되는 곳은 지리산이지만, 그 장면만큼은 계곡 풍광이 수려한 이곳에서 찍었다.

잠룡폭포에서 좀 더 오르면 제5폭포 무풍폭포가 살짝 보이고, 그 뒤로 보경사계곡 최고 절경인 관음폭포가 비하대飛下臺, 학소대鶴巢臺 등의 기암을 병풍처럼 두르고 나타난다. 관음폭포 일대를 천천히 뜯어보면, 병풍 같은 기암 외에도 넓은 소인 감로담甘露潭, 폭포 두 줄기 옆으로 해골 형상의 관음굴, 그 위의 연산구름다리 등이 어우러져 있다. 이 모든 것들이 하나의 풍경으로 관음폭포를 수놓는 것이다.

감로담 앞의 나무다리를 건너 관음굴 안으로 들어가면 떨어지는 폭포물을 손으로 만질 수 있다. 서늘한 감촉을 느끼며 연산구름다리를 건너면 천지를 울리는 굉음과 함께 제7폭포 연산폭포④가 등장한다. 30m 높이에서 비단 같은 물줄기를 용추에 퍼붓는 모습이 장엄하다. 관음폭포 뒤에 숨은 탓에 연산폭포의 등장은 갑작스럽고 그래서 더 감동적이다. 과연 겸재 정선이 폭포에 반해 〈내연삼용추도〉란 그림을 그렸을 만하고, 우담 정시한이 『산중일기

山中日記』에서 "용추는 금강산에도 없는 것"이라 극찬할 만하다.

용추는 폭포 아래 소를 말하며 삼용추는 연산폭포, 관음폭포, 잠룡폭포 일대를 가리킨다. 겸재는 58세 때인 1733년 이른 봄부터 1735년 5월까지 2년 남짓 청하현감을 지냈는데, 재임 기간 동안 〈내연삼용추도〉 2점, 〈내연산폭포도〉, 〈고사의송관란도〉 등 내연산을 소재로 4점이나 그렸다. 재미있는 것은 내연삼용추가 실제의 폭포 모습이 아니라, 겸재가 상상 속에서 재구성한 폭포의 모습이라는 점이다. 연산폭포, 관음폭포, 잠룡폭포는 어디서도 한눈에 모두 보이지 않기 때문이다. 겸재 최고 걸작이라 일컫는 〈금강전도〉가 완성된 것도 바로 청하현감 시절이다. 겸재는 내연산을 그리며 비로소 〈진경산수화〉를 완성할 수 있었던 것은 아닐까.

내연산 폭포 트레킹은 연산폭포에서 마침표를 찍는다. 더 올라가면 5개의 폭포를 더 볼 수 있지만, 여기까지만 해도 배터지게 폭포를 감상할 수 있다. 보경사 매표소⑤까지 되돌아 내려가는 길, 겸재의 그림처럼 그동안 보았던 여럿 폭포가 하나의 그림으로 맴돈다.

5	6

5 비하대와 학소대의 기암절벽, 폭포 옆 동굴인 관음굴과 웅덩이인 감로담 등이 어우러져 내연산 최고 절경인 관음폭포를 완성한다. **6** 산길에서 좀 떨어져 찾는 사람이 뜸한 삼보폭포.

course data

고도표

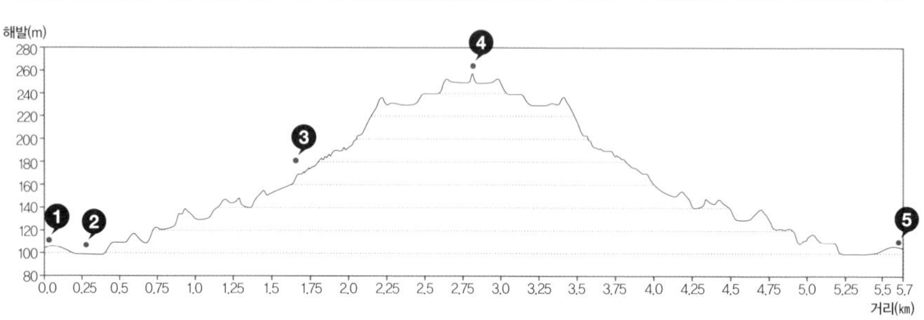

길잡이

내연산 폭포 트레킹은 보경사~연산폭포 왕복코스로, 내연산의 수려한 7개 폭포를 차례로 둘러보고 원점회귀한다. 총 거리는 5.7㎞, 2시간 30분쯤 걸린다. 내연산은 12개 폭포가 유명하지만, 이 코스만 돌아도 충분히 계곡을 즐길 수 있다. 등산과 계곡을 함께 즐기려면, 보경사~문수봉~삼지봉~은폭포~보경사 코스가 좋다. 거리는 14㎞, 총 7시간 걸린다.

교통

자가용은 익산포항고속도로 포항IC로 나와 찾아간다. 대중교통으로 가장 빨리 포항 가는 방법은 KTX 신경주역에 내려 포항가는 리무진 버스를 타는 것으로 약 3시간쯤 걸린다. 신경주역 → 포항 05:40~23:30, 1일 20회 다닌다. 서울 → 포항 버스는 동서울터미널에서 07:00~19:00, 1일 9회 운행한다. 포항종합터미널 건너편 시내버스정류장 또는 포항역 앞에서 보경사행 5000번 버스가 22분 간격으로 운행한다. 문의 1588-2247.

숙식

보경사 입구의 연산온천파크(054-262-5200)는 온천 사우나와 깨끗한 숙소를 갖추고 있다. 보경사 입구 상가단지에 민박을 겸하는 음식점들이 많다. 그중 30년 전통의 삼보가든(054-262-2224)은 맛깔스런 산채비빔밥과 개운한 손칼국수가 일품이다. 내연산의 입구 격인 청하면소재지의 시장식육식당(054-232-2670)은 정육점을 함께 운영해 싱싱한 고기로 음식을 만든다.

course map

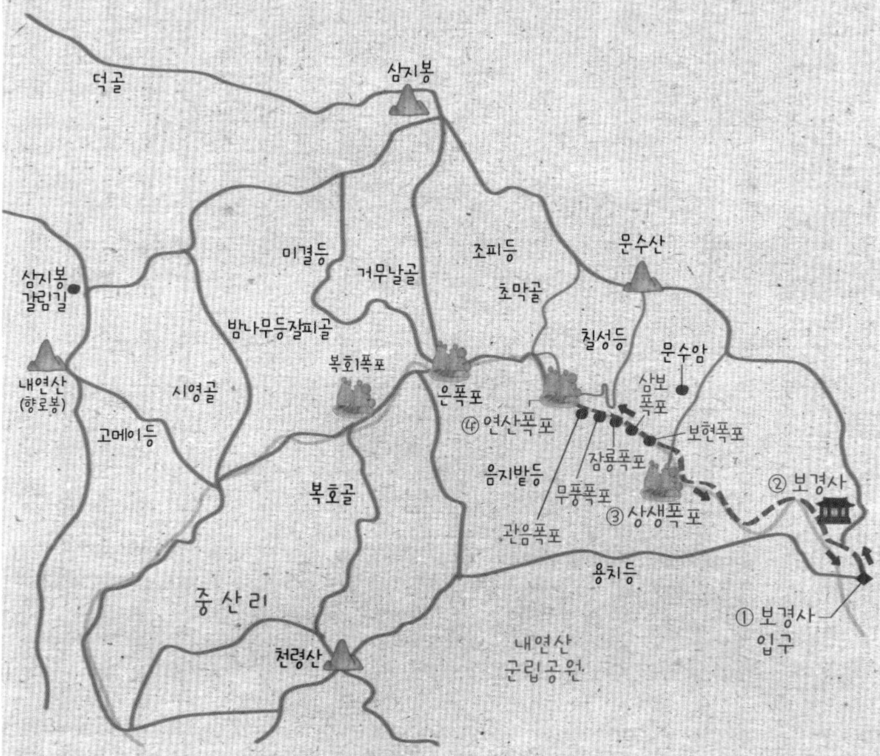

덕골
삼지봉
미결등
거무날골
조피등
초막골
문수산
삼지봉 갈림길
밤나무등잘피골
칠성등
문수암
내연산 (향로봉)
시영골
복호1폭포
은폭포
삼보 폭포
④ 연산폭포
보현폭포
고메이등
잠룡폭포
음지밭등
② 보경사
복호골
무풍폭포
③ 상생폭포
관음폭포
용치등
중 산 리
① 보경사 입구
내연산 군립공원
천령산

주변명소

경상북도수목원_ 내연산 남쪽 끝자락에 자리한 경북수목원은 3,222ha의 면적으로, 국내 최대 규모를 자랑한다. 평균 해발 650m에 위치해 다른 수목원에서 찾아보기 힘든 고산식물 70여 종을 관찰할 수 있다. 침엽수원, 활엽수원, 야생초원 등 총 22개의 전문수목원으로 나뉘어져, 학술연구 및 관찰, 휴식공간으로 이용된다(문의 054-232-6110).

코스 가이드

장소	충청북도 괴산군 청정면
코스	선유동계곡~자연학습원 삼거리~화양동계곡
걷는 거리	10㎞
걷는 시간	4시간
난이도	무난해요
좋을 때	6~8월(계곡)

화양동계곡에서 가장 유명한 4곡 금사담. 기임괴석 사이를 흐르는 물줄기 건너편에 우암이 머물던 암서재가 우뚝하다.

첨벙첨벙 물길 걸으며 용의 비늘을 꿰다

괴산

선유동·화양동계곡

충청북도 괴산에는 백두대간 줄기에서 발원한 물이 콸콸 쏟아지는 수려한 계곡이 넘쳐난다. 그중 유명한 두 곳이 있다. 퇴계 이황이 신선처럼 노닐던 선유동계곡과 우암 송시열이 머물던 화양동계곡이다. 두 계곡을 꿰뚫는 트레킹 코스는 그야말로 물길을 따라 흘러내려가는 것이다. 선유동계곡 뒤쪽으로 접근해 선유동과 화양동계곡을 차례로 거친다. 계곡을 즐기는 요령은 적당한 지점에서 첨벙첨벙 물길을 걷는 것이다. 이렇게 걷다 보면 더위는 안녕이다.

퇴계가 머물던 선유동, 우암이 거처한 화양동

선유동계곡은 퇴계 이황과 관련이 깊다. 퇴계는 송면 송정마을에 있는 함평 이씨 댁을 찾아갔다가 선유동계곡의 절묘한 경치에 반해 9개월 동안 머물며 9곡을 골라 이름을 지어주었다고 한다. 화양동계곡은 우암 송시열이 찾아와 9곡을 즐기며 화양구곡이라 부른 곳이다. 화양동계곡이 남성적으로 웅장하다면 선유동계곡은 여성스럽게 아기자기하다. 이러한 계곡미의 차이에서 두 사람의 성격을 미루어 짐작해 보는 것도 재미있다.

트레킹의 출발점은 선유교 위쪽의 구멍가게 같은 선유동휴게소①. 이곳에서 시작해 922번 지방도를 벗어나 안쪽으로 들어선다. 시멘트 도로를 따라 조금 들어가면 전에 만난 휴게소보다 규모가 좀 더 큰 선유동휴게소(043-833-8008)를 만난다. 여기서 조금만 더 내려오면 두 개의 바위가 맞닿아 있고, 그 사이로 시원한 계곡이 흐른다. 이 바위가 선유9곡 은선암隱仙岩②. 신선이 머물다가 사라진 곳이라 전해지는 바위다. 울창한 소나무와 굽이굽이 흐르는 계곡에서 느껴지는 여유와 흥취는 가히 신선이 노닐 만하다.

은선암 앞은 드넓은 암반이라 퍼질러 앉아 쉬기 좋고, 앞에는 얕고 맑은 시냇물이 미끄러져 내려간다. 은선암 앞에는 8곡 구암龜岩과 7곡 기국암碁局岩이 나란히 붙어 있다. 구암은 거북이가 머리를 들고 숨을 쉬는 모습이고, 기국암은 신선들이 바둑 두는 것을 구경하다 집에 돌아가니 5세손이 살고 있었다는 나무꾼의 이야기가 전해진다.

계곡 옆으로 있는 듯 없는 듯 버티고 있는 6곡 난가대爛柯臺를 지나면 우레와 같은 큰 물소리가 나는 5곡 와룡폭臥龍瀑이 나온다. 깊은 소에 시원하게 몸을 던지고 싶은 마음을 꾹 참고 더 내려가면 둥그런 바위 두 개가 덩그러니 놓여 있다. 이곳이 4곡 연단로鍊丹爐. 신선들이 금단을 만들어 먹고 장수했다

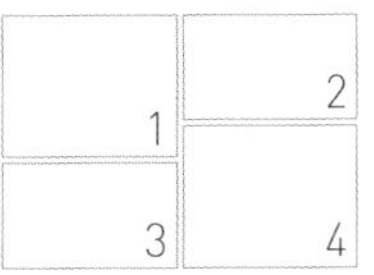

1 선유1곡 선유동문 앞은 천혜의 풀장이다. **2** 선유1곡인 선유동문. 작은 바위 문을 통과하면서 선유동이 시작되는 극적인 구조를 가졌다. **3** 자연학습원 삼거리에서 화양동계곡으로 진입하는 길은 인적이 뜸한 호젓한 숲길이다. **4** 선유4곡 연단로 일대는 남설악 주전골을 연상시킨다.

는 곳이다. 연단로 앞에는 3곡 학소암鶴巢岩과 2곡 경천벽擎天壁이 무심하게 우뚝 서 있다. 경천벽 바로 앞은 1곡 선유동문仙遊洞門③으로, 바위 앞은 너른 풀장처럼 맑은 소가 펼쳐져 물놀이 장소로 그만이다. 이곳에 몸을 담그며 선유동계곡을 마무리한다.

선유동계곡에서 나와 송면삼거리④ 방면으로 15분쯤 걷는다. 송면 삼거리를 지나 도로를 따르며 땀을 한 됫박 흘리면 자연학습원 삼거리⑤에 이른다. 여기서 화양동계곡으로 접어든다. 한동안 이어지는 단풍나무 숲길을 거닐다. '9곡 파천'⑥ 이정표를 보고 계곡으로 내려서면 탄성이 터져 나온다. 반짝반짝 빛나는 화강암 암반이 드넓게 펼쳐지는데, 흐르는 물결이 마치 '용의 비늘을 꿰어놓은 것'처럼 보인다고 해서 파천巴川이다. 물이 깎아놓은 암반은 정말로 용의 비늘처럼 보인다. 그곳을 첨벙첨벙 걷다보면 파천이란 말에 고개가 끄덕여진다.

파천에서 다시 길을 따르면 8곡 학소대鶴巢臺. 학소대는 도명산 입구에 놓인 철다리에서 잘 보인다. 옛날에 백학이 이곳에 집을 짓고 새끼를 쳤다 하여 붙여진 이름이다. 길게 누운 용이 꿈틀거리는 듯한 7곡 와룡암臥龍巖을 지나면, 뭉게구름처럼 생긴 6곡 능운대凌雲臺와 별 보기 좋은 바위라는 5곡 첨성대瞻星臺를 올려다본다. 그리고 금빛 모래가 펼쳐져 있는 4곡 금사담金沙潭⑦에 이른다.

옥빛 청수 너머의 큼직한 바위엔 우암 송시열이 제자를 가르치던 아담한 암서재가 고즈넉하게 자리하고 있다. 우암은 화양동계곡을 무척이나 사랑하고 아꼈다고 한다. 심지어 자신을 화양동주華陽洞主라고 부를 정도였다. 암서재에 머물던 때가 우암에게는 '화양연화(인생에서 가장 행복한 순간)'와 다름없었을지도 모른다. 불행하게도 우암은 당쟁에 휘말려 83세의 나이에 사약을 마시고 생을 마감한다.

화양서원에서 만동묘에 올라가는 가파른 계단은 서원의 권위를 단적으로 보여준다.

금사담 맞은편에는 화양서원이 서 있다. 서원 안의 만동묘萬東廟에 오르려면 약 30개의 가파른 돌계단을 올라야 한다. 서원의 권위를 단적으로 보여주는 건축 구조다. 화양서원은 당시 조선 팔도에서도 가장 위세가 당당한 서원이었다. 서인 노론의 영수인 송시열이 은거하던 곳에 세워진 사액서원으로, 명나라의 두 임금의 위패가 봉안된 만동묘를 끼고 있었기 때문이다. 그 위세는 '화양묵패華陽墨牌'를 발행하여 관리와 백성들을 수탈하기까지 이르렀다. 오죽했으면 매천 황현이 "평민을 잡아다가 가죽을 쪼고 골수를 빨아대는 남방의 좀벌레"라고 했을까.

서원 앞 물가엔 3곡 읍궁암泣弓巖이 있다. 북벌을 꿈꾸던 효종이 승하하자 우암이 새벽마다 올라가 활처럼 웅크려 절하며 울었다는 사연이 전해진다. 기암과 잔잔한 옥빛 물결이 일품인 2곡 운영담雲影潭 앞을 첨벙첨벙 걸으면 화양동계곡 걷기도 마무리된다. 거대한 느티나무 아래를 지나고 화양동계곡 주차장⑧에 닿는다. 신발을 벗자 물에 불어 하얗게 쪼그라든 발바닥이 나온다. 주름이 안쓰럽지만, 부드러운 물의 촉감이 살결에 남아 기분이 좋다.

course data

고도표

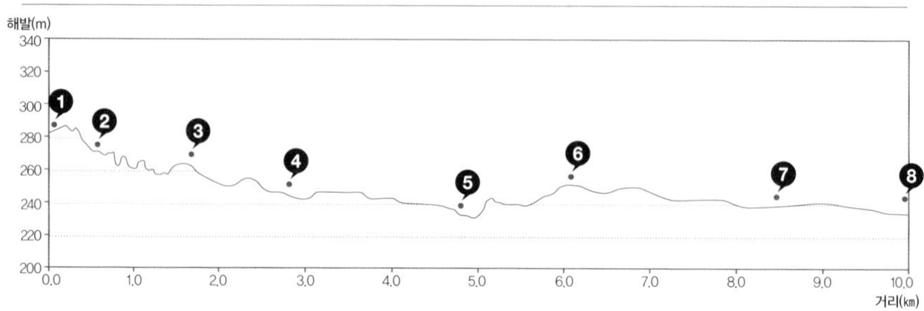

길잡이

선유동계곡과 화양동계곡을 연결하는 코스는 선유동휴게소~선유9곡~송면 삼거리~자연학습원 삼거리~화양9곡~주차장. 총 거리는 약 10km, 4시간쯤 걸린다. 중간에 도로를 3km쯤 걷는 것이 고비라면 고비지만, 풍경이 좋고 차가 뜸해 어렵지 않다. 선유동과 화양동계곡 입구 주차장에 차를 세우고 각각 구곡을 찾아봐도 좋다. 선유동계곡만 둘러보는 코스는 왕복 3km, 1시간 30분, 화양동계곡 코스는 왕복 4km, 넉넉하게 2시간 걸린다. 위험 구간에서는 절대 물길을 걷지 않는다.

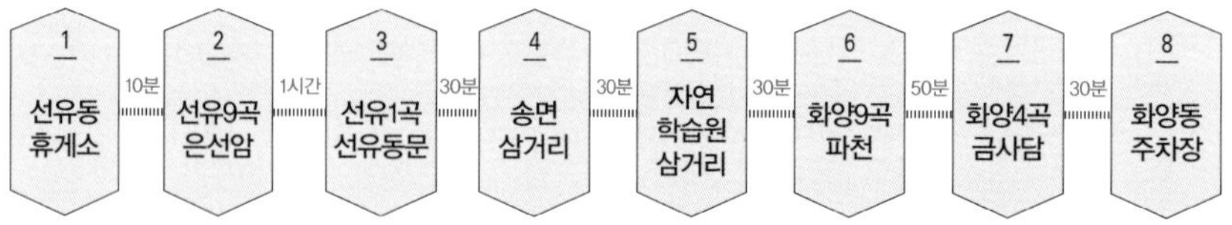

교통 자가용은 통영대전중부고속도로 증평IC로 나와 찾아간다. 들머리인 선유동계곡휴게소는 송면 삼거리에 가깝다. 동서울터미널에서 청주행 버스가 06:50~21:00, 20~40분 간격으로 다닌다. 청주 → 송면은 시외버스터미널(가경동, 1688-4321)에서 14:00에 있으며, 1시간 35분쯤 걸린다. 송면에서 선유동휴게소까지는 택시를 이용한다.

맛집 괴산은 민물고기가 별미다. 괴산 시내 괴강교 근처에 내놓으라 하는 매운탕집들이 많지만, 대물려 내려오는 오십년할머니집(괴강매운탕, 043-832-2974)이 유명하다. 조미료를 전혀 쓰지 않고 재료만으로 진한 국물 맛을 낸다. 올갱이해장국은 괴산터미널 옆의 기사식당(043-833-5794)이 잘한다.

course map

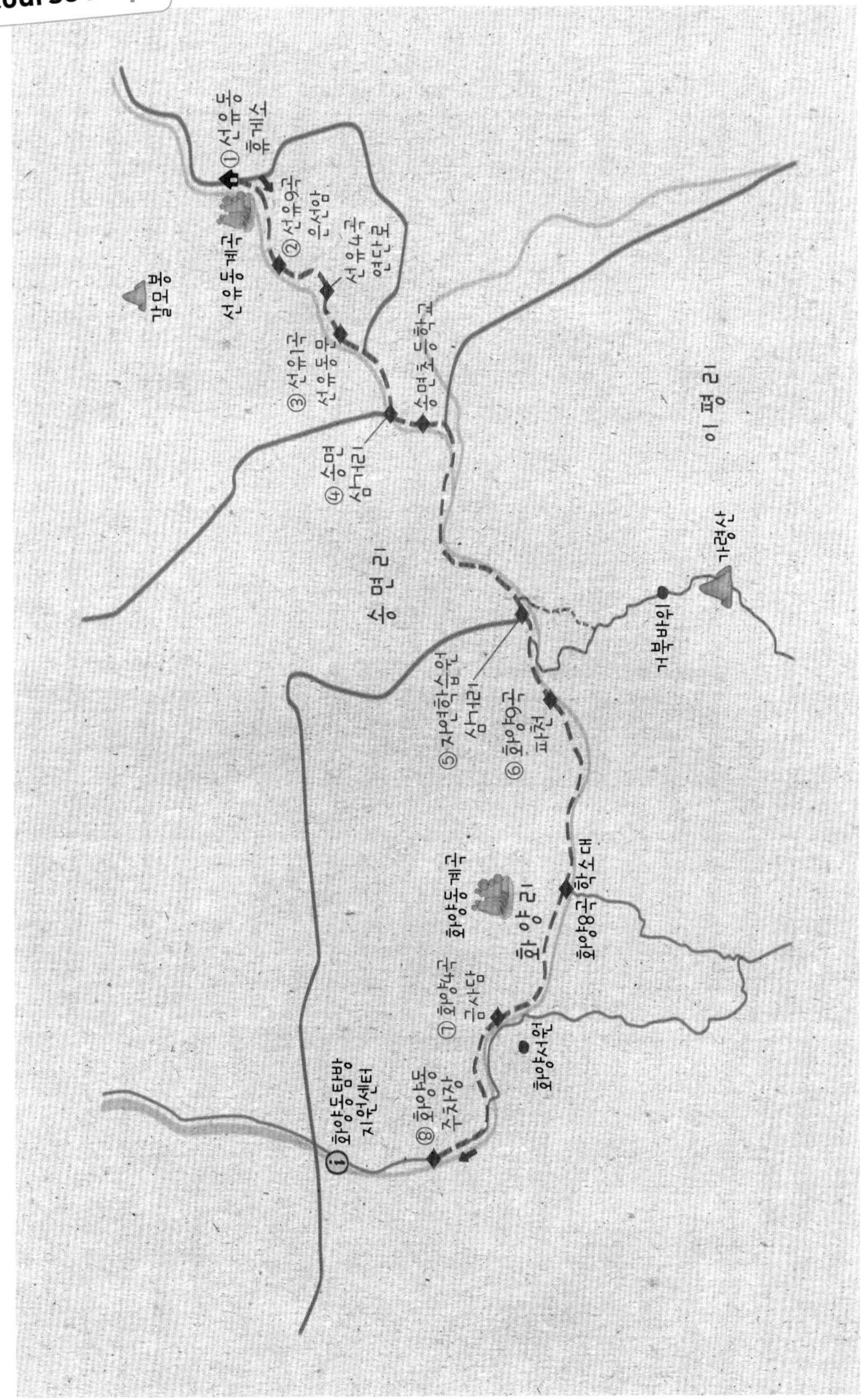

갈모봉
선유동계곡
① 선유동 휴게소
② 선유9곡 은선암
③ 선유1곡 선유동문
선유4곡 연단로
④ 송면 삼거리
송면초등학교
송 면 리
⑤ 자연학습원 삼거리
⑥ 화양9곡 파천
거북바위
가령산
이 평 리
화양동계곡
화 양 리
화양8곡 학소대
⑦ 화양4곡 금사담
화양서원
⑧ 화양동 주차장
화양동탐방 지원센터

코스 가이드

장소	강원도 인제군 기린면 진동리
코스	방동약수~아침가리계곡~진동리 갈터
걷는 거리	10.6㎞
걷는 시간	5시간
난이도	제법 힘들어요
좋을 때	6~8월(계곡)

문명과 거리가 먼 원시 계곡을 거니는 맛은 여름철의 축복이다.

한여름을 즐기는 은둔의 유토피아

인제

방태산 아침가리계곡

방태산은 은둔하기 좋은 산이다. 점봉산과 더불어 남한 최고의 원시림과 깊은 골짜기, 톡 쏘는 탄산 약수를 품었다. 예로부터 방태산 줄기에는 '3둔 4가리'로 불리는 은둔의 유토피아가 있었다고 전해진다. 3둔은 방태산 남쪽의 살둔·월둔·달둔, 4가리는 방태산 북쪽의 아침가리(조경동)·연가리·적가리·명지가리를 말한다. 여기서 둔屯은 평평한 산기슭, 가리는 사람이 살 만한 계곡을 일컫는다.

비경의 원시계곡을 따라 걷는 길

오래전부터 흉년과 전쟁 등을 피할 수 있었던 방태산. 오늘날에는 힐링 피서지로 제격이다. 적가리에 자리 잡은 방태산자연휴양림은 자연환경이 가장 빼어난 휴양림 중 하나로 사계절 내내 인기가 좋다. 아침가리는 한때 오프로드 코스로 인기가 좋았지만, 환경 파괴 등 부작용이 발생해 지금은 차가 다닐 수 없다. 대신 오지의 아침가리계곡 트레킹이 선풍적인 인기를 끌고 있다.

아침가리계곡 트레킹은 방동고개를 넘어 만나는 조경동교에서 아침가리계곡을 따라 진동리 갈터까지 내려오는 길을 말한다. 조경동교까지 접근하기 위해서는 방동고개를 넘어야 한다. 따라서 코스는 임도 걷기와 계곡 걷기로 구성된다. 출발점은 방동약수①다.

방동리에서 방동2교를 건너면 갈림길이 나온다. 오른쪽이 방태산자연휴양림, 왼쪽이 방동약수 가는 길이다. 방동약수는 1670년경 어느 심마니가 산삼 캔 자리에서 솟았다는 신비로운 약수이다. 300살쯤 된 음나무 아래의 바위틈에서 솟아오르는 방동약수는 탄산·철·불소·망간 등이 주성분으로 위장병과 피부병 등에 효과가 있다고 한다. 맛은 일반적인 탄산 약수에 비해 다소 부드럽다. 방동약수를 시원하게 들이켜고 오른쪽 계곡길을 따라 출발한다. 아침가리계곡을 알리는 이정표는 없다. 대신 '백두대간 트레일 홍천(광원리)' 팻말이 서 있다. 백두대간 트레일 시범구간이 이 길을 지나기 때문이다.

시원한 계곡길을 20분쯤 가면 시멘트로 포장된 임도와 만난다. 여기서 방동고개까지가 고비다. 팍팍한 도로를 터벅터벅 40분쯤 오르면 방동고개②에 닿는다. 고갯마루에는 백두대간 트레일 인제안내센터 초소가 보이고, 차량을 통제하는 바리케이드가 쳐 있다. 백두대간 트레일은 산림청에서 구축하

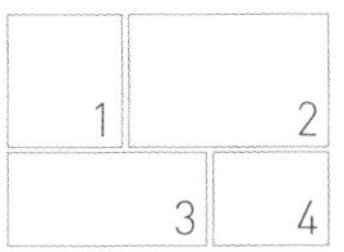

1 출발점인 방동약수. 약수 옆 계곡으로 오르면서 트레킹이 시작된다. **2** 아침가리계곡의 최고 절경인 작은폭포. 주변 기암괴석이 일품이다. **3** 적당한 수량과 수려한 기암괴석이 어우러진 계곡을 걷는 맛이 좋다. **4** 계곡 중간중간 숲길이 나타나 걷기가 편하다.

는 '5대 트레일(백두대간, DMZ, 낙동정맥, 서부종단, 남부횡단)' 중 하나다. 울진·봉화·영주·문경·상주·고령 등을 연결하는 총연장 400km의 장거리 코스이다. 그중 시범 코스로 양구~홍천 구간 113km를 2012년 완성했고, 방동약수~홍천 광원리 19km 구간을 예약제로 운영하고 있다.

방동고개를 내려서면 구불구불 흙길 임도를 걷는 맛이 좋다. 숲이 울창하고 길섶에는 마타리, 싸리꽃, 물봉선 등이 지천으로 피었다. 멀리 방태산 줄기를 바라보며 걷다보면, 평지가 나오면서 조경동교③를 만난다. 다리 앞에는 아침가리골 터줏대감 사재봉 씨가 운영하는 간이매점이 있다. 사재봉 씨는 아침가리골을 지키는 유일한 주민으로 약초와 산삼을 캐며 생활한다.

숲 사이로 내리쬐는 햇살에 반짝이는 작은폭포

조경동교 아래 그늘에서 한숨 돌리고 본격적인 아침가리계곡 트레킹을 시작한다. 초입에는 길이 없기에 무조건 물길을 따라야 한다. 처음에는 등산화를 물에 담그기가 꺼려지지만, 일단 계곡에 담그면 속이 후련하다. 그렇게 물길과 돌길을 번갈아 밟으며 아침가리계곡을 내려오게 된다. 물길만 걷다보면 속도가 더디고 힘들다. 따라서 계곡 옆으로 길이 난 구간은 그 길을 따르는 것이 좋다. 길은 주로 왼쪽 숲길에 많고 계곡을 건너 오른쪽에도 간간이 이어진다. 숲길은 산악회에서 붙여놓은 리본을 찾으면 된다.

조경동교를 출발한 지 1시간 30분쯤 지나면 작은폭포④를 찾아야 한다. 작은폭포는 지도에도 안 나오지만 그곳 주민들이 이름 붙여준 곳이다. 아침가리계곡 중 가장 절경으로 꼽힌다. 계곡의 기암들이 드넓게 분포한 지역이 있다면, 그곳이 바로 작은폭포다. 드넓게 형성된 암반에는 물이 흐르면서 바위를 거칠게 깎아놓았다. 작은폭포는 바위 오른쪽에 숨어 있다. 위에서는 잘

아침가리계곡에서는 물놀이의 즐거움을 빼놓을 수 없다.

보이지 않고, 밑으로 좀 내려가야 보인다. 높이 5m쯤 된 와폭 형태로 쏴~ 장쾌한 물소리가 계곡을 울린다.

작은폭포에서 좀 내려오면 오른쪽으로 작은 계곡이 합류한다. 이끼가 많은 길을 잘 밟아 그곳의 물을 손으로 받아 입에 넣어본다. 물맛은 십 년 묵은 체증이 내려갈 정도로 청량하다. 여기서 물을 받아 점심으로 라면을 먹으면 꿀맛이다. 계곡 옆으로 난 호젓한 숲길을 한동안 걸으면 물놀이하기 좋은 장소가 나온다. 바위에 올라 다이빙을 해도 좋을 정도로 수심도 깊다. 여기서 한동안 물놀이를 즐기고, 40분쯤 더 내려오면 드디어 진동리 갈터⑤가 보인다. 마지막으로 계곡을 건너 주차장으로 들어서면서 트레킹이 마무리된다.

course data

고도표

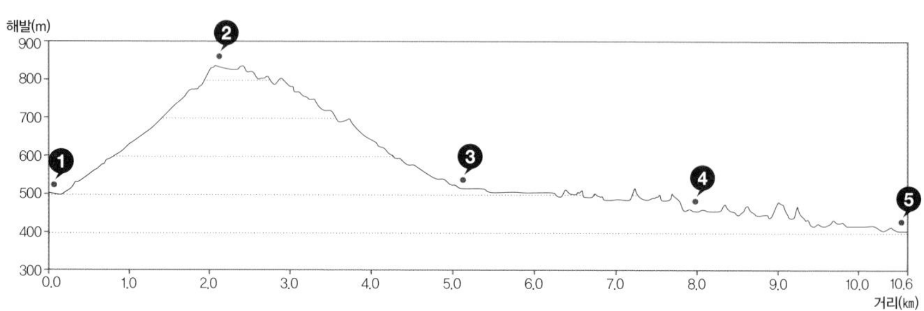

길잡이

아침가리계곡 트레킹은 장비를 잘 챙겨야 한다. 임도와 계곡길을 모두 지나기 때문이다. 신발은 등산화를 신는 것이 정석이다. 아쿠아슈즈는 바닥이 얇아 좋지 않고, 발목을 잡아줄 수 있는 중간 목 등산화가 좋다. 계곡은 미끄럽기 때문에 스틱으로 중심을 잡으면서 진행한다. 배낭 안에 비닐을 넣어 짐을 챙기고, 귀중품은 물이 새지 않는 비닐백에 잘 넣는 것이 좋다.

트레킹 코스는 방동약수~방동고개~백두대간 트레일 인제안내센터~조경동교~작은폭포~진동리 갈터. 총 거리 10.6km, 5시간 걸린다. 백두대간 트레일 코스는 인제안내센터(033-461-4453)를 통해 문의한다. 출발 전 체력을 아끼려면 진동리 갈터에 주차하고 방동고개까지 택시를 이용해 오르는 것도 방법이다.

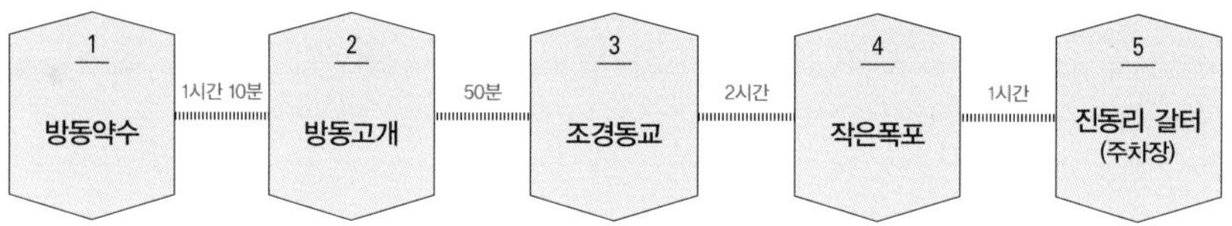

맛집 방동리의 고향집(033-461-7391)은 두부전골, 두부구이, 모두부백반, 콩비지백반 등의 두부요리를 잘하는 숨은 맛집이다. 이웃 주민들에게 사들인 국산 콩만 쓰는 데다 매일 필요한 만큼만 아침에 직접 만들어뒀다가 판다. 숲속의빈터방동막국수(033-461-0419)는 가성비 좋은 맛집이다.

숙소 방태산자연휴양림(033-463-8590)은 오지의 자리한 청정계곡으로 출발점인 방동약수에서 가깝다. 예약 숲나들e(www.foresttrip.go.kr), 문의 033-463-8590.

course map

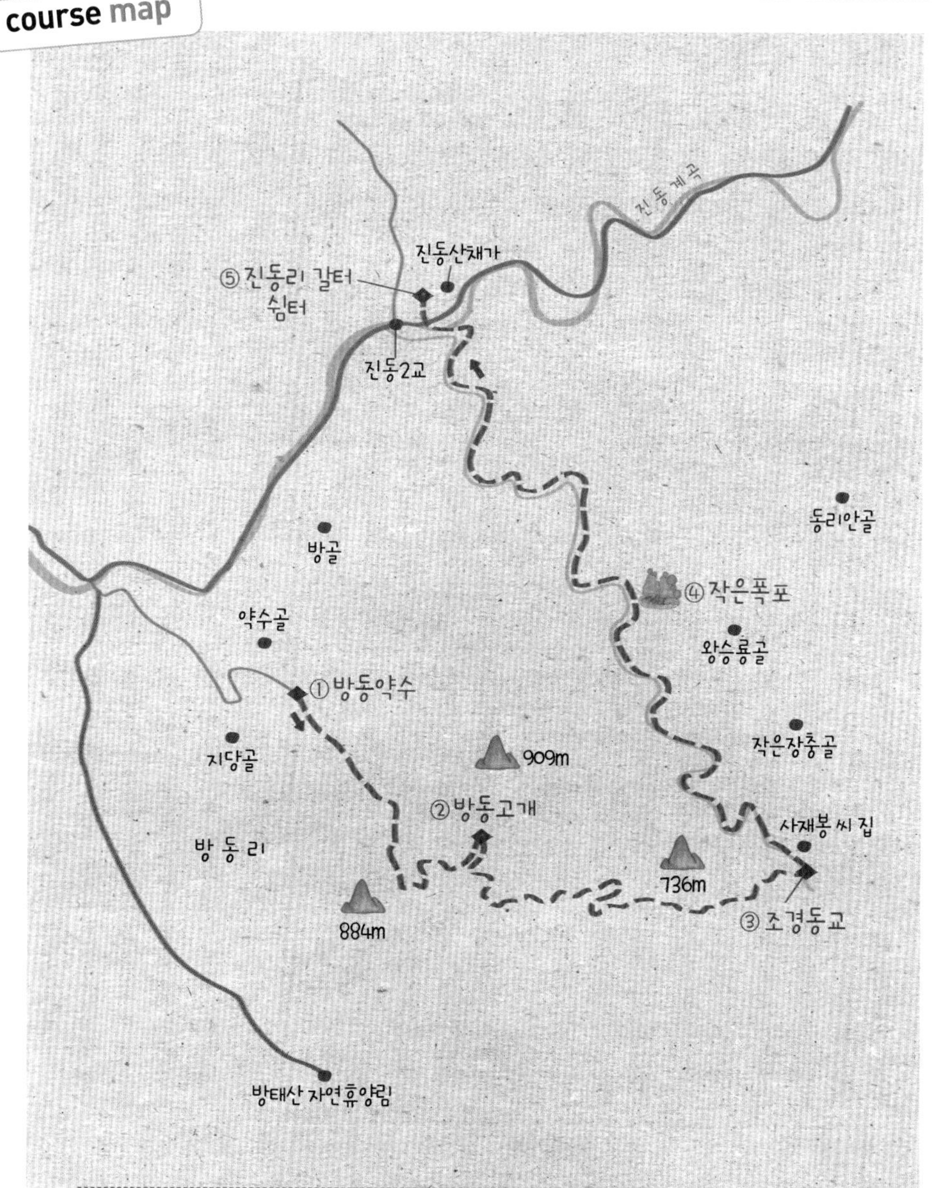

교통 자가용은 서울양양고속도로 인제IC로 나와 찾아간다. 동서울터미널에서 인제행 버스가 06:30~19:50, 1일 21회 다니며 1시간 30분~2시간쯤 걸린다. 인제의 현리시외버스터미널(033-461-5364)에서 방동약수 가는 버스는 06:20·12:40·15:20·19:30에 다닌다. 인제 현리시외버스터미널 033-463-2847.

코스 가이드

장소	강원도 삼척시 가곡면 풍곡리
코스	덕풍산장~제1용소~제2용소~덕풍산장
걷는 거리	5㎞
걷는 시간	3시간
난이도	조금 힘들어요
좋을 때	여름(계곡), 가을

제1용소의 폭포는 작지만, 깊고 드넓은 소가 일품이다. 오른쪽 암벽의 로프를 잡고 올라야 한다.

한여름이 즐거운 물의 왕국 **삼척**

응봉산 용소골

삼척 응봉산(998.6m)은 물의 왕국이다. 1,000m가 안 되는 산이지만 용소골, 문지골, 버릿골, 재량밭골, 온정골, 구수골 등 빼어난 계곡을 품고 있다. 이 계곡들은 펼쳐서 서로 이으면 100km가 훌쩍 넘고, 하루 동안 콸콸 쏟아져 나오는 수량은 웬만한 저수지 하나는 채우고 남을 정도로 풍부하다. 그중에서 가장 유명한 곳이 용소골이다. 용소골은 전형적인 V자 협곡으로 계곡 전체가 비경이라 해도 과언이 아니다. 길이가 8km에 이르고 3개의 용소를 거느리고 있다.

원시계곡에서 마음껏 즐기는 물놀이

흔히 남한의 3대 계곡으로 설악동 천불동계곡, 지리산 칠선계곡, 한라산 탐라계곡을 꼽는다. 하지만 산을 좀 다닌 사람들은 응봉산 용소골을 꼽는데 주저하지 않는다. 사람 손이 탄 계곡이라고는 믿기 어려울 정도로 원시적 아름다움이 가득하기 때문이다. 또한 마음껏 물놀이를 즐길 수 있는 점도 빼놓을 수 없다. 설악산과 지리산 등 국립공원의 계곡은 대부분 출입금지라 발 담그기도 힘들다.

용소골은 예전에는 일반인들은 엄두도 못 낼 만큼 길이 험했지만, 서너 해 전부터 삼척시와 덕풍마을에 로프 등의 안전시설을 설치했다. 최근에는 TV 프로그램 '1박 2일'에 소개되면서 널리 알려졌다. 용소골 트레킹은 덕풍산장에서 출발해 제1용소를 거쳐 제2용소를 찍고 되돌아오는 물놀이 트레킹을 추천한다. 제2용소 뒤로는 험하며 제3용소까지는 거리가 너무 멀다.

용소골의 출발점은 덕풍산장①. 덕풍계곡 초입의 주차장(덕풍계곡 캠핑장)에서 구불구불 6km쯤 위로 올라가면 나온다. 차를 가져왔으면 덕풍산장 앞 공터에 주차하면 된다. 덕풍산장 일대는 너른 평지가 펼쳐진다. 산장을 출발하면 우뚝한 미루나무가 보이고, 그 옆에 차량을 통제하는 바리케이드를 만난다. 이곳을 지나면 호젓한 시골길이 펼쳐진다. 옥수수밭과 도라지밭을 스쳐가는 길은 평화롭다. 넓은 개망초 군락지 뒤로 응봉산 줄기가 우뚝 솟았다. 개망초 군락지 앞에서 용소골과 문지골이 갈린다. 문지골은 용소골보다는 규모가 작지만, 인적이 뜸하고 폭포와 소가 아름다운 계곡이다.

왼쪽 용소골 방향을 따르면 계곡 안에 초록 풀들이 가득하고, 그 뒤로 미끈한 소나무들이 펼쳐진다. 호젓한 길이 암반으로 바뀌면서 첫 번째 철계단이 나온다. 철계단은 높은 벼랑 아래에 설치해 주변이 풍광이 수려하다. 꼭

1		
2	3	4

1 용소골에서 처음 만나는 절경인 방축소. 여기서부터 길을 버리고 찰랑찰랑 물길을 걷게 된다. **2** 제2용소가 가까워지면, 계곡은 암봉들을 병풍처럼 두른다. **3** 문지골과 갈림길을 지나면 울창한 소나무와 계곡의 수풀이 어우러진다. **4** 용소골 비경 중 하나인 용소섬. 계곡에 섬이 만들어졌다.

설악산 주전골을 보는 것 같다. 여기서 계단 대신 계곡을 그대로 밟는다. 계곡 트레킹은 길을 따르다가 적당한 지점에서는 물을 첨벙첨벙 밟으며 가는 것이 묘미다. 처음에는 신발을 물에 담그기가 꺼려지지만, 일단 담그면 마음까지 시원해지며 물과 친구가 된다.

계단이 끝나는 지점에서 계곡은 크게 방향을 틀면서 잔잔한 소가 펼쳐진다. 지도에는 이곳이 방축소[②]라고 적혀 있다. 방축소를 지나면 계곡은 점점 거칠어지고 가파른 철계단이 나온다. 탕탕 급경사 철계단을 밟고 올라 모퉁이를 돌면 웅장한 소가 나타난다. 이곳이 제1용소[③]의 입구다. 첨벙첨벙 물을 밟으며 소 안쪽으로 들어서면, 비로소 숨은 용소의 모습이 드러나면서 입이 쩍 벌어진다. 거친 절벽이 병풍처럼 둘러싸고 있고, 그 안으로 깊이를 알 수 없는 검은 소가 찰랑거린다. 절벽 가운데서 쏟아지는 폭포의 규모는 작지만, 용소의 규모는 압도적이다. 용소의 깊이는 무려 40m라고 전해지지만, 덕풍 마을 사람들은 자갈이 메워져 지금은 줄어들었다고 한다.

천지를 울리는 제2용소의 웅장함

폭포 위로 올라서려면, 용소의 오른쪽 거친 암벽에 올라서야 한다. 이곳에 굵은 로프가 달려 있다. 로프를 잡고 조심조심 100m쯤 암벽을 타고 오르면 비로소 폭포에 올라선다. 위에서 바라본 용소는 몸을 던지고 싶을 만큼 유혹적이다. 한숨 돌리고 다시 길을 나서면 그야말로 점입가경이다. 암반은 부드럽고 소는 넓다. 몸을 물에 담그고 풍경을 감상하고 있으면, 무릉도원에 들어온 기분이다.

다시 정신을 차리고 스틱을 찍으며 올라가다 보면, 사방이 암봉으로 둘러싸이고 물놀이하기 좋은 소를 만난다. 소 가운데는 동그랗게 자갈밭이 섬처

용소골 최고 절경인 제2용소. 약 30m 높이에서 쏟아지는 소리는 산을 울린다.

용소골은 위험구간에 철난간과 로프 등 안전시설을 잘 설치했다.

럼 드러나 있다. 일명 '용소섬'이다. 물을 헤치고 들어가 그곳에 상륙한다. 세상 부러울 것이 없다. 풍덩 다시 몸을 물속에 던진다. 물놀이 시간이다.

신나게 물놀이를 즐기고 20분쯤 더 계곡을 오르면 수풀이 무성하고, 자갈밭이 넓은 곳이 나온다. 이 자갈밭은 텐트를 치기에 좋다. 다시 길을 나선다. 점점 계곡 규모가 커지면서 어느 지점에서 웅웅~ 벽이 울린다. 이 소리는 제2용소가 가까이 있다는 신호다. 얼마나 규모가 큰지 짐작이 된다. 설레는 가슴을 움켜잡고 모퉁이를 돌아서자, 앞쪽으로 폭포가 보인다. 가까이 다가서자, 천지를 울리는 굉음과 함께 사람을 압도하면서 제2용소④가 쏟아진다. 높이는 30m가 넘고 주변은 온통 절벽으로 둘러싸여 있다. 폭포 아래 소가 넓게 형성되어 있다. 과연 용소골 3개의 폭포 중 가장 장관이라는 말이 헛되지 않다.

폭포 위로 올라서려면, 오른쪽 암벽을 타고 올라야 한다. 암벽에 달린 로프를 잡고 오르는데, 오금이 저린다. 만약 손을 놓치면 그대로 20~30m 아래로 추락이다. 조심조심 로프를 움켜쥐고 폭포 꼭대기에 오르자, 물보라를 튀며 맹렬하게 떨어지는 폭포의 모습이 펼쳐진다. 무섭지만 매혹적인 자연의 경이로움이다. 폭포는 절벽을 무서워하지 않는다. 주저함도 없다. 단호하다. 용소골 트레킹은 여기까지다. 폭포의 미덕에 고개를 끄덕이며 발길을 덕풍산장⑤으로 돌린다.

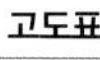

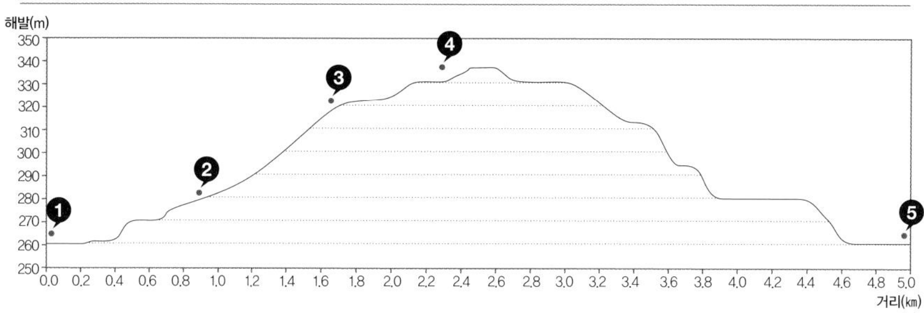

길잡이

삼척 용봉산 덕풍계곡 용소골 코스는 덕풍산장~방축소~제1용소~제2용소~덕풍산장을 잇는 코스다. 총 거리는 5km, 3시간쯤 걸린다. 시간을 여유 있게 갖고 첨벙첨벙 물놀이를 즐기며 천천히 다녀오는 걸 권한다. 길이 제법 험하므로 스틱을 가져가는 것이 좋다. 제2용소에서 제3용소까지 코스는 약 5.5km로 멀고 험해 권하고 싶지 않다. 아이들과 함께하는 가족 트레킹이라면 제1용소에서 되돌아오는 것이 좋다. 암벽을 오를 때에는 자신의 장비와 컨디션 등을 고려해야 하며, 호기를 부리는 위험한 행동은 안전을 위해 삼가자.

교통 자가용은 중앙고속도로 제천IC로 나와 찾아간다. 기차는 청량리역 → 태백역 07:05~23:20, 1일 6회 다니며 4시간쯤 걸린다. 태백에서 호산·풍곡행 버스를 타고 덕풍계곡 입구에서 내린다. 1일 2회(08:30, 14:50) 운행한다. 문의 1588-0585.

맛집 덕풍산장(033-572-7378)에서 백숙, 묵밥, 묵무침 등을 먹을 수 있다. 동해로 나와 회를 먹으려면 다른 곳보다 저렴한 임원항을 추천한다. 화분횟집(033-572-8150), 청룡횟집(033-572-1108) 등이 좋다.

course map

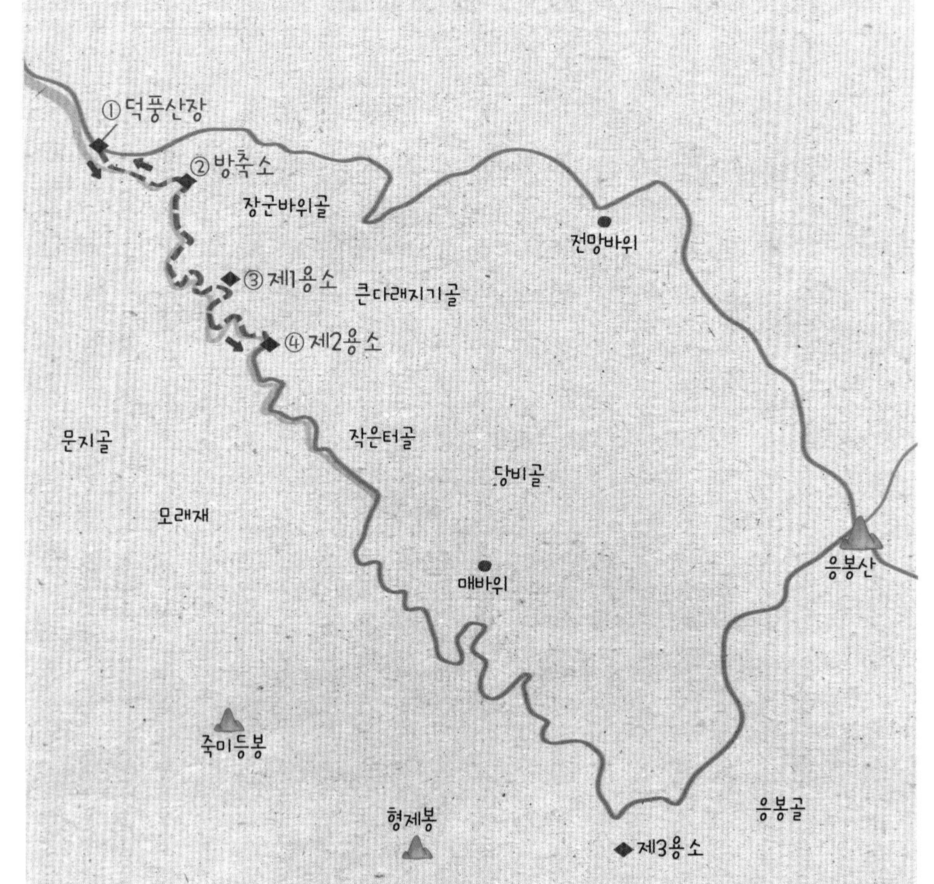

숙소 캠핑장은 덕풍계곡 업구의 덕풍계곡캠핑장(033-576-0394)이 있다. 계곡 코앞이라 물놀이를 즐기기 좋다. 민박은 덕풍산장(033-572-7378), 펜션꽃밭거랑(033-572-7622) 등이 좋다.

계절편
가을 트레킹
풍요로운 빛깔로 사람들을 유혹하는
AUTUMN

코스 가이드

장소	전라북도 부안군 변산면
코스	원암리~직소폭포~내변산탐방안내소
걷는 거리	5.3㎞
걷는 시간	2시간 30분
난이도	쉬워요
좋을 때	10월(단풍), 5월(신록), 겨울(눈꽃)

내변산 최고 절경인 직소폭포. 허균, 이매창과 함께 부안삼절이라 칭한다.

직소폭포를 품은 신선의 산

부안 내변산 국립공원

변산반도는 밖으로 바다와 맞닿아 있고 안으로는 겹겹한 산자락이 펼쳐져 있다. 일반적으로 국립공원은 육상형(산)과 해상형(바다)으로 나누는데, 산과 바다가 함께 어우러진 변산은 반도형 국립공원에 속한다. 우리나라에서는 단 하나뿐이다. 그런 변산은 오래전부터 산해절승이라는 별칭으로 불려왔다. 반도 내부를 타원형으로 감싼 산줄기 안쪽의 산악지대를 내변산, 그 산줄기 바깥쪽의 바다 방면을 외변산으로 구분한다. 그리 넓지 않은 지역이지만 확연히 달라지는 풍광에 따라 지역을 나눈 것이다.

내변산의 최고 절경 직소폭포로 가는 길

내변산은 의상봉(509m)을 최고봉으로, 쌍선봉, 옥녀봉, 관음봉, 선인봉 등의 기암 봉우리들이 자리하고 있으며, 그 속에 직소폭포, 분옥담, 선녀탕, 가

마소, 와룡소 등의 비경을 품고 있다. 낮지만 첩첩이 이어진 산줄기들의 품이 깊은 변산은 석가모니가 설법했다는 능가산, 또는 신선이 산다는 봉래산으로도 불렸다.

산행에 부담이 없는 내변산 단풍 트레킹은 원암리~재백이고개~직소폭포~내변산탐방안내소 코스가 좋다. 출발점은 내소사 가기 직전의 원암마을[1]이다. '곰소장모님젓갈' 건물을 이정표 삼아 골목으로 300m쯤 들어가면 등산로 입구가 나온다. 산길로 들어서면 울창한 솔숲길이 펼쳐진다. 완만한 오르막을 20분쯤 오르면 재백이고개[2]에 올라선다. 고갯마루에서 잠시 뒤를 돌아본다. 곰소만 바다가 시원하게 펼쳐진다.

잠시 조망을 즐기면서 한숨 돌리고 고개를 내려서면 소박한 계곡을 만나게 된다. 나무다리를 건너면 계곡을 따라 이어지는 순한 길이 펼쳐진다. 여기서 직소폭포까지 이어진 약 1.5km 구간은 150m쯤 고도가 유지되는 일종의 고원이다. 산세가 포근하고 온통 숲이라 마치 울릉도 나리분지 같은 분화구에 온 기분이다. 봄철 신록, 여름철 계곡, 가을철 단풍, 겨울철 설경이 모두 좋은 꿈길 같은 길이다.

호젓한 길의 침묵을 깨뜨리는 것이 직소폭포[3]의 우렁찬 물소리다. 특히 비가 많은 여름철엔 천둥 같은 물소리가 일품이다. 수풀이 울창하던 산길은 어느 순간 오른쪽이 열리면서 아찔한 벼랑을 내놓는다. 그 벼랑에서 22.5m의 절벽으로 곤두박질치는 거대한 물줄기가 살짝 보인다. 변산 제1경인 직소폭포다. 서둘러 바위 벼랑을 내려와 폭포를 마주한다. 폭포 앞에는 수천 년

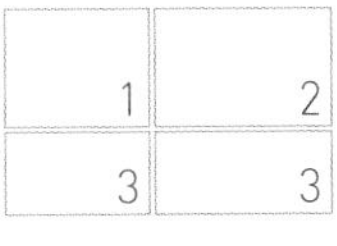

1	2
3	3

1 재백이고개를 내려오면 호젓한 계곡길이 시작된다. **2** 직소폭포 전망대에서 본 분옥담. **3** 봉래구곡 산상호수의 그윽한 풍경. **4** 곰소만이 내려다보이는 재백이고개.

의 세월 동안 곤두박질 친 물줄기가 만든 실상용추라는 거대한 소가 있다. 들어 놓았다. 변산의 중심에서 도도히 낙하하는 물줄기의 웅장함에 '아~' 저절로 탄성이 터져 나온다. 150m쯤 되는 고도에서 22.5m의 폭포가 있다는 것은 참으로 놀라운 일이다.

추풍낙엽으로 물든 직소폭포

"박연폭포, 황진이, 서경덕이 송도삼절이라면 부안삼절은 직소폭포, 매창, 유희경이다." 부안 출신의 신석정 시인은 직소폭포에서 영감을 얻어 절묘하게 부안삼절을 정하기도 했다. 시와 거문고에 능한 멋진 기생 매창과 대쪽 같은 선비 유희경은 변산에서 사랑을 나누었다. 직소폭포에서 뒤돌아 나가면 위로 올라서는 길과 만나는데, 그 앞이 수려한 분옥담이다. 왼쪽 언덕에 올라서면 나무데크로 만든 직소폭포 전망대다. 주변 산이 어우러진 넓은 시야를 통해 직소폭포를 비롯한 여러 폭포를 감상할 수 있다. 선인들은 이 계곡을 봉래구곡이라 불렀다. 전망대를 내려서면 봉래구곡은 수풀 속에 감춰두었던 아름다움을 하나씩 내놓는다. 폭포의 물줄기가 아래로 내려가 소와 와폭을 이룬 분옥담과 선녀탕이 차례로 나온다.

봉래구곡의 약동하는 풍경은 이처럼 크고 작은 와폭과 소의 아름다움으로 잔잔해지다가 어느 순간 가슴이 아늑하게 변한다. 작은 산봉우리들이 가만히 어깨를 맞대고 있는 봉래구곡의 하류, 그 산봉우리의 아래는 산상호수가 잔잔하게 채우고 있다. 이 호수를 보고 있으면 폭포를 보며 짜릿한 긴장감으로 가득 찼던 가슴이 깊이 내려앉으며 한없이 아늑해진다. 이곳은 물이 귀한 변산에서 봉래구곡의 물을 상수원으로 사용하기 위해서 만들었던 직소보가 있는 곳이다. 계곡이 산상호수처럼 잔잔하고 넓어지는 것은 이 직소

억새가 웃자란 실상사의 가을 풍경이 그윽하다.

보 때문이다. 부안댐이 생겨 더 이상 상수원으로서 역할을 하지 않지만, 직소보가 만들어내는 풍경은 직소폭포와 절묘하게 어우러져 극적인 아름다움을 만들어낸다.

직소보를 지나 자연보호헌장탑④(월명암 갈림길)을 지나면 천왕봉과 인장봉 사이에 너른 터가 나온다. 이곳이 변산 6대 사찰 중의 하나인 실상사지⑤다. 신라 신문왕 9년(689년), 초의선사에 의해 창건됐고 조선 양녕대군이 중창했다. 일제강점기에는 원불교 교조인 박중빈이 절 옆에 조그만 초당을 짓고 3년간 수도했다. 그래서 원불교의 4대 성지 가운데 하나인 '변산성지'로 일컬어진다. 분위기 좋은 실상사지를 뒤로 하고 변산 단풍터널을 지나 내변산 탐방안내소⑥에 닿으면 트레킹이 마무리된다.

course data

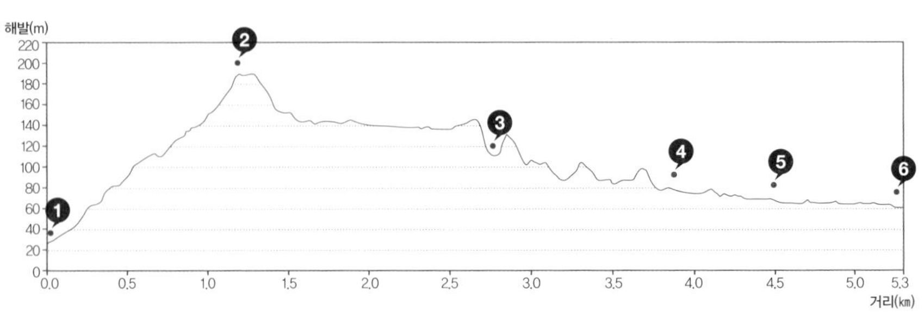

길잡이

내변산 단풍 트레킹 코스는 길이 쉬워 가족 나들이로 제격이다. 원암마을~재백이고개~직소폭포~내변산탐방안내소 코스로, 총 거리 5.3km에 2시간 30분쯤 걸린다. 변산 절경을 두루 감상하려면 내소사~관음봉~재백이고개~직소폭포~내변산탐방안내소 코스가 좋다. 변산의 안팎부터 산등성이와 계곡의 아름다움, 그리고 고즈넉한 산사의 여유로움까지 두루 즐길 수 있다. 총 거리는 6.2㎞, 내소사 구경까지 하면 4시간쯤 걸린다.

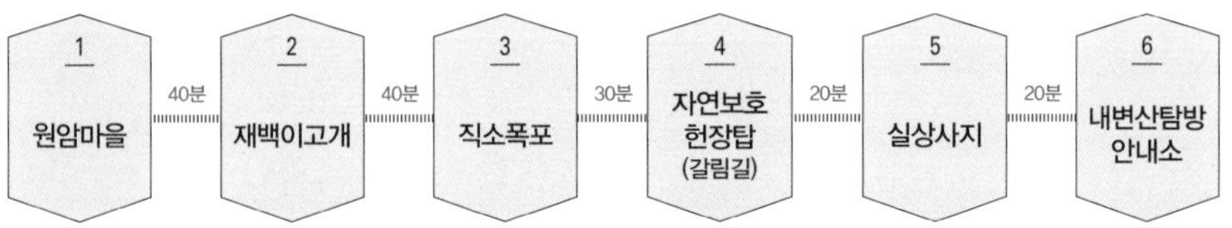

교통

적벽강과 채석강 일대는 서해안고속도로 부안IC, 내소사는 줄포IC로 나온다. 버스는 센트럴시티터미널에서 부안행 버스가 06:50~19:40, 1일 16회 다닌다. 부안시외버스터미널(063-584-2098)에서 내소사행 버스는 06:40~19:55, 1일 18회 운행하며 50분쯤 걸린다.

맛집

곰소의 칠산꽃게장(063-581-3470)은 꽃게장으로 일가를 이룬 맛집이다. 슬지제빵소(1899-9504)는 우리 밀 등 좋은 재료로 맛난 찐빵을 만든다.

course map

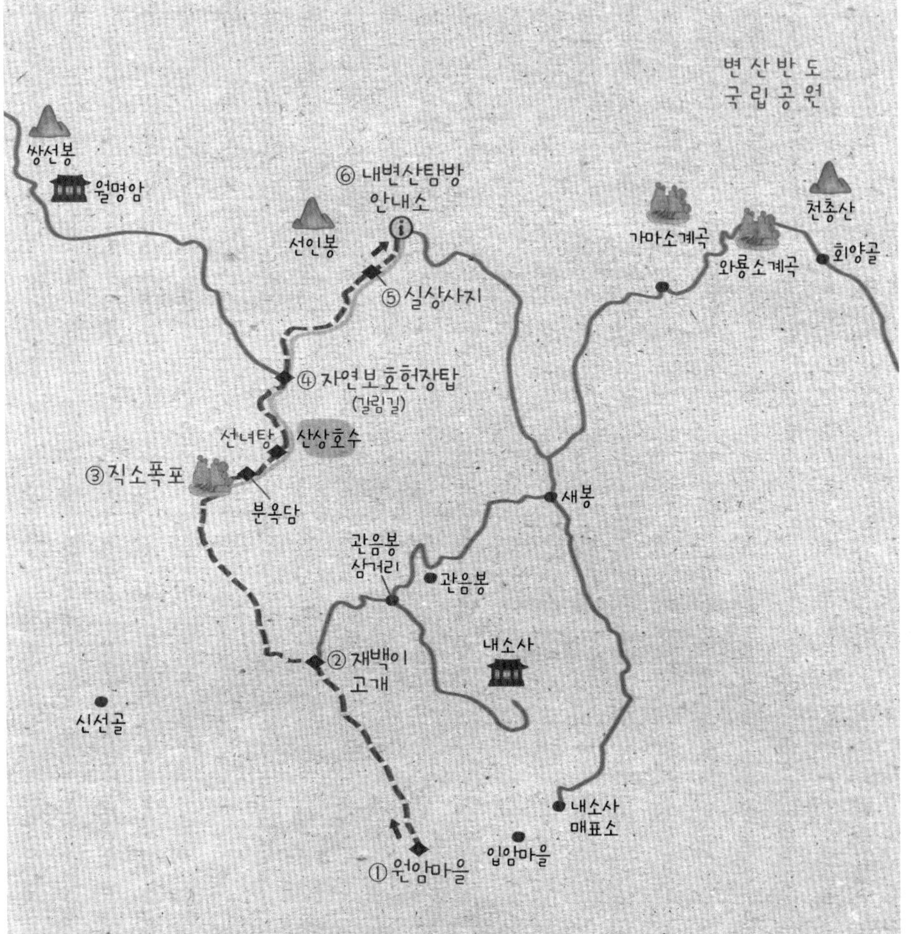

숙소 숙소는 소노벨 변산(1588-4888), 베니키아채석강스타힐스호텔(063-581-9911) 등이 좋다. 변산자연휴양림(063-581-9977)은 숙소에서 바다 조망을 즐길 수 있다.

코스 가이드

장소	강원도 인제군 인제읍 원대리 산75-22번지
코스	원대리 임도 입구~자작나무숲(1·3코스)~원대리 임도 입구
걷는 거리	8㎞
걷는 시간	3시간
난이도	쉬워요
좋을 때	10월(단풍), 겨울(눈꽃)

산비탈에서 하늘 향해 솟구친 자작나무들

서로 북돋아 주며 자라는 숲의 여왕 인제

자작나무숲길

자작나무는 추운 나라에서 잘 자라는 '숲의 여왕'이다. 푹푹 빠지는 눈밭에서 '눈의 여왕'처럼 고고하게 서 있는 모습은 이국적 정취를 물씬 풍긴다. 시베리아의 광활한 자작나무숲, 핀란드 산타마을의 자작나무숲, 백두산의 자작나무숲 등은 동경의 대상이다. 그런데 우리나라에도 멋진 자작나무숲이 있다. 인제 원대리에는 산림청에서 수십 년 가꾼 자작나무가 가득하다. 그 숲을 천천히 거닐면 은은한 분위기를 만끽할 수 있다.

20년 넘게 가꾼 '속삭이는 자작나무숲길'

자작나무는 북위 45° 위쪽 지역에서 잘 자란다. 백두산이 북위 42°쯤이니 우리 땅에서 자생하는 자작나무는 거의 없다고 봐도 무방하다. 강원도 깊은 산골과 태백산 일대에 제법 군락을 이룬다고 해도 이를 제외한 자작나무는 대부분 사람들이 기른 것이다. 강원도 인제군 원대리와 수산리에는 자작나무 군락지가 있다. 수산리 군락지는 직접 숲길을 걸을 수 없고, 멀리서 바라봐야 한다. 원대리는 상대적으로 교통이 편하고 숲 한가운데로 산책로가 나 있어 좋다. 원대리 자작나무숲은 원래 인제국유림관리소가 산불 확산을 막기 위해 1974년부터 1995년까지 41만 평에 69만 그루를 심어 조성한 것이다. 그중 7만 5,000평을 일반인에게 개방했다. 개방 이후 선풍적인 인기를 끌었고, 지금은 강원도 인제를 대표하는 명소 중 하나로 자리 잡았다.

인제 원대리는 수도권에서 의외로 가깝다. 서울춘천고속도로를 나와 44번 국도를 타고 가다가 소양강이 보이기 시작하는 지점에서 원대리 이정표를 보고 우회전해 15분쯤 가면 나온다. 원대리에 도착하면 곧바로 자작나무숲이 펼쳐지는 건 아니다. 자작나무숲을 보려면 산림청이 운영하는 초소에서 자작나무숲까지 3.5km 임도를 걸어야 한다.

초소[①]에서 인적사항을 적었으면 출발이다. 여기서 운이 좋으면 백구를 만날 수 있다. 백구는 마을 주민이 기르는 개로, 자작나무숲으로 가는 길을 안내하곤 한다. 중간에 힘들어 발걸음이 늦어지면, 가만히 앉아 기다려주는 백구가 신통방통하다. 초소에서 임도를 따라 100m쯤 오르면 갈림길이 나온다. 어느 곳을 선택해도 자작나무숲을 만나는데, 오른쪽 임도로 올랐다가 왼쪽 임도로 내려오는 것이 좋다. 흔히 오른쪽으로 올라가는 임도를 윗임도, 왼쪽으로 내려오는 임도를 아랫임도라고 부른다.

1	2	3
4	5	6

1 자작나무숲으로 이어진 윗임도. 아침 안개가 몽롱한 분위기를 물씬 풍긴다. **2** 아랫임도가 윗임도보다 분위기가 좋고 차도 다니지 않는다. **3** 숲 유치원에 참여한 아이들의 눈이 맑고 투명하다. **4** 자작나무숲을 내려와 아랫임도를 타고 하산한다. **5** 여러 들국화 종류 중에서 가장 청초하고 예쁜 구절초. **6** 윗임도 전망 지점에서 바라본 조망. 자작나무숲 너머로 설악산 줄기가 아스라하다.

원대리 자작나무숲은 그 안에 폭 들어가 온몸으로 나무를 느낄 수 있어 좋다.

갈림길부터 구불구불 완만한 오르막이 이어진다. 임도의 곡선을 따라 서너 번 모퉁이를 돌면 드디어 산비탈에 도열한 자작나무가 모습을 드러낸다. 파란 하늘을 배경으로 쭉쭉 뻗은 흰 나무들이 신비롭다. 파란 하늘과 어우러진 자작나무를 올려다보니 기분이 좋아지고 발걸음에 힘이 생긴다. 초소를 출발한 지 1시간쯤 지나면 드디어 자작나무숲 입구를 만난다. 입구에 '속삭이는 자작나무숲'이라고 새겨진 나무 조각상이 서 있다. 숲에는 은은한 노란빛 단풍을 매단 미끈한 나무들이 도열해 있다. 자작나무숲으로 들어서면 제법 너른 광장이 나타난다. 광장의 자작나무 의자에 앉아 잠시 쉬는 시간을 갖자. 이곳의 시간은 게으르고 평화롭게 흐른다.

한가로이 드러누워 자작나무와 하늘 바라보기

광장에서 잠시 숨을 돌렸으면 이제 자작나무숲을 즐길 차례다. 이곳에는 세 개의 탐방로가 있다. 1코스는 자작나무코스(0.9km), 2코스는 치유코스(1.5km), 3코스는 탐험코스(1.3km)다. 그중 1코스와 3코스를 연결해 걷는 길이 좋다. 2코스는 자작나무가 없는 산길을 올라야 한다.

광장에서 1코스와 3코스로 향하는 길이 갈린다. 오른쪽으로 난 1코스②를 따르면 울창한 자작나무숲으로 빨려 들어간다. 자작나무숲 전체를 통틀어 가장 크고 미끈한 나무들이 도열해 있다. 오솔길 따라 야트막한 언덕에 오르면, 너른 공터가 나온다. 여기서 잠시 누워 자작나무 위로 펼쳐진 하늘을 감상하기 좋다. 푸른 하늘을 향해 뻗어 오른 자작나무의 자태가 우아하다. 숲에 부는 바람이 자작나무 잎사귀 한 줌을 하늘에서 떨어뜨린다. 팔랑팔랑 나뭇잎이 날리고, 시간은 숲 안에서 정지된 느낌이다.

공터를 지나면 작은 전망대에 오른다. 앞쪽으로 산사면을 빽빽하게 수놓은 자작나무들의 독특한 조형미가 멋지다. 자작나무는 무리지어 군락을 이루고 자란다. 홀로 자랄 수 없기에 적당한 거리에서 서로서로 받쳐주고 북돋아주면서 지낸다고 한다. 함께 살아가는 법을 아는 기특한 나무다.

전망대를 지나면 임도를 만나고, 처음에 만났던 자작나무숲 입구가 나온다. 다시 광장에 이르면 이번엔 왼쪽 3코스③를 따른다. 호젓한 숲길은 시나브로 자작나무가 사라지면서 작은 계곡이 나타난다. 계곡을 따라 한동안 내려가면 임도를 만난다. 이곳이 출발점인 초소로 이어지는 아랫임도④다. 아랫임도는 차가 다니지 않고, 군데군데 시원한 조망이 열린다. 구불구불 완만한 내리막을 2~3km쯤 따르면 초소⑤를 만나면서 트레킹이 마무리된다.

course data

고도표

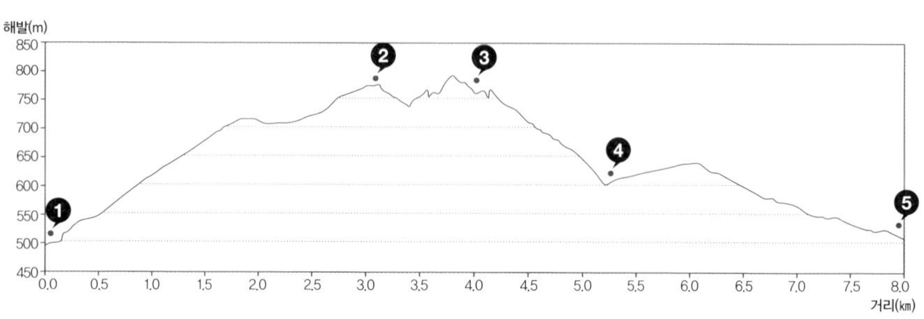

길잡이

원대리 자작나무숲 코스는 임도를 타고 올라가 자작나무숲 1코스와 3코스를 돌고, 아랫임도를 따라 내려오는 길이 좋다. 윗임도 3.1km, 아랫임도 2.7km, 1코스 0.9km, 3코스 1.3km, 총 8km, 3시간쯤 걸린다. 트레킹화나 운동화, 간편한 복장, 식수와 간식 등을 잘 챙겨야 한다. 자작나무숲에는 충분한 시간을 보내자. 돗자리를 깔고 누워 나무와 하늘을 바라보는 것도 좋다. 산불 방지 기간인 3월 1일~5월 15일, 11월 1일~12월 15일은 출입할 수 없다(문의 인제국유림관리소 033-460-8014).

교통 대중교통이 매우 불편해 자가용을 이용해야 한다. 서울양양고속도로 동홍천IC로 나온다. 44번 국도를 타고 소양강이 보이는 지점에서 오른쪽 원대리 이정표를 따라 우회전한다. 원대리 임도 입구에 주차장이 있다.

숙식

자작나무숲 입구 아래쪽에는 자리한 옛날원대막국수(033-462-1515)가 맛집이다. 메밀 특유의 면발의 부드럽고 반찬으로 내오는 자연산 곰취짱아찌가 일품이다. 자작나무숲 위에 자리한 아이올라펜션(033-463-5334)은 주인장이 직접 기른 유기농 채소와 나물로 산채비빔밥을 내놓는다. 이곳에서 하루 묵으면 자작나무숲의 정기를 받을 수 있다.

course map

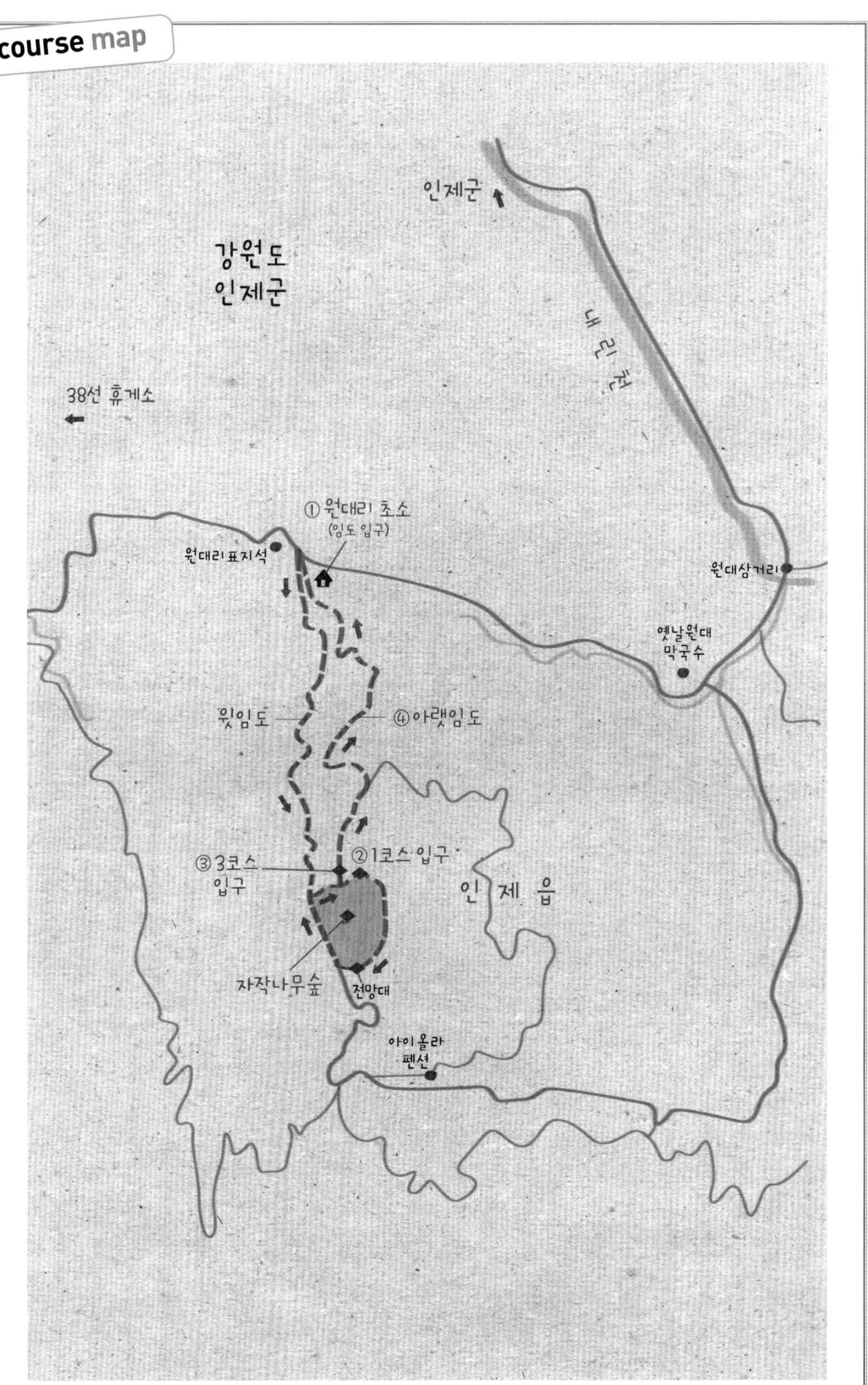
인제군
강원도
인제군
내린천
38선 휴게소
① 원대리 초소
(임도 입구)
원대리표지석
원대삼거리
옛날원대
막국수
윗임도
④ 아랫임도
③ 3코스
입구
② 1코스 입구
인 제 읍
자작나무숲
전망대
아이올라
펜션

코스 가이드 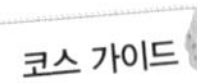

장소	제주도 제주시 · 서귀포시
코스	영실휴게소~윗세오름대피소~어리목광장
걷는 거리	8.3㎞
걷는 시간	3시간 30분
난이도	무난해요
좋을 때	10월(단풍), 6월(철쭉), 겨울(눈꽃)

눈부신 가을빛으로 물든 선작지왓. 백록담 화구벽을 바라보며 걷는 맛이 일품이다.

설문대할망 그리는 오백장군의 눈물

제주 한라산 영실

국립공원

가을은 오지랖도 넓다. 바다 건너 따뜻한 남쪽 나라 제주도에도 예외 없이 찾아온다. 한라산은 난대림이 많아 단풍이 곱지 못할 것이라 생각한다면 착각이다. 초록빛 구상나무와 활엽수 단풍이 어우러진 모습은 육지에서는 보기 힘든 장관이다. 한라산 영실 코스는 병풍바위, 오백나한 기암과 단풍이 어우러진 모습이 일품이다.

단풍 숲과 기암이 어우러진 영실 코스

영실에 도착하면 영실휴게소① 팔각지붕 뒤로 펼쳐진 오백장군 기암을 찾아보는 것이 먼저다. 기암 주변으로 곱게 물든 단풍을 보자 가슴이 콩콩 뛴다. 영실은 석가여래가 설법하던 영산靈山과 흡사하다 해서 붙여진 이름이다. 등산로 입구로 들어서면 울창한 숲이 펼쳐지고 나무들은 저마다의 본색을 드러낸다. 단풍이 절정이다. 영실의 숲은 활엽수와 침엽수인 소나무가 사이 좋게 공존하고 있다. 소나무는 육지의 금강소나무 부럽지 않을 정도로 미끈하게 쭉쭉 뻗었다.

영실 숲 터널이 끝나는 지점부터 오르막이 시작된다. 제법 가파른 오르막을 따라 계단이 이어지지만, 줄곧 병풍바위②를 바라보며 오르기에 지루하지 않다. 병풍바위는 말 그대로 영실 일대를 병풍처럼 둘러싸고 있어 붙여진 이름이다. 용암이 흘러내리다 바위로 굳어버린 거대한 주상절리이다. 한 발짝 더 병풍바위가 가까워지는 순간, 오른쪽으로 이상야릇하게 생긴 기암괴석들이 보인다. 이것이 오백나한이다. 보는 위치에 따라 '장군' 또는 '나한(성자)' 같아 보여 오백나한(장군)이라 불린다. 출발할 때, 영실휴게소 뒤로 보이던 그 바위들이다. 오백나한의 바위는 사실 500개가 아니라 499개라고 한다. 1개가 빠지는 이유에는 슬픈 전설이 내려온다. 한라산에 사는 설문대할망에게 500명의 자식이 있었다. 설문대할망이 커다란 가마솥에 아이들에게 먹일 죽을 끓이다가 그만 자신이 빠져 죽고 말았다. 집에 돌아온 자식들은 그 죽을 맛있게 먹었고, 막내가 숟가락을 뜨다가 엄마의 뼈를 발견했다. 형제들은 슬피 울다가 바위가 되었고, 막내는 형들과 살 수 없다며 차귀도로 떠나 바위가 되었다고 한다.

병풍바위와 오백나한을 묶어서 영실기암靈室奇岩이라 일컫고, 예로부터 영주10경 중 하나로 쳤다. 사계절 내내 춘화, 녹음, 단풍, 설경 등 아름다운 모습과 울창한 수림이 어울려 빼어난 경치를 보여주는 명승지이다. 영실기암은

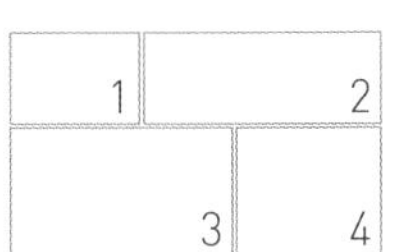

1 영실휴게소 지붕 뒤로 펼쳐진 오백나한. **2** 가을이 깊어가는 윗세오름대피소. **3** 병풍바위를 바라보며 걷는 사람들은 자연의 경이로움을 느낀다. **4** 영실 코스 입구의 단풍 숲. 한라산에서 가장 단풍이 좋은 구간이다.

명승 제84호로 지정됐다.

오르막이 거의 끝나는 지점에 이르러 뒤를 돌아보면 와~ 탄성이 터져 나온다. 한라산 중산간 지대에 오름들이 옹기종기 자리 잡았고, 그 너머 바다가 반짝인다. 영실 코스가 선물하는 또 하나의 감동이다. 계단이 끝나면 병풍바위 위로 올라선다. 이제 힘든 길은 없다.

앞쪽에 펼쳐진 울창한 구상나무숲은 한라산의 자랑이다. 구상나무는 우리나라 특산종으로 특히 한라산 1,400m 고지 위로 800만 평 이상의 구상나무숲이 펼쳐져 있다. 구상나무 숲을 통과하면 드디어 시야가 훤히 열린다. 광활하게 드러나는 고원 초원, 바로 선작지왓이다. 봄철에는 철쭉, 겨울철엔 설경이 장관인 곳이다. 선작지왓에는 조릿대와 작은 교목들이 어울려 누르스름한 가을빛을 내뿜는다.

이제 선작지왓 대평원에 놓인 나무데크길을 따라 걷는다. 앞쪽으로 악마의 성채처럼 백록담 화구벽이 우뚝하다. 화구벽을 바라보며 걷는 맛을 어떻게 말로 표현할 수 있을까. 점점 화구벽이 가까워지면 노루샘 직전에 윗세족은오름 가는 길이 나온다. 최근에 개방한 곳으로, 올라서면 한라산의 웅장한 자태와 함께 바다가 살짝 보인다. 잠시 조망을 즐기다 내려오면 노루샘이 반긴다. 콸콸 샘솟는 약수를 받아 한 모금 들이켜면 십 년 묵은 체증이 뻥 뚫리듯 시원하다.

이제 윗세오름대피소③로 갈 차례. '윗세오름'이란 이름은 위쪽에 있는 세 오름을 일컫는다. 세 오름은 바로 붉은오름, 누운오름, 족은오름이다. 윗세족은오름을 왼쪽에 끼고 크게 휘돌아 가면 대망의 윗세오름대피소가 모습을 드러낸다. 대피소 앞 너른 공터에서 식사하는 사람들의 모습이 평화롭다.

하산은 어리목 방향으로 잡는다. 드넓은 고산초원으로 내려서는데, 이곳이

어리목으로 내려가는 길에 만나는 광활한 만세동산.

만세동산이다. 겨울철에 만세동산에서 바라보는 백록담 풍경을 영주10경 가운데 7경인 녹담만설鹿潭晩雪로 부른다. 만세동산이 끝나는 지점이 사제비동산④이고, 여기서 어리목광장⑤까지 그윽한 숲길을 즐기면 된다.

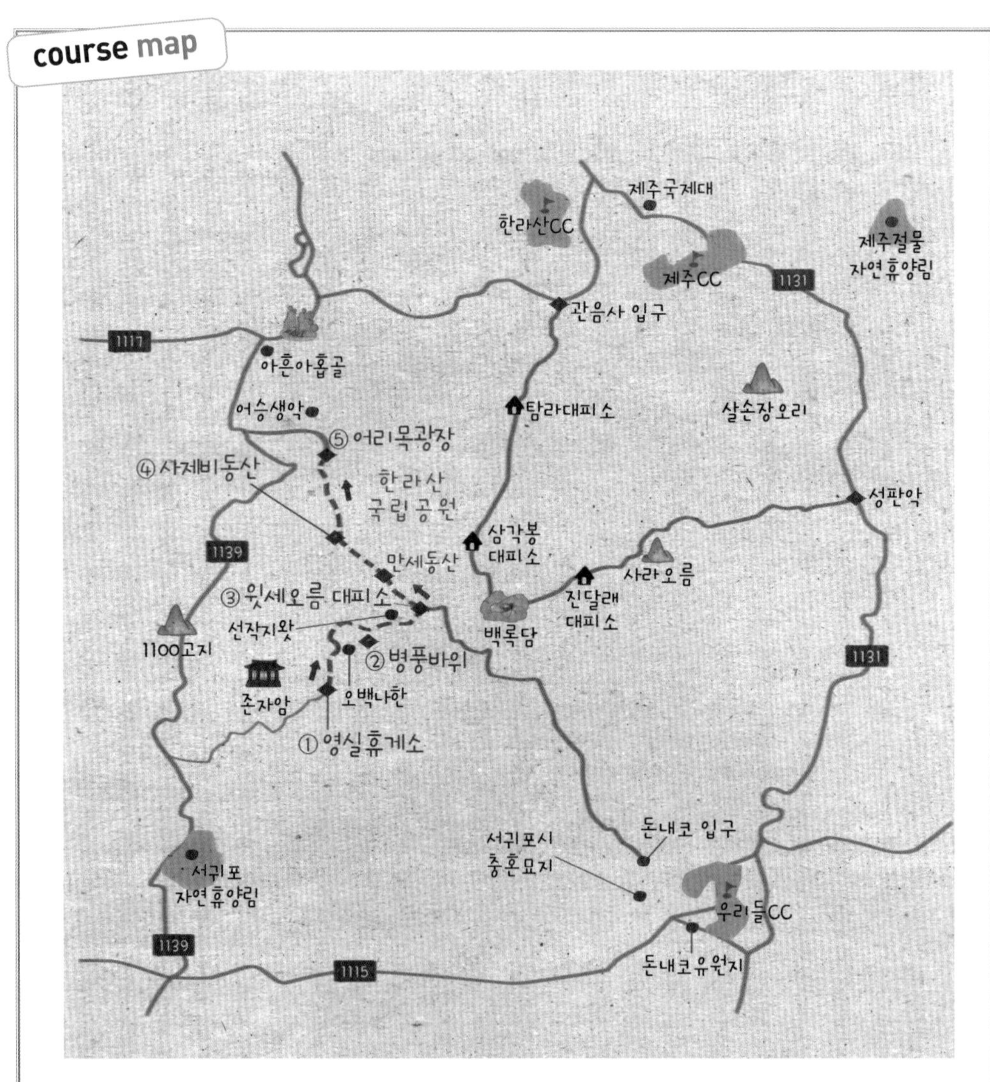

course data

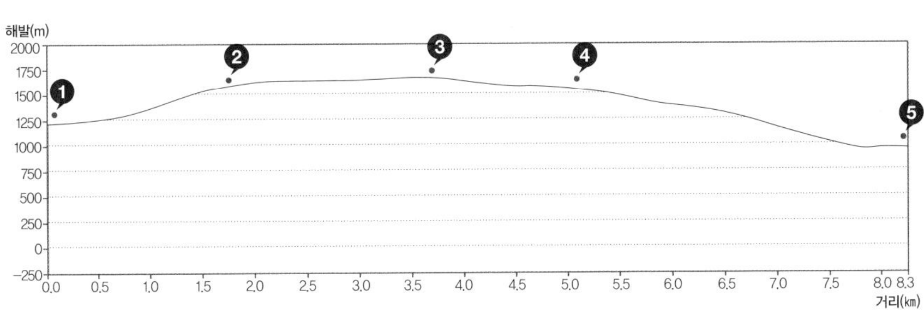

길잡이

한라산 코스는 크게 두 가지다. 성판악~정상~관음사 코스와 영실~윗세오름~어리목(또는 돈내코) 코스이다. 전자는 한라산 정상 등정 코스이고, 후자는 한라산의 풍만한 허리를 타고 도는 트레킹 코스이다. 가을에는 영실~윗세오름대피소~어리목(또는 돈내코) 코스를 추천한다.

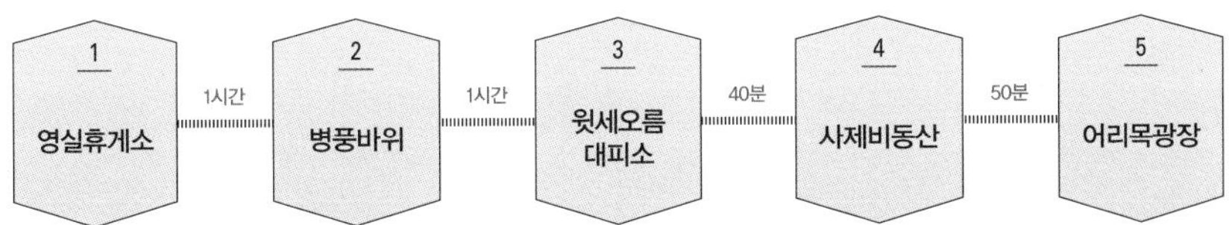

교통 김포 · 청주 · 부산 등에서 비행기를 타거나 부산·완도 등에서 배를 타고 제주에 도착한다. 제주버스터미널에서 어리목이나 영실 방향은 240번 버스가 다닌다. 제주버스터미널 064-753-1153, 제주버스정보시스템 bus.jeju.go.kr.

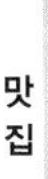

제주공항과 가까운 노형동의 제주늘봄(064-744-9001)은 남원읍 한라산 자락에서 자란 육질 좋은 재래 흑돼지를 내놓는다. 제주버스터미널 근처에는 기사들이 애용하는 가성비 좋은 식당이 몇 군데 있다. 그중 현옥식당(064-757-3439)의 돼지두루치기는 제주의 어느 유명 식당의 흑돼지 요리가 부럽지 않다.

숙소 제주시외버스터미널 근처의 유정모텔(064-753-6331)은 산꾼과 올레꾼들에게 인기가 좋은 숙소이다. 터미널이 가까워 베이스캠프로 좋다. 절물자연휴양림(064-728-1510)과 서귀포자연휴양림(064-738-4544) 등은 풍성한 숲이 좋다. 여행 블로거 여행자 화성인이 운영하는 숙소는 해변이 한눈에 보이는 오션뷰 객실을 갖추고 있다(에어비앤비 운영). 뿐만 아니라 풍부한 제주 여행 정보도 얻을 수 있다. 문의는 카카오톡(marsis96).

코스 가이드

장소	강원도 정선군·태백시
코스	만항재~함백산~두문동재
걷는 거리	7.8㎞
걷는 시간	4시간
난이도	조금 힘들어요
좋을 때	10월(단풍), 1월(눈꽃)

죽희밭 아래의 암반 지대에서 느끼는 백두대간의 부드러운 품. 앞으로 둥근 봉우리가 은대봉, 그 뒤가 금대봉.

백두대간 등줄기 이루는 크고 밝은 산

정선 함백산

국립공원

강원도 태백시 소도동과 정선군 고한읍에 걸쳐 있는 함백산(1,572.9m)은 남한에서 6번째로 높고 웅장한 산이다. 북쪽에 대덕산(1,307m), 서쪽에 백운산(1,426m)과 매봉산(1,268m), 서남쪽에 장산(1,409m), 남쪽에 태백산(1,566.7m), 동쪽에 연화산(1,171m) · 백병산(1,259m) 등 주변에는 1,000m가 훌쩍 넘는 고봉들이 솟아 있다. 또한 태백산에서 이어진 백두대간 마루금이 만항재~함백산~은대봉~두문동재로 이어져 국토의 등줄기를 이룬다.

태백산에 가려졌던 숨은 명산

예로부터 함백산은 드넓은 태백산 북쪽의 한 봉우리쯤으로 생각했다. 『지행록』에는 태백산의 산봉을 다음과 같이 언급하고 있다. "문수文殊 · 대박大朴 · 삼태三台 · 우보牛甫 · 우검虞檢 · 마라읍摩羅邑의 봉우리들이 600~700리에 울창하게 서려 있다." 여기서 언급된 대박봉, 곧 대박산大朴山은 '한밝달'의 차용표기로, 현재는 함백산이라 불리고 있다.

함백산이 태백산의 변두리로 밀려나면서 안타깝게도 산정이 크게 훼손됐다. 정상 일대에는 방송국 송신탑이 함백산의 상징처럼 흉물스럽게 서 있고, 그 옆으로 국가대표 축구연습장까지 자리 잡았다. 자동차로 산정까지 오를 수 있어 함백산은 산행 대상지로 생각되지 않았다. 그러다가 백두대간 종주붐을 타고 만항재~함백산~은대봉~두문동재의 장쾌한 능선이 재발견된 것이다. 봄·여름이면 기화요초가 만발하고 가을철에 주목과 어우러진 단풍, 겨울철에는 설경의 아름다움을 뽐내는 이 능선이 널리 알려지게 되었다. 또한 만항재는 야생화 군락으로 널리 알려지면서 7~8월에 야생화축제가 열린다.

함백산 트레킹은 백두대간 마루금을 걷는 길과 일치한다. 만항재~함백산~은대봉~두문동재 코스는 7.8km, 4시간쯤 걸린다. 트레킹 출발점은 우리나라 국도 고개 중에서 가장 높은 만항재①(1,330m). 만항재는 정선군 고한읍, 영월군 상동읍, 태백시가 만나는 지점에 위치한 고개다. 길고 험한 편인데다, 태백과 정선을 잇는 두문동재에 터널이 뚫려 시간이 단축되는 바람에 인적과 차량이 뜸하다.

산림유전자원보호림인 주목 군락지

트레킹에 앞서 분위기 좋은 만항재 메타세쿼이아 숲길을 들른다. 가족이나 연인끼리 한가로이 거닐기 좋은 산책 코스다. 함백산 코스의 본격적인

1	3
2	4

1 첨성대를 닮은 돌탑이 선 함백산 정상. **2** 두문동재를 알리는 이정표. **3** 함백산 정상의 단풍. 주목과 단풍이 어우러져 독특한 가을빛을 뿜어낸다. **4** 트레킹 출발점인 만항재의 분위기 좋은 산책로.

출발점은 매점이 있는 고갯마루에서 함백산 정상부 시설물을 바라보면서 북동쪽으로 100m쯤 내려가면 만난다. 함백산 정상 등산로 안내판 옆으로 난 산길을 따라 올라간다. 산길은 도로 옆을 따라 구불구불 이어지고, 자작나무 몇 그루를 만나고 나면 함백산 정상이 잘 보이는 언덕에 올라선다. 언덕에는 '함백산 기원단'이 서 있다. 예로부터 함백산은 민간신앙의 성지였고, 광산이 개발된 시기에는 광부 가족의 무사안녕을 빌었던 곳이다.

기원단을 지나면 다시 도로를 만나고, 잠시 함백산②으로 올라가는 시멘트 도로와 합류했다가 오른쪽 산길로 이어진다. 코가 땅에 닿을 듯한 급경사가 한동안 이어지다가 갑자기 하늘이 넓게 열리며 정상에 닿는다. 정상 암반지대 위에는 정상을 표시하는 비석과 첨성대처럼 쌓은 돌탑이 서 있다. 그 앞에 이르자 시야가 넓게 열린다. 태백산, 매봉산, 민둥산, 소백산까지 사방으로 첩첩 산줄기가 펼쳐 흐른다. 그 산줄기를 바라보는 것만큼 가슴 벅찬 일이 또 있을까.

정상 오른쪽의 널찍한 능선에 방송국 송신탑이 점령하고 있다. 많은 이의 소망을 담았던 성스러운 산에 흉물스러운 인공시설이 눈에 거슬린다. 이보다 더 안타까운 것은 오투리조트 스키장이 함백산 동북쪽 산비탈을 온통 차지한 것이다. 정상에서 불과 1km 떨어진 거리다. 주목을 비롯한 다양한 나무들이 사라졌고, 산의 경관은 기형적으로 변했다.

정상에서 내려와 거대한 헬기장을 지나면 주목 군락지를 만난다. 주목은 '살아 천년 죽어 천년' 간다는 나무로, 고지대에서만 자생한다. 이곳 군락지는 70ha에 679본이 자생하고 있다. 수령은 30년 어린나무부터 710년 된 노거수들도 있다. 산림청에서는 1996년 5월 2일 이곳을 산림유전자원보호림으로 지정 고시해 특별히 관리한다. 그중에서 마다가스카르 바오밥 나무처

중함백 가는 길의 주목 군락지.

럼 잘 생긴 주목이 있다. 수령 710년, 둘레가 4m나 되는 최고령 거목이다. 온갖 풍상을 견디며 지조와 절개를 지켜 늘 푸르게 지내왔음이 느껴진다.

주목 군락지를 내려와 쉼터에서 한숨 돌리고 비탈길을 올라서면 중함백[③](1,505m)이다. 중함백을 내려오면 조망 좋은 암반 지대를 만난다. 바위에 올라서면 다음으로 가야 할 은대봉과 그 너머 금대봉까지 거침없는 조망이 펼쳐진다. 펑퍼짐하게 생긴 은대봉은 많은 생명을 품은 어머니의 모습이다.

바위 조망처에서 은대봉까지는 부드러운 능선이 이어져 걷는 맛이 좋다. 소박한 정상 비석이 반기는 은대봉[④]은 잡목이 들어차 조망이 열리지 않는다. 배낭을 내려놓고 잠시 휴식을 갖는다. 왠지 포근한 느낌이 든다. 엉덩이를 툴툴 털고 일어나 다시 길을 밟는다. 길은 슬그머니 고도를 내리고, 두문동재[⑤]에 닿으면서 기분 좋게 트레킹이 마무리된다.

course data

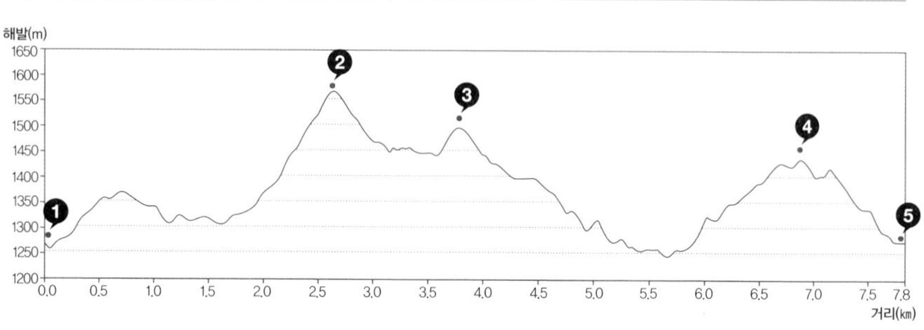

길잡이

함백산 코스는 백두대간 마루금과 일치한다. 만항재~함백산~은대봉~두문동재를 연결하는 코스. 총 7.8km 거리에, 4시간 정도 걸린다. 걷는 길이는 약간 길지만, 산세가 부드러워 비교적 무난하게 걸을 수 있다. 두문동재는 태백과 정선으로 연결된 터널이 뚫렸지만, 대중교통편이 없어 자가용을 이용하거나 택시를 불러야 한다. 간단한 트레킹을 즐기고 싶다면, 야생화 군락으로 유명하고 메타세쿼이아 숲길이 펼쳐지는 만항재와 함백산 정상만 들렀다가 다시 내려와도 좋다.

교통

자가용은 중앙고속도로 제천IC로 나와 찾아간다. 청량리역 → 고한(태백)행 기차는 07:05~23:20, 1일 6회 운행하며 2시간 30분쯤 걸린다. 서울 → 신고한(태백) 버스는 동서울터미널에서 06:00~22:30, 1일 15회 운행. 고한 → 만항마을 가는 버스는 1일 4회(07:30, 09:55, 14:20, 19:00) 운행한다. 문의 1588-7067.

만항재의 만항쉼터는 산꾼들의 베이스캠프 격이다. 감자부침에 막걸리 한잔을 즐기기에 좋다. 만항재 아래 만항마을은 토종닭을 잘하는 집이 몰려있다. 함백산토종닭집(033-591-5364)은 약재를 넣어 닭백숙을 끓여준다.

course map

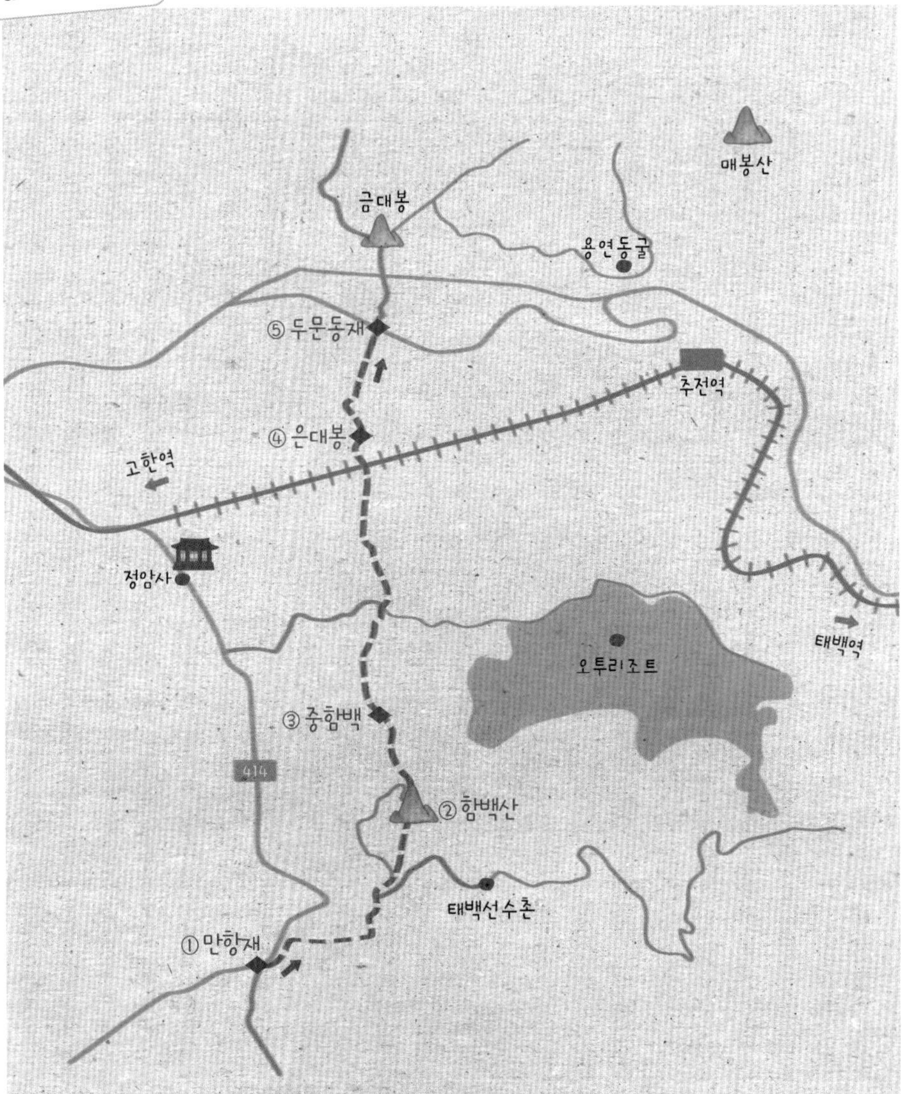

매봉산
금대봉
용연동굴
⑤ 두문동재
추전역
④ 은대봉
고한역
정암사
태백역
오투리조트
③ 중함백
414
② 함백산
태백선수촌
① 만항재

숙소

태백시에서 운영하는 태백고원자연휴양림(033-582-7440)이 베이스캠프로 적당하다. 장산콘도(033-378-5550)는 만항재에서 가깝고 시설이 좋다.

코스 가이드

장소	강원도 인제군 · 고성군
코스	박달나무 쉼터~새이령~도원리 휴양지
걷는 거리	10.5㎞
걷는 시간	4시간 30분
난이도	조금 힘들어요
좋을 때	10월(단풍), 5월(신록)

작은 새이령으로 가는 단풍빛 고운 순한 길

산골 정취 가득한 순둥이 같은 길

고성 새이령

새이령(샛령, 대간령)은 이름처럼 곱고 순한 옛길이다. 강원 북부 내륙과 해안을 연결하는 고개로 과거에는 진부령과 미시령보다 더 많은 사람이 이용하는 고개였다. 이 고개를 넘어 다녔던 한 주민은 "진부령처럼 지루하지 않고, 미시령은 짧지만 까탈스럽고, 한계령은 경관이야 수려하지만 험악스럽고, 구룡령은 장쾌하지만 뭔가 무거운 느낌이 드는 반면 새이령은 너무도 부드러운 길"이라고 했다. 참으로 설악산 일대 고갯길의 특징을 잘 보여주는 말이다. 새이령은 고갯마루를 넘으면 도원리로 내려가는데, 이름처럼 무릉도원을 연상시키는 예쁜 마을이다.

강원 내륙과 바다를 연결하는 고개의 역사

강원 북부의 동서를 연결하는 고개는 한계령, 미시령, 진부령이 대표적이다. 모두 험준한 백두대간 고개다. 동서 고개의 통로가 차량으로 넘을 정도로 관광도로가 된 건 1971년 12월 한계령 길이 포장되면서부터다.

미시령은 조선시대 성종 때 도로를 열었다는 기록이 있지만 워낙 지형이 험해 폐쇄와 개통을 반복해 왔다. 진부령 역시 이때까지 비포장의 신세를 면하지 못하고 있었으니 한계령이 각광받게 된 것은 당연하다. 그로부터 진부령이 포장된 것은 13년 뒤인 1980년대 중반이고 이때까지 미시령은 비포장의 세월을 보냈다. 적어도 한계령 길이 개통되기 전에는 동서 간 이어주는 가장 쉽고 빠른 길은 새이령밖에 없었다.

새이령의 출발점은 미시령 구 도로에 자리한 박달나무 쉼터①다. 이곳을 들머리로 마장터를 거쳐 새이령 고갯마루를 넘어 도원리 내려온다. 박달나무 쉼터는 미시령과 진부령이 갈리는 용대삼거리에서 미시령 방향으로 1.5㎞쯤 떨어진 지점에 있다. 자그마한 박달나무 쉼터는 염봉성 씨가 운영하는 약초 전문집이다. 그는 설악산에서 캔 약초를 팔며 새이령 길잡이 역할을 톡톡히 하고 있다.

박달나무 쉼터 오른쪽으로 가면 넓은 공터를 만난다. 예전 군부대 유격훈련장이다. 훈련장이 끝나는 지점에서 개울이 건너는 것이 키포인트. 자세히 계곡 건너편을 보면 길이 나 있는 걸 알 수 있다. 징검다리를 건너면서 계곡에 내려앉은 가을빛을 보는 맛이 삼삼하다. 개울을 건너면 본격적으로 새이령 옛길이 시작된다. 군부대 훈련장과 백두대간 신선봉~미시령 통제구역을 알리는 안내판이 차례로 나온다. 훈련장은 철수했고, 새이령은 통제구역이

1 박달나무 쉼터를 지나면 만나는 넓은 공터. 앞쪽 산과 산 사이에 새이령이 나 있다. **2** 새이령으로 가려면 박달나무 쉼터를 지나 공터에서 개울을 건너야 한다. **3** 구렁이 담 넘듯 순한 길이 이어지는 작은 새이령. **4** 출발점인 박달나무 쉼터

아니므로 안내판을 신경 쓰지 않아도 된다.

졸졸 흐르는 자그마한 계곡 옆으로 호젓한 길이 한동안 이어진다. 이젠 좀 길이 험하려니 해도 길은 요지부동 순둥이다. 계곡을 오른쪽 왼쪽으로 번갈아가며 7~8번 건넜을까 작은 고개 같은 곳을 넘는다. 고개라 하지만 길이 얼마나 순한지 주변을 잘 관찰하지 않으면 고개인 줄 알 수 없다. 이곳이 작은 새이령(소간령)이다. 작은 새이령을 넘으면 울창하고 쭉쭉 뻗은 낙엽송 길을 지나는데, 활엽수에서 침엽수로 바뀌며 이국적 정취를 물씬 풍긴다. 나무 사이로 보랏빛 산부추와 투구꽃이 다정하게 피었다.

낙엽송 지대를 지나면 거의 평지가 이어진다. 마치 거대한 고원 위에 올라선 기분이다. 갈림길에서 그대로 직진하면 유명한 마장터②가 나온다. 마장터는 마방과 주막이 있어서 붙여진 이름이다. 마장터에는 심마니 노인이라 불리는 정 노인이 귀틀집에서 아직까지 살고 있다.

"옛날에는 이곳에 없는 게 없었어요. 함지박 공장에 말발굽 파는 곳까지 있었다니까. 바닷가에서 소금이나 생선을 지고 다니는 상인들이 수시로 넘어 다니니까 이 골짝 사람들은 장 보러 나갈 일이 없었어요. 원님도 이 길로 넘어다녀 고갯마루가 원터였어요. 오죽하면 저 위 웃마장터에 주막집까지 있었을까."

작은 새이령 넘으면 나오는 마장터

정 노인에 따르면 그가 사는 이곳은 아랫마장터, 새이령 고개 아래는 웃마장터라 불렀다. 정 노인은 짐을 꾸리더니 마을로 내려간다. 느타리버섯을 팔러 창암마을로 간다고 한다. 정 노인과 인사를 나누고 다시 갈림길로 돌아와 좀 넓어진 계곡을 따른다. 물이 굽이굽이 돈다고 해서 물굽이계곡이다.

한동안 계곡을 따르다 징검다리를 건너면 드디어 오르막이 시작된다. 하지만 경사가 그다지 세지 않다. 옛길 특유의 굽이굽이 길을 타고 오르면 어느새 새이령[3] 고갯마루다. 자그마한 공터와 돌탑이 서 있는 정상 지대가 왠지 정감 넘친다. 옛사람들의 자취가 서려 있기 때문이다. 여기서 반대편으로 내려오면 고성 도원리 마을이 나오고, 오른쪽은 통제구역인 신선봉, 왼쪽은 마산봉 방향이다. 건각이라면 마산봉을 거쳐 알프스리조트로 내려와도 좋다.

새이령에서 곧바로 내려오는 게 아쉽다면, 왼쪽 마산봉 방향으로 30분쯤 걸어 너덜바위봉에 올라 장쾌한 북설악 조망을 즐길 수 있다. 하산하려면 다시 고갯마루로 내려와야 한다. 도원리로 내려가는 길은 제법 급경사다. 스

5	6
7	8

5 수려한 계곡을 품은 도원리 **6** 새이령 고갯마루 정상. **7** 모양과 색이 모두 다른 잎사귀들. **8** 물구비계곡에 내려앉은 가을.

틱을 잘 쓰고, 천천히 내려가면서 관절의 하중을 줄여주는 게 좋다. 30분쯤 내려오면 주막터④ 안내판이 붙어 있다. 이곳 '참샘물내기'란 샘물로 술을 담그면 술맛이 좋아 사람들이 붐볐다고 한다.

주막터 주변으로 단풍빛이 곱다. 여기서 30분쯤 더 내려오면 갑자기 평지가 나오고, 임도를 만난다. 여기서 급경사를 내려오느라 팍팍한 다리를 좀 풀어주는 게 좋다. 이어 계곡을 낀 완만한 임도를 휘파람 불며 내려오면 도원리 휴양지⑤에 닿는다. 휴양지는 계곡이 수려하고 캠핑장도 운영한다. 시원한 계곡에 발을 담그며 새이령 트레킹을 마무리한다.

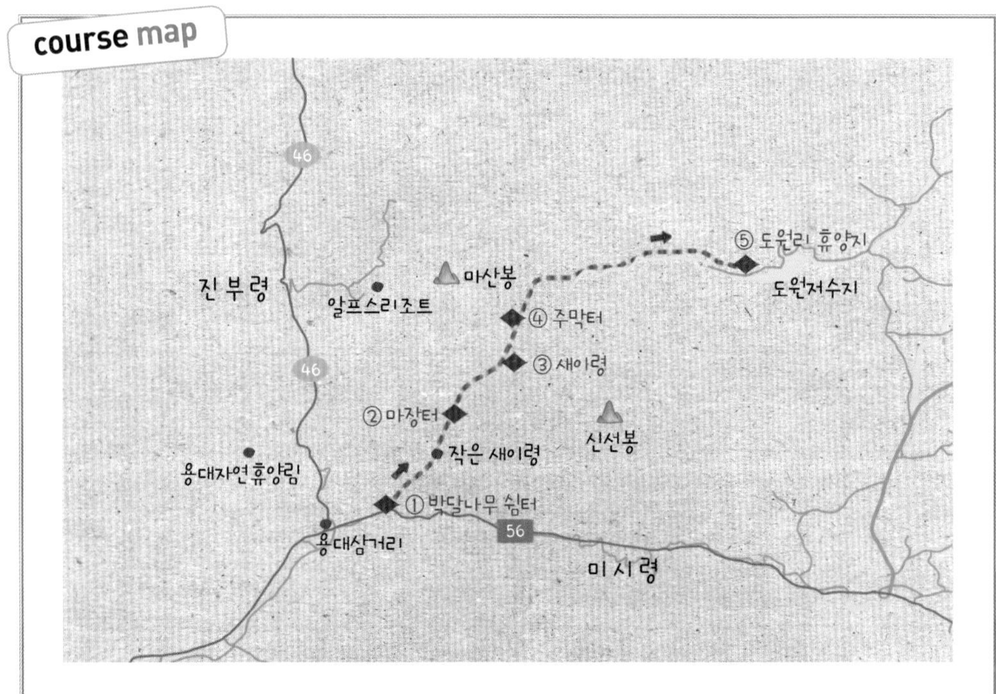

course data

고도표

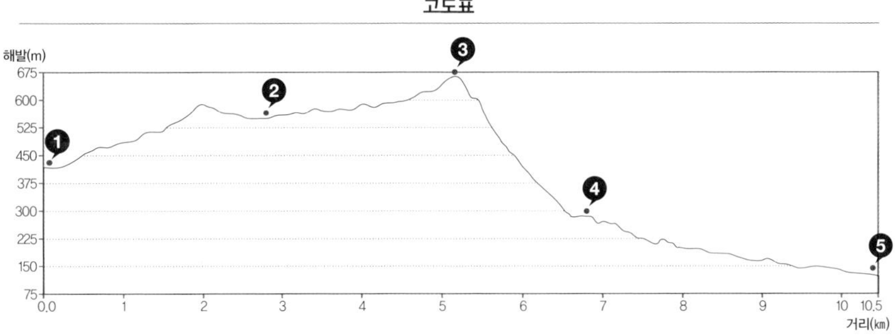

길잡이

마장터로 가는 순한 옛길인 새이령(샛령, 대간령)을 넘어 도원리 가는 옛길이다. 코스는 박달나무 쉼터~마장터~새이령 정상~주막터~도원리 휴양지, 10.5㎞ 5시간쯤 걸린다. 출발점인 박달나무 쉼터는 미시령과 진부령이 갈리는 용대삼거리에서 미시령 방향으로 1.5㎞쯤 떨어진 지점에 있다.

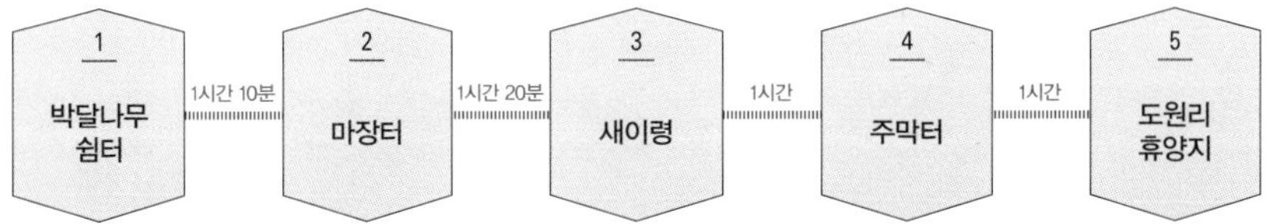

교통 자가용은 서울양양고속도로 동홍천IC로 나와 44번 국도를 타고 찾아간다. 진부령과 미시령이 갈리는 용대삼거리에서 미시령 구 도로를 따라 1.5㎞쯤 가면 박달나무 쉼터가 나온다. 버스는 동서울터미널에서 용대삼거리행 버스가 06:49, 12:00, 17:00에 있으며 2시간 10분쯤 걸린다.

맛집

원통의 산채촌(033-463-3842)은 산채 요리를 잘하는 숨은 맛집이다. 동해 봉포항의 영순네횟집(033-633-8887)은 물회를 잘한다.

숙소 가까운 백담사 입구에 백담알프스펜션(033-463-7808) 등 펜션과 민박이 몰려 있다. 계곡 깊은 곳에 자리한 용대자연휴양림(033-462-5031)에서 호젓한 캠핑을 즐길 수 있다.

코스 가이드

장소	강원 인제군 상남면 개인약수길
코스	개인산 생태탐방로 입구~개인약수 주차장~개인약수~개인산 생태탐방로 입구
걷는 거리	11㎞
걷는 시간	5시간
난이도	조금 어려워요
좋을 때	가을 단풍(10월), 봄 신록(4~5월)

장대한 단풍과 원시적 계곡미가 일품인 개인산 생태탐방로

방태산과 미산계곡이 감춘 비밀의 계곡, 인제

개인산 생태탐방로 · 개인약수

인제군의 미산계곡은 원시림 방태산과 청정 계곡 내린천의 행복한 만남이다. 방태산 남쪽으로 청정계곡인 내린천이 굽이치는데, 미산리 일대를 흐르는 강물을 미산계곡이라 부른다. 미산계곡 상류이자 방태산 깊은 품에 자리한 개인약수 일대는 예로부터 오지 중의 오지였다. 미산계곡에서 개인약수 입구인 미산너와집까지 '서산밭골'이란 작은 계곡이 숨어 있다. 이 계곡이 개인약수로 가는 옛길로 2017년 개인산 생태탐방로가 생겼다. 덕분에 오지의 원시적 계곡미를 만끽하며 개인약수까지 오지 트레킹을 즐길 수 있다. 특히 10월에 펼쳐지는 그윽한 단풍이 일품이다.

방태산과 미산계곡의 만남

방태산은 문제적인 산이다. 백두대간에서 한 발짝 떨어져 백두대간 명산 족보에 들어가지 못하고, 국립공원도 아니다. 하지만 국내에서 이처럼 장대한 원시림이 펼쳐진 곳이 거의 없다. 굳이 비교하자면 국립공원으로 보호받는 설악산 곰배령 정도가 대적할까. 방태산 남동쪽에 솟은 개인산은 '산'이란 이름을 달고 있지만, 방태산의 위성봉으로 봐야 한다.

방태산 일대에 산의 혈穴에 해당하는 약수가 집중적으로 몰려 있다. 대표적인 것이 방동약수와 개인약수다. 특히 1,080m 높이에서 샘솟는 개인약수는 천연기념물로 지정될 만큼 명성이 높고, 예로부터 많은 사람이 찾아와 몸을 치유했다.

강원도 인제군 상남면은 미산계곡으로 가는 관문이다. 면 소재지에서 우회전해 들어가면 내린천이 펼쳐진다. 맑은 내리천이 굽이굽이 흐르며 덩달아 도로 역시 구절양장 휘어진다. 미산2리에서 방내천이 내린천과 합류하면 본격적인 비경이 나타난다. 여기가 미산계곡이다. 미산계곡은 방태산과 개인산의 허리를 감싸며 우당탕탕 흐른다. 산은 깊고 계곡은 빼어나다. 미산1리를 지나면 소개인동의 개인약수 생태탐방로 입구①의 안내판을 만난다.

안내판을 따라 446번 지방도에서 미산계곡으로 내려서면서 트레킹이 시작된다. 계곡을 건너는 다리인 소개인동교에 서면, 쏴~ 시원한 물소리와 함께 단풍 가득 담고 흘러내려오는 미산계곡의 모습에 입이 쩍 벌어진다. 만산홍엽, 산과 계곡이 온통 붉다. 다리 건너 잠시 임도를 따르다가 왼쪽 계곡으로 내려선다. 그동안 공개되지 않았던 서산밭골②이 시작된다.

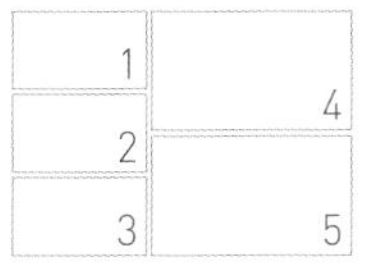

1 탐방로 입구를 내려서면 만나는 소개인동교. 2 대개인동 마을의 너와집. 3 초록잎이 단풍으로 변하는 모습. 4 소개인동교에서 바라본 수려한 내린천. 5 원시적 계곡이 펼쳐지는 서산밭골.

서산밭골의 화려한 활엽수 단풍

소박하고 원시적인 서산밭골

서산밭골은 작고 아담한 계곡이다. 그동안 인간의 발길을 타지 않아 원시적 풍경이 펼쳐진다. 완만한 오르막을 좀 오르면 계곡을 건넌다. 물론 다리는 없다. 징검다리처럼 큰 돌을 밟고 건너야 한다. 물이 불었을 때는 물살이 거세니 각별히 조심해야 한다. 두어 번 더 계곡을 건너면 길은 방태산의 깊은 품으로 파고든다. 이 느낌이 좋다. 미지의 세계로 건너가는 듯한 기분. 하지만 조붓한 오솔길의 종착점은 대개인동 마을이다. 예로부터 유명한 개인약수산장과 더불어 새로 말끔하게 지은 미산너와집이 생겼다. 대개인동 마을은 내린천까지 작은 시멘트 도로가 나 있다. 승용차로는 여기까지 올라올 수 있다.

개인약수 주차장③은 삼거리다. 왼쪽은 개인약수, 오른쪽이 구룡덕봉 가는 길이다. 여기서 개인약수까지는 약 1.8㎞. 계곡길을 50분쯤 가면 개인약수④에 닿는다. 약수는 탄산약수다. 물맛은 탄산약수 특유의 톡 쏘는 맛이 세면

천연기념물로 지정된 개인약수

서산밭골 막바지의 나무데크 구간

서도 뒷맛은 부드럽다.

개인약수는 1891년(고종 28)에 함경북도 출신의 포수 지덕삼이 짐승을 잡던 중에 발견했다. 그는 고종에게 이 물을 진상해 말 한 필과 백미 두 가마, 광목 100필을 받았다고 한다. 약수를 마시기 전에 육류를 먹거나 부정한 일을 하면 물이 흐려진다는 전설이 내려온다. 개인약수는 위장병과 당뇨에 특히 효과가 있다고 한다. 주변에 수령 100~200년의 잣나무 · 가문비나무 · 전나무 · 소나무 등이 우거져 풍광이 빼어난다. 한 무리의 등산객이 사라진 개인약수는 고요하다 못해 적막하다. 새들이 날아와 물을 쪼아 먹는다.

하산은 왔던 길을 되짚어 내려와야 한다. 지루할 것 같지만 마치 처음 본 풍경처럼 느껴진다. 오후 빛을 받은 서산밭골 단풍 빛이 진득해진다. 2시간 넘게 걸어 출발점인 개인약수 생태탐방로 입구⑤에 도착하면서 트레킹을 마무리한다.

course data

고도표

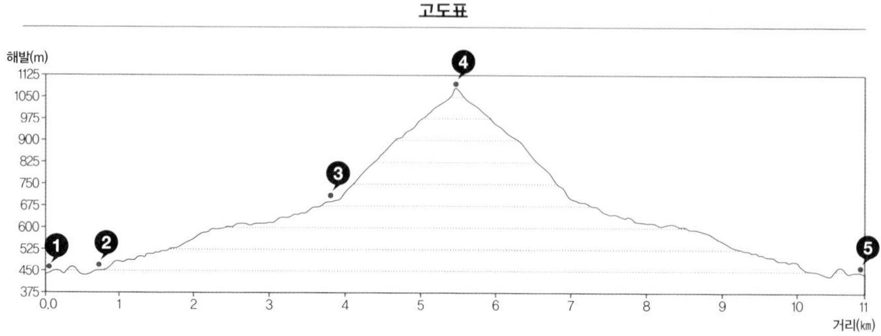

길잡이

개인산 생태탐방로는 아직 널리 알려지지 않아 호젓하고, 오지의 깊은 맛을 느낄 수 있다. 탐방로 입구부터 개인약수 주차장까지 약 4km 이어진다. 외길이고 이정표가 비교적 잘 설치되어 있다. 아울러 개인약수까지 오르는 게 좋다. 특히 가을철에 장대한 계곡 단풍을 즐길 수 있다. 왕복해야 하는 게 단점이다.

교통 대중교통은 불편해 자가용을 이용해야 한다. 서울양양고속도로 인제IC로 나와 상남면을 거쳐 도착한다. 446번 지방도 위의 개인산 생태탐방로 안내판 앞의 간이 주차장에 주차할 수 있다.

숙식

미산마을에서 다양한 민박을 이용할 수 있다. 여름철에는 견지낚시와 리버버깅 체험(033-463-9036)을 즐길 수 있다. 내린천 옆에 자리한 미산민박식당(033-463-6921)은 직접 만든 두부와 토종닭백숙 등이 일품인 맛집이다.

course map

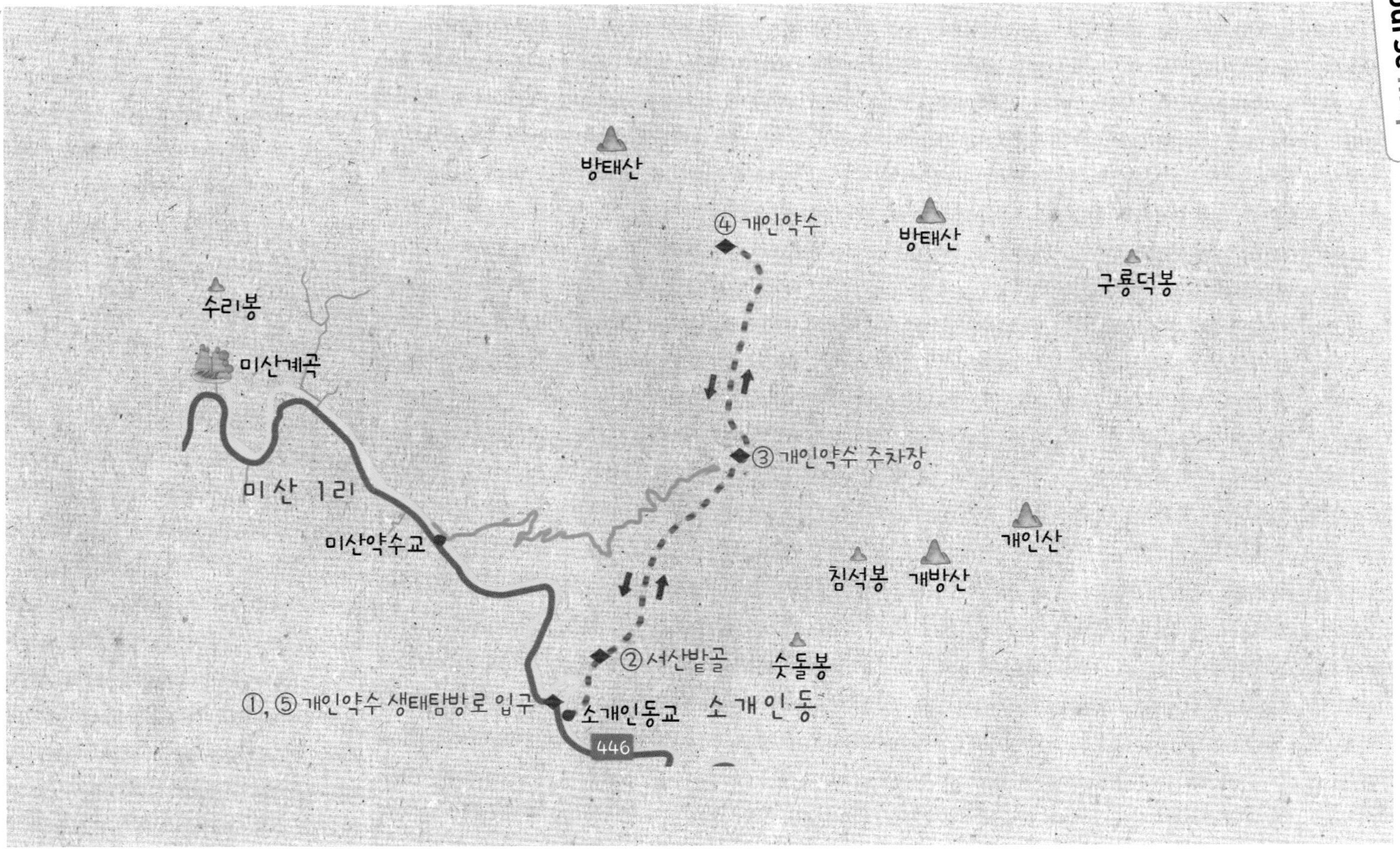

방태산
④ 개인약수
방태산
구룡덕봉
수리봉
미산계곡
③ 개인약수 주차장
미산 1리
미산약수교
개인산
침석봉
개방산
② 서산밭골
숫돌봉
①, ⑤ 개인약수 생태탐방로 입구
소개인동교
소 개 인 동
446

코스 가이드 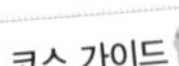

장소	제주도 제주시 애월읍 봉성리 일대
코스	1100로 한대오름 입구~한대오름~1100로 한대오름 입구
걷는 거리	8㎞
걷는 시간	3시간
난이도	무난해요
좋을 때	10월 말~11월 초(단풍)

도론으로 본 한대오름 일대 풍광. 아래쪽 무덤이 보이는 곳이 한대오름이다. 뒤로 보이는 웅장한 한라산과 오름들이 장관이다.

한라산 서쪽 깊고 거친 숲으로 제주

한대오름·돌오름

한대오름(921.4m)은 한라산 서쪽의 광활한 숲 지대에 자리한 오름이다. 1100로와 평화로 중간쯤에 자리하며 어느 곳으로 접근해도 한참을 가야 닿는다. 한대오름의 주인공은 오름이 아니라 길이다. 한대오름 가는 길은 풍요롭고 거친 숲에서 실오라기처럼 끊어질 듯 끊어질 듯, 그러나 질기게 이어지면서 돌오름과 한대오름 등을 이어준다. 활엽수 단풍과 난대 상록수, 조릿대 등이 어우러진 깊은 가을 풍광을 선사한다.

온대에서 한대로 가는 길

제주의 1100로는 가을철 단풍 드라이브 코스로 유명하다. 특히 1100고지 휴게소~서귀포자연휴양림 구간은 단풍이 귀한 제주에서 특별한 단풍 풍광을 선사한다. 오름을 즐기는 트레커들에게는 1100로에서 한 발짝 깊이 들어가는 한대오름 트레킹이 제격이다.

한대오름 트레킹을 앞두고 서귀포자연휴양림에서 하룻밤 묵었다. 한라산의 깊은 품에서 꿀잠을 잔 느낌이었다. 버스 첫차 시간에 맞춰 휴양림 앞 버스정류장에 섰다. 그런데 버스가 안 온다. 시간표를 자세히 보니 주말이라 첫차가 없다. 과감하게 지나는 차를 보고 손을 들었다. 코로나 시국에 히치하이킹이라니! 그런데 다소곳이 봉고차 한 대가 섰다. 등산복을 입은 노부부가 있었다. 젊은 효자 부부가 노부부를 모시고 영실 단풍 구경을 가는 길이었다.

영실 입구 삼거리에서 꾸벅 인사를 하고 내렸다. 한대오름 트레킹의 출발점은 영실 입구 삼거리에서 1100로를 따라 제주 방향으로 약 550m 가야 나온다. 입구에 '한라산 둘레길' 안내판이 보이고, '한대오름 · 돌오름, 보림농장 가는 길'이라 쓰여진 플래카드가 붙어 있다. 이곳이 한대오름 입구①이다. 그곳으로 한 발을 내딛자, '한대'라는 이름 때문인지 따뜻한 온대 지대에서 서늘한 한대寒帶 지대로 가는 것처럼 느껴진다.

입구에서 150m쯤 가면 삼거리다. 왼쪽은 돌오름 가는 길이고, 오른쪽은 보림농장을 거쳐 한대오름으로 이어진다. 트레킹 코스는 왼쪽 길로 들어가 돌오름을 거쳐 한대오름을 오르고, 보림농장을 거쳐 오른쪽 길로 나오게 된다. 길 안내가 친절한 곳이 아니니, 이 동선을 머릿속에 그려놓는 게 좋겠다.

아침 숲길은 환하다. 바람은 차고, 인적 없는 길은 고요하다. 가을 아침에 호젓한 숲길 걷는 것만큼 행복한 게 또 있을까. 단풍은 끝물이지만, 상록 난대림과 어우러져 늦가을 정취를 물씬 풍긴다.

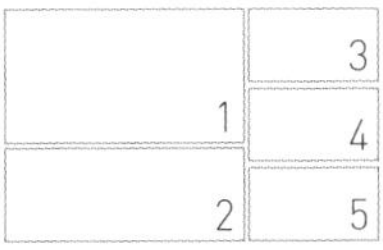

1 영실 입구 삼거리 근처의 1100로에서 한대오름 입구. '한라산 둘레길' 푯말을 이정표 삼는다. **2** 한대오름은 가는 길이 주인공이다. 호젓하고 눈부신 길이 시종일관 이어진다. **3** 색달천의 웅덩이들은 가을을 품고 사람들 그림자도 담는다. **4** 안내판이 선 돌오름 정상. 나무들 옆으로 한라산 백록담이 고개를 내밀었다. **5** 깊은 가을 정취를 물씬 풍기는 한대오름 가는 길.

색달천[2]을 만났다. 제주의 하천은 대개 건천이다. 비가 와야 물이 흐른다. 하지만 웅덩이는 물을 담고 있다. 크고 작은 웅덩이들이 단풍을 담고 빛난다. 바람에 물이 일렁거린다. 웅덩이에 담긴 내 얼굴도 일그러진다.

제주 서쪽 오름 군락이 일품인 한대오름

정자가 나오면 보림농장 삼거리다. 여기서 돌오름 입구가 지척이다. 돌오름[3]으로 가는 길은 완만하고 부드럽다. 이처럼 경사가 완만한 오름도 드물다. 고원처럼 규모가 큰 구릉 지대다. 안내판이 있는 정상에서는 나뭇가지 사이로 한라산이 빼꼼 고개를 내민다. 한라산의 거대하고 육중한 품이 온통 붉다. 한라산 왼쪽 편으로 세 봉우리가 나란한 삼형제오름과 노로오름이 살짝 보인다.

돌오름을 내려와 한동안 산죽 가득한 숲길을 지나면 제법 규모가 큰 표고재배장④을 만난다. 길은 재배장 안을 지나 후문처럼 보이는 철문을 통과해야 한다. 철문이 잠겨 있어도 작은 보조문을 열고 나갈 수 있다. 철문을 통과하자 시멘트 포장도로가 나온다. 예전에는 오솔길이었는데, 어느새 길이 확장됐다.

길은 구불구불 이어지다 억새가 하늘거리는 너른 벌판이 나온다. 여기가 한대오름 입구⑤다. 안내판이 없으므로 길 찾기에 주의해야 한다. 이어진 길을 계속 따라가면 구렁이 담 넘듯 은근슬쩍 한대오름에 올라붙는다. 무덤이 보이면 거기가 정상이다. 무덤에서 100m쯤 더 가면 또 다른 무덤을 만난다. 여기가 잔디밭이 넓어 쉬기에 좋다. 무덤의 산죽밭 너머로 산방산과 제주 서쪽 오름들이 화려한 스카이라인을 그리고 바다가 펼쳐진다.

멋진 조망을 선사한 무덤에 꾸벅 인사를 드리고 내려오면 다시 한대오름 입구다. 출발점으로 돌아오는 길은 표고재배장⑥까지 똑같다. 표고재배장에서 돌오름을 가지 않고, 보림농장⑦을 거쳐 1100로 입구⑧로 돌아오면 된다. 1100로 앞으로 나오면 비밀의 세계에 갔다가 현실로 돌아온 느낌이다.

6 7 8

6 한대오름을 가기 위해서는 표고재배장을 지나야 한다. 표고재배장의 참나무에 버섯 균사가 가득하다. **7** 한대오름 정상의 무덤 잔디밭에서 바라본 제주 서쪽의 오름 스카이라인. **8** 억새가 가득한 너른 들판이 한대오름 입구다. 여기서 길 찾기에 주의해야 한다.

course data

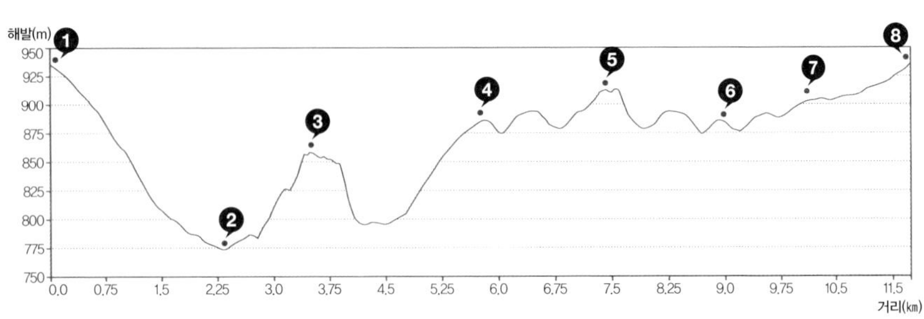

길잡이

한대오름은 길 찾기가 쉽지 않다. 선답자의 GPS 트랙을 구해 참고하는 걸 추천한다. '산길샘 동호회(cafe.naver.com/sannadeuli)' 카페 등에서 구할 수 있다. 중간중간 이정표가 있어 한대오름 입구까지 가는 건 어렵지 않다. 여기서 한대오름 오르는 길이 희미하니 길 찾기에 주의해야 한다. 오름꾼이라면 한대오름에서 노루오름을 거쳐 1100고지 휴게소에서 마무리하는 걸 추천한다.

교통 제주공항에서 1100로 한대오름 입구까지 50분쯤 걸린다. 입구에서 임도로 들어서면 서너 대의 주차 공간이 있다. 버스는 제주시외버스터미널에서 240번 버스가 06:30~17:10, 1일 12회 다니며 40분쯤 걸린다. 문의는 삼화여객(064-753-1621). '제주시외버스시간표' 앱 참조.

맛집 제주공항과 가까운 노형동의 제주늘봄(064-744-9001)은 남원읍 한라산 자락에서 자란 육질 좋은 재래 흑돼지를 내놓는다. 제주시외버스터미널 근처에는 기사들이 애용하는 가성비 좋은 식당이 몇 군데 있다. 그중 현옥식당(064-757-3439)의 돼지두루치기는 제주의 어느 유명 식당의 흑돼지 요리가 부럽지 않다. 갈칫국도 맛있고, 저렴한 백반도 괜찮다.

course map

노로오름
삼형제오름(샛오름)
1100고지 휴게소
⑤ 한대오름 (921.4m)
④, ⑥ 표고재배장
⑦ 보림농장
1100 1100로
①, ⑧ 1100로 한대오름 입구
삼거리
③ 돌오름 (886.5m)
② 색달천
영실 입구 삼거리
민모루오름 (884.1m)

숙소

한대오름 근처에 서귀포자연휴양림(064-738-4544)이 있다. 단풍이 좋을 때라 강추한다. 제주시외버스터미널 근처의 유정모텔(064-753-6331)은 산꾼과 올레꾼들에게 인기가 좋다. 여행 블로거 여행자 화성인이 운영하는 숙소는 해변이 한눈에 보이는 오션뷰 객실을 갖추고 있다(에어비앤비 운영). 뿐만 아니라 풍부한 제주여행 정보도 얻을 수 있다. 문의는 카카오톡(marsis96).

코스 가이드

장소	강원도 정선군 남면
코스	증산초교~정상~발구덕~증산초교
걷는 거리	5.6㎞
걷는 시간	3시간
난이도	무난해요
좋을 때	10월(억새), 5월(신록), 겨울(눈꽃)

민둥산 정상으로 가는 길은 온통 황홀한 억새밭이다. 초록에서 흰색으로 변하는 억새의 색감이 오묘하다.

정선 민둥산

민머리 초원능선의 은빛 유혹

'아리랑의 고장' 정선의 민둥산은 창녕의 화왕산, 장흥의 천관산, 포천 명성산, 밀양 사자평 등과 더불어 우리나라 5대 억새 군락지로 손꼽힌다. 10월이 되면 민둥산 초원능선은 슬그머니 옷을 갈아입는다. 억새가 어른 키를 훌쩍 넘기며 초원을 덮으면 시나브로 초록빛이 억새의 흰 꽃으로 물든다. 이때가 되면 기차는 많은 사람들을 민둥산역으로 실어 나르고, 산골 마을인 정선군 남면은 전국에서 몰려온 사람들로 북적인다. 민둥산은 10~11월에 많이 찾는 산이지만, 주변 조망이 뛰어나고 능선에 시원한 초원이 형성돼 있어 사계절 언제 찾아도 좋다.

정상에서 만나는 20만 평의 광활한 억새밭

민둥산 억새 트레킹 코스는 증산초등학교를 출발점으로 오르내리는 길이 일반적이다. 정상으로 이어진 주릉을 중심으로 왼쪽으로 완경사 숲길, 오른쪽으로는 발구덕마을을 거쳐 오르는 길로 나뉜다. 그래서 증산초등학교~완경사 숲길~민둥산 정상~발구덕마을~증산초등학교 원점회귀 코스가 가장 좋다. 운치 있는 낙엽송길, 억새 초원, 여덟 개 구덩이를 가진 옛 강원도 산촌 발구덕마을을 모두 볼 수 있기 때문이다.

산길은 증산초등학교① 바로 앞 등산로 안내판 옆길에서 시작한다. 200m쯤 오르면 완경사와 급경사길이 갈린다. 대개 사람들은 거리는 좀 멀지만 길이 순한 완경사를 택한다. 초반 가파른 오르막만 지나면 산비탈을 타고 도는 호젓한 숲길이 이어진다. 서늘하면서 상쾌한 공기를 마시며, 하늘 무서운 줄 모르고 치솟은 낙엽송 사이를 휘휘 둘러가는 맛이 일품이다. 잠시 고개를 힘껏 뒤로 제치고 우듬지를 바라본다. 그곳 꼭대기에는 우리가 알지 못하는 새로운 세상이 있는 듯하다.

슬슬 힘이 들다 싶을 때에 임도에 자리한 쉼터(매점)②을 만난다. 간단한 라면과 과자 등을 팔고 있어 오르내리는 사람들이 제법 많이 애용한다. 산길은 임도를 가로질러 이어진다. 나무 계단을 5분쯤 오르면, 그윽한 숲길이 한동안 이어진다. 그러다 점점 시퍼런 하늘이 보이면서 조망이 열린다.

아름드리 소나무를 몇 그루 지나 조망 데크에 오르자 강원도의 산들이 빚어내는 첩첩 산그리메가 일필휘지로 펼쳐진다. 콩콩 뛰는 가슴을 지그시 누르며 다시 걸음을 재촉한다. 소 등허리같이 평탄한 능선에 올라붙는다. 능선은 온통 억새밭이다. 키큰나무는 저 위 능선의 서너 그루가 유일하다. 민둥

1 소 등허리 같이 평평한 능선에 오르면 온통 억새 물결로 출렁거린다. **2** 정상 가는 길의 쉼터. 잠시 쉬며 간단한 요기를 할 수 있다. **3** 민둥산 정상부는 돌리네(구덩이) 여덟 개가 형성되어 있다. **4** 정상에서 기념 촬영하는 정선 아이들. **5** 민둥산 정상에서 지억산으로 이어지는 부드러운 능선.

산 정상까지는 걷는 것이 아니라 억새 물결에 휩쓸려 저절로 닿게 된다.

부드러운 능선 끝에 자리한 정상은 따스한 손짓을 보내고, 뒤를 보면 억새 물결 사이로 멀리 두위봉이 우뚝하다. 한 걸음 떼기도 아까운 길이다. 민둥산 정상③에는 거대한 정상석이 서 있고, 주위는 말끔한 데크와 망원경이 설치돼 있다. 잠시 데크에 드러눕자 시퍼런 하늘이 나에게로 쏟아진다. 오랫동안 누워 있으면 마치 하늘에 둥둥 떠 있는 건 아닌지 착각마저 든다.

민둥산 정상부의 억새밭은 약 20만 평으로 광활하다. 억새도 장관이지만, 정상 뒤쪽에 움푹 패인 지형인 발구덕의 모습은 마치 다른 행성에 와 있는 것처럼 신비롭다. 발구덕은 석회암이 빗물에 녹아 지반이 둥글게 내려앉는 카르스트 지형인 돌리네doline를 말한다. 석회암 지대의 주성분인 탄산칼슘이 물에 녹으면서 깔때기 모양으로 웅덩이가 팬 것이다. 돌리네는 이곳 말로는 '구덕'이다. 그런 구덩이가 여덟 개라 하여 '팔구덕'이라 부르다가 '발구덕'이 된 것이다.

하산 코스는 정상석 뒤편으로 이어진 '발구덕' 이정표를 따른다. 왼쪽으로 이어진 능선길은 지억산(1,116.7m)을 거쳐 화암약수로 이어진다. 이정표를 따라 내려서면 발구덕마을④의 거대한 구덩이 안으로 들어서는데, 마치 어머니의 품에 안긴 것처럼 포근하다. 여기서 급경사를 내려오면 윗발구덕이고, 임도를 타고 좀 내려서면 성황당과 거북 모양의 샘터가 있는 아랫발구덕에 닿는다. 성황당 앞에는 조각이 제법 섬세하고 표정이 해학적인 장승이 여럿 세워져 있다.

장승 앞에서 산비탈을 타고 도는 숲길이 이어진다. 한동안 인적이 뜸한 호젓한 길을 걷다보면, 올라오면서 만나던 급경사 갈림길과 합류한다. 갈림길에서 증산 시내를 한번 굽어보고 내려오면 증산초등학교⑤ 앞이다. 이렇게 민둥산 트레킹 코스는 정상의 억새초원을 중심으로 크게 원을 그리며 마무리된다.

정상으로 가는 완경사길에 낙엽송이 줄지어 섰다.

course data

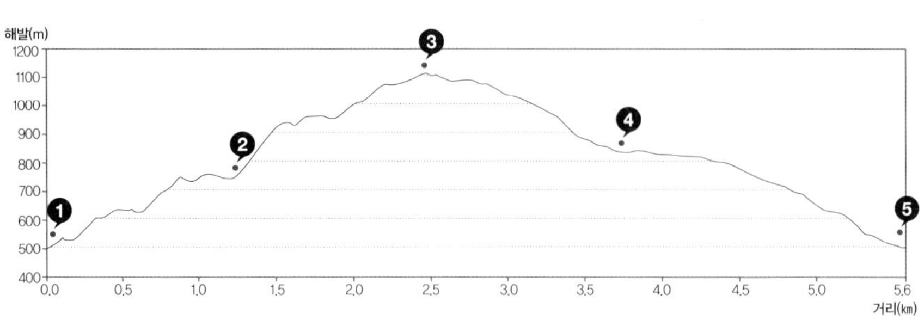

길잡이

민둥산 코스는 기차가 서는 증산면 민둥산역을 기점으로 하고, 증산초등학교를 출발점으로 오르내리는 코스가 일반적이다. 민둥산역에서 증산초등학교까지는 도보로 15분쯤 걸린다. 코스는 증산초등학교~완경사 숲길~민둥산 정상~발구덕마을~증산초등학교를 밟는 원점회귀 코스. 총 거리는 5.6㎞, 3시간쯤 걸린다. 종주 코스는 증산초등학교~민둥산~지억산~화암약수가 좋다. 거리는 15㎞, 7시간쯤 걸린다. 걷기가 힘든 사람은 능전마을에서 콘크리트 포장도로를 타고 발구덕마을까지 차로 올라가면 정상까지 한결 쉽게 오를 수 있다.

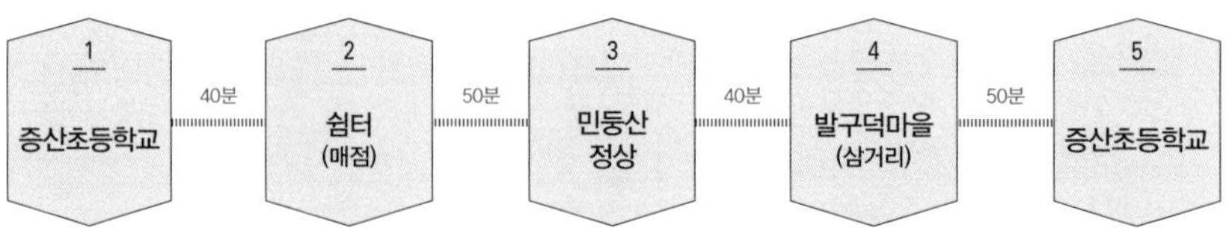

교통 자가용은 중앙고속도로 제천IC로 나와 찾아간다. 대중교통은 기차가 편한다. 청량리 → 민둥산역 기차는 07:35~19:10, 1일 5회 다니며 3시간쯤 걸린다. 버스는 동서울터미널 → 정선 07:00~17:35 1일 5회 다닌다.

숙식

정선아라리촌(033-560-2059)은 정선아리랑 문화를 둘러볼 수 있으며 숙박도 가능하다. 아우라지 옆의 유명한 옥산장(033-562-0739)에서 숙식이 가능하고, 민둥산 초입에는 억새풀펜션 형민박(033-592-3308)이 있다. 아라리촌 내의 식당에서 곤드레정식, 콧등치기 국수 등 정선 전통 음식을 맛볼 수 있다.

course map

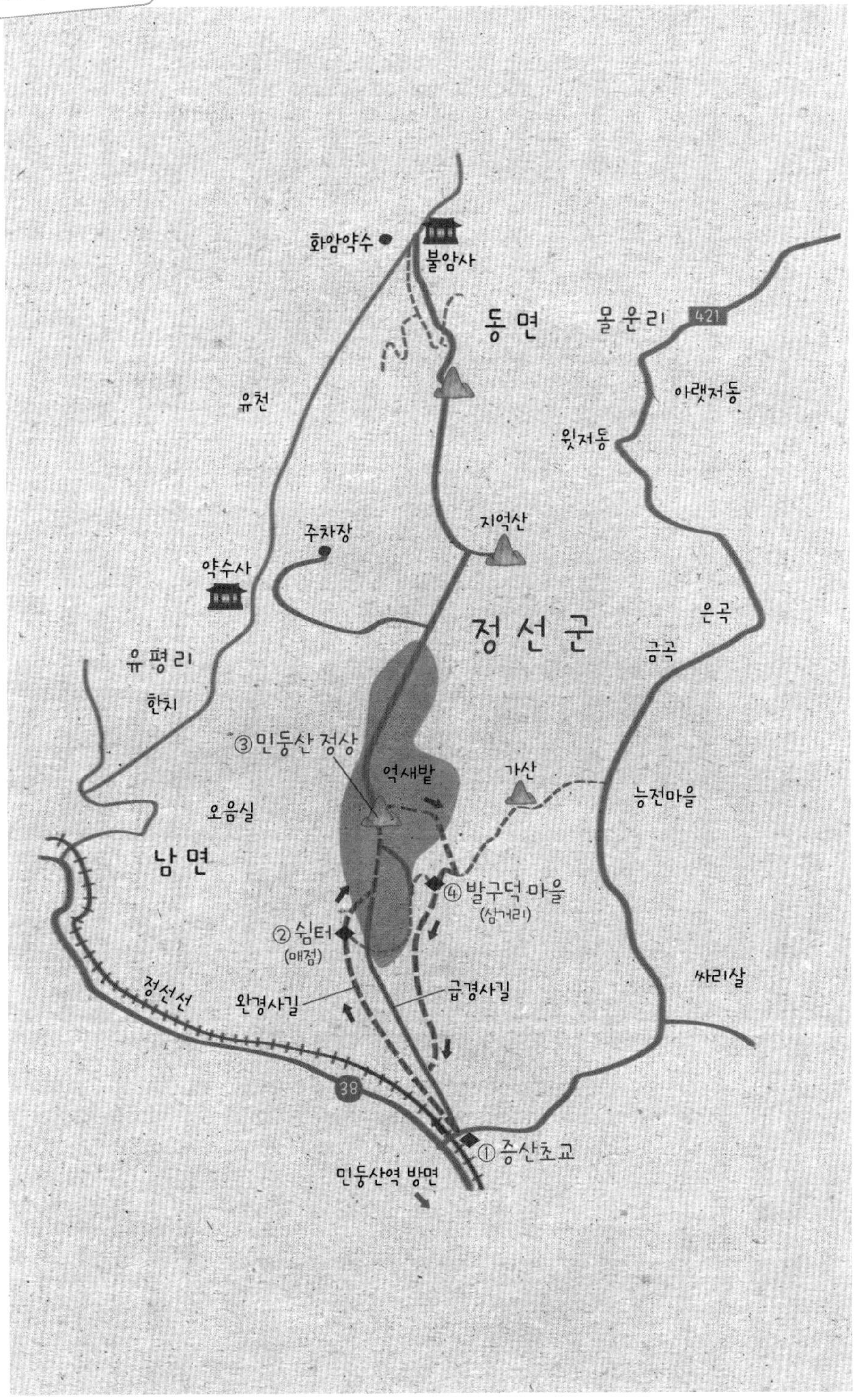

화암약수
불암사
동면
물운리
421
아랫저동
유천
윗저동
지억산
주차장
약수사
정선군
은곡
금곡
유평리
한치
③ 민둥산 정상
억새밭
가산
능전마을
오음실
남면
④ 발구덕 마을
(삼거리)
② 쉼터
(매점)
싸리살
정선선
완경사길
급경사길
38
① 증산초교
민둥산역 방면

코스 가이드

장소	제주도 서귀포시 표선면 가시리 일대
코스	조랑말체험공원~따라비오름~조랑말체험공원
걷는 거리	8㎞
걷는 시간	3시간
난이도	쉬워요
좋을 때	가을(억새), 유채(봄)

따라비오름에서 바라본 유채꽃프라자 일대의 풍력단지. 뒤로 오름들의 스카이라인이 장관이다.

오름, 곶자왈, 잣성 어우러진 조랑말의 터전

제주 쫄븐갑마장길

제주도 서귀포시 표선면의 가시리는 화산 평탄면이 만들어낸 드넓은 오름을 기반으로 제주의 목축 문화를 선도했던 중산간 마을이다. 조선시대에는 국영 목장인 갑마장甲馬場이 자리해 명품 말들을 길러냈다. 가시리에는 '갑마장길'이란 멋진 걷기 코스가 있다. 억새 가득한 따라비오름과 조랑말체험공원, 잣성, 곶자왈 등 제주 특유의 볼거리가 가득하다.

조랑말체험공원에서 출발

갑마장길은 가시리 주변을 에두르는 길이다. 거리는 20km로 8시간 넘게 걸린다. 거리는 좀 짧지만 주요 명소가 꼭 들어간 '쫄븐갑마장길'이 걷기에 좋다. '쫄븐'은 '짧은'의 제주 방언이다.

출발점은 가시리의 조랑말체험공원①. 출발에 앞서 제주마인 조랑말에 대해 공부하고 가라는 뜻이다. 공원 안의 조랑말박물관은 작지만 알차다. 조선시대 사용했던 마패도 있고, 편자와 안장 등 말 장구도 볼 수 있다. 전시된 패널을 읽다 보면 자연스럽게 제주마의 역사를 이해할 수 있다.

조랑말박물관은 승마장을 함께 운영하기에 조랑말을 직접 타 볼 수 있다. 바람을 가르며 들판을 달리는 맛이 일품이다. 제주 조랑말은 목과 다리가 짧고 몸집도 작은 편이지만, 체질이 강하고 온순하다. 생김새가 정겹고 귀엽게 느껴진다.

조랑말체험공원을 출발하면 거대한 돌덩이인 행기머체②를 만난다. 지하 용암 덩어리가 지상으로 솟으며 형성된 돌덩이다. 머체는 '돌무더기', 행기는 '행기물'로 놋그릇에 담긴 물을 말한다. 돌덩이 위에 나무들이 수북해 마치 봉두난발한 얼굴처럼 보인다. 행기머체 앞에서 길이 갈린다. 따라비오름은 오른쪽이다. 쫄븐갑마장길은 시계 반대 방향으로 한 바퀴 돌아 다시 조랑말체험공원으로 돌아온다.

따라비오름으로 가는 길은 가시천③으로 향한다. 이 길은 메마른 가시천의 물웅덩이, 울퉁불퉁한 근육 몸체의 사스레피나무, 그윽한 삼나무 군락지 등이 어우러진 호젓한 숲길이다. 숲길이 끝나는 지점은 따라비오름의 품이다. 잠시 나무 계단을 오르다가 뒤를 돌아보면 탄성이 터져 나온다. 백발을 한 억새밭 너머로 멀리 바다가 반짝인다. 능선에 올라붙자 바람이 온몸을 두들긴다. 따라비오름④은 바람이 세기로 유명하다.

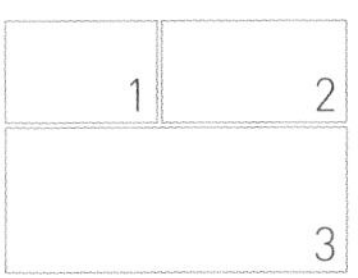

1 제주 조랑말의 거의 모든 걸 알 수 있는 제주조랑말체험관. **2** 가시천은 곶자왈 지대로 난대림과 삼나무 등이 어우러진다. **3** 따라비오름은 특이하게 3개의 굼부리를 품었고, 굼부리는 깔때기처럼 생겼다.

따라비란 이름은 여러 설이 있는데, '땅할아버지'에서 나온 것이란 설득력이 있다. 주변에 모지(어머니)오름, 장자(큰아들)오름, 새끼오름 등이 있어 오름 가족을 이루고 있다. 부드러운 능선을 따라 따라비오름 정상에 서자 3개의 굼부리를 품은 오름의 전체 생김새가 한눈에 들어온다. 굼부리 안에는 백마의 갈기처럼 억새가 휘날린다.

가야 할 방향으로 바람개비 같은 풍력발전기들이 이국적인 풍경을 연출하고, 각양각색의 오름 군락이 펼쳐진다. 조망 안내판을 보면서 민오름, 성불오름, 좌보미오름, 높은오름, 영주산, 모구리오름 등을 찾아보는 재미가 쏠쏠하다. 오름들의 스카이라인 너머로 한라산이 버티고 있는 모습은 언제 봐도 든든하다.

마장의 경계가 된 돌담, 잣성

따라비오름을 내려오면 잣성[5]이 기다리고 있다. '잣'은 제주 방언으로 '널따랗게 돌들로 쌓아 올린 기다란 담'이라는 뜻이다. 잣성은 하천이 없는 중산간 지대에서 목초지의 경계를 구분하기 위해 쌓았다. 잣성에는 제주의 말 방목 역사가 담겨 있다.

제주는 고려시대 원 간섭기에 대규모 목마가 시작되었고, 조선시대에는 최대의 말 공급지로서 사람보다 말 중심의 '마정馬政' 체계를 갖추었다. 조선 초까지 말을 키우기 위한 목장이 해안가 평야 지대를 비롯한 섬 전역에 흩어져 있어 농작물에 큰 피해를 주었다. 이에 본관이 제주인 문신 고득종의 건의에 따라 한라산 중턱으로 목장을 옮긴다. 1430년 2월에 중산간 지대에 목장 설치가 완성되고, 목장을 10구역으로 나누어 관리하는 10소장所場 체계를 갖추었다. 국영 목장인 10소장 위와 아래 경계에 돌담을 쌓았는데, 이것이 잣성이다. 잣성은 하잣성, 상잣성, 중잣성 순으로 건립되었다.

잣성 옆에는 삼나무를 심었다. 잣성과 삼나무 숲길이 숨바꼭질하듯 나타난다. 따라비오름에서 보았던 풍력발전기가 나타나면, 잣성이 사라진다. 늑대의 꼬리 같은 수크령 군락지가 나타나면, 큰사슴이오름이 코앞이다. 큰사슴이오름은 선택 코스다. 시간 여유가 있다면 올라가보는 걸 추천하다. 국궁장을 지나면 유채꽃프라자⑥에 닿는다. 봄철이면 유채꽃프라자, 정석항공관, 녹산로 일대는 온통 노란 유채꽃으로 뒤덮인다.

유채꽃프라자를 지나면 억새 휘날리는 들길이다. 앞에 가던 일행이 마치 억새의 물결을 따라 바람에 날아갈 듯 보인다. 유채꽃프라자를 나와 꽃머체를 지나면 조랑말체험공원⑦으로 돌아오면서 쫄븐갑마장길이 마무리된다.

4	5
	6

4 유채꽃프라자에서 조랑말체험공원으로 가는 길은 가는 억새의 물결이 일품이다. **5** 따라비오름 굼부리 안에서는 강한 바람을 타고 억새들이 춤을 춘다. **6** 목장의 경계를 알리는 잣성. 제주 목축의 흔적이다.

course data

고도표

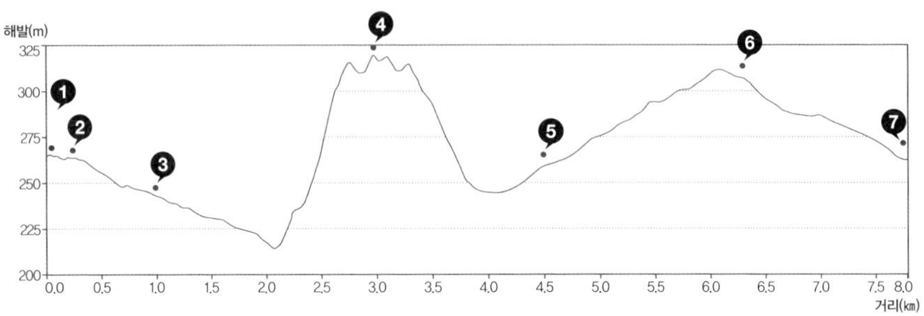

길잡이

전 구간 평탄하며 걷기 좋은 들길과 오름길이다. 이정표가 잘 설치되어 길 잃을 염려가 없다. 차를 가져오면 조랑말체험공원에 주차하고 원점회귀 트레킹 한다. 대중교통은 조랑말체험공원 가는 버스가 없다. 가시리사거리에서 내려서 따라비오름을 먼저 오르고 원점회귀하면 된다. 중간에 가게와 식당이 없으므로 물과 간식 등을 잘 챙겨야 한다.

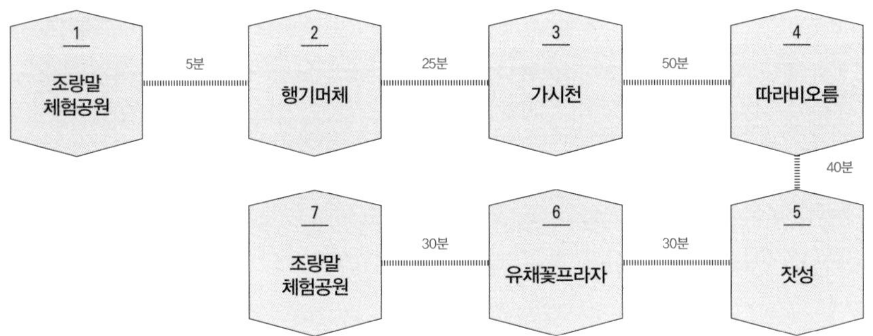

교통

제주공항에서 조랑말체험공원까지는 자가용으로 1시간쯤 걸린다. 대중교통은 제주시외버스터미널에서 표선행 222번 버스를 타고 가시리사거리에 내린다. 버스는 1일 4회(06:20, 11:25, 15:40, 18:35) 다닌다. 문의 제주여객 064-753-2056. '제주시외버스시간표' 앱에 버스 시간표가 잘 소개되어 있다.

맛집

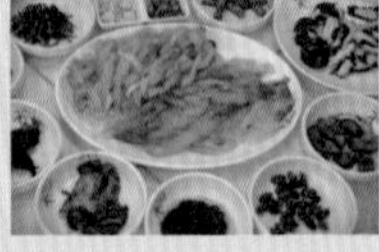

가시리의 가시식당(064-787-1035)은 돼지두루치기와 몸국을 잘한다. 나목도식당(064-787-1202)은 돼지고기가 맛나기로 유명하다. 가시리에서 가까운 위미항 서귀포수협활어센터에서는 싱싱한 활어회를 저렴한 가격으로 살 수 있다.

course map

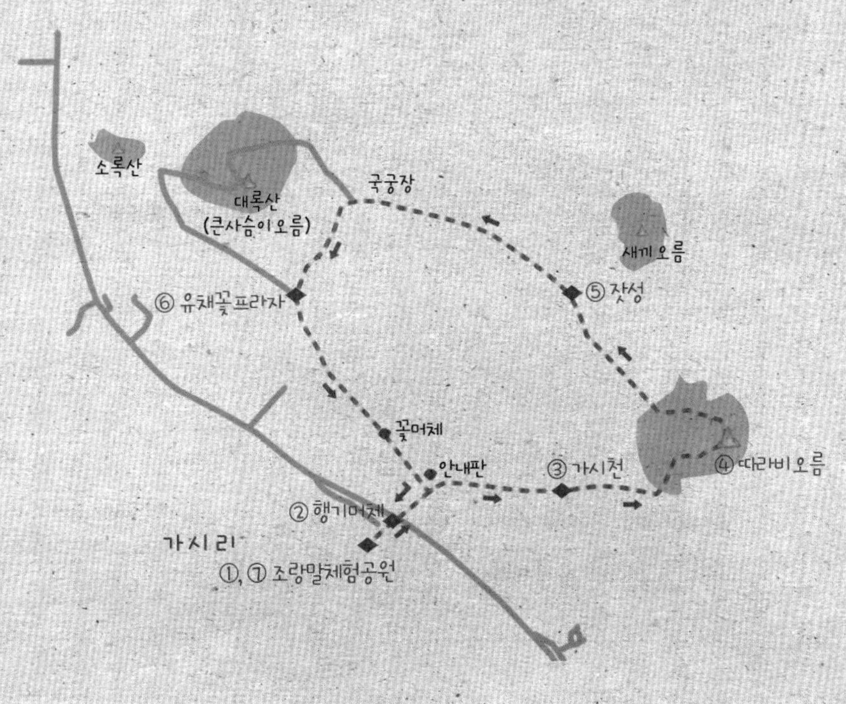

주변명소

조랑말체험공원_ 조랑말박물관, 승마장, 캠핑장, 마음카페 등을 갖춘 복합문화공간이다. 승마체험을 할 수 있고, 조랑말 먹이주기 등 체험프로그램도 운영한다. 몽골식 전통 가옥인 게르에 숙박할 수도 있고, 캠핑장 시설도 괜찮다. 문의 064-787-0960.

코스 가이드

장소	울산시 울주군
코스	배내고개~간월재~신불산~배내골
걷는 거리	15㎞
걷는 시간	6시간
난이도	어려워요
좋을 때	10월(억새)

영남 알프스는 춤추는 억새 능선을 걷는 맛이 일품이다.

하늘하늘 억새와 함께 춤을

영남 알프스

군립공원

영남 알프스는 해발 1,000m가 넘는 9개 봉을 비롯한 산들이 경북 청도군·경주시, 경남 밀양·울산·양산시에 걸쳐 집중적으로 분포한 거대한 산군을 말한다. 일반적으로 영남 알프스 9봉은 운문산(1,195m), 가지산(1,240m), 문복산(1,014m), 고헌산(1,032m), 재약산(1,108m), 천황산(1,189m), 간월산(1,083m), 신불산(1,209m), 영축산(1,059m)을 든다. 그중 100대 명산에 운문산, 가지산, 재약산, 신불산이 선정됐다. 알프스처럼 아름답다고 해서 이름 붙은 영남 알프스는 10월 억새가 필 때가 가장 아름답다.

배내고개 출발해 간월재로

영남 알프스의 억새 명소로는 간월재, 신불평원, 사자평 등을 꼽는다. 추천하는 코스는 배내재에서 출발해 간월재와 신불평원 등 억새 명소를 둘러보고 배내골로 하산하는 코스다.

간월재로 오르는 길은 배내고개, 간월산장, 신불산폭포자연휴양림 등을 선택할 수 있다. KTX를 이용하는 수도권 사람들은 교통이 편한 배내고개가 적당하다.

배내고개① 버스정류장에서 내리면 작은 정자가 있다. 여기서 행장을 갖추고 힘차게 출발한다. 화장실을 지나 '배내동 1.4km, 간월산 4km' 이정표를 따라 숲길로 들어선다. 완만한 능선을 밟으면 점점 하늘이 높게 드러난다. 배내고개에 꼈던 안개도 시나브로 사라지고 파란 하늘이 드러난다. 배내봉②의 커다란 '배내봉' 비석 앞에서 가야 할 간월산이 우뚝하다. 걸어온 방향으로 영남 알프스 최고봉 가지산이 도도하게 펼쳐져 있다. 불과 40분쯤 투자해 이만한 조망을 감상할 수 있으니 역시 영남 알프스다.

간월산 가는 능선은 휘파람이 절로 난다. 멀리 지상의 땅에서는 누렇게 벼들이 익어가고, 능선 길섶에는 구절초와 쑥부쟁이가 활짝 피었다. 가을의 정취와 냄새가 향기롭다. 된비알에서 구슬땀을 흘리고 간월산③ 정상에 닿는다. 정상 비석 맞은편으로 재약산과 천황산이 우뚝하다.

살랑거리며 반기는 억새들을 바라보며 설렁설렁 내려오면 간월재④다. 간월산과 신불산 사이의 안부인 간월재는 바람과 구름이 넘는 고갯마루다. 예전에는 배내마을 사람들이 언양읍을 가기 위해 넘었다. 울산시에서는 간월재에 넓은 데크를 만들고, 커다란 간월휴게소를 세웠다. 덕분에 탐방객들이

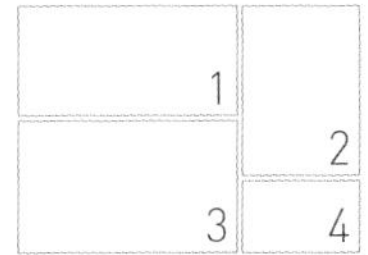

1 재약산과 천황산 조망이 일품인 간월산. **2** 배내고개를 출발하면 가장 먼저 만나는 배내봉. **3** 영남 알프스 억새 명소 중 하나인 간월재. **4** 가을 분위기를 물씬 풍기는 쑥부쟁이.

편리하게 이용할 수 있고, 각종 행사와 축제의 주 무대가 된다. 간월재 주변 일대에는 수많은 억새가 하늘거린다. 안타깝게도 예전처럼 키 높은 억새가 아니라서 좀 아쉽다. 그래도 하늘거리는 억새는 가을 정취를 물씬 풍긴다.

영남 알프스의 명소 신불평원

날이 흐려진 간월재에는 연신 구름이 고갯마루를 넘는다. 구름에 잠긴 신불산 쪽으로 힘차게 발걸음을 내딛는다. 간월재에서 신불산까지는 험준한 오르막길이다. 신불산⑤ 정상에는 커다란 돌탑이 서 있다. 구름 속에 잠긴 신불산 정상은 신비로운 분위기가 가득하다.

신불산은 영남 알프스의 대표적 봉우리로 부드러움과 강직함을 품고 있다. 동쪽으로는 '신불공룡능선'으로 불리는 험준한 암릉이 있고, 남서쪽으로는 광활한 신불평원을 거느리고 있다. 신불산 정상에도 넓은 데크가 있다. 영남 알프스에는 여기저기 많은 데크 전망대가 설치되어 있다. 예전에는 이곳에서 야영을 했지만, 지금은 야영이 금지됐다.

정상에서 완만한 내리막을 따르면 신불재에 이른다. 신불재는 사거리로 신불폭포자연휴양림으로 하산하는 최단 코스가 나 있다. 신불재에 도착하니 시나브로 구름이 걷히기 시작한다. 신불재에서 작은 언덕에 올라서자 광활한 신불평원⑥이 펼쳐진다. 약 60만 평에 이르는 억새가 가득한 고원이다. 신불평원의 억새 풍경은 울산 12경 중 하나로 꼽힌다. 흐드러진 억새의 물결 속에서 영남 알프스의 웅장한 능선이 흘러 영축산으로 이어진 모습이 일품이다.

억새밭에서 푸른 하늘을 배경으로 억새들이 자유로워 보인다. 바람이 불면 미친 듯이 흔들리면 마치 억새의 영혼이 훨훨 창공으로 날아가는 듯하다. 억새들 사이에는 흰 구절초와 보라색 산부추가 피어 화사하다. 1,026m 봉우리

를 넘어서면 영축산이 지척이고, 드넓은 평원 오른쪽으로 단조늪이 보인다.

신비로운 단조늪과 단조성터

단조늪⑦은 해발 940~980m에 자리한 국내 최대 규모의 고산 습원으로 각종 희귀 동·식물이 자라고 있다. 늪의 크기는 습지가 약 7,000㎢이고 습지 주변의 고산 초원 지대를 포함하면 무려 30만㎢에 이른다. 하지만 많이 훼손되어 보호가 시급한 실정이다. 단조산성은 영축산 정상부에서 단조늪을

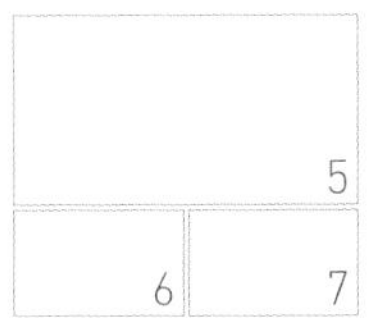

5 신불산 아래의 신불평원. **6** 영축산에서 바라본 장쾌한 조망. 왼쪽 멀리 운문산과 가지산이 보인다. **7** 단조성터와 단조늪.

하산 지점인 청수골의 시원한 계곡

가로지른다. 태뫼식 석축 산성으로 신라 때 축조된 것으로 전해진다. 임진왜란 때에 단조산성에 주둔하였던 조선군이 양산 지역을 침입한 왜군과 가천 들판에서 싸웠다는 기록이 있다. 단조산성은 통도사 8경 중의 하나로 '단성낙조丹城落照'로 유명하다.

하산 지점이 단조늪 방향이다. 우선 영축산 정상을 먼저 밟고 하산하는 게 순서다. 억새밭 사이로 난 길을 따르면 대망의 영축산⑧ 정상에 올라선다. 정상에 서면 시야가 넓게 열리면서 영남 알프스가 한눈에 펼쳐진다. 멀리 운문산~가지산 줄기가 하늘에서 스카이라인을 그리고, 그 앞으로 재약산~천황산 줄기, 그리고 앞쪽으로 신불산 줄기가 펼쳐진다. 오른쪽으로는 언양 시내가 훤히 내려다보인다. 멀고 험한 길을 걸어온 끝에 만나는 풍경이라 더욱 감동적이다.

다시 단조늪으로 내려가 하산길에 오른다. 길을 쉽게 찾으려면 영남 알프스 억새하늘길 2구간 단조성터길을 찾으면 된다. 단조성터에서 청수좌골을 따라 내려가는 길도 좋지만, 길 찾기가 쉽지 않다. 어느 길을 찾아가든지 종착점 청수골로 이어진다. 청수골 시원한 계곡에서 탁족을 즐기다가 배내골 버스정류장⑨으로 이동해 영남 알프스 억새 트레킹을 마무리한다.

course data

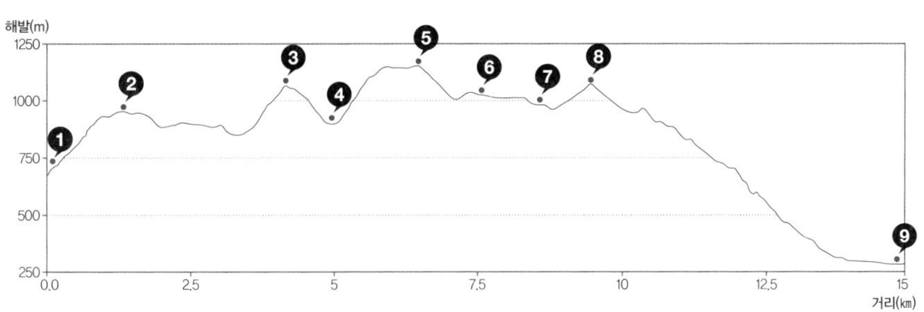

길잡이

영남 알프스의 대표적 억새 명소를 둘러보는 멋진 코스다. 간월재와 신불평원 등에 억새가 집중되어 있다. 코스는 배내고개를 출발해 배내봉, 간월봉, 신불산, 영축봉 등 영남 알프스의 주요 봉우리를 넘는다. 하산은 단조늪에서 '억새하늘길 2구간 단조성터' 이정표를 따른다. 길을 잘 아는 사람은 청수좌골로 내려오는 게 풍경이 좋다. 이 길은 이정표가 없고 리본만 달려 있다. 영남 알프스 등산로에 '억새하늘길'이란 걷기길이 나 있고, 이정표는 이를 따르면 된다.

교통 수도권에서 KTX를 타고 울산역, 또는 시외버스로 언양읍에 도착한다. 울산역 또는 언양시외버스터미널(052-264-3900) 앞에서 배내고개 가는 328번 버스를 탄다. 울산역에서 10:00, 13:30, 17:10, 1일 3회 운행한다. 울산교통관리센터(www.its.ulsan.kr) 참고.

맛집

언양은 언양불고기가 유명하다. 석쇠에 구워 나오는 부드러운 고기 맛이 일품이다. 언양기와집불고기(052-262-4884).

course map

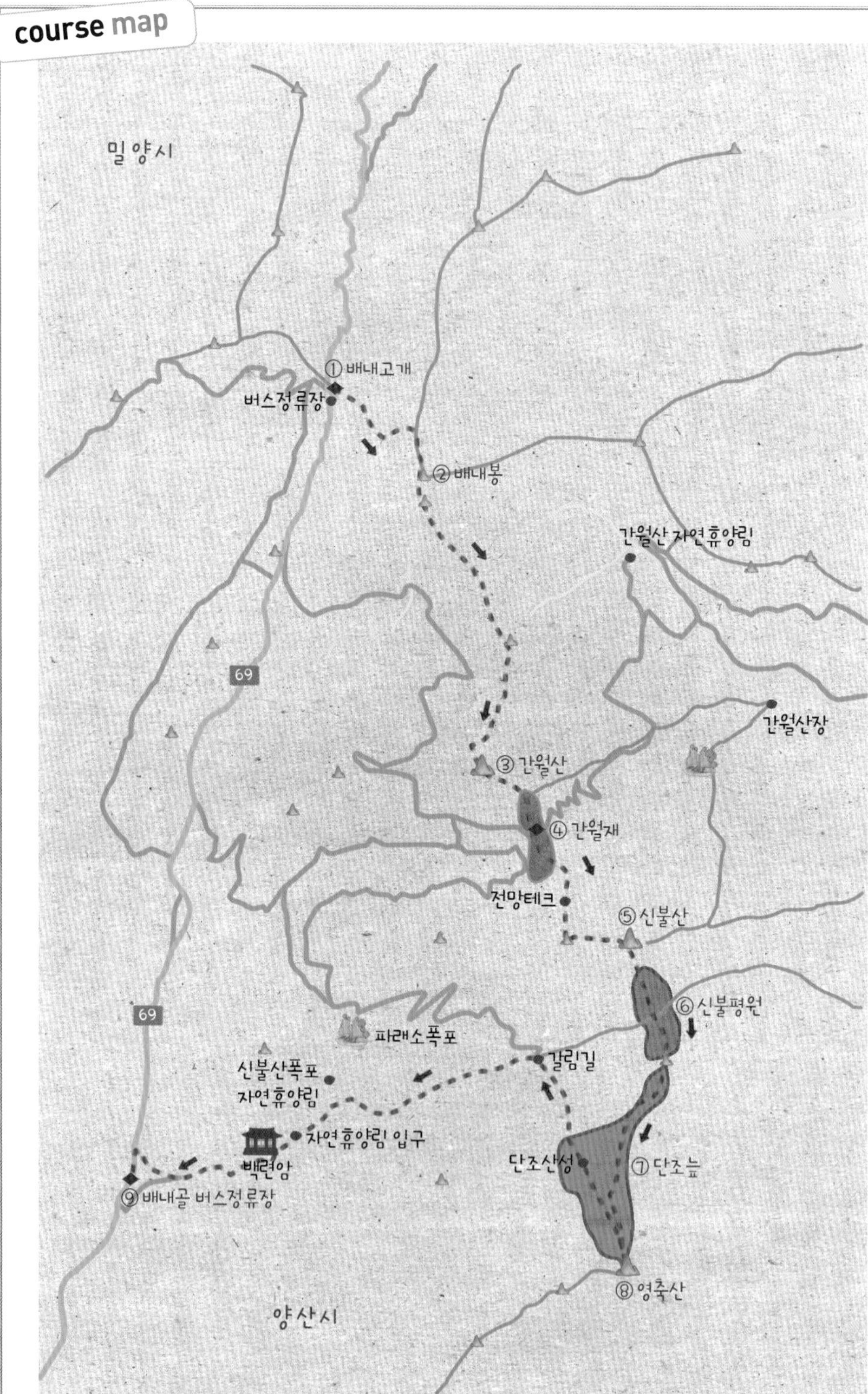
밀양시
① 배내고개
버스정류장
② 배내봉
간월산 자연휴양림
69
간월산장
③ 간월산
④ 간월재
전망테크
⑤ 신불산
⑥ 신불평원
69
파래소폭포
갈림길
신불산폭포
자연휴양림
자연휴양림 입구
백련암
⑨ 배내골 버스정류장
단조산성
⑦ 단조늪
⑧ 영축산
양산시

보령 오서산

은빛 억새, 금빛 노을 춤추는 '서해의 등대'

산 능선에서 바라본 천수만과 안면도 일대의 감동적인 낙조.

코스 가이드

장소	충남 보령시, 홍성군
코스	성연리~정상~성연리
걷는거리	8.6㎞
걷는시간	4시간 30분
난이도	조금 힘들어요
좋을 때	10월(억새), 1월(눈꽃)

충남 보령시 청소면과 홍성군 광천읍에 걸친 오서산은 '서해안의 등대'로 불린다. 해발 790.7m 높이의 산이 서해 가까이 우뚝 솟았다. 실제로 삽시도나 원산도 등에서 육지를 바라보면, 하늘 가장 높은 곳에 웅장하게 마루금을 그리는 오서산을 볼 수 있다. 오서산은 낙조와 억새로 유명하다. 가을철 하늘거리는 은빛 억새밭 사이를 걸으며 금빛 낙조를 바라보는 맛이 각별하다.

금북정맥의 최고봉, 억새와 낙조 일품

오서산은 금강의 분수령인 금북정맥 최고봉인 동시에 서해안에 접한 충남의 봉우리 가운데 가장 높다. 대둔산(879m)과 계룡산(847m)에 이어 충남에서 세 번째로 높지만, 서해가 가까워 체감 높이는 내륙의 1,000m가 넘는 산에 뒤지지 않는다. 또한 남북으로 뻗은 능선이 서해 바닷가를 마주하며 장벽처럼 펼쳐져 높이보다 웅장한 산세를 이룬다.

오서산의 능선은 봄 신록, 여름 초원, 가을 억새, 그리고 겨울 설화 등으로 계절에 따라 변화무쌍하다. 특히 서해 낙조는 오서산의 최고 명품으로 가을철 억새와 어우러져 선경을 이룬다. 오서산이라는 이름은 예로부터 까마귀가 많이 살아 붙여졌다. 까마귀는 예전보다 없어졌지만, 아직까지 저물녘이면 종종 떼 지어 날며 주인 행세를 한다.

오서산 명물인 억새는 능선에 고루고루 펼쳐져 있다. 특히 정상과 오서정 일대가 풍성하다. 억새 탐방 트레킹은 보령시 청소면 성연리 성연주차장에서 출발해 시루봉~정상~억새 능선~북절터~신암터를 거쳐 원점 회귀하는 길이 좋다.

출발점은 산행 안내판이 서 있는 청소면 성연리 주차장①이다. '오서산 산촌생태마을'을 알리는 거대한 비석 앞을 지나면 한동안 마을길을 타고 오른다. 오서산이 너른 품에 안긴 마을의 집들이 포근해 보인다. 능선 오른쪽으로 툭 튀어 나온 봉우리가 시루봉이고, 가운데 가장 높은 곳이 정상, 맨 왼쪽은 오서정이다.

마을 가장 높은 곳에 이르러 시루봉 이정표를 따른다. 구불구불 임도를 타고 15분쯤 가면 임도 갈림길②이다. 여기서 신암터가 왼쪽이고 시루봉은 오른쪽 임도를 따라야 한다. 30분쯤 가파른 오르막을 치고 오르면 돌탑이 쌓인 봉우리에 올라선다. 이곳이 돌탑이 선 시루봉③이다. 안내판도 없고 조망

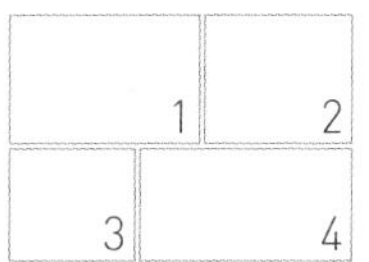

1 능선 따라 걸으면 오서정 데크 전망대가 나온다. **2** 들머리인 성연리는 오서산 산촌생태마을로 지정됐다. **3** 초원이 펼쳐진 오서산 정상. **4** 오서산 능선의 억새 물결(사진 제공 보령시청).

도 열리지 않아 그냥 지나치기 일쑤다.

시루봉에서 한숨 돌리고 다시 능선을 타면 점점 고원에 올라선 느낌이다. 길섶에는 원추리, 짚신나물 등 야생화가 가득하다. 완만한 산길을 20분쯤 더 오르면 통신 안테나가 선 봉우리에 닿는다. 통신 안테나 앞의 조망 안내판을 보면서 성주산, 보령 시내, 대천해수욕장, 대천항 등을 찾아본다. 대천항 오른쪽 멀리 아스라이 펼쳐진 섬들은 외연열도다. 통신 안테나에서 정상은 지척이다. 평지처럼 부드러운 능선을 사뿐히 밟으면 거대한 비석이 우뚝한 오서산 정상④에 닿는다.

충남 해안과 평야의 감동적인 조망

정상 조망은 거침이 없다. 우선 시야는 자연스럽게 서쪽을 바라보게 되는데, 천수만 일대와 안면도가 드넓게 펼쳐진다. 안면도 왼쪽으로는 삽시도, 장고도 등 보령의 섬들이 다도해처럼 흩뿌려져 있다. 북쪽으로 이어진 능선은 오서정까지 웅장하게 흘러간다. 동쪽은 광천, 예산, 청양 등 내포 지역의 부드러운 들판이다. 그야말로 충남 해안과 평야의 감동적인 조망이 아닐 수 없다.

오서산에서 빼놓을 수 없는 보물이 정상에서 오서정까지 1.5㎞ 이어진 능선이다. 지리산 능선처럼 제법 장쾌한 고산 능선의 맛을 느낄 수 있다. 정상을 출발해 그 앞의 봉우리에 올라서면 갈림길이다. 여기서 금북정맥이 오른쪽으로 갈라지고, 그 길을 따르면 오서산자연휴양림으로 내려갈 수 있다.

봉우리 일대에는 오서산의 상징인 억새가 푸르고 싱싱하다. 10월 중순이면 하늘거리는 억새 군락이 능선을 온통 흰색으로 물들인다. 능선에서는 푸른 하늘이 구름 속에서 숨바꼭질한다. 빛과 구름이 번갈아가며 쏟아진다. 서너

시원한 약수가 나오는 북절터.

능선에서 하산하면 만나는 소나무들.

개의 봉우리를 오르내리면 왼쪽으로 '신암터' 길이 갈린다. 그 방향으로 하산해야 하지만, 10분쯤 더 능선을 타고 오서정에 들렀다가 가는 것이 좋다.

오서정 직전에 정상을 알리는 비석이 서 있어 어리둥절하다. 홍성군에서 세운 비석이다. 오서산이 보령과 홍성에 걸쳐 있다 보니, 보령과 홍성 쪽에서 각각 정상 비석을 올린 것이다. 정상석을 지나면 드넓은 데크 전망대가 나온다. 이곳이 오서정⑤이다. 예전 오서정은 작고 아담한 정자였는데, 지금은 널찍한 데크 전망대를 세웠다. 알음알음 백패커들이 찾아와 하룻밤 보내기도 한다.

북절터에 핀 꽃무릇의 애잔함

오서정 일대를 충분히 즐겼으면 다시 '신암터' 갈림길로 돌아가 하산 길에 오른다. 작은 지릉을 타고 내려가다 보면 굵은 소나무 몇 그루가 버티고 있다. 소나무 앞에서 마지막으로 서해와 천수만을 감상하고, 왼쪽으로 제법 가파른 비탈을 내려간다. 15분쯤 내려가면 아늑한 공터가 나오는데, 여기가 북절터⑥다. 건물터로 추측되는 작은 공간이 서너 개 있고, 암반 사이에서 맑은 물이 샘솟는다. 샘터 아래 공터에는 분홍빛 꽃무릇 서너 그루가 피어 옛 절터임을 알리고 있다.

북절터에서 15분쯤 내려오면 큰 절터가 나온다. 북절터의 본 사찰로 추측되는 곳으로 규모가 크지만 수풀 속에 묻혀 실체가 드러나지 않는다. 절터에 대한 문헌 기록이 없는 것도 아쉽다. 나뒹구는 돌무더기에서 세월의 무상함을 느끼며 호젓한 숲길을 구불구불 내려온다. 점점 고도를 낮추는 기분이 들면 임도를 만나면서 신암터 입구가 나온다. 여기서 왼쪽 성연리 방향으로 임도를 타면 곧 갈림길은 만난다. 성연리를 출발해서 만났던 바로 그 임도 갈림길이다. 이제 휘파람 불려 내려와 성연리 주차장⑦을 만나면서 트레킹이 마무리된다.

course data

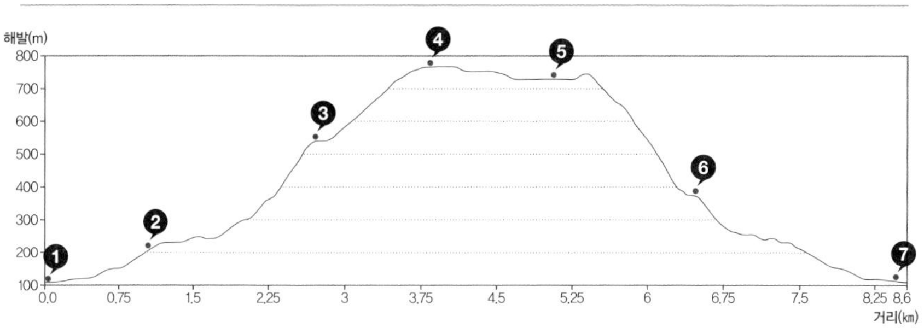

길잡이

오서산은 들머리는 보령 성연리와 광천 상담리가 대표적이다. 성연리 코스는 성연리 주차장~시루봉~정상~억새 능선~오서정~북절터~신암터~성연리 주차장, 거리는 8.6㎞, 5시간 걸린다. 오서산자연휴양림의 들머리로 원점 회귀 트레킹 코스는 비교적 쉬워 초보자들이 선택하기 좋다.

교통

자가용은 서해안고속도로 광천IC로 나와 청소면을 거쳐 성연리로 들어간다. 센트럴시티터미널 → 보령행 버스는 06:00~21:50, 1일 18회 운행하며, 2시간 10분쯤 걸린다. 보령버스터미널에서 도보 10분쯤 떨어진 명문사거리정류장에서 성연리 가는 704번 버스는 08:20, 13:10, 15:50, 18:05, 21:30에 있다. 보령시 시내버스 정보(boryeongbus.net) 참고.

맛집

보령 시내의 한울타리보령점(041-936-0996)은 보령에서 유명한 생선구이집으로 조기, 고등어, 꽁치, 전어 등 다양한 생선이 푸짐하게 나온다.

course map

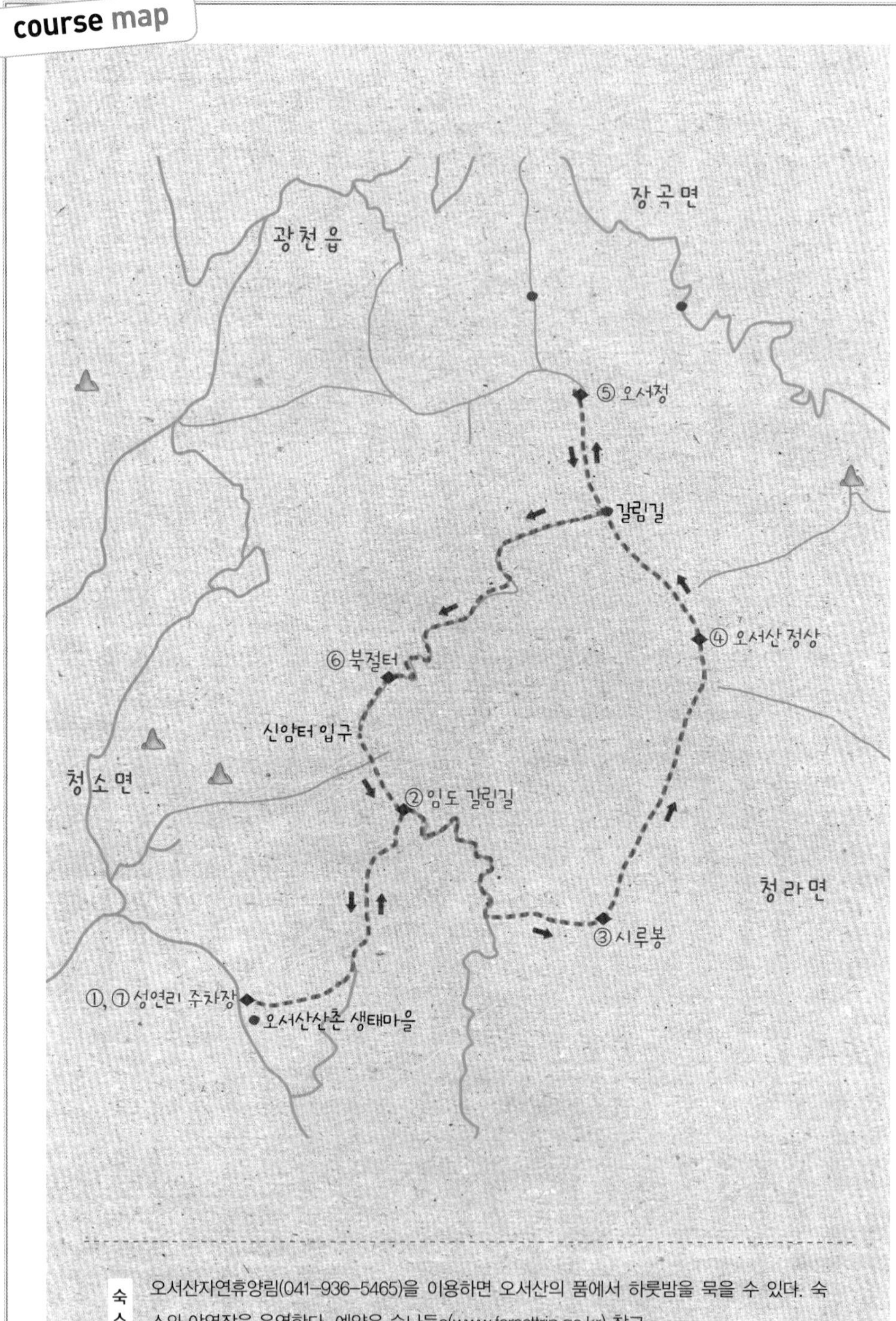

숙소 오서산자연휴양림(041-936-5465)을 이용하면 오서산의 품에서 하룻밤을 묵을 수 있다. 숙소와 야영장을 운영한다. 예약은 숲나들e(www.foresttrip.go.kr) 참고.

계절편
한 겨울에만 허락되는 은빛 눈길
겨울 트레킹
WINTER

코스 가이드

장소	강원도 철원군 동송읍 장흥리 한탄강
코스	직탕폭포~승일교~고석정
걷는 거리	6.4㎞
걷는 시간	2시간 30분
난이도	무난해요
좋을 때	한겨울(1월 · 얼음)에만 가능

노을에 송대소 수상절리가 물든다. 마치 용암이 흘러내리는 것 같다.

철원

한겨울에만 열리는 스릴 넘치는 길

예로부터 한탄강은 큰여울, 한여울 등으로도 불렸다. 육지에서는 보기 드물게 화산활동에 의해 생성된 현무암 평원을 흐른다. 과거에 뜨거운 용암이 흐르면서 강이 만들어졌다는 뜻이다. 북한 땅인 평강군의 장암산(1,052m)에서 발원해 철원~갈말~연천을 적시고 임진강으로 흘러든다. 길이 136km, 평균 강폭 60m의 물줄기가 용암대지 협곡을 흐르면서 직탕폭포, 고석정, 순담계곡 등의 경승지를 빚어놓았다.

얼음 밟으며 한탄강 주상절리 감상하는 길

한탄강은 절벽과 협곡을 이루는 비경 지대가 많지만, 지형이 워낙 험해 접근하기가 쉽지 않다. 한탄강 절경을 구경하기에는 추운 겨울이 제격이다. 한동안 이어진 강추위에 한탄강이 꽝꽝 얼어붙으면 거짓말처럼 길이 열린다.

한탄강 얼음 트레킹은 용암과 얼음의 아이러니 속에서 대자연의 신비로움을 온몸으로 느낄 수 있는 길이다.

한탄강 얼음 트레킹은 얼음 상태가 상대적으로 좋은 직탕폭포~승일교~고석정 구간을 걷는 것이 정석이다. 트레킹의 출발점은 직탕폭포① 앞이다. 겨울철 직탕폭포는 웅장한 얼음 기둥으로 변해 있다. 보처럼 일직선으로 가로 놓인 높이 3~5m, 길이 80m의 규모다. 철원 8경 중 하나이며 한국의 나이아가라 폭포라 일컫는다. 폭포 앞에서 힘차게 첫 발자국을 찍으며 출발한다. 물이 얼지 않았을 때는 폭포 위의 돌다리를 건너 태봉대교 방향으로 가면 된다.

직탕폭포를 출발하면 곧 태봉대교 앞이다. 번지점프장이 설치된 빨간색 다리는 눈 덮인 강물과 어울려 더욱 붉다. 태봉대교 앞에서 '한탄강 물윗길'로 접어들 수 있다. 본래 물윗길은 얼음이 녹았을 때 안전하게 이동할 수 있도록 강에 설치한 부교에서 시작됐다. 그러다가 부교를 강 한가운데 길게 놓아 물윗길을 만들었다. 태봉대교를 지나자 바닥에서 쩌억~ 하는 소리가 들린다. 주뼛! 머리털이 곤두선다. 소리의 정체는 얼음 사이의 공간에서 울리는 공명이다. 당장 얼음이 깨지는 것이 아니기에 겁먹을 필요는 없다.

주상절리 절경 펼쳐진 송대소

돌무더기 지대를 통과하니, 앞쪽으로 거대한 벽이 보인다. 다가가니 온통 주상절리다. 이곳이 명주실 꾸러미가 끝없이 풀릴 정도로 깊다는 한탄강의

1 직탕폭포와 고석정 중간쯤에 펼쳐진 주상절리 폭포. **2** 송대소를 지나면 나오는 화강암 지대. **3** 고석정 일대를 한눈에 내려다보는 정자. **4** 한탄대교를 지나면 강변의 바위 지대를 통과해야 한다. **5** 송대소 주상절리의 아름다운 태곳적 흔적.

절경 송대소[②]다. 높이 20m가 넘는 주상절리 절벽이 양쪽으로 병풍처럼 둘러싸고 있다. 그 모습이 영락없이 제주도 대포동 주상절리와 닮았다. 주상절리 아래를 자세히 보면, 희끗희끗한 곳이 보인다. 여름철이면 강물 안으로 잠기는 부분이다. 그 반대편에는 주상절리 폭포가 펼쳐져 있다. 물줄기가 꽁꽁 얼어 거대한 기둥을 만들었는데, 얼음과 절벽의 형상이 마치 태초의 시간처럼 아득하다.

송대소에는 2020년 10월 철원 한탄강 은하수교가 놓였다. 은하수교 덕분에 편리하게 송대소 일대 절경을 감상할 수 있다. 하지만 규모가 너무 커 송대소 주상절리의 신비로움이 사라져 버린 느낌이다.

송대소를 지나면 화강암 너럭바위 지대가 나온다. 용암이 땅속에서 나와 흐르다가 굳은 것이 현무암이고, 화강암은 용암이 땅 밖으로 나오지 않고 속에서 그대로 굳은 것이다. 현무암이 거칠다면, 화강암은 표면이 반질반질해서 예쁘다. 거대하고 넓적한 화강암인 마당바위[③]를 지나면, 한동안 벌판 같은 길을 지난다. 두어 번 강물이 흐르는 곳을 통과하면 승일교[④]를 만난다. 승일교 아래는 철원군의 한탄강 얼음축제의 메인 무대로 다채로운 행사가 열린다.

투박한 승일교는 분단의 아픔을 상징하기에 '한국의 콰이강의 다리'라고 불린다. 1948년 북한 땅이었을 때 북한에서 공사를 시작해 한국전쟁으로 중단됐다. 그 후 한국 땅이 되자 한국 정부에서 완성했다. 결국 기초 공사와 교각 공사는 북한이, 상판 공사 및 마무리 공사는 한국이 한 남북 합작의 다리인 셈이다. 다리 이름은 김일성 시절에 만들기 시작해서 이승만 시절에 완성했다고 해서 이승만의 '승'자와 김일성의 '일'자를 따서 지었다는 설과 전쟁 중에 한탄강을 건너 북진하던 중 전사한 것으로 알려진 박승일 대령의 이름을 땄다는 설이 있다.

수려한 주상절리 사이로 한탄강 물윗길과 은하수교가 보인다. (사진 제공 철원군청)

한탄강 얼음축제가 열리는 승일교 일대

잠시 승일교에 올라 한탄강을 내려다보자 웅장한 모습이 드러난다. 한탄강은 평야 지대에서 20~30m 아래로 깊게 패어 들어갔고, 그 양쪽으로 깎아지른 기암절벽이 병풍처럼 웅장하게 둘러섰다. 그래서 사람들은 한탄강을 '한국의 그랜드캐니언'이라 부르기도 한다. 협곡 아래 얼음 위를 걷는 사람들이 마치 개미처럼 작게 보인다. 다시 강으로 내려가 승일교 뒤의 한탄대교 아래를 지난다. 이곳은 기기묘묘한 화강암들이 널려 있다.

한탄대교가 점점 멀어지면 시나브로 고석정이 가까워진다. 고석정⑤은 한탄강변의 작은 정자지만, 오늘날에는 그 일대의 빼어난 풍광을 통틀어 일컫는 말이다. 조선 명종 때는 임꺽정이 험한 지형을 이용해 이 정자의 건너편에 석성을 쌓고 은거하면서 의적활동을 한 것으로 전해진다. 고석정의 풍광을 돋보이게 하는 것이 한탄강 중앙에 자리한 12m 높이의 고석암이다. 이를 강바닥에서 바라보니 고석정에서 본 것보다 열 배는 웅장하다. 고석암을 손으로 직접 만져보니 감개무량하다. 한겨울에만 누릴 수 있는 한탄강 얼음 트레킹은 고석암에서 마무리한다.

course data

고도표

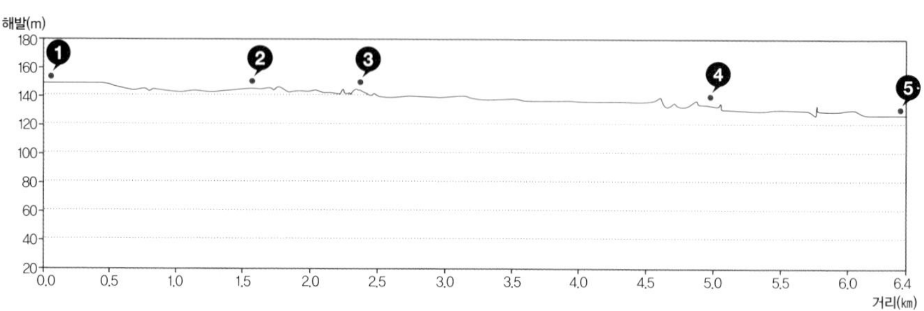

길잡이

한탄강 얼음 트레킹은 한겨울 추위가 맹위를 떨치는 1월이 가장 좋다. 코스는 직탕폭포~고석정 구간이 적당하다. 한탄강 물윗길은 태봉대교~순담계곡까지 8㎞이고, 개방 시기는 10~3월이다. 물윗길이 생긴 덕분에 얼음 상태에 관계없이 한탕강 트레킹이 쉬워졌다. 문의 033-455-7072. 또한 고석정 아래의 순담계곡부터는 드르니까지 3.6㎞ 구간을 잔도와 다리들로 연결한 주상절리길이 생겼다. 마치 허공을 걷는 느낌이고 경관이 빼어나 인기가 좋다. 문의 0507-1431-2225.

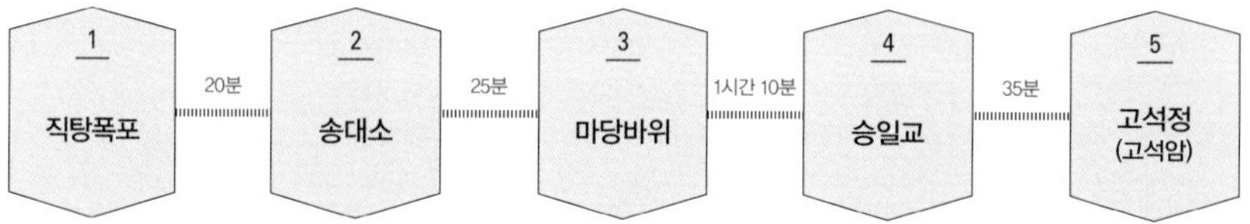

교통 자가용으로 가려면 세종포천고속도로 신북IC로 나와 찾아간다. 동서울터미널 → 신철원 버스는 06:30~~21:10, 1일 24회 운행한다. 신철원에서 직탕폭포가 있는 장흥리 가는 1번, 1-1번 버스가 07:30~21:20, 1일 23회 다닌다. 문의 제일여객(033-455-2217).

맛집 직탕폭포 들어가는 입구인 장흥리의 서울식당(033-455-7404)은 특이하게 오징어무침으로 일가를 이룬 집이다. 얼린 오징어, 배와 야채 등이 약간의 고춧가루에 무쳐 나온다. 술안주로 먹다가 초고추장에 밥을 비벼 먹는데, 의외로 맛이 좋다. 직탕폭포 앞의 폭포가든(033-455-3546)은 한탄강에서 잡은 매운탕으로 유명한 집이고, 고석정 관광지의 어랑손만두국(033-455-0171)은 만둣국 맛집이다. 신철원에서 서울로 돌아오는 길 중간쯤에 위치한 포천 고모리의 욕쟁이할머니집(031-542-3667)은 푸짐한 시래기정식과 막걸리로 뒤풀이하기에 좋다.

course map

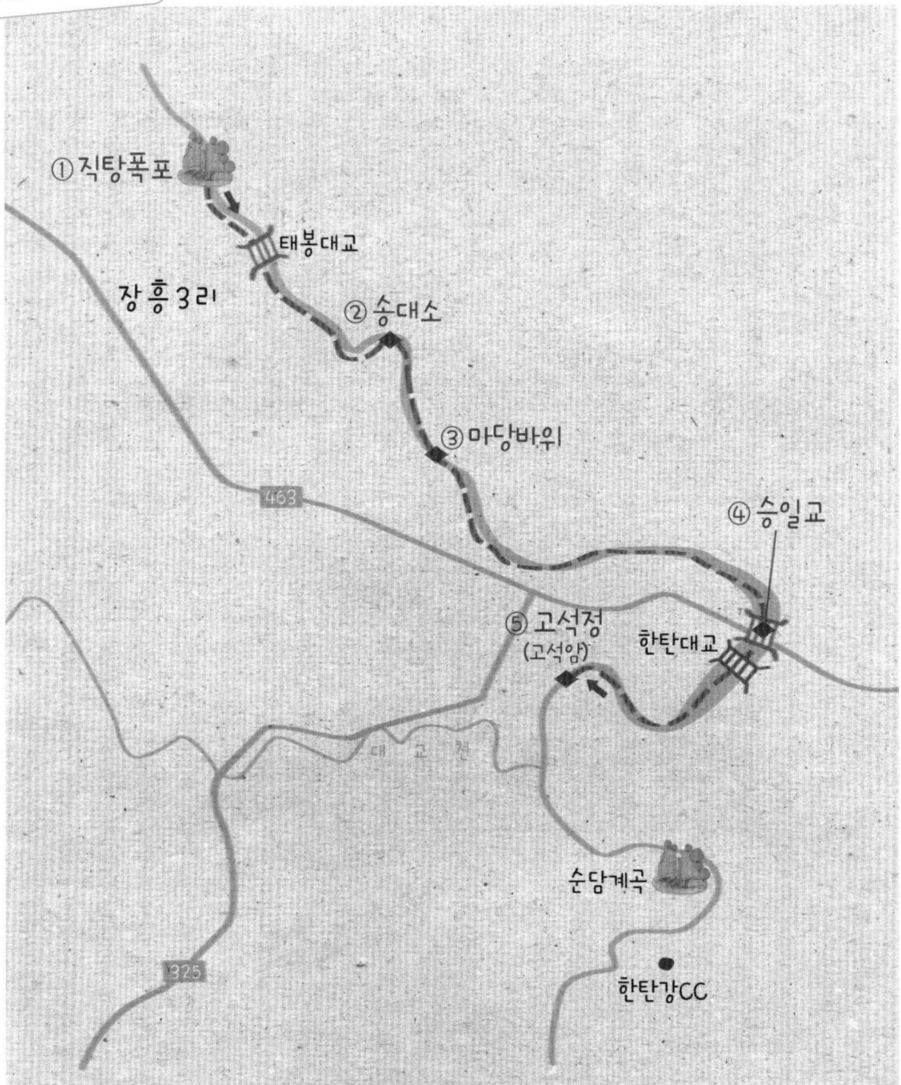

① 직탕폭포
태봉대교
장흥3리
② 송대소
③ 마당바위
463
④ 승일교
⑤ 고석정
(고석암)
한탄대교
대교천
순담계곡
325
한탄강CC

숙소

송대소 바로 위쪽 전망 좋은 곳에 송대소펜션&캠핑(033-452-6001)이 있다. 한탄강을 즐기기 가장 좋은 자리다. 넓은 마당에서 캠핑도 가능하다. 장흥리의 모닝캄빌리지(www.morningcalmvillage.com)는 인근에서 시설이 가장 좋은 숙소로, 한탄강 조망이 일품이다.

코스 가이드

장소	강원도 속초시
코스	설악동 케이블카 정류장~봉화대 왕복 코스
걷는 거리	930m
걷는 시간	40분
난이도	쉬워요
좋을 때	12~1월(눈꽃), 5월(신록)

봉화대 정상에 소복하게 눈이 쌓였다. 뒤로 울산바위와 북설악이 펼쳐진다.

속초

권금성에 올라 설악의 비경을 엿보다

설악산 봉화대

국립공원

케이블카 안에서 본 울산바위와 신흥사.

눈꽃 핀 설악산(1,708m)은 생각만 해도 짜릿하다. 하지만 워낙 험준해 웬만한 산꾼이 아니고서야 겨울철에는 엄두도 못 낸다. 그래도 쉬운 코스가 있다. 설악동에서 케이블카를 이용하는 것. 그러면 아이들과 함께할 수 있을 정도로 쉽게 겨울 설악을 만끽할 수 있다. 봉화대는 외설악의 특급 전망대이다. 만물상과 공룡능선 등 외설악의 절경들이 시원하게 펼쳐진다.

설악산 봉화대 코스는 폭설이 내린 다음 날이 가장 좋다. 눈이 그치고 해가 쨍하면 금상첨화다. 설악동 소공원 입구의 곰 동상 앞에 서면, 얼음왕국과 같은 설악의 하얀 설경에 입이 떡 벌어진다.

케이블카 앞에서 올려다 보이는 거대한 암봉이 봉화대이다. 케이블카를 타고 오르면서 아래를 내려다본다. 신흥사와 울산바위 일대가 눈앞에 멋지게 펼쳐진다. 여기서 봉화대는 케이블카 정류장 뒤쪽으로 20분쯤 더 올라야 한다.

봉화대 옆으로 '권씨와 김씨 두 장군이 쌓았다'는 전설이 내려오는 권금산성權金山城의 흔적이 남아 있다. 봉화대에서는 외설악의 속살이 유감없이 드러난다. 앞쪽으로 화려한 암봉들이 만물상이고, 그 뒤에는 공룡능선이 흘러간다. 하염없이 보고 또 봐도 지루하지 않은 멋진 풍경이다.

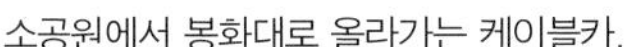

소공원에서 봉화대로 올라가는 케이블카.

눈과 바위가 어우러진 봉화대 오르는 길.

course data

고도표

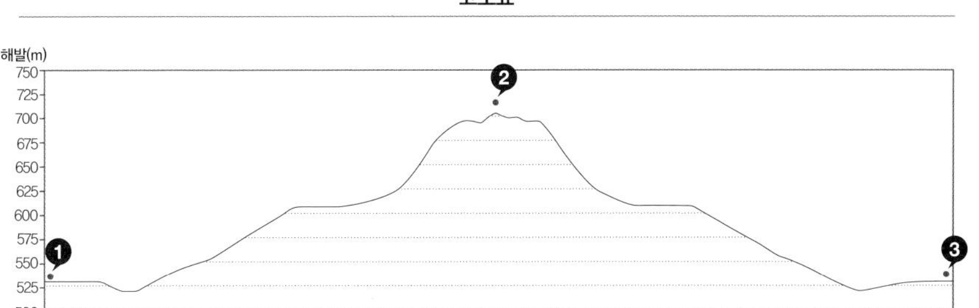

길잡이

설악산 여러 코스 중에서도 케이블카를 이용해 권금산성과 봉화대를 둘러보고 내려오는 길은 사계절 인기 코스다. 거리는 930m, 40분 걸린다. 겨울철 눈이 많이 온 다음 날, 아침 시간을 이용하면 비교적 쾌적하게 트레킹을 즐길 수 있다. 짧은 코스지만, 암릉에 눈이 쌓여 길이 미끄러우니 아이젠을 준비하는 것이 안전하다.

course map

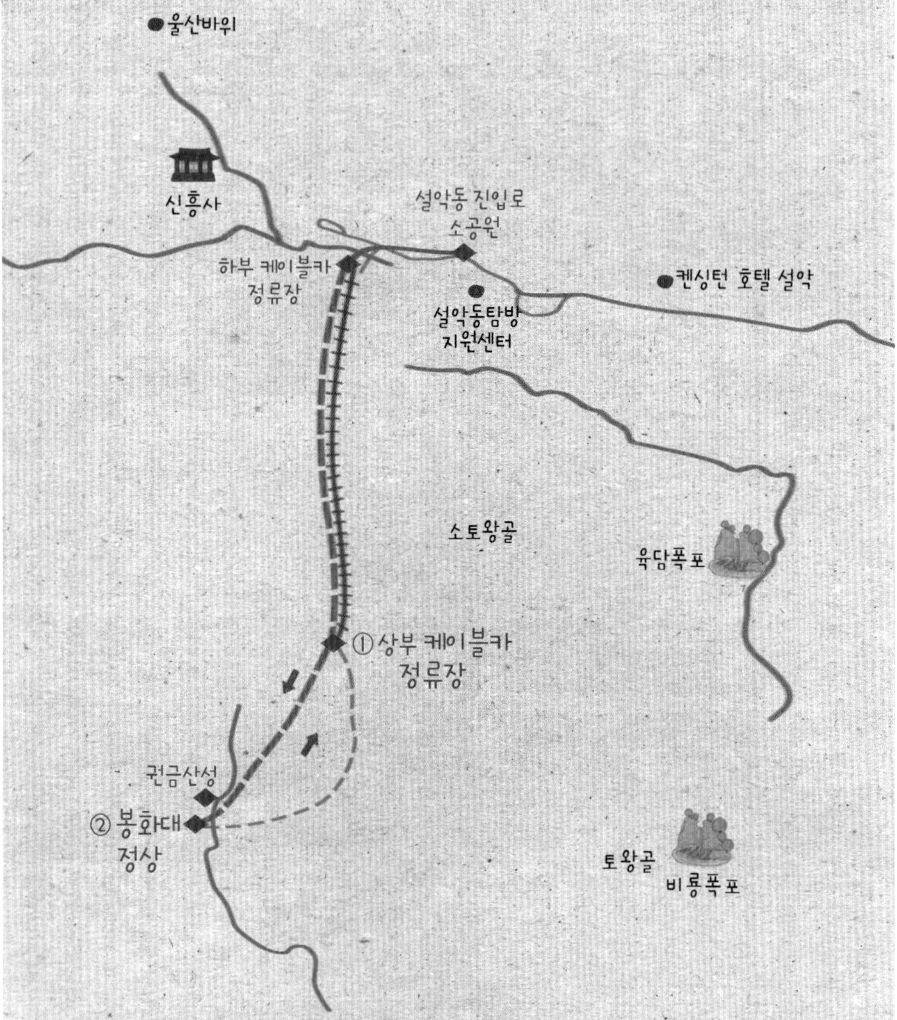

울산바위

신흥사

설악동 진입로
소공원

하부 케이블카
정류장

켄싱턴 호텔 설악

설악동탐방
지원센터

소토왕골

육담폭포

① 상부 케이블카
정류장

권금산성

② 봉화대
정상

토왕골
비룡폭포

교통 자가용은 동해고속도로 북양양IC로 나와 찾아간다. 동서울터미널 → 속초 버스는 06:05~23:00, 수시로 있으며 2시간 10분쯤 걸린다. 속초 → 설악동 버스는 7, 7-1버스가 자주 다닌다.

맛집

설악산 울산바위가 잘 보이는 학사평 마을은 순두부가 유명하다. 김영애할머니순두부(033-635-9520)와 진솔할머니순두부(033-636-9519)의 순두부가 진한 맛이 난다.

하얀 풍차들이 들어선 바람의 언덕

평창 선자령

ㅣ 동안 폭설 내리던 날의 선자령.

코스 가이드

장소	강원도 평창군 대관령면 횡계리
코스	옛 대관령휴게소~정상~옛 대관령휴게소
걷는 거리	11㎞
걷는 시간	5시간
난이도	무난해요
좋을 때	겨울·봄·가을

정상과 새봉전망대 중간쯤의 능선에서 바라본 풍차들.

'대관령 영하 14℃, 대관령 폭설…….' 일기예보에 대관령이 단골로 등장하면 겨울이 깊어간다는 뜻이다. 대관령(832m)은 개마고원과 함께 우리나라의 대표적인 고위평탄면이다. 지형적으로 서쪽 일대는 고위평탄면이고, 동쪽은 급경사를 이루다 동해를 만난다. 이러한 특징으로 대관령은 남한에서 가장 먼저 서리가 내리고 툭하면 폭설이 쏟아진다. 여기에다 심심할 만하면 몰아치는 강한 바람은 대관령 일대의 능선을 초원지대로 만들었다. 대관령~선자령 능선은 고산 고원의 특징을 잘 보여주는 우리나라에서 몇 안 되는 봉우리다.

선자령 트레킹은 봄·여름에 야생화가 가득한 평화로운 고원의 정취를 만끽할 수 있고, 겨울철에는 거센 바람 헤치며 눈꽃산행을 즐길 수 있다. 특히 설원과 풍차(풍력발전기)가 어우러진 이국적인 풍경이 장관이라 겨울 트레킹으로 인기가 좋다. 코스는 옛 대관령휴게소를 기점으로 계곡길을 거쳐 정상에 오르고, 능선길을 따라 새봉전망대를 거쳐 내려오는 길이 좋다.

course data

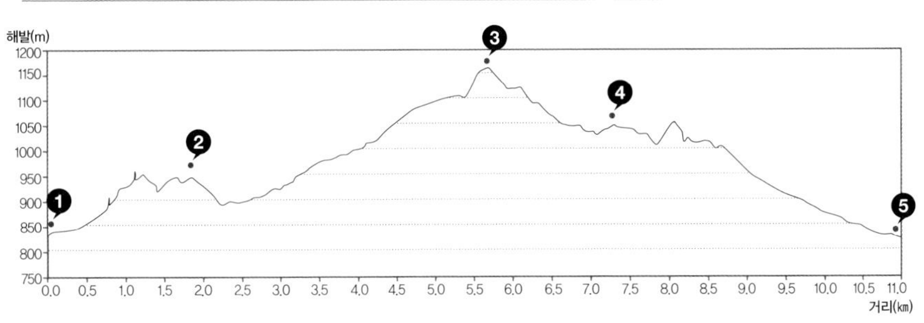

길잡이

선자령 코스는 옛 대관령휴게소~계곡길~선자령 정상~새봉전망대~국사성황사~옛 대관령휴게소. 총 거리 11㎞, 5시간쯤 걸린다. 겨울철에는 바람에 대한 대비를 잘 해야 한다. 고소모나 비니 등으로 머리와 귀를 바람으로부터 잘 막고, 방풍복도 잘 챙기자. 아이젠과 스틱은 필수다.

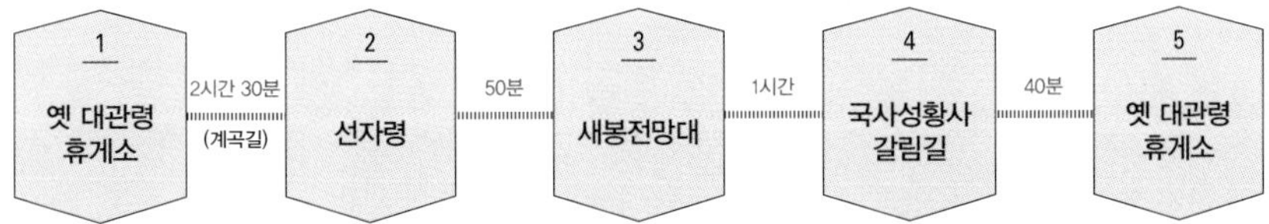

course map

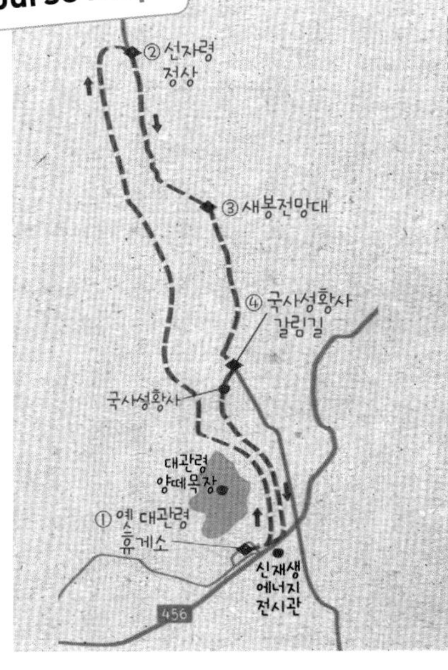

교통

자가용은 영동고속도로 횡계IC로 나온다. 횡계 시내로 들어가기 전에 왼쪽 496번 지방도를 타고 7분쯤 가면 옛 대관령휴게소와 국사성황사 입구가 차례로 나온다. 대중교통은 동서울터미널에서 횡계까지 온 다음에 택시를 이용한다. 동서울터미널 → 횡계 06:40~20:20, 1일 7회 운행하며 2시간 30분쯤 걸린다. 횡계에서 옛 대관령휴게소까지는 택시를 이용해야 한다.

맛집

횡계리는 황태의 본고장으로, 황태회관(033-335-5795), 황태덕장(033-335-5942) 등 전문점이 많다. 평창한우마을 대관령점(033-336-5919)에서는 부드러운 육질의 대관령한우를 비교적 저렴하게 맛볼 수 있다.

코스 가이드

장소	강원도 평창군·홍천군
코스	매표소~월정사~상원사
걷는 거리	10.7㎞
걷는 시간	4시간
난이도	무난해요
좋을 때	겨울(눈꽃), 가을(단풍)

월정사 전나무 숲길에 폭설이 내렸다. 이 길은 수천 그루 전나무가 터널을 이루며 '천년의 숲길'이라 부른다.

눈꽃 가득한 문수보살의 터전 강원

오대산

국립공원

오대산은 주봉인 비로봉(1,563m)을 비롯해서, 동대산(1,434m), 두로봉(1,422m), 상왕봉(1,493m), 호령봉(1,561m)이 연꽃 모양으로 펼쳐져 있다. 본래 오대산은 중국 산시성 청량산의 다른 이름이다. 신라 자장율사가 당나라에서 유학할 때 공부했던 곳이다. 그가 귀국하여 전국을 순례하던 중 백두대간의 한가운데 있는 산 형세를 보고 중국 오대산과 흡사하다 해서 그렇게 불렀다고 전해진다.

불법 깊은 오대천계곡

오대산은 12월부터 눈이 많이 내리기로 유명하다. 오대산 트레킹 코스는 크게 비로봉 정상을 오르는 코스와 오대천계곡을 따라 걷는 코스(선재길)로 나뉜다. 눈꽃 트레킹으로는 오대천계곡 코스가 좋다. 오대천계곡 코스의 출발점은 매표소①이다. 매표소를 지나 200m쯤 도로를 따르면 월정사 일주문② 이 나오고, 그 유명한 전나무숲길이 시작된다. 전나무 특유의 은은한 향기가 기막히다. 전나무숲길이 끝나면 월정사③다. 국보인 팔각구층석탑과 그 앞의 보살상을 구경하고 다시 길을 나서면 도로를 만난다. 잠시 도로를 따르면 전나무숲 아래 자리한 부도들이 보인다. 이곳을 지나면 커다란 이정표와 함께 선재길④이 시작된다. 선재길은 오대천계곡의 오솔길을 따라 상원사까지 이어진 길로, 『화엄경』의 선재동자에서 이름을 따왔다. 여기서 오대산장까지 서너 번 계곡을 건너며 섶다리를 지난다. 오대산장⑤은 예전에 산장이었지만, 지금은 찻집으로 바뀌었다. 오대산장을 나오면 동피골 합류점을 만나고 한동안 계곡을 오른쪽에 끼고 간다. 상원교 앞을 지나면 계곡은 왼쪽으로 돌아오고, 호젓한 계곡길은 상원사 입구까지 이어진다. 상원사⑥에서 세조와 깊은 연관이 있는 고양이 석상과 문수보살에 인사를 드리고 트레킹을 마무리한다.

오대천계곡의 섶다리.

course data

고도표

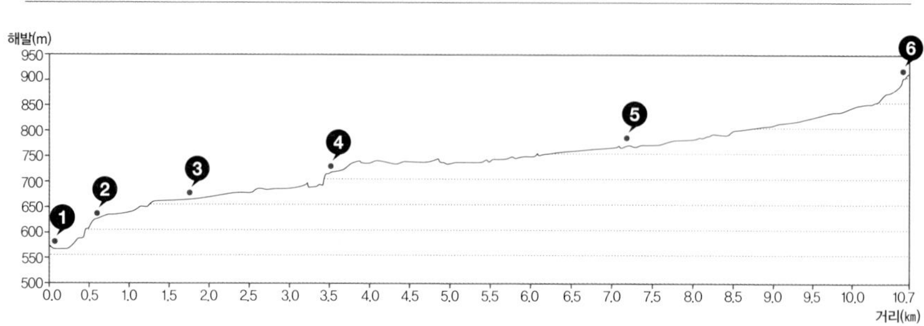

길잡이

오대산 눈꽃 트레킹의 출발점은 매표소다. 매표소부터 걷기 시작해야 월정사 전나무숲길을 처음부터 즐길 수 있다. 코스는 월정사 매표소~월정사 일주문(전나무숲길)~월정사~선재길 입구~섶다리~오대산장~상원사. 상원사 주차장이 트레킹의 종착점이 된다. 총 거리는 10.7km, 4시간이 걸린다. 걷는 거리는 꽤 길지만, 시종일관 숲길 아니면 흙길이고, 거의 평지라서 걷는 맛이 좋다. 오대산의 또 다른 트레킹 코스는 비로봉 정상을 오르는 코스가 있다. 월정사 전나무숲길과 함께 비로봉 정상까지 오르고 싶다면, 월정사 일주문에서 월정사까지 구경하고 월정사에서 상원사까지 차량으로 이동해(20분 소요) 상원사~사자암~적멸보궁~비로봉 정상에서 원점회귀하는 코스를 선택한다.

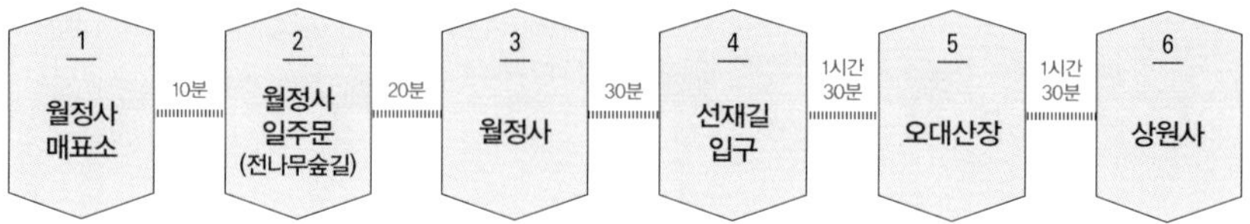

교통 자가용은 영동고속도로 진부IC로 나와 찾아간다. 동서울터미널 → 진부행 버스가 06:40~20:20, 1일 10회 운영하며 2시간 10분쯤 걸린다. 진부시외버스터미널(033-335-6963)에서 월정사 가는 버스는 07:50~14:40, 1일 10회 운행한다.

맛집 오대산농원식당(033-332-6738)의 산채정식이 일품이다. 오대산의 품질 좋은 나물이 밥상 가득 올라온다. 진부 시내의 부일식당(033-335-7232)의 산채 정식도 괜찮다. 진부시외버스터미널 근처의 메미리(033-335-5999)는 메밀부침 전문점으로 메밀전병, 감자전, 감자송편 등을 저렴한 가격으로 판다.

course map

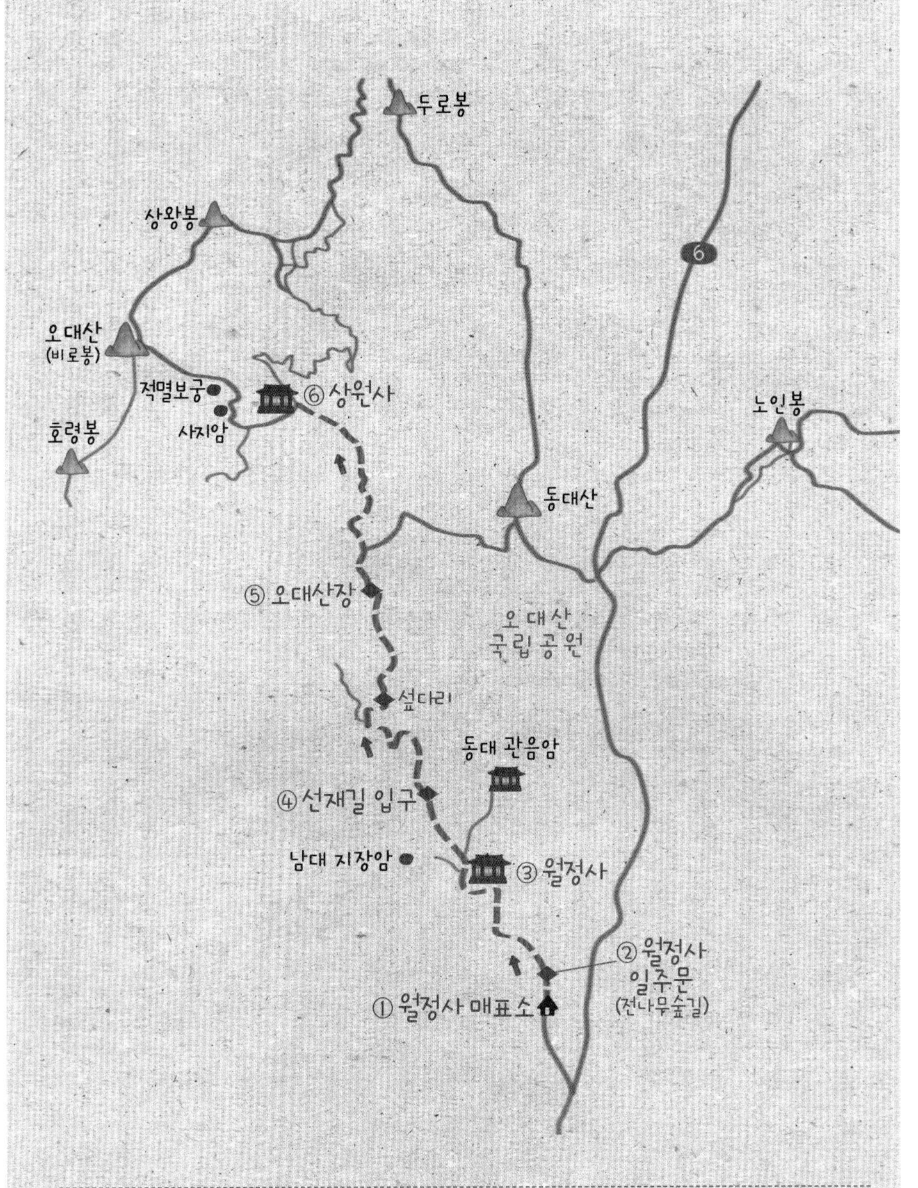

숙소 오대산 가는 길에 자리한 켄싱턴호텔 평창(033-330-5000)은 조망 좋은 고급 숙소다. 오대산 입구인 동산리에 큰 민박촌이 형성되어 있다. 콘도형산장민박(033-332-6589)이 깔끔하다.

코스 가이드 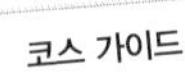

장소	제주도 제주시 · 서귀포시
코스	성판악~정상~관음사
걷는 거리	19㎞
걷는 시간	8시간
난이도	매우 힘들어요
좋을 때	12~1월(눈꽃), 5월(신록)

거대한 얼음 호수로 변한 사라오름. 겨울에는 호수 한가운데로 얼음을 밟고 간다.

히말라야 알프스 부럽지 않은 설원 천국

제주 한라산

국립공원

유네스코 세계자연유산

한라산은 강원도 대관령과 울릉도 나리분지 못지않게 눈이 많이 내리는 지역이다. 11월 중순에 내리기 시작한 눈은 이듬해 3월까지 내리면서 켜켜이 쌓인다. 제주 어느 곳에서나 눈을 머리에 인 한라산을 볼 수 있고, 그 품에서 설국의 정취를 만끽할 수 있다. 폭설이 내린 뒤 맑게 갠 한라산 풍광은 히말라야나 알프스도 부럽지 않을 정도로 아름답다.

운해를 만나는 겨울 한라산의 특별함

제주의 겨울은 기온이 영하로 내려가는 날이 며칠 없을 정도로 따뜻하다. 하지만 1,950m 높이의 한라산은 다르다. 툭하면 폭설이 쏟아진다. 2005년 12월과 이듬해 1월 사이에는 무려 220cm의 기록적인 적설량을 보이기도 했다. 일반적으로 1월 초순 윗세오름의 적설량도 1m가 넘는다. 폭설뿐 아니라 겨울철 한라산의 날씨는 특별하다. 아침에 흐렸다가 점점 맑아지면서 구름이 발아래에 깔린다. 대체로 운해를 볼 확률이 아주 높다.

5·16도로를 넘어 서귀포로 가는 버스는 주말이면 등산버스가 된다. 오전 6시에 떠나는 첫 차는 자리 잡기 어려울 정도로 사람이 많다. 아직 해가 뜨기 전이지만 사람들은 성판악휴게소①에서부터 중무장을 한다. 두툼한 외투는 기본, 바라클라바를 뒤집어쓰고, 그 위에 털모자를 눌러 쓴 사람들도 있다. 스패츠 차고 쇠붙이가 주렁주렁 달린 아이젠으로 행장을 마무리한다.

성판악 등산로 입구를 지나면 길고 지루한 산길이 시작된다. 날카로운 아이젠 이빨들이 포근한 눈이불을 찍는다. 뽀드~ 빠드~ 아이젠을 찬 신발에서 눈 밟는 소리가 요란하다. 눈을 뒤집어쓴 굴거리나무 잎들은 마치 박쥐가 거꾸로 매달린 것 같다. 지루한 길을 걷던 사람들은 화려한 눈꽃의 삼나무 군락지에 이르자 얼굴에 화색이 돈다.

삼나무 군락지를 지나 한동안 이어지던 길은 어느덧 사라오름 갈림길을 만난다. 하산은 관음사로 내려오기 때문에 사라오름으로 방향을 잡는다. 나무데크 따라 걷는 길 주변은 온통 설국이다. 오르막이 끝나면서 사라오름②의 거대한 굼부리가 나타난다. 찰랑찰랑하던 굼부리 안의 물이 꽝꽝 얼어 드넓은 얼음판으로 변했다. 굼부리를 감싸는 나무들은 막 피어난 듯 눈꽃이 만발했다. 데크길에서 빠져나와 그대로 굼부리 가운데를 걸어간다. 얼음판을 걷는 맛이 신난다.

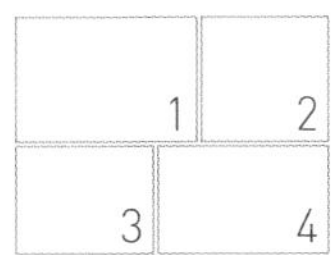

1 백록담을 왼쪽에 끼고 관음사 방향으로 내려서는 길. 백록담에서 장구목으로 이어지는 능선 너머로 구름바다가 펼쳐진다. **2** 관음사 코스의 무인 대피소인 삼각봉대피소. **3** 정상에서 관음사 방향으로 내려서면 눈을 뒤집어 쓴 구상나무가 장관이다. 마치 괴물처럼 보여 '구상나무 몬스터숲'이라 부른다. **4** 한라산 동봉 정상에서 내려다본 백록담. 눈과 얼음 세상인 백록담에서는 태초의 시간이 흘러간다.

오름 반대편으로 가면 전망대가 나온다. 전망대에 서자 시나브로 무거운 먹장구름이 풀리기 시작한다. 구름 속에서 한라산 정상이 반짝 나타나고, 반대편 멀리 서귀포 앞바다가 아스라하다. 다시 빙판을 걸어 사라오름을 돌아가는 길. 구름 속에서 해가 얼굴을 내밀자, 사라오름이 반짝반짝 빛난다.

진달래대피소 가는 길에 드디어 해가 났다. 빛을 품은 눈꽃이 더욱 풍성하다. 예상대로 진달래대피소③는 사람들로 북적북적하다. 싸온 김밥으로 만찬을 즐긴다. 눈을 머리에 인 광활한 구상나무숲을 바라보며 아그작아그작 차가운 김밥을 씹는다. 오래오래 꼭꼭. 풍경도 함께 씹는다. 서둘러 진달래대피소를 떠난다. 꾸물거렸다가는 줄을 서서 정상에 오를 판이다.

여기서 정상까지 계단길이 끝없이 이어진다. 앞 사람 궁둥이와 땅만 번갈아 쳐다보며 걷다가 잠시 멈춰 뒤를 돌아본다. 아~ 탄성이 터져 나온다. 구름바다가 발아래 깔렸고, 그 너머 푸른 바다가 아스라하다. 왼쪽 구름의 장막도 스르르 무너지더니 서귀포 앞바다 범섬이 나타난다.

이윽고 대망의 백록담 정상④. 눈과 얼음 세상인 백록담 안에는 태초의 시간이 흘러간다. 백록담 전설 속의 흰 사슴은 어디에 있을까. 완만한 동봉 사면은 이미 사람들이 가득 메웠다. 진달래대피소 방향에서 계속 사람들이 줄지어 올라온다. 아쉽지만, 관음사 방향으로 발걸음을 옮긴다.

다행히 관음사 방향으로 내려가는 사람은 드물다. 길이 성판악에서 올랐던 길보다 험한 탓이다. 나무데크를 따르면 관음사 방향에서 올라온 사람이 마치 허공을 걷는 것처럼 보인다. 정상 분화구에서 내려서면 흰 괴물들이 나타난다. '스노우 몬스터'들이다. 몬스터는 구상나무 등에 눈이 쌓인 기괴한 나무숲을 일컫는다.

정상을 향해 줄을 서서 올라오는 사람들.

방향을 틀어 나무계단 따라 내려가는 길은 앞쪽으로 시원하게 조망이 열린다. 광활한 구상나무 군락 너머로 펼쳐진 구름바다, 그 너머 푸른 바다가 첩첩 빚어내는 색의 조화가 발목을 붙잡는다. 특히 바다의 푸른 빛이 싱그럽다. 구름바다 사이로 제주항 일대가 살짝 고개를 내민다. 그 조망은 백록담과 장구목이 펼쳐진 전망대에서 절정을 이룬다. 관음사 코스를 택한 사람만이 누릴 수 있는 지복의 풍경이다.

구상나무 눈꽃터널을 통과하면 왕관릉 꼭대기다. 여기서 왕관릉은 보이지 않고 더 내려가야 볼 수 있다. 왕관릉을 내려가면 옛 용진각대피소에 이른다. 옛 건물은 태풍으로 부서져 아예 철거했고 그 터만 남았다. 현무암 돌로 단단하게 지었던 옛 모습이 떠오른다. 볕이 잘 드는 이곳에 배낭을 내려놓는다. 예로부터 사람들이 쉬었다 가던 곳이라 온기가 있다.

경이로운 바위가 우뚝한 삼각봉.

대피소 터 오른쪽을 자세히 보면 험한 산비탈에 사람이 올라간 흔적이 있다. 이곳을 오르면 개미목으로 전문 산악인의 훈련지이다. 왕관릉과 작별을 고하면 삼각봉대피소⑤에 닿는다. 무인대피소로, 옛 용진각대피소를 대신한다. 대피소 앞에서 보면, 삼각봉은 알프스 마테호른의 축소판처럼 보인다. 이제 길고 지루한 숲길이 끝없이 이어진다.

눈을 뒤집어쓴 웅장한 솔숲을 지나면 탐라대피소⑥를 만나고, 산죽길은 꼬리를 문 뱀처럼 끝없이 이어진다. 구린굴을 지나면 관음사주차장⑦이 나타난다. 주저앉아 아이젠과 스패츠를 풀면서 황홀하고도 탐스러웠던 눈꽃 트레킹을 마무리한다.

Tip

한라산 탐방 예약제

2021년 1월 4일부터 정상 코스는 사전 예약제가 시행됐다. 1일 허용 인원은 성판악 1,000명, 관음사 500명이다. 예약은 탐방 월 기준 전월 1일 09:00부터 가능하다.
전화 문의는 064)713-9953. 한라산탐방예약시스템 홈페이지는 https://visithalla.jeju.go.kr/

course data

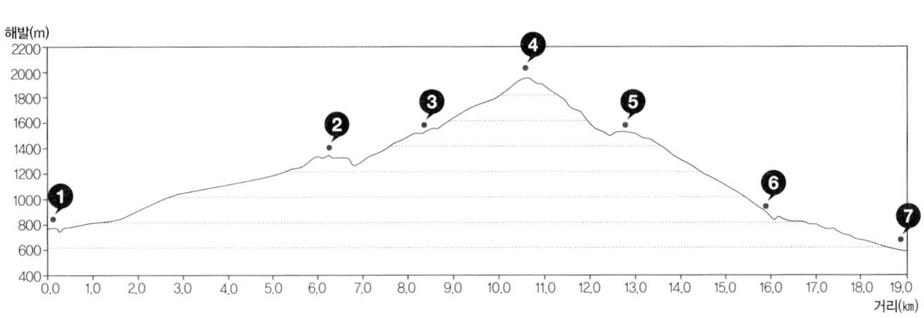

길잡이

한라산 눈꽃 트레킹 코스는 성판악에서 출발, 정상을 거쳐 관음사로 내려오는 것이 일반적이다. 총 거리 19km에 8시간이 걸리는 꽤 고된 코스다. 관음사를 출발점으로 하면 오르막이 무척 힘들어 시작과 동시에 지칠지도 모른다. 겨울 산행은 안전을 위해 아이젠, 스패츠, 바람에 대비한 모자, 보온 의류, 스틱 등 장비를 잘 갖추어야 한다. 대피소에는 매점이 없다. 미리 도시락, 컵라면, 과일, 열량이 높은 과자나 초콜릿 등을 준비해 가자.

교통

김포 · 청주 · 부산 등에서 비행기를 타거나 부산·완도 등에서 배를 타고 제주에 도착한다. 제주버스터미널 또는 제주국제공항에서 성판악 가는 급행버스 182번이 06:35~22:20, 1일 25회 다닌다. 하산 지점인 관음사 등산로 입구에서는 제주대로 가는 버스가 있다. 제주대에서 환승해 터미널이나 공항으로 갈 수 있다.

숙소

제주시외버스터미널 근처의 유정모텔(064-753-6331)은 산꾼과 올레꾼들에게 인기가 좋은 숙소이다. 터미널이 가까워 베이스캠프로 좋다. 절물자연휴양림(064-728-1510)과 서귀포자연휴양림(064-738-4544) 등은 풍성한 숲이 좋다. 여행자 화성인이 운영하는 숙소는 해변이 한눈에 보이는 오션뷰 객실을 갖추고 있다(에어비앤비 운영). 뿐만 아니라 풍부한 제주 여행 정보도 얻을 수 있다. 문의는 카카오톡(marsis96).

course map

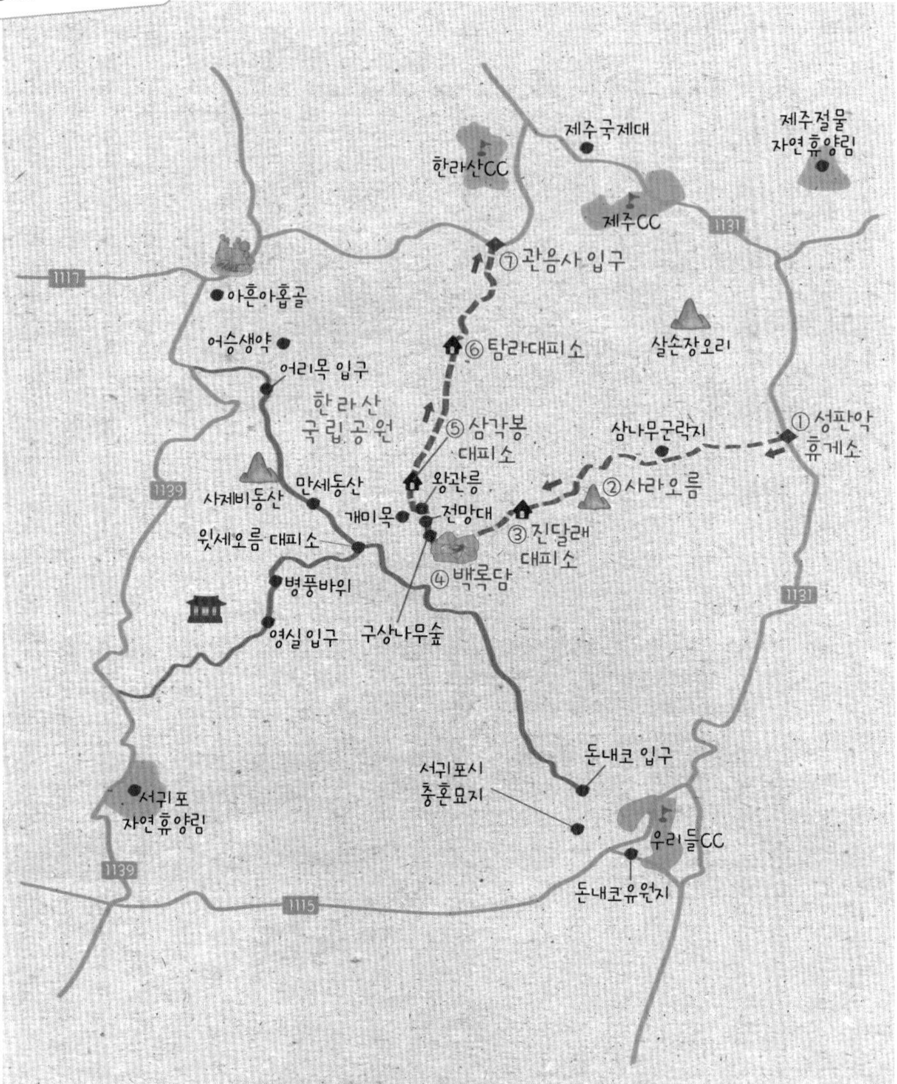

제주절물
자연휴양림
제주국제대
한라산CC
제주CC
1131
1117
⑦관음사 입구
아흔아홉골
⑥탐라대피소
살손장오리
어승생악
어리목 입구
한라산
국립공원
⑤삼각봉
대피소
삼나무군락지
①성판악
휴게소
1139
사제비동산
만세동산
왕관릉
②사라오름
개미목
전망대
③진달래
대피소
윗세오름 대피소
④백록담
병풍바위
1131
영실 입구
구상나무숲
돈내코 입구
서귀포시
충혼묘지
서귀포
자연휴양림
우리들CC
1139
1115
돈내코유원지

맛집

제주공항과 가까운 노형동의 제주늘봄(064-744-9001)은 남원읍 한라산 자락에서 자란 육질 좋은 재래 흑돼지를 내놓는다. 제주버스터미널 근처에는 기사들이 애용하는 가성비 좋은 식당이 몇 군데 있다. 그중 현옥식당(064-757-3439)의 돼지두루치기는 제주의 어느 유명 식당의 흑돼지 요리가 부럽지 않다.

테마편
한번쯤 처음과 끝을 밟고 싶은
종주 트레킹
TRAIL

코스 가이드

장소	경상북도 울릉군 울릉읍
코스	도동~저동~성인봉~태하~남양
걷는 거리	46.5㎞
걷는 시간	3박 4일
난이도	제법 힘들어요
좋을 때	봄~가을

태하등대 전망대에서 바라본 대풍감.

젊은 화산섬의 속살을 만나다

울릉도

종주

울릉도의 깊은 속살을 만나려면 천편일률적인 패키지여행에서 벗어나 일단 걸어야 한다. 울릉도에는 산과 바다가 어우러진 멋진 트레킹 코스가 곳곳에 숨겨져 있다. 도동에서 저동까지 해안을 따라 이어진 행남등대 코스, 저동의 내수전에서 석포마을까지 이어진 내수전 옛길, 원시림 보호구역인 나리분지에서 오르는 성인봉 산행, 태하의 대풍감 해안절벽을 감상하는 태하등대 코스와 태하령 옛길 등이 그것이다. 이런 빼어난 길들을 굴비 엮듯 꿰어내는 코스가 바로 '걸어서 울릉도 한 바퀴'다.

우리나라에서 가장 아름다운 해안길, 행남등대 코스

누구나 예외는 없다. 울릉도에 가려면 동해 먼 바다의 높은 파도를 온몸으로 타고 넘어야 한다. 동해에서 울릉도까지는 161km, 가장 많은 사람들이 찾는 포항에서는 217km 떨어져 있다. 제주도가 완도에서 90km 떨어져 있는 것을 감안하면 울릉도가 멀긴 멀다. 게다가 동해 먼바다의 파도는 바람이 좀 세다 싶으면 3~5m에 이른다. 험한 뱃길로 예로부터 사람들의 왕래가 뜸했기에 울릉도만의 독특한 생태환경을 유지할 수 있었다. 울릉도를 '한국의 갈라파고스'라고 부르는 것은 이런 연유에서다.

하지만 교통편이 바뀌면서 울릉도 접근성이 조금씩 좋아지고 있다. 2021년 9월부터 1만 9,988톤 규모의 크루즈가 취항해 겨울철에도 안정적으로 운항하고, 울릉공항은 2025년 개항을 목표로 공사 중이다.

울릉도가 험하긴 험했던 모양이다. 512년 신라의 이사부는 당시 우산국이었던 울릉도를 정벌하며 시험불복恃險不服이란 명분을 내걸고, 목우사자木偶獅子 전략을 썼다고 삼국사기에 전해진다. 시험불복이란 지형이 험한 것을 믿고 항복하지 않는다는 뜻이고, 목우사자는 나무 사자를 만들어서 항복하지 않으면 사자를 섬에 풀어놓겠다고 속임수를 쓴 것이다. 이러한 우여곡절 끝에 신라는 우산국을 복속할 수 있었다.

울릉도 트레킹은 도동항①에서 출발하는 게 정석이다. 여객터미널 건물 뒤편의 바닷가로 나가면 곧바로 행남등대 코스가 시작된다. 이 길을 시작으로 시계 반대 방향으로 3박 4일 동안 울릉도를 한 바퀴 돌게 된다.

해변으로 이어진 큰 다리에 오르면 환호성이 터져 나온다. 길은 바다에서 솟은 용암을 파도와 바람이 오랜 세월 다듬어놓은 해안절벽을 따라 길이 이

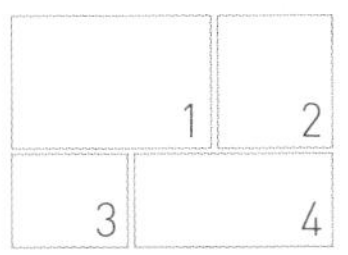

1 관음도 산책로는 초지와 바다가 어우러져 섬 전체가 절경이다. **2** 2013년 석포마을에 개장한 안용복기념관. **3** 관음도로 이어진 현수교. 진한 물빛이 일품이다. **4** 태하등대 전망대에서 바라본 북면 해안. 송곳봉이 우뚝하다.

어지고, 그 오른쪽에는 우리나라 어디에서도 볼 수 없는 짙은 에메랄드빛 바다가 찰랑거린다. 바다는 섬에서 멀어질수록 검푸른 빛으로 일렁거린다.

바닷길이 끝나는 지점부터는 산길이 이어진다. 수풀을 헤치고 솔숲 사이를 걸으니 동화 속에 나올 듯 예쁜 행남등대②가 나타난다. 등대 뒤편에는 기막힌 전망대가 숨어 있다. 오징어잡이의 전진항인 저동항과 울릉도 부속 섬인 죽도가 시원하게 펼쳐진다. 까마득한 절벽에 걸린 소라계단을 내려와 여러 개의 무지개다리를 건너면 촛대바위가 반기는 저동항③에 닿는다.

이 길은 울릉군에서 10년 넘게 공들여 만든 산책길로 우리나라에서 가장 아름다운 해안 길의 하나로 손꼽힌다. 그러나 전망대 아래 소라계단~저동항 구간이 태풍에 의한 낙석 사고로 출입이 통제된다. 따라서 행남등대에서 저동옛길(행남옛길)을 따라 저동으로 가야 한다.

저동항은 번잡한 도동항에 비해 한결 조용하고 운치 있다. 바다가 보이는 민박집에서 첫날의 여장을 풀었다. 그날 밤, 포구에 나가 집어등이 밤바다를 비추는 저동 특유의 정취를 만끽했다. 물론 오징어회에 술 한잔이 빠질 수 없다.

마지막 남은 흙길, 내수전 옛길

내수전전망대로 가는 팍팍한 포장도로는 40분을 넘게 걸어도 끝없이 이어진다. 내수전약수터의 톡 쏘는 물맛에 힘을 얻어 간신히 내수전전망대④에 올랐다. 이곳은 울릉도 동쪽 해안에서 가장 높은 곳이다. 오른쪽으로는 저동항이, 왼쪽으로는 가야 할 석포마을 일대가 장쾌하게 펼쳐진다. 석포 일대는 울창한 산림이 빽빽하고, 바다 쪽으로 갈수록 험준한 해안절벽을 이룬다.

울릉도의 해안도로는 1963년 공사를 시작해 2001년에 완공되었는데, 내수전에서 섬목까지 4.4㎞ 구간은 지형이 험해 흙길 그대로 남겨 두었다. 그

태초의 원시림이 펼쳐지는 나리분지.

러다가 이 구간에 터널을 뚫어 2019년 3월 비로소 일주도로가 완성됐다.

전망대에서 내려오면 본격적인 내수전 옛길이 시작된다. 모퉁이를 한 구비 돌아서자 깊은 산중에서나 볼 수 있는 고사리류들이 지천으로 깔려 있다. 길은 평탄한 산비탈을 타고 도는데 중간중간 내려다보이는 죽도와 바다 경치가 아름답다.

내수전 옛길의 중간 지점인 정매화쉼터에는 말오줌나무의 흰 꽃이 만개해 화려한 산제비나비들을 불러모은다. 이곳은 걸어서 섬을 걸어다니던 시절인 1962년부터 1981년까지, 이효영 씨 부부가 살면서 폭설과 악천후를 만나 곤경에 빠진 섬 주민과 관광객 300여 명을 구한 따뜻한 미담이 깃든 곳이다.

쉼터를 지나면 삼거리다. 여기서 와달리로 가는 길로 내려서면 안 된다. 해안의 아름다운 마을이었던 와달리는 사람들이 모두 떠나 폐허가 되었다. 삼거리를 지나면 길은 슬며시 오르막으로 이어지면서 북면 경계를 넘는다.

선창에서 천부로 가는 길에 만나는 삼선암.

이어 원시적 숲길이 한동안 이어지다가 솔숲이 나오면서 포장도로를 만나게 된다.

띄엄띄엄 집들이 자리 잡은 석포마을은 겨울이면 버스도 다니지 못하는 오지다. 하지만 더덕과 미역취 등이 바닷바람을 맞으며 잘 자라고 인심도 좋아, 정들면 떠나지 못한다고 해서 정들포라고 불렀다. 석포버스정류장 뒤에는 2013년 8월에 안용복기념관⑤이 세워졌다. 안용복은 조선시대 동래 수군 출신으로 일본 어민이 울릉도 인근에서 고기잡이하는 것을 보고 1963년과 1969년 두 차례 일본으로 건너가 막부로부터 울릉도와 독도가 조선 영토임을 확인하는 문서를 받아냈다. 청명한 날에는 기념관 앞에서 독도를 육안으로 볼 수 있다.

석포에서 선창 해안까지는 시멘트 도로를 따라 내려와야 한다. 그 중간쯤 자리한 석포전망대를 놓치면 섭섭하다. 전망대 이정표를 따라 20분쯤 오르면, 시야가 넓게 열리면서 송곳산, 공암(코끼리바위) 등 북면의 해안절경이 펼쳐진다. 석포전망대는 일제가 러시아 군함을 관측하기 위해 망루를 설치한 역사적 현장이다.

울릉도의 새로운 명소, 관음도

다시 전망대 입구로 내려와 급경사 시멘트 도로를 따르면 북면 해안인 선창을 만난다. 천부로 가려면 왼쪽을 따르지만, 우선 오른쪽에 있는 관음도를 빼놓을 수 없다. 관음도[6]는 깍새(깍새)가 많아 주민들이 깍새섬이라 불렀으며, 1960년대 주민 한 가구가 잠시 살다 인적이 끊겼다. 그러다 2012년 울릉군에서 관광을 위해 섬목과 연도교를 놓았다. 관음도를 건너가려면 우선 승강기를 타고 25m쯤 올라야 한다. 이어 데크를 따라가면 보행자 전용 현수교를 만난다. 현수교에 들어서면 세찬 바람이 몰아치지만, 울릉도의 남쪽 바다와 북쪽 바다를 모두 조망할 수 있다.

현수교를 건너 울창한 난대림 속의 급경사를 오르면, 비로소 관음도 위로 올라선 것이다. 이제 편안한 오솔길과 데크길이 이어진다. 1km쯤 이어진 탐방로를 따르면 관음도의 청정한 초지가 펼쳐지고, 모퉁이를 돌 때마다 본섬 · 죽도 · 삼선암 등이 번갈아가면서 나타나 환호성이 터져 나온다.

다시 선창으로 돌아와 북면 해안을 따르면, 해안 풍경에 반한 세 명의 선녀가 바위가 되었다는 전설이 내려오는 삼선암을 만난다. 삼선암을 지나 천부에 도착하니 7시가 넘었다. 나리로 가는 막차가 끊겼다. 천부에서 나리분지까지 올라가는 길은 지친 몸으로 걸어 올라가기엔 무리다. 할 수 없이 예약한 나리분지 산마을식당에 전화를 걸어 픽업을 부탁했다. 잠시 후 주인 아주머니가 손수 차를 몰고 오셨다. 숙소에 도착해 부지깽이, 더덕, 고비 등의 산나물 안주에 씨앗술을 곁들이니 천국이 따로 없다. 구름이 낮게 드리워진 나리분지⑦는 넓고 평온했다.

울릉도 안의 또다른 섬, 나리분지

나리분지의 아침은 강원도 깊은 산골처럼 맑고 선선했다. 오늘은 성인봉에 올랐다가 다시 천부로 내려와 북면 해안을 타고 태하까지 가는 날이다. 산길은 나리분지 원시림 보호구역을 관통해 나 있는데, '나리'란 이름처럼 순하기 그지없다. 천연기념물인 섬백리향 보호구역을 지나면 갑자기 시야가 트이면서 투막집이 나타난다. 미륵산과 송곳산이 병풍처럼 둘러쳐진 이곳은 한눈에 봐도 명당자리다. 1882년 울릉도 개척시대에 정착했던 사람들이 귀틀집 형태인 투막집을 짓고 섬말나리 뿌리로 연명하며 살았다고 한다. '나리'라는 이름은 그래서 생긴 것이다.

신령수⑧에 이르러 물통을 가득 채운다. 울릉도는 전체적으로 물이 좋지만, 특히 나리분지의 물은 최상급이다. 신령수를 지나면 공포의 계단길이 시작된다. 이곳에서 정상 직전까지 끝없이 나무계단이 이어지는데, 중간 지점에 나리분지 전망대가 있다. 드넓은 나리분지 안에 알봉이 봉긋 솟아 있는 모습이 정겹다.

전망대를 지나면 잠시 완만한 능선이 이어지다 성인수에서 다시 계단이 시작된다. 성인수에서 목을 축이고 다시 한바탕 땀을 쏟으면 계단이 끝나면서 삼거리가 나온다. 여기서 10m만 오르면 홀연히 하늘이 열리며 성인봉 정상⑨이 나타난다. 마가목숲 사이로 짙푸른 동해가 넘실거린다. 날이 좋은 날은 독도가 잘 보인다.

왔던 길을 되짚어 하산한다. 신령수를 지나 투막집 삼거리에서 왼쪽 알봉

성인봉 정상 전망대에서 본 나리분지. 포근하고 정겹다.

둘레길을 따른다. 시간 여유가 있으면, 조망이 일품인 깃대봉(608.2m)에 올라갔다가 내려오는 걸 추천한다. 깃대봉 꼭대기의 전망대에 서면 북면 해안이 한눈에 들어오고, 성인봉의 역동적인 산세를 감상할 수 있다.

깃대봉을 내려와 다시 알봉둘레길을 따르다가 추산용출소에 닿는다. 여기가 나리분지의 물이 솟아나는 구멍이다. 나리분지에 내린 비는 땅속으로 스미고 일정 시간이 지나 이곳 용출소로 나온다. 해안가에 용출소가 있는 제주도와 비슷한 원리다. 물의 온도는 평균 10.2도로 서늘하고, 솟아나는 양이 하루 2만 톤이다. 태백의 검룡소가 하루 2,000톤이니, 가히 어마어마한 양이 아닐 수 없다. 나리분지는 물이 좋기로 유명하다. 화산섬의 축복이다.

추산용출소부터 날씨가 흐려지더니 추산리⑩에 이르자 비가 내리기 시작한다. 북면 해안의 상징인 송곳봉이 구름 속으로 들어갔고 현포항⑪에 이르자 바다가 끓어오르며 세찬 바람이 몰아친다. 이 상태에서 걸어서 현포령을 넘는 것은 무모한 일이다. 버스를 타고 태하⑫에 내려 고단한 몸을 눕혔다.

바람을 기다리는 바위, 대풍감

옛 우산국의 도읍지로 알려진 태하는 한적한 갯마을이다. 태하에는 '한국의 10대 비경 지대'인 대풍감을 조망하는 길이 있는데, 이를 태하등대 트레킹 코스라고 부른다. 등대로 가는 옛길은 동남동녀童男童女의 슬픈 전설을 간직한 성하신당에서 시작하지만, 모노레일을 타고 등대 입구까지 올랐다. 생각보다 모노레일 타는 재미가 쏠쏠했고, 창문 밖으로 태하 앞바다가 근사하게 펼쳐졌다.

종점에서 내리면 팽나무, 동백 등을 비롯한 난대성 나무가 울창한 그윽한 숲길이다. 태하등대⑬에 도착해 언덕에 올라서니 대풍감 전망대다. 대풍감의 이름은 바람을 기다리며待風 구멍坎을 뚫어 배를 매어뒀다는 뜻이다. 해안의 공룡등뼈 같은 바위들을 말한다. 또한 하얀 등대 너머로 역동적인 봉우리들이 치솟았는데, 태하령은 그 속에 숨어 있다. 바다 쪽의 전망은 더 좋다. 향목령 해안절벽에서 현포, 그리고 송곳봉까지 이어진 역동적인 해안은 장관 중의 장관이다.

다시 성하신당⑭으로 돌아와 태하령 옛길에 오른다. 태하령은 2001년 해안을 따라 수층교와 세 개의 터널이 뚫리기 전까지만 해도 주민들이 다니던 길이었다. 수시로 운무가 끼는 정상에는 천연기념물인 솔송나무, 섬잣나무, 너도밤나무 군락지가 있어 더욱 신비롭다. 태하령⑮ 고갯마루를 넘으면 남양⑯ 땅이다. 울릉도 종주는 남양에서 끝맺는 것이 좋다. 남양에서부터 도동까지는 포장도로가 번듯하고 지나는 차가 많아 걷기에 불편하다. 이제 남은 것은 해상유람선을 타고 그동안 걸어왔던 길을 반대로 한 바퀴 도는 것. 바다에서 보는 울릉도는 또 다른 감동의 물결이다. 내가 걸었던 길이 이토록 아름다웠다니…….

course data

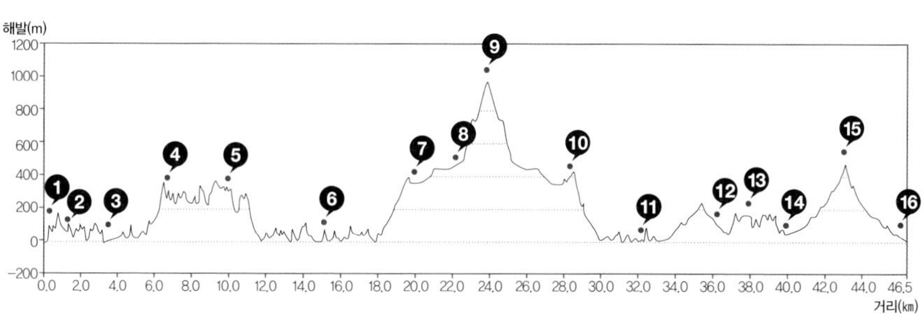

길잡이

울릉도 해안을 따라 한 바퀴 도는 데 3박 4일이 걸린다. 하지만 중간에 버스를 이용해 시간을 아낀다면 2박 3일 일정도 가능하다. '울릉 알리미' 앱에선 여객선 출항 여부, 버스 시간, 관광지 정보 등 울릉도 여행에 꼭 필요한 정보를 제공한다.

•1일 행남등대 코스

도동항에 도착하면 약초해장국 또는 오징어내장탕으로 울렁거리는 속을 달래는 것이 먼저다. 점심을 먹고 행남등대 해안길을 따라 저동으로 넘어가 1박을 한다. 첫날은 다소 여유로운 일정으로, 아쉬움이 남는다면 추가 일정으로 도동 약수공원에서 케이블카를 타고 독도전망대에 다녀오는 것도 괜찮다. 행남등대에서 저동 가는 해안길이 끊겼으면, 저동옛길을 따른다. 총 걷는 시간은 1시간 40분~2시간.

•2일 내수전 옛길·북면 해안길

걷는 거리도 길고 볼거리도 많은 날이다. 시간 단축을 위해 내수전전망대까지는 택시를 이용한다. 전망대 입구에서 석포마을 입구까지 내수전 옛길이 4.4㎞ 이어진다. 이어 포장도로를 20분쯤 걸으면 석포마을이 나오고, 여기서 길고 지루한 길을 1시간 넘게 걸어야 선창 해안에 닿는다. 시간 여유가 있으면 선창으로 내려가는 길에 북면 해안 전망이 기막힌 석포전망대에 다녀오자. 갈림길 이정표에서 왕복 40분쯤 걸린다. 선창에서는 북면 해안을 따라 걷게 된다. 우선 관음도까지 걸어갔다가 되돌아 나오며 선녀탕, 삼선암 등을 구경한다. 천부에 도착하면 나리분지까지는 마을버스를 타는 것이 좋다. 점심은 저동의 분식집에서 도시락을 미리 준비한다. 총 걷는 시간은 9~10시간.

• 3일 성인봉 등반 · 북면 해안길

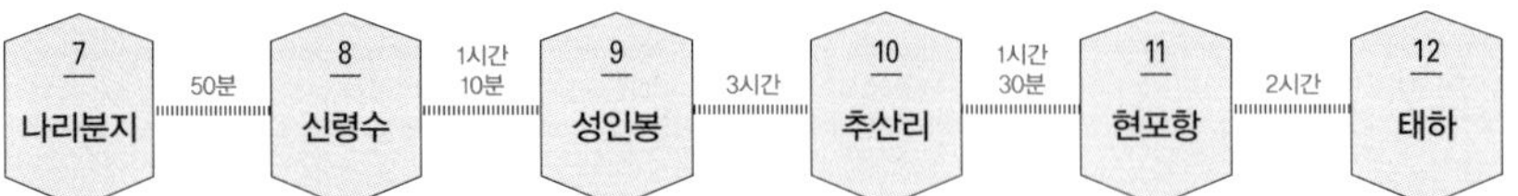

나리분지에서 성인봉까지는 왕복 9㎞, 4시간쯤 걸린다. 하산길은 신령수 아래의 투막집 삼거리에서 왼쪽 알봉둘레길을 따라 추산용출소를 거쳐 추산리에 닿는다. 시간 여유가 있으면, 조망이 일품인 깃대봉(608.2m)에 올라갔다가 내려오는 걸 추천한다. 추산리부터 다시 북면 해안을 따르면 송곳봉, 공암, 현포 등의 절경을 거친다. 현포령을 넘으면 태하 땅이다. 총 걷는 시간은 8~9시간.

• 4일 태하등대 코스 · 태하령 옛길

태하등대 입구까지 모노레일을 타는 것이 좋다. 모노레일이 운행을 안 할 때는 걸어서 올라야 한다. 왕복 2시간쯤 걸린다. 태하등대를 구경하고 다시 성하신당으로 돌아와 태하령으로 향한다. 태하령 넘어 남양 땅에 닿으면 울릉도 한 바퀴가 마무리된다. 태하령을 생략하고 태하에서 끝을 맺어도 괜찮다. 총 걷는 시간은 5~6시간.

교통 묵호, 후포, 강릉과 경북 포항에서 울릉도 가는 배가 다닌다. '가보고 싶은 섬' 앱을 이용해 날짜와 시간을 확인한다. 겨울철에는 포항영일신항에서 출발하는 울릉크루즈를 이용하는 게 좋다. 다른 곳은 결항하기 일쑤다. 포항영일신항(00:30)~울릉도 사동항(07:00), 울릉도 사동항(12:40)~포항영일신항(19:10). 배가 워낙 커 진동이 작은 덕분에 뱃멀미가 거의 없다. 6시간 30분쯤 걸린다. 포항역과 시내 여러 곳에서 포항 영일신항으로 가는 무료 셔틀버스가 운행된다. 울릉크루즈 1533-3370.

맛집 울릉약소, 홍합밥, 산채비빔밥, 오징어, 호박엿을 '울릉오미'로 꼽는다. 도동항의 99식당(따개비밥, 오징어내장탕 054-791-2287), 보배식당(홍합밥 054-791-2683), 향우촌(울릉약소 054-791-8383). 천부리의 몽돌분식(국수, 김밥 054-791-1425). 저동항 드루와셀프식당(백반, 054-791-1149). 나리분지 산마을식당(054-791-6326)은 나리분지에서 캔 산나물 음식이 일품이다.

숙소 도동항 섬앤썸호텔(0010-5621-4843), 저동항 위드U(054-791-1456), 북면 코스모스리조트(054-791-7788)·휴 행복한펜션(010-9870-6383), 나리분지 산마을민박(054-791-6326) 등이 좋다. 백패커는 석포전망대를 이용한다. 공식 캠핑장으로는 구암마을의 옛 남양초교 구암분교를 리모델링한 국민여가캠핑장(054-791-6781)이 있다.

course map

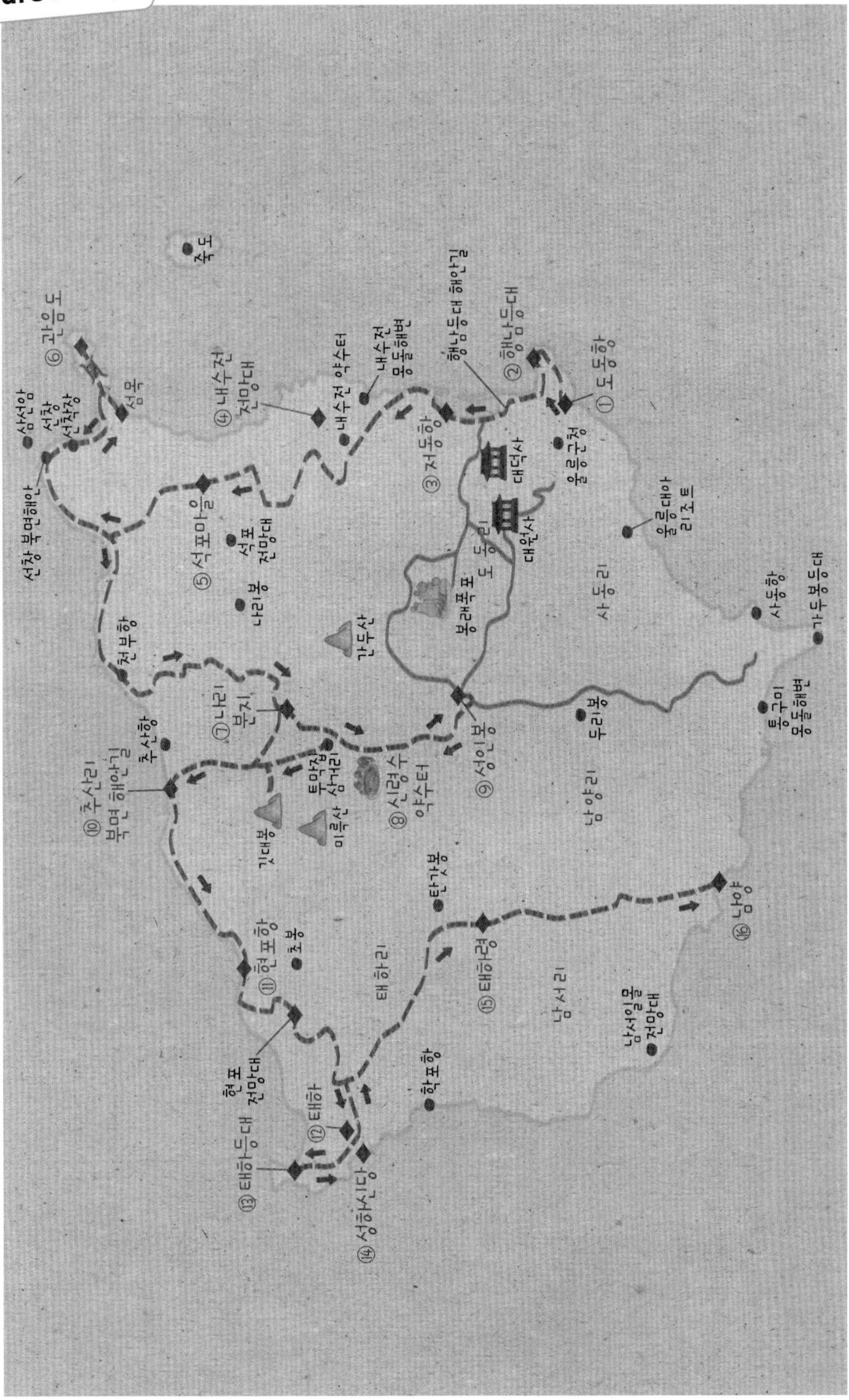

① 도동항
② 행남등대
③ 저동항
④ 내수전 전망대
⑤ 석포마을
⑥ 관음도
⑦ 나리 분지
⑧ 신령수 약수터
⑨ 성인봉
⑩ 추산리 북면 해안길
⑪ 현포항
⑫ 태하
⑬ 태하등대
⑭ 성하신당
⑮ 태하령
⑯ 남양

행남등대 해안길
울릉군청
대덕사
대원사
도동리
봉래폭포
내수전 몽돌해변
내수전 약수터
죽도
섬목
선창 선착장
삼선암
선창 북면해안
천부항
추산항
석포 전망대
나리봉
간두산
투막집 삼거리
깃대봉
미륵산
현포 전망대
초봉
태하리
학포항
탄갓봉
남서리
남서일몰 전망대
남양리
두리봉
사동리
울릉대아 리조트
통구미 몽돌해변
사동항
가두봉등대

코스 가이드

장소	서울특별시 종로구·용산구·성북구
코스	숭례문~숙정문~흥인지문~숭례문
걷는 거리	21.9㎞
걷는 시간	11시간
난이도	조금 힘들어요
좋을 때	사계절

낙산 정상 아래에서 본 낙산 성곽과 북한산 연봉. 수도 서울은 성곽과 산, 도시가 어우러진 멋진 공간이다.

조선의 꿈이 서린 600년 노천 박물관 서울

한양도성

서울한양도성은 조선의 도읍지였던 한양을 에워싸고 있는 성곽이다. 예전에 서울성곽으로 부르던 것을 서울한양도성으로 호칭을 통일했다. 조선의 수도 한양은 유교와 풍수지리 덕목으로 디자인된 계획도시였다. 개국 당시 정도전, 하륜, 무학대사 등 풍수지리를 겸비한 당대 최고 학자와 승려들의 치열한 논쟁을 거쳐 지금의 북악산 아래에 경복궁이 들어섰다. 그 결과 내사산內四山으로 주산 북악산, 좌청룡 낙산, 우백호 인왕산, 안산으로 남산을 배치했고, 그곳에 18.6km 길이의 도성을 쌓았다.

순성놀이, 다 함께 도성 한 바퀴 돌기

조선시대에는 도성을 한 바퀴 돌며 풍경을 감상하는 것을 '순성巡城'이라 했다. 조선 후기 한성부의 역사와 풍습을 기록한 『한경지략』에는 "봄과 여름이 되면 한양 사람들은 도성을 한 바퀴 돌면서 주변의 경치를 구경했는데, 해가 뜰 때부터 질 때까지의 시간이 걸린다."고 했다. 순성의 전통은 일제강점기까지 이어졌고, 최근 다시 순성을 즐기는 사람들이 늘어나고 있다. 서울한양도성은 서울 여행의 보고다. 성곽에 얽힌 역사, 성곽 주변의 유적, 도성과 숙명적으로 얽힌 사람들 등 볼거리와 이야기가 무궁무진하다.

조선을 건국한 태조 이성계는 구세력과 단절하고자 도읍을 옮기려고 했다. 한양은 국토의 중심에 위치하고 강과 연결돼 있어 수운과 교통에 편리한 점, 사면이 높고 수려하며 중앙이 평탄한 점 등 도읍이 될 자격이 충분했다. 태조는 1396년 1월 9일부터 2월 28일까지, 8월 13일부터 9월 30일까지 총 2회에 걸쳐 전국에서 19만 9,260명의 백성을 불러들여 한양도성 축성공사를 벌였다. 짧은 기간 동안 쌓은 도성은 세종 때에 이르러 새롭게 단장됐다. 전국에서 백성 32만 2,400명과 기술자 2,211명, 수령과 인솔자 115명을 불러들여 전 구간을 석성으로 고쳐 쌓았다. 완성된 도성의 높이는 험한 곳이 16척, 그 다음이 20척, 평지는 23척이었다. 전국에서 백성을 불러들인 기록은 각자성석刻字城石에 고스란히 남아 있다.

도성에는 사대문과 사소문을 두었다. 사대문은 유가에서 사람의 다섯 가지 덕목으로 꼽는 인·의·예·지·신에서 글자를 따서, 남대문 숭례문崇禮門, 동대문 흥인지문興仁之門, 서대문 돈의문敦義門으로 이름 짓고, 정북문은 숙청문肅淸門이라 따로 지어 불렀다. 사소문은 동북문 홍화문弘化門, 교화를 넓힘, 동남문 광희문光熙門, 널리 빛냄, 소북문 소덕문昭德門, 덕을 빛냄, 서북문 창의문彰義門, 바름을 펼침이라 했다.

1 인왕산으로 오르는 길에는 성곽과 인왕산, 북한산, 북악산이 어우러진 모습을 볼 수 있다. **2** 와룡공원에서 혜화문으로 내려오는 길. 도성에 봄이 화려하다. **3** 인왕산 정상에서 기차바위로 가는 성곽길.

인왕산, 수도를 지키는 호랑이산

순성은 전통적으로 성곽을 시계방향으로 한 바퀴 돌았다. 출발점은 도성의 정문인 숭례문①. 인왕산 구간은 숭례문~돈의문터~창의문 구간으로 거리는 6.6km, 3시간 10분쯤 걸린다. 숭례문은 태조 5년(1396년)에 지어 세종 30년(1448년)에 완전히 개축했다. 국보 1호로 600년 넘게 도성의 정문 역할을 해왔으나 안타깝게도 2008년 한 노인의 어이없는 방화로 불탔다. 이후 숭례문에 널찍한 광장이 생기고 새롭게 단장했지만, 복원 과정에서 부실공사가 발생해 마음이 씁쓸하다.

숭례문을 출발해 길 건너 대한상공회의소 골목을 들어가면 소의문터를 만난다. 여기서 우회전해 길을 건너면 서울시립미술관이 나오고, 정동길을 따른다. 러시아대사관이 본래 성곽길을 막았기 때문에 우회하는 것이다. 정동길 일대는 대한제국 시절 미국, 영국, 러시아 등 서구 열강들의 재외공간과 선교사들이 세운 학교들이 자리했다. 그래서 당시 조선을 여행한 영국의 지리학자 겸 여행작가 이사벨라 버드 비숍 여사는 이곳에 덕수궁이 없었다면 조선 땅인 줄 몰랐을 것이라고 했다.

정동극장을 지나 정동길이 끝나면 새문안로를 만난다. 도로를 건너면 '돈의문 터'를 알리는 조형물이 서 있다. 옛 돈의문 자리임을 표시하기 위해 설치한 공공미술 작품 '보이지 않는 문'이다. 돈의문은 서울 서쪽의 큰 문으로 태조 5년(1396년) 준공했으며 서대문, 새문, 신문 등으로 불렸다. 1915년 전차궤도를 복선화한다는 명목으로 일제에 의해 철거된 비운의 문이다.

돈의문 조형물 윗쪽이 강북삼성병원이고, 그 안에 경교장이 있다. 경교장②은 대한민국임시정부의 주석이었던 백범 김구 선생이 1945년 중국에서 돌아와 1949년 6월 암살당하기 전까지 집무실과 숙소로 사용했던 건물이다.

내부에는 탄흔과 깨진 유리 등이 전시돼 있어 백범 선생이 암살당한 당시의 상황을 살펴볼 수 있다.

홍난파 선생의 흔적이 남아 있는 홍난파 가옥.

경교장을 지나 잠시 골목길을 따르면 새로 복원한 성벽을 만난다. 여기가 월암근린공원이고, 조금 오르면 붉은 벽돌로 지은 2층짜리 양옥집과 만난다. 홍난파 가옥이다. 1930년대 독일 선교사가 지은 서양식 건물을 홍난파 선생이 인수해 살았던 곳이다. 홍난파는 이곳에서 '봉선화', '고향의 봄', '낮에 나온 반달' 등 주옥같은 작품을 작곡했다. 이어 홍파동 골목을 굽이굽이 돌아나가면, 옥경이슈퍼 앞에서 다시 성곽을 만난다.

이곳 성곽은 성 밖과 성 안에 모두 길이 나 있다. 성곽의 옛 모습이 잘 보존되어 있고, 성 안은 북악산과 북한산 조망이 좋다. 인왕산스카이웨이를 지나면 인왕산 정상으로 향한 가파른 오르막이 이어진다. 땀을 한바탕 쏟으면, 범바위에 오르면 조망이 넓게 열린다. 잘 생긴 북악산과 그 품에 자리 잡은 청와대와 경복궁, 남산과 서울 도심이 한눈에 펼쳐진다. 과연 인왕산은 서울 조망대라 해도 과언이 아니다. 15분쯤 더 오르면 인왕산 정상③이다. 정상에는 작은 바위 하나가 도드라져 있다. 삿갓을 벗은 모양이라 해서 삿갓바위다. 인왕산을 찾은 사람은 누구나 약 1.5m 높이의 삿갓바위에 올라 정상 등정의 기쁨을 만끽한다.

정상에서 내려오면 갈림길. 여기서 오른쪽을 따라 내려오면 인왕산스카이웨

이를 다시 만나고, '윤동주 시인의 언덕'에 오른다. 윤동주 시비 앞에서 '죽는 날까지 하늘을 우러러……' 서시를 읊조리며 길을 건너면 창의문④이다.

북악산, 경복궁 수호하는 서울의 주산

창의문은 인왕산이 끝나고, 북악산이 시작되는 지점이다. 북악산 구간은 창의문~북악산~숙정문~혜화문 코스로 거리는 5.4km, 3시간쯤 걸린다. 자하문으로도 불리는 창의문은 도성 북서쪽에 자리한 사소문 중 하나다. 본래 숙정문이 대문이지만, 길이 이어지지 않은 상징적인 문이다. 그래서 창의문과 혜화문이 북대문 역할을 했다. 창의문은 태조 5년(1396년) 다른 문들과 함께 축조되어 옛 모습을 간직한 유일한 문이다. 인조반정(1623년) 때 거사에 가담한 사람들이 이 문을 통해 들어왔다. 거사에 가담한 공신들의 이름이 적힌 현판이 지금도 문루에 걸려 있다.

4 | 5

4 인왕산과 북악산의 접점, 창의문. **5** 북악산은 오랫동안 사람들의 발길을 통제해, 성곽이 가장 완벽하게 남아 있다.

창의문 관리소에서 신분증을 보여주면 명찰을 나눠준다. 명찰을 받아 출발한다. 길은 지루하고 팍팍한 계단이 한동안 이어진다. 돌고래를 닮은 바위가 있는 휴식 장소에서 한숨 돌리고, 다시 한바탕 땀을 쏟으면 정상에 올라선다. 북악산 꼭대기를 '백악마루[5]'라고 부르는데, 백악은 북악의 옛 이름이고 마루는 가장 높은 곳을 가리키는 우리말이다.

백악마루는 서울의 동서남북이 한눈에 들어온다. 특히 정상부 바위에 올라 바라보는 경치가 일품이다. 북한산을 등지고 서면 눈앞에 경복궁과 세종로를 지나 남산이 보이고, 오른쪽으로는 인왕산, 왼쪽으로는 야트막한 낙산이 보인다. 백악마루를 내려오면 유명한 '1·21사태 소나무'가 나온다. 1968년 1월 21일 김신조 등 공비와 우리 군경 사이에 벌어진 총격전으로 생긴 탄흔 15개가 소나무의 몸체에 지금까지 선명하게 남아 있다.

소나무에서 10여 분 내려가면 청운대靑雲臺다. 이름처럼 소나무가 좋고 조망이 좋은 곳이다. 청운대에서 길은 성벽을 따라 곡장으로 이어지는데, 이곳 성벽이 도성을 통틀어 가장 멋지다. 시대별로 다른 방식으로 쌓은 성벽의 모습을 한눈에 볼 수 있다. 태조 때는 메주만 한 자연석을 그대로 쓴 반면, 세종 땐 장방형 돌 사이사이 잔돌을 섞어 넣었다. 도성을 대대적으로 증축했던 숙종 때 성벽은 석재를 2자×2자 정사각형으로 규격화해 썼다.

곡장을 지나면 촛대바위에 닿는다. 일제가 쇠말뚝을 박은 바위다. 촛대바위에서 내려오면 도성의 북대문인 숙정문에 닿는다. 숙정문[6]을 구경하고 말바위쉼터에 도착해 명찰을 반납한다. 이어진 성곽길은 순하고 부드럽다. 말바위 입구에서 계단을 내려오면 와룡공원에 닿고, 도심을 바라보며 호젓한 성곽길을 따른다. 도심에 들어서 골목길을 휘돌아 나가면 혜화문[7]에 닿는다.

낙산, 낮고 평평해 친근한 산

낙산 구간은 혜화문~낙산~흥인지문~광희문 코스로, 거리는 3.7km, 1시간 50분쯤 걸린다. 낙산은 내사산 중에서 가장 낮고, 다른 구간보다 길이 순하다. 낙산은 도성의 좌청룡 역할을 하는 산으로 '타락산', '낙타산'으로도 불렸다. 출발점인 혜화문은 도성 사소문 중 하나로, 동소문으로 더 유명하다. 혜화문은 한양에서 북쪽으로 향하는 경원가도가 연결돼 예로부터 사람들의 왕래가 잦았던 곳이다.

혜화문에서 성곽은 도로를 건너 연결된다. 하지만 건널목이 없기에 한성대입구역까지 걸어가 지하도를 건너야 한다. 다시 성곽으로 올라붙으면 호젓한 성곽길이 낙산 정상⑧까지 이어진다. 정상 직전에 뒤를 돌아보면, 낙산 능선을 따라 흘러가는 성곽과 그 뒤로 하늘에 스카이라인을 그리는 북한산 연봉이 절묘하게 어우러진다. 암문을 통과하면 넓은 공터인 낙산 정상이 나온다.

정상에서 조금 내려오면 벽화가 하나둘 보인다. 이화동 벽화마을이다. 잠시 마을의 벽화를 구경하자. 아기자기한 그림들과 달동네가 어울려 동화 속 세상 같다. 다시 성곽길을 따르면 작은 암문이 보인다. 암문은 성곽의 후미진 곳이나 깊숙한 곳에 적이 알지 못하게 만드는 비밀 출입구를 말한다. 그곳으로 나가면 성 밖 길이 이어진다. 흥인지문이 보이는 지점에서는 성벽에 새긴 각자刻字를 만날 수 있다. 각자는 일종의 '공사실명제'다. 성벽을 쌓던 책임자들의 이름을 적어 부실공사를 막고자 했다.

길 건너면 동대문이라 부르는 흥인지문⑨. 웅장한 규모와 세월의 흔적이 새겨진 성벽의 모습은 보는 사람을 압도한다. 흥인지문은 조선 태조 5년(1396년)에 다른 문들과 함께 축조됐다. 당시 이름은 '흥인문'이었는데, 후에

흥인지문으로 고쳤다. 그 정확한 이유는 전해지지 않는데, 풍수지리상 좌청룡 낙산의 지세가 낮아 이를 보완할 목적으로 지之 자를 넣었다고 한다. 흥인지문은 도성의 성문 중 유일하게 옹성을 두르고 있다. 옹성은 성 밖에서 성문이 보이지 않도록 성문 일대를 둥그렇게 에워싼 성이다.

흥인지문에서 길을 건너면 오간수교. 다리에서 청계천을 바라보면, 옛 오간수문五間水門 모형을 볼 수 있다. 오간수문은 청계천에 쌓은 성벽이라 할 수 있다. 지금의 청계천을 만들면서 시간에 쫓겨 오간수문을 제대로 복원하지 않았다. 참으로 안타까운 일이다. 다행히 동대문역사문화공원으로 들어서면, 이간수문二間水門을 볼 수 있다. 이간수문은 남산에서 흘러내린 물이 청계천에

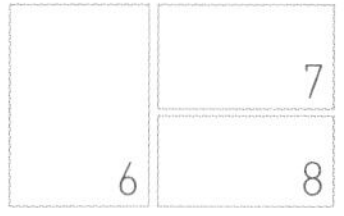

6 도성 성문 중에서 유일하게 옹벽이 있는 흥인지문. **7** 도성의 북대문인 숙정문. **8** 남산에서 흘러내려온 물이 청계천을 만나는 지점에 세운 이간수문.

남산 잠두봉 포토아일랜드에서 바라본 서울의 모습.

합류하는 지점에 세운 홍예 수문이다. 그동안 사료로만 전해졌는데, 동대문 운동장 철거 공사를 하면서 발굴됐다. 놀라운 것은 길이 7.4m, 높이 5.4m의 규모다. 이를 근거로 추정하면, 이간수문이 얼마나 컸을지 짐작할 수 있다.

이간수문 옆에는 치성이 복원되어 있다. 치성은 적을 측면에서 공격할 수 있도록 성곽 일부를 돌출시킨 것을 말한다. 동대문역사문화공원을 가로질러 동대문역사문화공원역 3번 출구 쪽으로 가면 광희문⑩을 만난다.

남산, 서울 시민들의 휴식터

남산 구간은 광희문~장충체육관 앞~남산~백범광장~숭례문 코스이다. 거리는 6.2km, 3시간쯤 걸린다. 도성 남동쪽에 위치한 광희문은 사소문 중 하나로 태조 5년(1396년) 다른 문들과 함께 세워졌다. 다른 이름으로 수구문이라 하는데, 근처에 수구水口가 있기 때문이다. 도성 안의 시신이 나가는 문이기도 했다.

광희문을 지나면 도성길은 주택가 골목을 이리저리 휘돈다. 성벽 훼손이 심한 구간이다. 도성은 장충체육관 옆 골목으로 들어가는데, 이곳은 성곽이 온전하게 남아 있다. 신라호텔 옆을 지나면 '반얀트리클럽 앤 스파 서울'이 나오고, 국립극장 옆을 스쳐 남산으로 들어간다. 지금부터는 정상까지 매우 급경사를 올라야 한다. 힘든 구간이지만, 태조 때 쌓은 성벽의 원형이 잘 남아 있다. 등에 땀이 송송 맺힐 무렵이면, 남산 정상⑪에 올라선다.

정상에는 팔각정, 봉수대, N서울타워 등 구경할 것이 많다. 남산봉수대는 전국에서 다섯 갈래로 전해오던 봉수의 종착점이다. 남산의 팔각정은 조선시대 나라의 안녕을 빌던 국사당 자리에 세웠다. 일제강점기에 일본은 미신이라는 명목으로 남산 국사당을 인왕산 선바위 근처로 옮겼다. N서울타워는 서울의 랜드마크 중 하나다. 타워 앞의 전망대에는 커플들이 달아놓은 사랑의 열쇠들이 주렁주렁 매달려 있다.

케이블카 정류장 방향으로 내려서면 한동안 계단길이 이어진다. 전망이 열리는 곳이 '잠두봉 포토아일랜드'다. 이곳은 서울 남쪽에서 북쪽을 바라보게 되는데, 고층 빌딩숲과 인왕산·북악산 그리고 북한산이 어우러진 수도 서울의 장관이 펼쳐진다. 이곳 전망은 서울을 대표하는 풍광 중의 하나다.

잠두봉을 내려오면 남산공원으로 들어온다. 4월에는 남산공원에 화사한 벚꽃이 만발한다. 그때는 중앙분수대를 유심히 살펴보자. 여기에 와룡매 홍매와 백매가 한 그루씩 있다. 이 나무는 임진왜란 당시 창덕궁에 자라고 있던 나무를 일본으로 가져간 모목母木의 후계목이다. 일본이 한국 침략에 대한 사죄의 뜻을 담아 400여 년 만에 환국했다. 안중근 의사 기념관과 백범광장을 차례로 지나면 다시 도심으로 들어선다. 길을 건너면 남대문 시장이 보이고, 숭례문⑫에 닿으면서 대망의 순성이 마무리된다.

course data

고도표

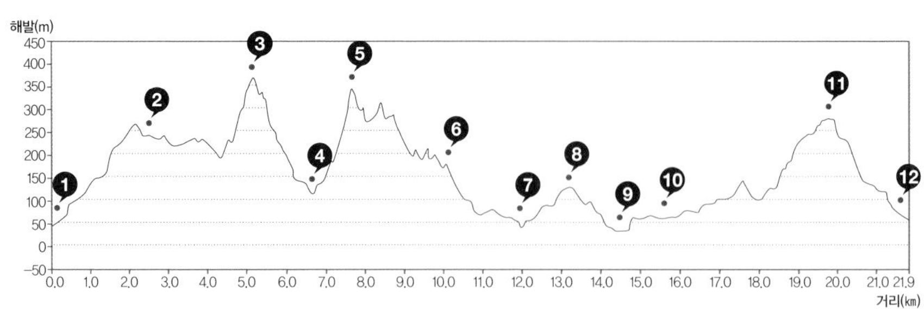

길잡이

서울한양도성 종주 코스는 ①**인왕산 구간** : 숭례문~경교장~홍난파 가옥~인왕산 정상~윤동주 시인의 언덕~창의문, ②**북안산 구간** : 창의문~백악마루~숙청문~혜화문, ③**낙산 구간** : 혜화문~낙산 정상~흥인지문~오간수문~광희문, ④**남산 구간** : 광희문~남산 정상~잠두봉 포토아일랜드~숭례문. 인왕산, 북악산, 낙산, 남산 코스로 나누어 걷는 것이 일반적이다. 하루에 모두 걷기에는 부담스럽고, 한두 코스만 골라 걸어도 좋다. 이틀에 걸쳐 걸으면 적당하다. 이 글에서는 순성 전통에 따라 숭례문에서 종주를 시작했고 서울시에서 운영하는 한양도성 프로그램은 창의문을 시작점으로 6개 구간으로 나뉜다.

• **서울한양도성 무료 해설프로그램:** 서울한양도성 안내해설 자원활동가인 '도성길라잡이'와 함께 600년 한양도성을 만날 수 있다(문의 종로구청 02-2148-1863).

• **서울한양도성 스탬프 투어:** 지정된 4개 구간에서 스탬프를 받으면 완주기념 배지를 받을 수 있다.

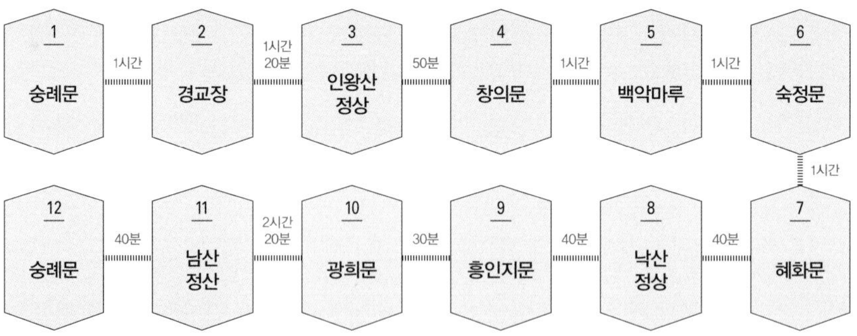

교통

숭례문: 지하철 1·4호선 서울역 4번 출구. 1·2호선 시청역 7번 출구.

창의문: 지하철 3호선 경복궁역 3번 출구로 나와 1020번 버스, 창의문 하차.

혜화문: 지하철 4호선 한성대입구역 5번 출구

광희문: 지하철 2·4호선 동대문역사문화공원역 3번 출구.

course map

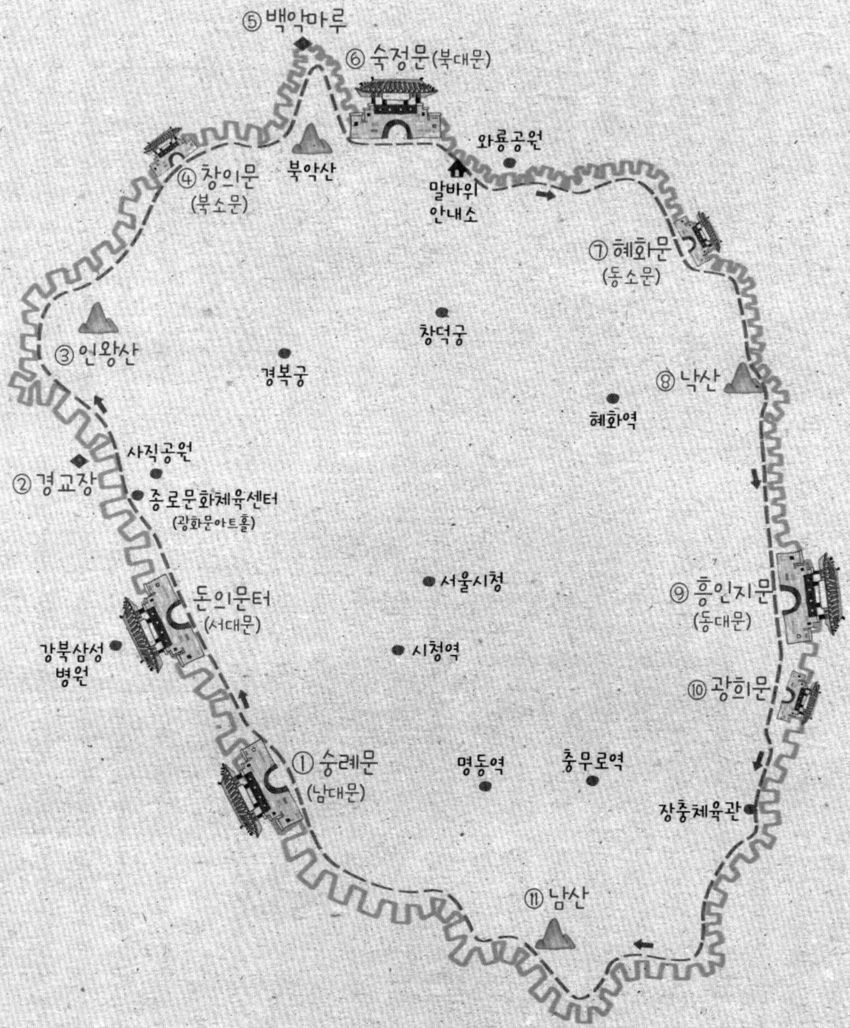

⑤ 백악마루
⑥ 숙정문(북대문)
와룡공원
④ 창의문
(북소문)
북악산
말바위
안내소
⑦ 혜화문
(동소문)
창덕궁
③ 인왕산
경복궁
⑧ 낙산
혜화역
사직공원
② 경교장
종로문화체육센터
(광화문아트홀)
서울시청
⑨ 흥인지문
(동대문)
돈의문터
(서대문)
강북삼성
병원
시청역
⑩ 광희문
① 숭례문
(남대문)
명동역
충무로역
장충체육관
⑪ 남산

맛집

부암동 자하손만두(02-379-2648)는 20년 전통의 만두 요리 전문집이다. 만둣국과 떡만둣국으로 유명하다. 동숭동의 예빈시(02-745-5486)는 정갈하고 담백한 한정식집이다. 각종 정식과 청국장 메뉴가 있다. 남산에 자리한 목멱산방(02-318-4790)은 저렴하고 깔끔한 한식을 내온다. 비빔밥과 부추전을 먹으면 좋다.

코스 가이드

장소	강원도 인제군 북면·속초시 설악동
코스	백담사~마등령~무네미고개~설악동
걷는 거리	22.3㎞(공룡능선 5.1㎞)
걷는 시간	11시간 20분(공룡능선 4시간 30분)
난이도	매우 힘들어요
좋을 때	10월 초(단풍), 5월 중순(신록)

신선대에서 본 공룡능선의 웅장한 모습. 가운데 송곳니처럼 뾰족하게 솟은 봉우리가 공룡능선의 최고봉인 1275봉이다.

백두대간이 풀어놓은 공룡 한 마리 설악산 공룡능선

국립공원

설악산에는 공룡이 산다. 백두대간이 풀어놓은 길이 5km에 이르는 거대한 공룡 한 마리, 공룡 능선은 마등령에서 신선대까지 요동치는 암릉이 마치 공룡의 등뼈를 닮았다고 하여 붙여진 이름이다. 공룡능선은 불과 얼마 전까지만 해도 산 좀 탄다 하는 산꾼들의 전유물이었다. 그래서 공룡능선의 경험 유무가 등산 전문가와 비전문가를 나누는 기준이 되기도 했다. 하지만 최근에는 길이 대대적으로 정비돼 일반 등산객들도 즐겨 찾는 인기 코스가 됐다.

공룡을 타고 내설악과 외설악을 거니는 맛

공룡능선은 내설악과 외설악을 가르는 기준이 된다. 공룡능선의 왼쪽으로 내설악, 오른쪽으로는 외설악이 펼쳐진다는 말이다. 따라서 공룡능선을 밟다가 수시로 만나는 전망대에 서면, 내외설악의 변화무쌍한 풍경과 귀때기

청봉에서 대청으로 이어지는 웅장한 능선미를 감상할 수 있다.

공룡능선이라는 이 기막힌 이름은 언제, 누가 붙였을까? 안타깝게도 확실한 설은 없다. 우리나라 1세대 산악인 김정태 씨의 저서 『등반 50년』을 보면, 1939년 현지 사냥꾼과 함께 오른 대청봉~화채능선 등반 기록에 공룡능선이라는 이름이 등장한다. 따라서 공룡능선이란 이름은 해방 이전부터 불렸던 것으로 추정한다.

공룡능선은 마등령과 무네미고개에서 시작한다. 일반적으로 접근이 비교적 좋은 마등령을 많이 이용한다. 마등령은 내설악의 백담사①와 외설악의 설악동에서 접근할 수 있는데, 백담사를 출발점으로 하는 것이 일반적이다. 영시암②과 오세암③을 지나 일단 마등령④에 오르면 환호성이 터져 나온다. 각양각색의 기암괴석 봉우리들이 솟구친 공룡능선이 펼쳐지고, 멀리 속초 앞바다가 찰랑거린다.

공룡의 등에 올라탄 이후 처음 만나는 봉우리는 공룡능선의 3대 꼭지점(나한봉, 1275봉, 신선대) 중에 하나인 나한봉이다. 나한은 불교에서 부처가 되지 못했지만 최고의 깨달음을 얻은 성자를 말한다. 내설악 쪽에서 바라보면 나한봉은 오세암을 수호하는 봉우리다. 이곳에서는 멀리 두 개의 뿔처럼 솟은 중청봉과 대청봉의 기운찬 모습이 장관이다.

나한봉에서 두 개의 봉우리를 넘으면 공룡능선의 중간지점에 해당하는 1275봉 안부다. 1275봉은 공룡능선의 최고봉이다. 높이를 나타내는 숫자가 그대로 봉우리 이름이 됐다. 1275봉 정상은 암벽등반 경험자라면 어렵지 않

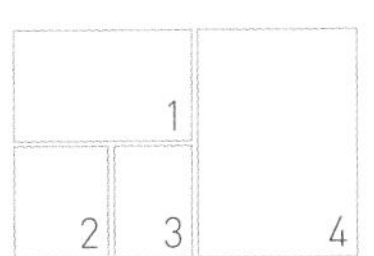

1 호젓한 명당에 자리한 백담사. **2** 백담사에서 오세암 가는 길. 만해 한용운의 「님의 침묵」이 떠오르는 그윽한 단풍 숲길이다. **3** 화려한 단풍으로 유명한 천불동계곡. **4** 침봉이 우뚝한 공룡능선의 범봉.

신선대에서 공룡능선이 깨어나는 모습은 감동적이다.

게 올라갈 수 있지만, 일반 등산객은 밑에서 올려보는 것으로 만족하는 것이 좋다. 낙석 위험이 있고 아차! 실수하면 매우 위험하다.

1275봉을 넘어서면 가파른 비탈을 내려와야 하는데, 여기서 바라보는 풍광이 끝내준다. 단애절벽을 이룬 바위들이 도열해 있고, 그 오른쪽으로 대청봉이 옷고름을 풀고 넉넉한 품으로 설악의 모든 봉우리들을 감싸고 있다. 이어 한동안 내리막길이 이어지고 다시 오르막으로 바뀌는 안부에 샘이 있다. 하지만 사람들은 뭐가 그리 바쁜지 물소리를 못 듣고 이곳을 스쳐 지나가기 일쑤다. 수량도 풍부한 이 샘의 물맛은 달고 시원하다. 잠시 이곳에서 쉬었다가 가자.

샘에서 다시 봉우리를 오르면 더욱 아기자기한 암봉들이 나타난다. 뒤를 돌아보니 1275봉 오른쪽으로 외설악 최고의 바위미를 자랑하는 범봉과 천화대 일대가 눈에 들어온다. 이어 가파른 오르막을 치고 오르면, 공룡능선의 마지막 꼭짓점인 신선대다. 그동안 밟아온 공룡능선의 전체 풍경이 한눈에 잡힌다. 주저 앉아 하염없이 바라보고 있으면, 마치 거대한 공룡 한 마리가 등을 보이며 천천히 북쪽으로 걸어가는 것 같다.

수년 전 이른 아침, 신선대 앞에서 한 사람을 만난 적이 있다. 그도 서서히 깨어나는 공룡능선을 하염없이 바라보고 있었다. 아마도 신선대 근처에서 비박을 한 모양이다. 젖어 있는 눈을 통해 그가 얼마나 공룡능선을 사랑하는지 알 수 있었다. 정도의 차이는 있겠지만, 산 좋아하는 사람치고 공룡능선을 짝사랑하지 않는 사람이 어디 있을까. 아쉬움을 접고 신선대에서 내려오면 무네미고개⑤에 닿는다. 여기서 천불동계곡을 따라 내려가다가 만나는 비선대⑥에서 땀을 씻자. 비선대는 천불동계곡의 대표 명소로 거대한 너럭바위를 말한다. 그 바위에는 조선시대 서예가 윤순이 초서로 쓴 '飛仙臺(비선대)' 글자가 남아 있다. 청량한 물소리 들으며 비선대를 내려가면 설악동⑦에 닿게 되고, 트레킹이 마무리된다.

course data

고도표

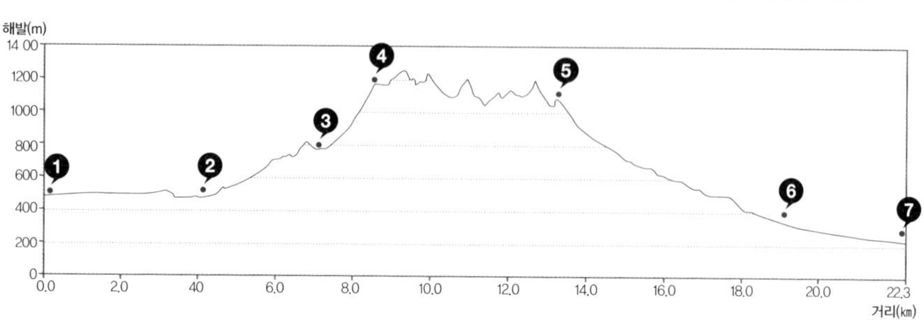

길잡이

공룡능선은 설악산 마등령에서 신선대까지 이어지는 약 5㎞에 이르는 암릉으로, 백두대간 마루금이다. 출발점은 마등령이나 무네미고개다. 백담사~오세암~마등령, 설악동~마등령, 설악동~천불동계곡~무네미고개로 접근한다. 어느 곳을 출발점으로 하든 4시간 이상의 발품을 팔아야 공룡능선에 올라탈 수 있다. 공룡능선 종주 시간은 4시간 30분에서 5시간 정도 걸린다. 비상 상황에서 공룡능선에서 비박하려면, 1275봉에서 신선대 방향으로 500m 정도 내려간 안부의 비박터를 이용한다. 이곳에 달고 맛난 샘이 있다(심각한 갈수기에는 샘이 마를 수도 있다).

교통

자가용은 서울춘천고속도로를 타고 동홍천IC로 나와 찾아간다. 길이 좋아져 수도권에서 2시간쯤 걸린다. 동서울터미널 → 백담사행 버스는 06:49~21:10, 1일 11회 운행하며 2시간쯤 걸린다. 용대리 백담매표소~백담사 6km 구간은 셔틀버스를 이용한다. 매표소에서 수시 운행(07:00~17:30)한다.

숙식

백담사 입구 용대리에는 깨끗한 민박이 많다. 용대리는 황태요리와 순두부가 유명하다. 백담순두부(033-462-9395)는 30년간 산꾼들에게 뜨끈한 순두부와 황태요리를 선사했다. 진부령 오르는 길에 자리한 용바위식당(033-462-4079)은 황태해장국 국물이 진하기로 유명하다.

course map

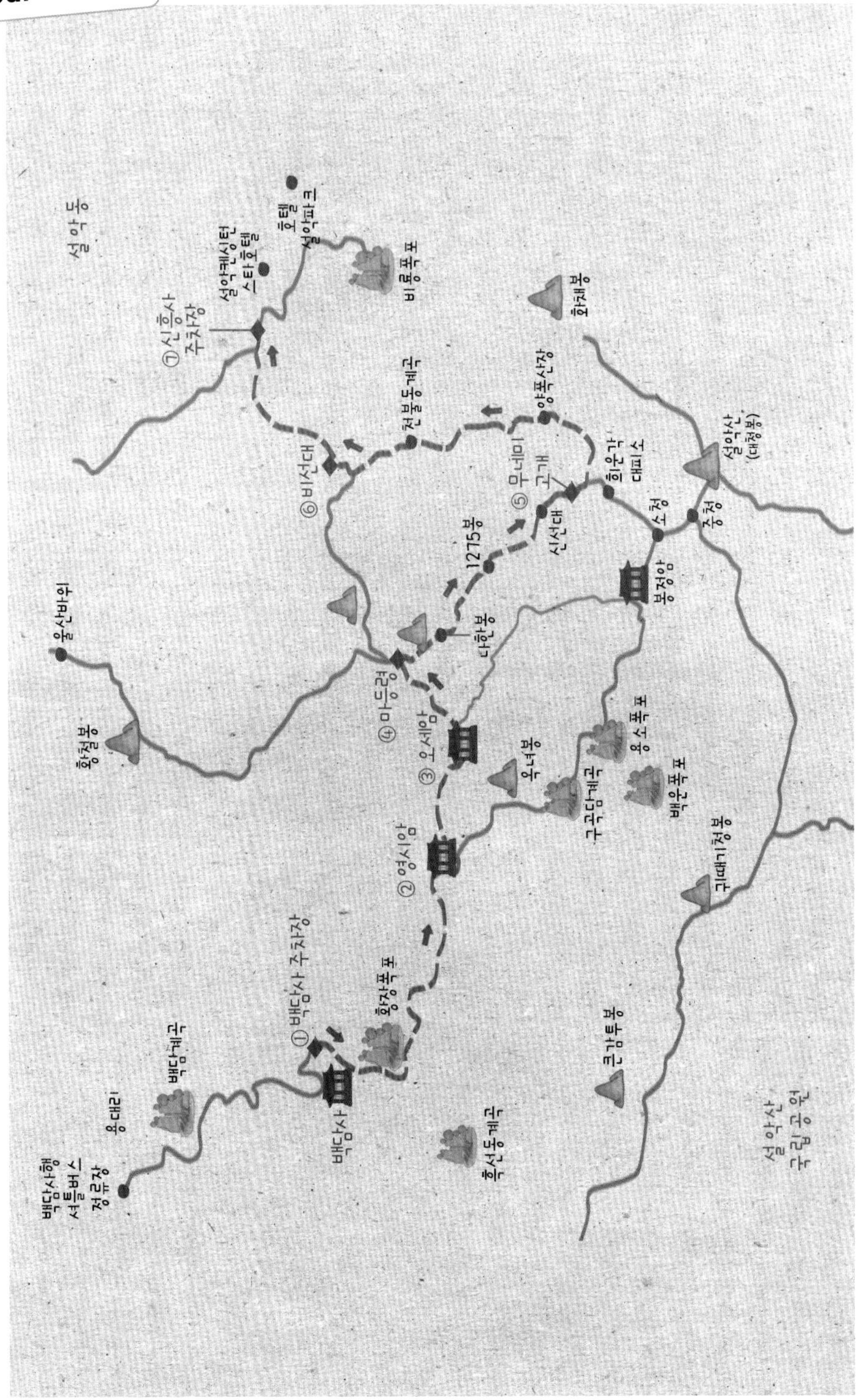

백담사행
셔틀버스
정류장
용대리
백담계곡
① 백담사 주차장
백담사
황장폭포
흑선동계곡
② 영시암
③ 오세암
④ 마등령
나한봉
1275봉
⑤ 무네미
고개
신선대
⑥ 비선대
⑦ 신흥사
주차장
설악켄싱턴
스타호텔
호텔
설악파크
설악동
울산바위
황철봉
천불동계곡
비룡폭포
양폭산장
화채봉
희운각
대피소
옥녀봉
구곡담계곡
용소폭포
백운폭포
봉정암
소청
중청
설악산
(대청봉)
큰감투봉
귀때기청봉
설악산
국립공원

코스 가이드 

장소	전라남도·전라북도·경상남도
코스	성삼재~노고단~천왕봉~중산리
걷는 거리	35.6㎞
걷는 시간	약 15시간(2박 3일)
난이도	매우 힘들어요
좋을 때	10월(단풍), 5월(신록)

노고단고개에서 반야봉을 바라보는 사람들. 여기서 지리산 종주가 본격적으로 시작된다.

삼도를 아우르는 민족의 영산 지리산

종주

국립공원

경상남도의 함양·하동·산청, 전라남도의 구례, 전라북도의 남원 이렇게 3도 5개 시·군에 걸쳐 있는 거대한 산국山國 지리산. 몸뚱이가 큰 만큼 등산로 역시 거미줄처럼 많이 뻗어 있다. 지리산 대표 코스는 산행의 꽃으로 꼽는 주능선 종주다. 지리산 종주는 대한민국 국민이라면 누구나 한번쯤은 꿈꾸는 버킷리스트 중 하나로 꼽힌다.

지혜로운 사람이 머무르는 산

'지리산'이란 지명이 언급된 역사물 중 가장 오래된 것은 통일신라시대(887년) 최치원이 쓴 쌍계사의 진감선사 비문이다. 비문에 '지리산智異山'이 등장한다. 신라5악岳 중 남악으로, '어리석은 사람이 머물면 지혜로운 사람智者으로 달라진다' 하여 지리산이라 불렀다. 조선시대에는 백두대간 지리 개념이 널리 퍼지면서 '백두산의 맥이 뻗어 내렸다'는 의미로 두류산頭流山이라 했다.

지리산의 역사는 기원전 89년, 마한의 왕이 진한과 변한의 난을 피해 달궁으로 쫓겨오면서 시작된다. 까마득한 마한왕조부터 한국전쟁에 이르기까지 지리산의 장구한 역사는 도피와 피난으로 점철된다. 항일의병, 동학혁명군, 신분을 숨긴 자, 도망친 양반과 노비, 출가한 승려 등 세상을 등진 사람들이 찾아왔고, 지리산은 그들을 품었다. 작가들은 이러한 쫓겨온 자들의 슬픈 이야기와 좌절된 꿈을 상상력으로 복원해 『태백산맥』(조정래), 『토지』(박경리), 『역마』(김동리), 『지리산』(이병주) 등 걸출한 작품을 탈고했다. 만약 지리산이 없었더라면 이러한 걸작들은 탄생하지 못했을 것이다.

노고단에서 천왕봉까지 25.5km에 펼쳐진 지리산 주능선은 단일 산으로는 우리나라에서 가장 길고 높은 등산로다. 오르내리는 것까지 생각하면 총 거리는 40km가 넘으며, 꼬박 2박 3일이 걸리는 대장정이다. 예전에는 종주의 출발점이 화엄사였다. 화엄사에서 노고단까지는 4시간쯤 걸리는 고된 길이다. 하지만 쉬운 성삼재 코스가 등장하면서 화엄사 출발점은 과거 속으로 사라졌고, 일부 마니아 등산객들만 애용하고 있다.

구례터미널에서 성삼재로 가는 첫 차는 오전 3시 50분. 첫 차가 이렇게 빠른 것은 지리산이니까 가능하다. 구불구불 이어진 산악 도로를 따르다가 성삼재①에 내린다. 해가 나지 않은 새벽의 성삼재는 뼈를 애는 추위가 덮친다. 헤드랜턴을 켜고 산행을 시작하면, 세상에 혼자 남겨진 것 같은 적막감이 든다. 잠시 멈춰서 숨을 고르자 한 무리 산꾼들이 지나간다. 그들의 랜턴

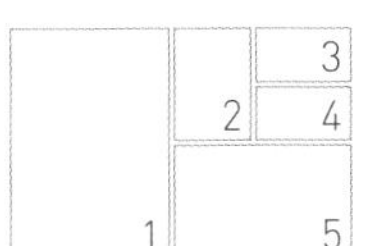

1 돼지령에서 본 피아골 운해. 피아골과 구례가 구름에 잠겨 있다. **2** 남도 반도에서 가장 높은 천왕봉의 비석. **3** 화개재에서 만난 단풍. **4** 경남·전남·전북 삼도가 만나는 삼도봉. **5** 반야봉 정상 직전에서 뒤돌아본 풍경. 주능선에 가을이 깊었다.

이 도깨비불처럼 움직이면서 빛의 터널을 만든다. 어둠을 뚫고 전진하는 모습이 장관이다. 1시간쯤 더 걸으면 노고단대피소에 닿는다. 허겁지겁 라면을 끓여 출출한 배를 채우고 노고단에 오른다.

운해 속에 펼쳐지는 노고단 일출

서서히 견고한 어둠의 장벽이 무너질 때쯤, 노고단②에 오르자 탄성이 터져 나온다. 운해다. 구름바다를 뚫고 '지리산 엉덩이'로 불리는 반야봉이 우뚝하다. 자꾸 반야봉을 타고 넘는 구름이 참 자유로워 보인다. 반야봉 오른쪽으로 천왕봉의 머리가 살짝 보이고, 그 옆으로 붉은빛이 쏟아져 나온다. 일출 시각을 잘 맞췄다. 오전 6시 36분. 시나브로 빛은 어둠을 집어삼키고 말간 해가 뜬다. 지리산 일출은 삼대가 덕을 쌓아야 볼 수 있다는 천왕봉 일출을 최고로 치지만, 운해 속에 펼쳐지는 노고단 일출도 뒤지지 않는다.

지리산은 젖은 길을 햇빛에 내어 말린다. 이른 아침, 순한 햇빛을 얼굴에 받으며 산길을 걷는 것보다 행복한 것이 또 있을까. 서늘한 아침 공기 속에서 향긋한 낙엽 냄새가 가득하다. 노고단을 우회하는 숲길이 끝나면 돼지령이다. 돼지령은 멧돼지가 많이 출현한다고 해서 붙여진 이름이다. 앞쪽으로 왕시루봉이 구름 이불을 덮고 늦잠을 자고 있다. 돼지령부터는 조망이 시원한 능선길이다. 오른쪽 구례 방향으로 섬진강이 살짝 보인다.

피아골 삼거리를 지나면 임걸령샘이다. 샘에는 콸콸 물이 쏟아진다. 산정에 물이 풍부한 곳은 오직 지리산뿐이다. 단맛 나는 물을 들이켜고 다시 길을 나서면, 반야봉으로 가는 길이 갈리는 노루목 삼거리. 여기서 반야봉 이정표를 확인하고 따른다. 반야봉까지는 50분쯤 제법 가파른 길을 올라야 한다. 주능선에서 조금 떨어져 있어 사람들 발길이 뜸하다. 반야봉의 품에는

노고단의 운해 일출. 삼대가 덕을 쌓아야 볼 수 있는 천왕봉 일출에 버금가는 절경이다.

우리나라 특산종인 구상나무가 가득하다. 구상나무에 코를 대고 있으면, 신비로운 향기가 샘솟는다.

반야봉③ 꼭대기에 올라서자 세상이 모두 발아래 있다. 특히 노고단에서 토끼봉을 거쳐 천왕봉으로 흘러가는 주능선 조망이 일품이다. 흘러가는 능선의 모습을 멍하니 바라보는 맛은 놓칠 수 없는 즐거움이다. 반야봉을 내려오면 전라남도·전라북도·경상남도 3도가 만나는 삼도봉. 잠시 바위에 앉아 반야봉과 천왕봉을 조망하기 좋다.

삼도봉에서 제법 급경사를 내려오면 화개재다. 화개재에서 왼쪽으로 내려서면, 장장 9km에 걸쳐 뱀사골계곡이 펼쳐진다. 화개재에서 토끼봉을 오르는 길이 고비다. "토끼가 사람 잡네."란 말이 튀어나올 정도로 급경사가 한

고사목이 운치 있는 제석봉. 앞으로 지리산 주릉이 꿈틀거린다.

동안 이어진다. 토끼봉에서 한숨 돌리고 내처 형제봉을 넘으면 대망의 연하천대피소④가 눈에 들어온다. 연하천烟霞川은 '구름 속에 물줄기가 연기처럼 흐른다'는 아름다운 뜻을 가지고 있다. 이름처럼 대피소 일대는 운무가 잘 낀다. 첫날은 연하천에서 하룻밤을 묵는다. 저녁을 지어먹고 별이 초롱초롱한 밤하늘을 올려다보면, 마치 딴 세상에 있는 듯한 기분이다.

부드럽게 펼쳐진 지리산의 등을 밟는 기분

다음 날, 아침 일찍 떠나는 것이 종주의 요령이다. 이른 아침 맑은 공기를 마시며 능선길에 오르면 걷는 것이 얼마나 행복한 일인지 온몸으로 느낄 수 있다. 연하천에서 벽소령까지는 2시간이 조금 안 걸리는 비교적 무난한 길이다. 벽소령대피소⑤ 앞의 작은 우체통을 보니 사랑하는 사람에게 편지를 쓰고 싶다. 잠깐 짬을 내서 편지를 쓰고 떠나자.

덕평봉을 넘으면 선비샘이다. 달고 시원한 샘물에 갈증을 채우고 힘을 내 조망 좋은 영신봉에 올라선다. 앞쪽으로 천왕봉이 감히 범접할 수 없는 철옹성 요새처럼 보이고, 떠나온 반야봉과 노고단이 멀리서 손을 흔들어준다. 연하봉 부근에는 초여름에는 철쭉, 가을에는 다양한 국화꽃들이 피어 나그네의 발목을 붙잡는다. 휘파람 절로 나는 부드러운 길을 따르면 지리산의 보물 세석에 닿는다. 세석은 남한 땅에서 찾아보기 힘든 고원지대로 생태계의 보고다.

세석대피소⑥에서 언덕을 오르면 촛대봉. 촛대봉은 드넓은 세석 평전을 내려다볼 수 있는 전망대다. 촛대봉에서 장터목으로 완만한 길은 지리산 능선 중에서 아름다운 길로 손꼽힌다. 둘째 날은 장터목대피소⑦에서 묵는다. 배낭을 풀고 맛있게 저녁을 지어 먹으면 세상 누구도 부럽지 않다. 주위를 둘러보면 여기저기 술잔이 돌아가며 지리산과 세상 사는 이야기로 하루가 저물어 간다.

삼대가 덕을 쌓아야 본다는 천왕봉 일출

천왕봉 일출을 보려면 장터목대피소를 새벽에 나와 야간산행을 감수해야 한다. 고사목 지대인 제석봉을 지나 통천문을 통과하면, 대망의 천왕봉⑧이다. 천왕봉 일출은 삼대가 덕을 쌓아야 볼 수 있다고 한다. 그만큼 보기가 어렵다는 말이다. 새벽의 성스러운 분위기와 빛이 가득한 지리산 최고봉 일출은 그야말로 특별하다. 운이 좋으면 운해 속에서 솟구치는 일출을 만날 수도 있다.

천왕봉에서는 조망을 반드시 즐겨야 한다. 1472년 점필재 김종직은 함양 관아를 떠나 이틀 만에 천왕봉에 올랐다. 그는 "먼저 북쪽을 보고, 동쪽을 보고, 다음으로 남쪽, 그리고 서쪽을 바라봐야 한다. 또 가까운 곳으로부터 먼 곳을 바라보는 것이 옳다."며 천왕봉에서 사방을 조망하는 법을 이야기했다. 실제로 북쪽의 덕유산·계룡산·가야산, 동북쪽 팔공산·청량산, 동쪽 비슬산·운문산, 동남쪽 와룡산·백운산, 서쪽 무등산·월출산 등 28개 봉우리를 찾아보았다고 한다. 김종직이 가르쳐준 대로 북쪽에서 서쪽까지 한 바퀴 둘러본다. 덕유산, 하동 금오산, 팔공산, 백운산, 무등산을 겨우 알아보았다. 그나마 김종직이 "동쪽의 팔공산과 서쪽의 무등산만은 여러 산 중에서 제법 활처럼 우뚝 솟아 있다."며 극찬한 두 봉우리를 찾아 다행이다.

하산은 치밭목대피소를 지나가는 대원사 코스와 로터리대피소를 지나는 중산리 코스를 선택할 수 있다. 대원사 코스는 예전 클래식 종주의 종착점이고, 요즘 사람들은 대개 교통편이 좋은 중산리[9]에서 마무리한다. 천왕봉에서 남쪽으로 뻗어 내린 길이 중산리 직통 코스다. 한동안 급경사 산길을 내려서면 천왕샘에 닿는다. 이가 시릴 정도로 차가운 물을 한 바가지 들이켜고 길을 나서면 법계사 입구에 닿고, 다시 1시간쯤 내려가면 로터리대피소다. 대피소에서 잠시 몸을 수습하고 1시간 30분을 더 가면 중산리에 닿으면서 종주가 마무리된다.

맛집

• **구례_** 구례는 지리산 서부 지역의 들머리다. 노고단, 화엄사, 피아골 등의 등산 코스가 구례에서 이어진다. 구례는 들판이 넓고 섬진강을 끼고 있어 예로부터 먹거리가 풍부했다. 전통적으로 한정식 같은 산채정식을 잘하는 집들이 많다. 화엄사 입구의 예원(061-782-9917)은 지리산 산나물 가득한 맛깔스런 산채정식을 내놓는다. 구례 시내의 서울회관(061-782-2326)은 가성비가 좋다.

• **남원_** 남원은 지리산 서북능선이 넓게 펼쳐진 춘향의 고을이다. 남원은 대표 맛은 추어탕이다. 새집추어탕(063-625-2443)은 남원의 많은 추어탕 전문집 중에서 가장 잘하는 집으로 통한다. 운봉읍의 지리산고원흑돈(063-625-3663)은 지리산에서 자란 명품 흑돼지를 내놓는다.

• **산청_** 산청군 중산리는 지리산 최고봉 천왕봉으로 가는 길목이라 항상 산꾼들로 북적거린다. 버스 종점 근처의 거목효소식당(055-972-1222)은 효소를 음식에 이용하는 맛집으로 산꾼들 사이에서 유명하다.

course data

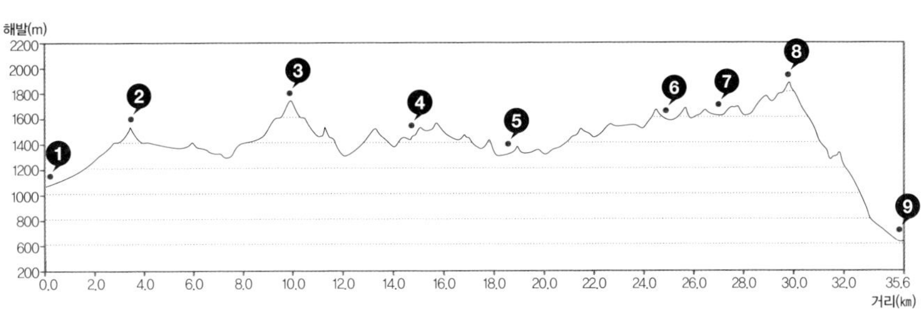

길잡이

종주는 성삼재~노고단~연하천대피소(1박)~세석~장터목대피소(2박)~천왕봉~중산리 코스. 반대 방향인 중산리에서 종주를 시작하면 세석과 노고단대피소에 묵으면 된다. 거리는 35.6㎞, 주능선은 25.5km, 2박 3일 일정으로 잡는다. 만약 산행에 자신 있고, 새벽에 성삼재에서 출발하면 1박 2일도 가능하다. 주능선에는 숙박이 가능한 대피소 6개를 포함해 2~3시간 간격으로 샘터가 있다. 이정표와 표지기가 잘 설치되어 있다.

교통

서울·용산역에서 구례구행 기차를 이용한다. 산꾼들이 이용하는 무궁화호 막차 시간이 바뀌었다. 21:25에 출발해 다음 날 01:52에 도착한다. 구례구역에서 02:10에 출발하는 성삼재 가는 버스를 탈 수 있다. 버스는 서울남부터미널(1688-0540) → 구례는 06:40~19:30, 1일 9회 있다. 구례시외버스터미널(061-780-2731) → 성삼재는 01:50~16:20, 1일 6회 다닌다.

course map

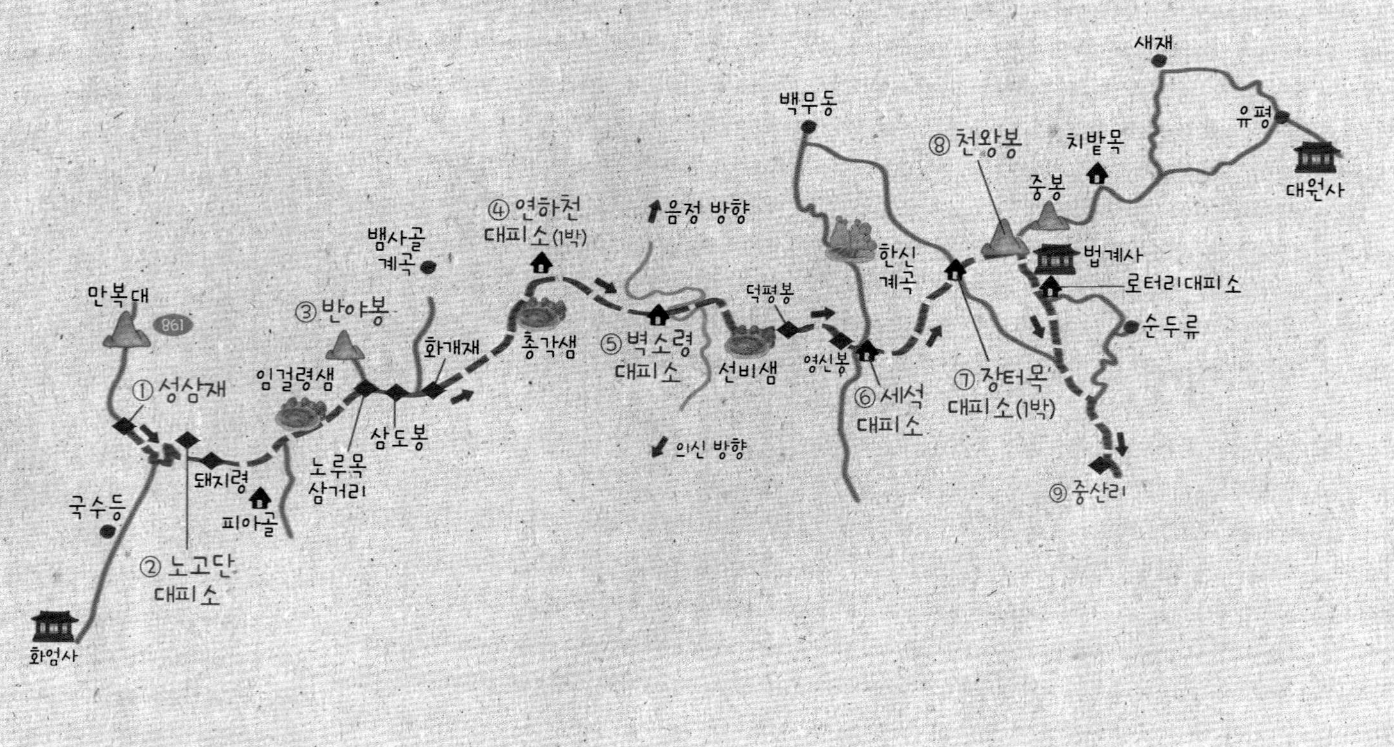

화엄사
국수등
만복대
861
① 성삼재
② 노고단
대피소
돼지령
피아골
임걸령샘
③ 반야봉
노루목
삼거리
삼도봉
뱀사골
계곡
화개재
총각샘
④ 연하천
대피소(1박)
⑤ 벽소령
대피소
음정 방향
의신 방향
선비샘
덕평봉
영신봉
⑥ 세석
대피소
백무동
한신
계곡
⑦ 장터목
대피소(1박)
⑧ 천왕봉
중봉
치밭목
법계사
로터리대피소
순두류
⑨ 중산리
새재
유평
대원사

테마편
도시를 휘감으며 시간을 따라 걷는
산성 트레킹
FORTRESS

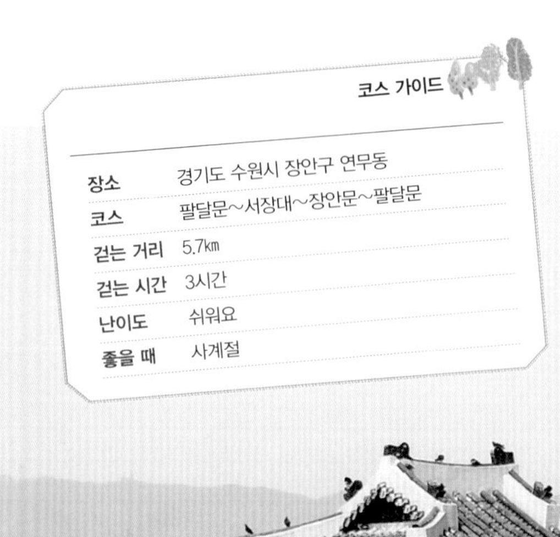

코스 가이드

항목	내용
장소	경기도 수원시 장안구 연무동
코스	팔달문~서장대~장안문~팔달문
걷는 거리	5.7㎞
걷는 시간	3시간
난이도	쉬워요
좋을 때	사계절

화서문은 앞쪽 치성과 뒤편 공심돈이 어울려 아름다우면서도 철옹성의 느낌을 풍긴다.

정조와 실학이 쌓아올린 한국 성곽의 백미 수원

수원화성華城은 당대 철학, 과학, 문화가 총 집결한 '18세기 실학의 결정체'라 불린다. 1997년 세계문화유산으로 지정된 수원화성은 유려한 성곽의 아름다움과 당시 건축에 쓰인 거중기 등 발달한 과학 문명을 뽐내며 한국 성곽의 백미로 꼽힌다. 수원화성은 정조의 효심에서 밑그림이 그려졌다. 정조는 즉위하자 당쟁으로 인해 뒤주 속에서 참혹하게 죽음을 당한 아버지 사도세자의 능을 수원 남쪽 화산으로 옮긴다. 그리고 화산에서 가까운 수원에 2년 10개월(1794~1796년)에 걸쳐 기존의 읍성을 고쳐 화려하고 웅장한 성곽을 축성한다.

정조가 군사를 호령하던 서장대

화성은 성곽 둘레가 5.7km, 성곽 안쪽은 39만 평으로 서울한양도성과 비교하면 절반쯤 되는 아담한 규모다. 동쪽 지형은 평지를 이루고 서쪽은

143m 높이의 팔달산에 걸쳐 있는 전형적인 평산성平山城(평지와 산을 이어 쌓은 성의 형태)이다. 다른 성곽과 달리 군사 기능 외에도 상업 기능을 갖춘 것이 특징이다. 화성은 도로와 시장이 들어찬 팔달문 주변을 제외하고는 성곽을 따라 전 구간을 끊어짐 없이 한 바퀴 돌 수 있다. 40여 개의 망루와 누각이 포진해 걷는 내내 지루할 틈이 없다.

성곽 걷기의 출발점으로는 대중교통이 편리한 팔달문①이 좋다. 팔달문은 2010년 국립문화재연구소의 붕괴위험 진단에 따라 약 3년 동안 해체·보수 작업을 하고, 2013년 다시 원형에 가까운 참모습을 드러냈다. 팔달문 왼쪽 골목으로 들어가 팔달문관광안내소에서 안내지도를 받고 출발한다. 성곽을 따라 이어진 급경사 돌계단은 15분쯤 오르면 서남암문을 만난다. 암문은 성곽이 비밀통로로 은밀한 곳에 개구멍처럼 뚫린 것이 일반적이지만, 화성은 제법 크고 위엄 있다. 암문 밖으로 제법 널찍한 길을 따라 외성이 이어지는데, 그 길을 용도甬道라고 한다. 170m쯤 되는 호젓한 용도의 끝에는 서남각루(화양루)가 그림처럼 앉아 있다.

다시 서남암문으로 들어와 서암문을 지나면 팔달산 정상에 자리한 서장대②가 나온다. 장대는 장수가 군사를 지휘하던 곳이다. 화성에는 동장대와 서장대가 있는데, 화성의 총 지휘본부는 2층 구조의 웅장한 서장대가 담당했다. 정조는 서장대에서 직접 군사를 지휘했다고 한다. 그의 신호에 따라 화성 전체의 군사들이 일사불란하게 움직이는 모습은 상상만 해도 장관이다.

1 서장대 옆 서노대에서 본 화성의 흐름. 가운데 장안문으로 흘러가는 성곽이 보이고, 멀리 광교산이 성을 아늑하게 품고 있다. **2** 화성은 화홍문의 수문으로, 수원천을 성 안으로 끌어들였다. **3** 화성의 북쪽 대문인 장안문은 숭례문보다 규모가 크다. 하늘로 올라간 누각의 곡선이 멋스럽다. **4** 정조가 직접 군사를 지휘했던 서장대는 팔달산 정상에 있어 화성을 한눈에 내려다볼 수 있다. **5** 창룡문 앞에서 열린 마상무예 공연.

앞쪽으로 보이는 화성행궁은 정조의 임시 거처로 쓰인 곳이다. 정조의 어머니 혜경궁 홍씨의 회갑연을 열었던 봉수당, 정조가 활을 쏘던 득중정, 궁녀와 군인들의 숙소 등 482칸이 복원됐다. 행궁 왼쪽으로 시야를 돌리면 장안문으로 이어지는 성곽의 유장한 흐름이 펼쳐지고, 그 뒤로 수원의 진산인 광교산이 후덕한 품이 눈에 들어온다.

수원화성은 일제강점기를 지나 한국전쟁을 겪으면서 성곽의 일부가 파손·손실되었으나 1975년부터 1979년까지 대부분 축성 당시 모습대로 복원했다. 그 비결은 축성 후 1801년에 발간된 『화성성역의궤』 덕분이다. 이 책에는 축성계획, 제도, 법식뿐 아니라 동원된 인력의 인적사항, 재료의 출처 및 용도, 예산 및 임금계산, 시공기계, 재료가공법, 공사일지 등이 상세히 기록되어 있었다.

서장대에서 급경사 계단을 내려서면 언덕에 자리한 서북각루다. 신발을 벗고 누마루에 오르자 시원한 바람이 솔솔 불어온다. 마루에 앉아 구불구불 이어진 성곽과 도심을 바라보는 맛이 일품이다. 이곳에서 화서문과 장안문을 거쳐 방화수류정까지 이어진 길이 화성에서 가장 아름다운 구간이다.

서북각루에서 내려오면 다산 정약용이 설계한 화서문[3]이다. 문 옆에는 공격하는 적들을 삼면에서 저격할 수 있도록 지은 서북공심돈이 자리하고 있다. 공심돈空心墩은 화성만의 독특한 시설로 망루와 포루의 역할을 동시에 한다. 서북공심돈은 화서문과 어울려 범접할 수 없는 위용과 멋을 자랑한다.

장안문을 바라보며 걷는 길은 평지처럼 순하다. 성 밖에서 보면 성벽은 6~9m 높이로 어마어마하지만, 성곽길 위에 서면 어른 키만 한 담장이 된다. 성 밖은 장안공원으로, 수원 시민이 가장 사랑하는 쉼터다. 성벽 곳곳에 뚫어놓은 구멍은 총과 활을 쏘기 위한 것이다.

서북각루에서 장안문까지 구불구불 이어진 성곽의 곡선이 일품이다.

우리나라 가장 큰 성문, 장안문

장안문④은 우리나라에서 가장 큰 성문으로, 문루 높이가 13.5m, 너비가 9m에 달한다. 국보 1호 숭례문보다도 크다. 홍예문(문의 윗부분을 무지개 모양의 반쯤 둥글게 만든 문) 위에 아름다운 단청의 2층 누각을 올리고, 바깥쪽에 벽돌로 반원형을 그리면서 둥근 옹성甕城을 갖추었다. 옹성은 적의 공격에 대한 방어시설인데, 숭례문에는 없는 구조라 생소하면서 신기하다.

장안문은 정조의 백성 사랑이 깃든 성문으로 유명하다. 애초 화성은 정약용이 계획한 대로 성곽의 길이를 4.2km로 만들기 위해 화서문, 장안문, 화홍문 등이 일직선으로 서게 했다. 수원으로 행차한 정조는 팔달산 꼭대기에 올라 성터 전체를 내려다보고 성문과 각종 시설물 등이 들어설 자리들을 확인했다. 그 자리에서 정조는 북쪽의 많은 백성의 집을 헐고 장안문을 지을 것이란 영의정 채제공의 말에 "저 백성은 과거 예전 고을에서 살다 옮겨온 사람들인데 집이 허물어지고 또 이사를 가야 한다면 백성을 위해 성을 쌓고자 하는 나의 본뜻과 다르다. 세 번 구부렸다 폈다 해서라도 저 백성의 집 밖으로 성문을 쌓으라."라고 명했다고 한다. 이런 정조의 백성을 사랑하는 마음으로 장안문 터는 원래의 위치가 아닌 민가 밖으로 옮겨졌고, 성곽의 길이가 현재의 5.7km로 길어졌다.

화성 미학의 백미 화홍문과 방화수류정

장암문을 지나면 일곱 개의 아치형 수문을 거느린 화홍문이 나타난다. 화홍문은 7칸의 홍예위에 정면 3칸, 측면 2칸의 누마루 형식의 문루를 세웠다. 옆에 있는 동북각루, 즉 방화수류정⑤ 주변은 경치가 아름다워 수원8경 중 하나로 선정됐다. 수양버들 늘어진 연못과 다리 아래로 흐르는 맑은 물이 일품인데, 아쉽게도 연못이 공사 중이다. 방화수류정은 지형을 그대로 살린 기하학적인 마루가 독특하다. 마루에 오르니 수원천의 상쾌한 바람이 땀을 식혀준다.

방화수류정을 지나면 동장대가 나타난다. 연무대라고도 불리는 이곳은 당시 군사들이 활을 쏘며 무예를 연습하던 군사 훈련장이다. 현재 관광객들을 대상으로 국궁체험장을 운영하고 있다. 이어 언덕에 우뚝한 동북공심돈을 지나면 화성의 동문인 창룡문이다.

창룡문을 지나 구불거리는 성곽길을 따르면 옛날 봉화로 소식을 전달하던 봉돈⑥이 나타난다. 우뚝한 다섯 개의 연기통은 남산 봉수대에 비해 규모가 크고 웅장하다. 봉돈 옆에는 병사들이 사용했던 무기창고와 온돌방까지 놓여 있다. 봉돈을 지나 동남각루에 이르면 다시 팔달문⑦이 보인다. 여기서 언

정조가 머물던 화성행궁. 정조 어머니 혜경궁 홍씨의 회갑연을 열었던 봉수당이 유명하다.

덕을 내려서면 지인시장을 만나면서 화성성곽 걷기는 종료된다. 시장을 따라가면 출발했던 팔달문이다. 성곽을 모두 돌았으면 10분 거리에 있는 화성행궁까지 둘러보는 것이 좋다.

화성행궁은 1794년부터 1796년까지 화성이 축성될 당시에 함께 건축된 건물이다. 정조가 화성으로 내려왔을 때 거처하던 임시 궁궐로, 657칸 곳곳에 아름다움과 웅장함이 깃들여 있다. 정조는 1789년 10월에 이루어진 현륭원 천봉 이후 이듬해 2월부터 1800년(정조 24년) 1월까지 11년간 12차례에 걸친 능행을 거행했다. 이때마다 정조는 화성행궁에 머물면서 어머니 혜경궁 홍씨의 회갑연을 여는 등 여러 가지 행사를 거행했다.

행궁 뒤쪽 정자에 앉아 지친 다리를 편하게 풀고, 구중궁궐 같은 행궁을 바라보며 화성 걷기를 마무리한다.

course data

고도표

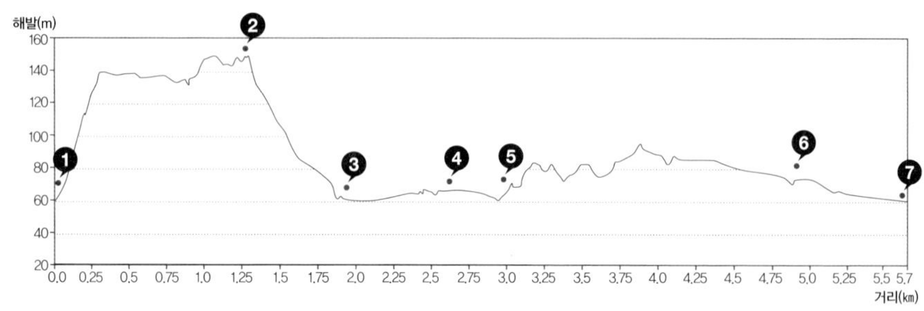

길잡이

수원화성 코스의 출발점은 대중교통 이용이 편리한 팔달문이 좋다. 자가용으로 가려면 창룡문, 동장대(연무대), 화성행궁 주차장에 차를 세우고 걷는다. 수원화성의 백미는 서장대~화서문~장안문~방화수류정 구간이다. 주말에는 화성과 행궁 일대에서 궁중무용, 장용영 수위의식, 무예24기 공연 등이 다양하게 펼쳐진다. 문의는 수원시청 화성사업소 031-228-4410, 화성행궁 031-228-4411.

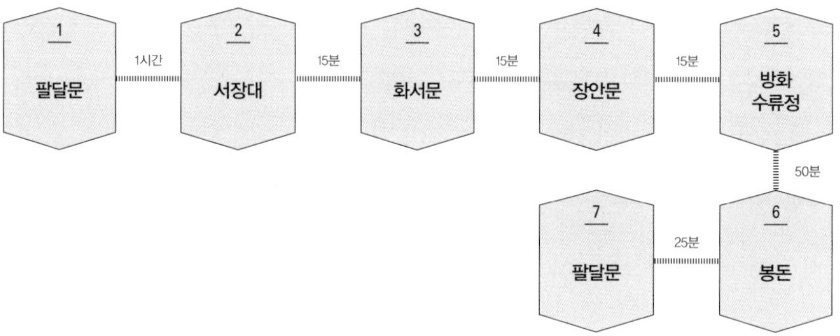

교통

전철(1호선·분당선)과 기차는 수원역에서 내린다. 역을 나와 왼쪽 북부정류장에서 팔달문과 장안문으로 가는 버스가 많다. 서울 잠실역, 강남역, 양재역, 사당역에 10~20분 간격으로 수원행 버스가 있다. 자가용을 이용한다면 영동고속도로 동수원 나들목을 이용한다. 수원화성 이정표가 잘 돼 있다. 자가용으로 가려면 장안문, 창룡문, 동장대(연무대), 화성행궁 주차장에 차를 세운다.

course map

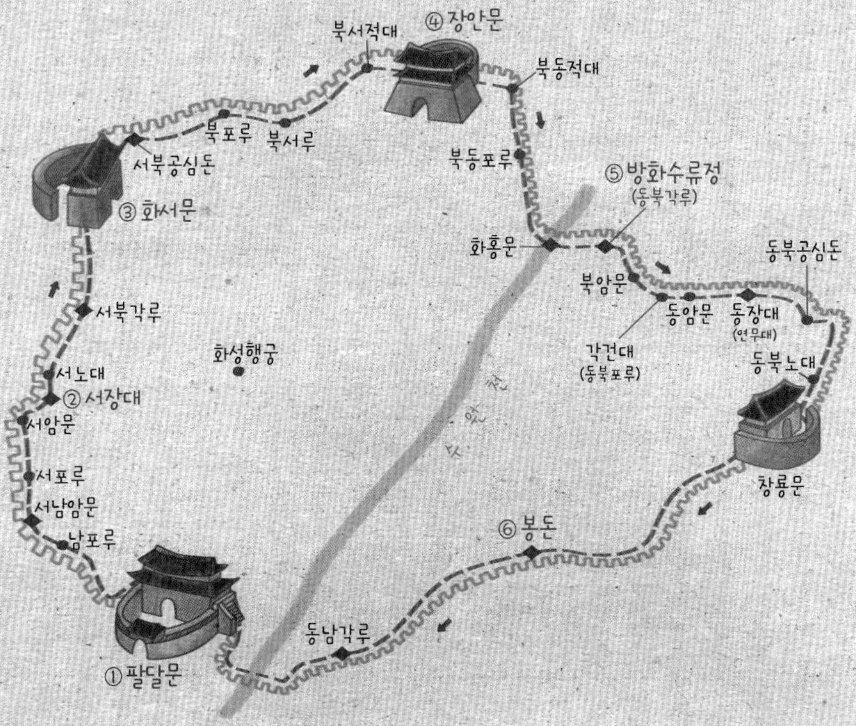

④ 장안문
북서적대
북동적대
북포루
북서루
서북공심돈
북동포루
⑤ 방화수류정
(동북각루)
③ 화서문
화홍문
동북공심돈
북암문
서북각루
동암문
동장대
(연무대)
각건대
(동북포루)
화성행궁
동북노대
서노대
② 서장대
서암문
수원천
창룡문
서포루
서남암문
⑥ 봉돈
남포루
동남각루
① 팔달문

맛집

장안문 뒤쪽의 성곽식당(031-253-2774)은 고풍스런 느낌을 물씬 풍기는 숨은 맛집이다. 팔달문에서 걷기를 시작했으면 점심 먹기에 좋고, 걷기를 끝내고 뒤풀이하기도 그만이다. 청국장, 제육볶음, 빈대떡 등의 메뉴가 있으며 가격도 저렴하다.

코스 가이드

장소	경상남도 하동군 악양면 평사리
코스	한산사~고소산성~최참판댁~동정호
걷는 거리	3.5㎞
걷는 시간	1시간 40분
난이도	쉬워요
좋을 때	봄, 가을

고소산성은 평사리와 섬진강 일대 최고의 선망대다. 평사리 들판 너머로 섬진강이 백운산을 스쳐 지나면서 하동으로 흘러간다.

소설『토지』의 무대가 펼쳐지는 통쾌한 조망

하동 고소산성

고소산성은 박경리 대하소설 『토지』의 무대인 악양면의 뒷산에 있다. 고소산성은 형제봉(1,115m)을 거쳐 지리산과 이어진다. 고소산성에 오르면, 토지의 무대인 악양면 무딤이들(평사리 들판)과 굽이굽이 섬진강이 흘러가는 모습이 한눈에 들어온다. 특히 봄철 매화와 벚꽃이 만발했을 때는 지리산과 섬진강이 어우러져 그야말로 선경을 이룬다.

소설 『토지』의 배경이 된 무딤이들

고소산성의 출발점은 한산사①. 절 뒤로 난 오솔길을 굽이굽이 돌면 느닷없이 거대한 석성이 나타난다. 성벽은 길이 800m, 높이 3.5~4.5m로 아래가 넓고 위가 좁은 사다리꼴 단면을 이룬다. 성벽에 올라서면 드넓은 평사리 들판과 섬진강이 거침없이 펼쳐진다. 산성 동북쪽은 험준한 지리산 산줄기로 외적의 방어에 유리하고, 서남쪽은 섬진강이 한눈에 내려다보여 하류 남해에서 올라오는 배들에 대한 통제와 상류에서 내려오는 적을 막기에 좋은 위치다. 『하동읍지』에 의하면 신라시대에 백제의 침입을 막기 위해 축조한 것이라 한다.

고소산성②에는 잘 생긴 소나무 한 그루가 우뚝하다. 햇볕 따스한 날 나무 그늘에 앉아 하염없이 조망을 즐기는 맛이 일품이다. 고소산성에서 형제봉 방향으로 작은 봉우리를 넘으면 최참판댁으로 내려가는 하산길을 만난다. 여기서 제법 가파른 산비탈을 타고 15분쯤 내려오면, 드라마 〈토지〉의 촬영지인 최참판댁③으로 들어선다.

"수동아~ 밖에 누가 오셨느냐!" 사랑채에서 신경질적인 목소리의 최치수가 금방이라도 나올 것만 같고, 별당에서는 매화 꽃향기를 맡던 서희가 고개를 돌려 쳐다볼 것 같다. 주민들이 살던 초가집들을 둘러보면서 용이, 임이네, 월선, 김훈장, 두만네 등 드라마의 주인공을 떠올리는 재미가 쏠쏠하다.

최참판댁을 나오면 길은 동정호洞庭湖④로 이어진다. 고소산성에서 평사리 들판을 조망했을 때, 보이는 호수가 바로 동정호다. 악양이 중국 후난성 웨양과 지명이 같아, 그곳의 호수 둥팅호에서 이름을 따왔다. 2013년에 동정호 일대를 새롭게 단장해 산책 데크를 깔았다. 봄철이면 다양한 봄꽃으로 치장해 화려하다. 동정호 안의 악양루에 오르면 고요한 평사리 일대가 잘 보인다.

1	
2	3

1 '무딤이들'로 불리는 평사리 들판은 소설 『토지』의 든든한 배경이 되었다. 들판의 상징인 부부송 뒤로 지리산 줄기가 흘러내린다. **2** 드라마 〈토지〉 세트장인 최참찬댁. 소설과 흡사하게 복원해 볼거리가 많다. **3** 신록으로 뒤덮인 동정호.

course data

고도표

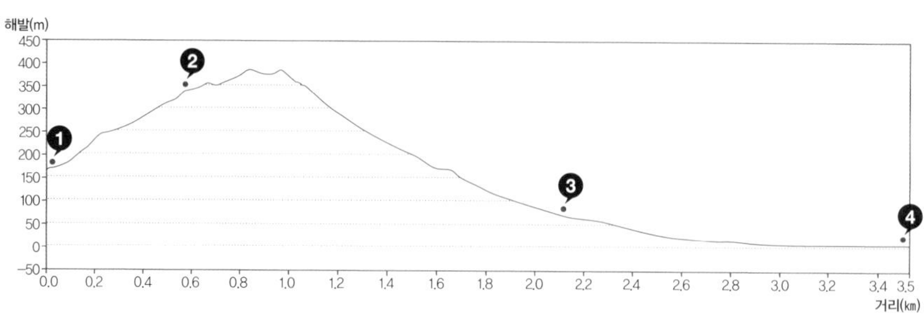

길잡이

고소산성 코스는 한산사~고소산성~능선 갈림길~최참판댁~동정호. 총 거리 3.5㎞, 1시간 40분 걸린다. 고소산성은 박경리 소설 『토지』의 무대가 된 악양 일대와 섬진강이 한눈에 보이는 전망대다. 고소산성에서 형제봉 방향으로 400m쯤 가면 갈림길이다. 여기서 이정표에 따라 최참판댁으로 내려서는 것이 포인트. 동정호는 최근 데크를 깔고 잘 단장해 걷기 좋다. 이 코스는 3월 매화꽃, 4월 벚꽃 필 때가 가장 좋다.

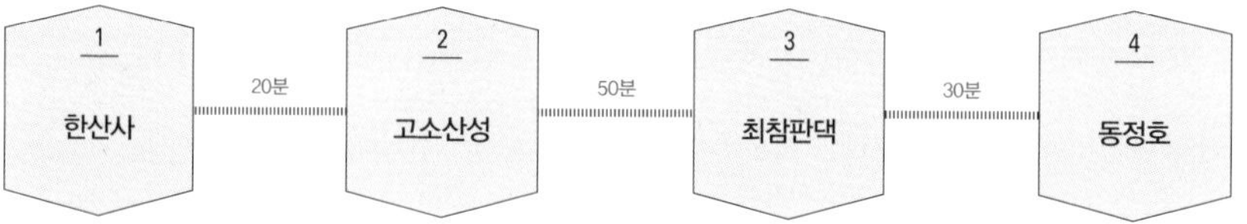

교통

자가용은 남해고속도로 진교IC로 나와 찾아간다. 대중교통은 서울남부터미널 → 화개행 버스가 06:40~19:30, 1일 9회 다니며 3시간 20분쯤 걸린다. 진주시외버스터미널 → 하동행 버스는 07:00~20:40, 1일 14회 다닌다. 화개공영버스터미널 055-883-2793, 하동시외버스터미널 055-883-2663.

맛집

악양면사무소 옆의 솔봉식당(055-883-3337)은 소박한 백반이 맛있는 집이다. 찻잎마술(055-883-3316)은 녹차를 활용한 음식점이다. 주메뉴는 고운비빔밥(담백비빔밥)과 별천지찜(삼겹살찜)으로 이름부터 범상치 않다. '고운'은 고운 최치원을 말한다. 고운비빔밥에는 열 가지가 넘는 정성스러운 반찬이 나온다.

course map

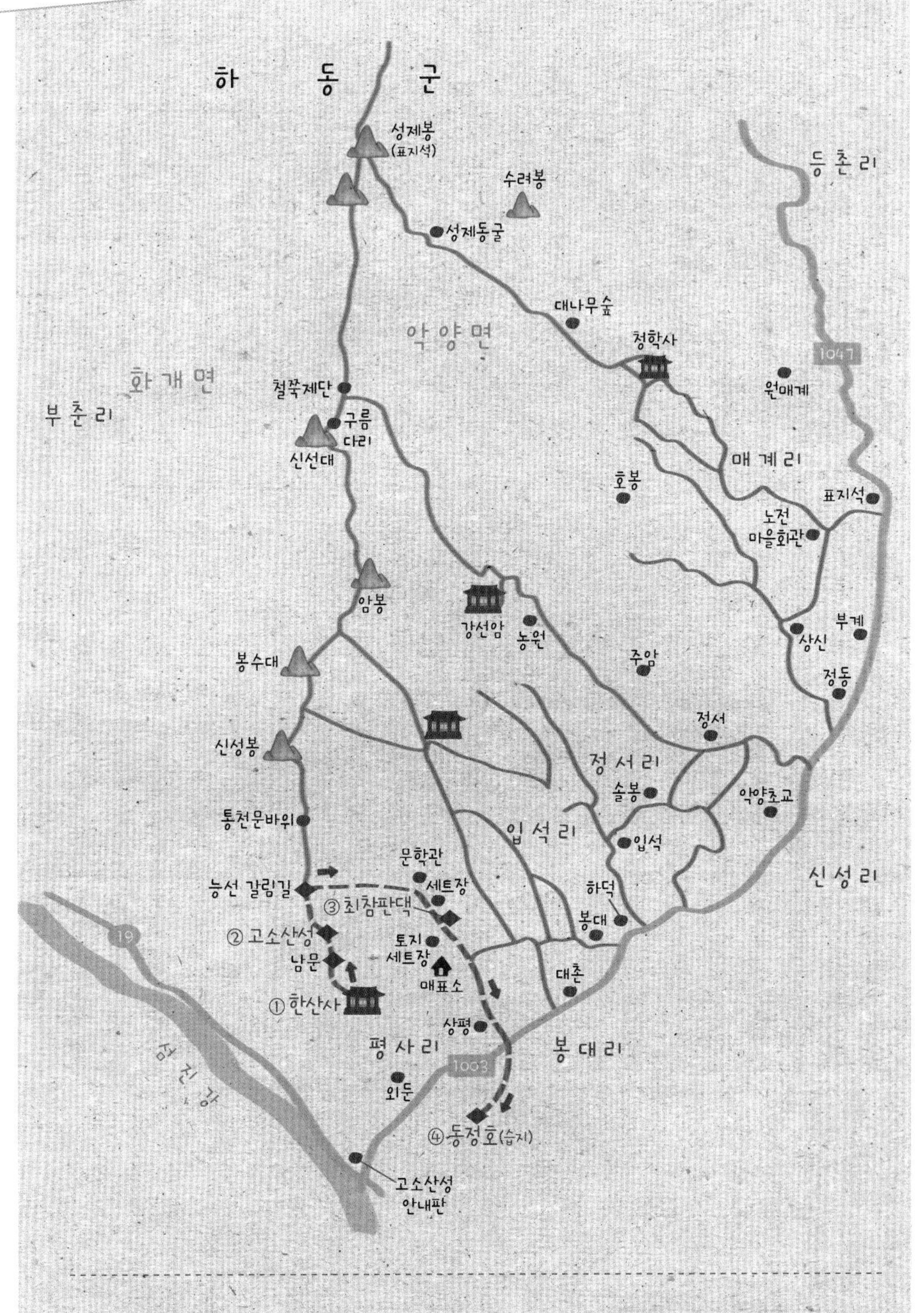

숙소 켄싱턴리조트 지리산하동점(055-880-8000)은 하동야생차박물관 위에 자리한 콘도로 깨끗한 시설과 시원한 조망이 일품이다.

코스 가이드

장소	충청북도 보은군 보은읍 어암리
코스	서문지~동문지~서문지
걷는 거리	2.6㎞
걷는 시간	1시간 30분
난이도	쉬워요
좋을 때	사계절

서북치성에서 바라본 삼년산성의 웅장하고 도도한 성벽

한 번도 뚫린 적 없는 난공불락의 요새

보은 삼년산성

보은은 예로부터 교통의 요충지였다. 상주에서 청주로 가려면 반드시 거쳐야 하는 곳이 보은이다. 그래서 보은에는 14개의 성터가 있을 만큼 군사적으로도 중요한 길목 역할을 했다. 이곳에는 난공불락의 요새가 버티고 있는데, 그것이 삼년산성이다. 신라가 삼국 통일을 하는 데 기틀을 마련한 삼년산성은 우리나라 산성의 수작으로 꼽힌다.

신라가 작정하고 만든 철옹성

삼년산성 하면 이름조차 생소하다고 하는 사람이 많다. 청주 상당산성, 단양 온달산성 등의 유명한 산성에 비해 널리 알려지지 않은 탓이다. 하지만 산성 연구자들은 주저하지 않고 삼년산성을 우리나라 산성 중의 걸작으로 꼽는다.

삼년산성은 찾아가기 쉽다. 청원상주고속도로 보은 나들목으로 나와 새로 지은 보은군청을 찾으면 된다. 군청에서 19번 국도 건너편에 산성이 자리 잡고 있다. 경부고속도로와 중부고속도로를 모두 연결하는 청원상주고속도로 덕분에 보은은 교통의 중심지가 됐다.

주차장①에 차를 세우고 5분쯤 도로를 오르면 두 팔의 벌린 산성의 옹골찬 모습에 입이 쩍 벌어진다. 높이는 평균 15m, 최고 높이는 22m다. 우리나라에서 가장 높은 성이다. 폭은 8~10m. 둘레는 1.68km. 높이도 높지만, 두께가 보통 성곽의 두어 배가 된다. 산성 입구인 서문지②에 이르면 산성의 웅장한 모습에 오금이 저린다.

산성의 정문 격인 서문은 아직 복원하지 못했다. 일반적으로 성문은 안쪽으로 열리는데, 특이하게도 이곳은 밖으로 열린다고 한다. 서문지 앞에는 연못 흔적이 보인다. 아미지蛾眉池라 불리는 이 연못 뒤 암벽에는 신라 명필 김생의 글씨가 적혀 있다.

서문지에서 오른쪽 길을 잡아 성을 한 바퀴 돈다. 길은 성곽 아래로 이어지고, 튼튼해 보이는 성벽에 올라서니 둥그런 치성이다. 치성은 성에서 돌출시켜 적의 침입을 막는 구조를 말한다. 일반적으로 치성은 네모꼴을 이루지만, 삼년산성은 반원형 구조를 취하고 있다. 그래서 산성은 보기에 안정적이면서도 아름다운 곡선을 그리게 된다.

치성에서 바라보면 앞의 성은 희고, 건너편 성은 검은색을 띠고 있음을 한눈에 알 수 있다. 새로 복원한 돌과 옛 돌의 색깔이 확연히 다르다. 서둘러 복원하면서 원래 신라인이 쓴 화강암과는 다른 돌을 썼다고 한다. 또한 성

1 치성에서 본 삼년산성의 웅장한 모습. 높이도 높지만, 넓이가 다른 성의 두 배에 이른다. 2 산성 옆으로 걷기 좋은 호젓한 길이 이어진다.

을 쌓는 방법도 원래는 우물 정井 자형으로 엇갈리며 성을 쌓았는데, 경제적 이유로 그렇게 하지 못했다. 삼년산성은 1971년부터 시나브로 복원 중이다. 2017년에는 삼년산성 고분군 역사탐방로 조성 사업을 완료했다. 치성을 지나 언덕을 오르면 허물어진 성이 나타난다. 폐허의 모습은 늦가을 풍광과 어울려 묘한 연민을 불러일으킨다.

삼국 통일의 거점이 된 삼년산성

삼년산성은 신라의 전진기지였다. 당시엔 신라와 백제가 연합해 북의 고구려를 견제하던 시대다. 신라는 백제나 고구려에 비해 가장 국력이 약했다. 그래서 견고한 성이 필요했고, 그것이 삼년산성이다. 470년 신라 자비왕 때 완공된 산성은 병사 3,000명이 3년 동안 쌓았다. 삼년산성이란 이름은 여기서 나왔다. 또한 성을 쌓는 데 화강암 약 1,000만 개가 들어갔다고 한다.

발굴이 한창 진행 중인 동문지③를 지나면 산성에서 가장 높은 동북치성④에 올라선다. 여기서 길은 다시 내리막길이다. 산성은 의외로 굴곡이 심한데, 그만큼 천혜의 요새였다는 방증이다. 삼년산성이 유명한 것은 성벽의 규모 때문만은 아니다. 서문을 제외한 북문과 동문, 남문은 좁은 계곡에 성벽을 높게 쌓아 사다리를 놓고 출입했다. 동문은 문을 'ㄹ' 자로 배치했다. 밖에만 돌을 쌓고 성 내부는 흙을 쌓아 만든 성이 대부분이었으나 삼년산성은 안팎을 다 돌로 쌓았다. 그야말로 삼년산성은 뚫을 수 없는 방패였다. 한 번도 이 성이 함락됐다는 기록이 없다.

신라 진흥왕은 삼년산성에서 출병, 관산성 전투에서 백제 성왕을 죽였고, 통일신라 헌덕왕 때는 반란을 일으킨 김헌창이 삼년산성에 진을 친 신라군에게 패해 진압됐다. 고려 태조도 삼년산성을 뺏으려다 크게 패했다. 또한

동북치성과 서북치성 사이의 운치 있는 산성길.

옛 연못터인 아미지.

삼국을 통일한 태종무열왕은 신라와 당나라의 국제회의를 삼년산성에서 연다. 신라와 손잡고 백제를 멸한 당나라의 한반도 침략 야욕을 싹부터 자르기 위해 철옹성을 택한 것이다. 서북치성을 넘으면 다시 서문지로 돌아오게 된다. 서북치성은 삼년산성이 가장 아름답게 보이는 곳 중 하나로, 여기서 바라본 산성은 웅장하고 도도하다. 다시 돌아온 서문지. 늦가을이 묻어나는 삼년산성은 쓸쓸하고, 무너져 내린 성벽은 애잔하다. 하지만 그 안에 서린 신라인의 기상은 성벽처럼 높고 위풍당당하다.

교통 자가용으로 가려면 청원상주고속도로 보은 나들목으로 나와 보은군청을 찾으면 된다. 산성은 군청에서 19번 국도 건너편 어암리에 자리하고 있다.

맛집 보은은 순대 요리가 유명하다. 보은터미널 근처의 김천식당(043-543-1413)은 순대전골을 잘하고, 용궁식당(043-542-9288)은 순대국밥은 물론 연탄불에 구운 오징어불고기가 별미다.

course data

고도표

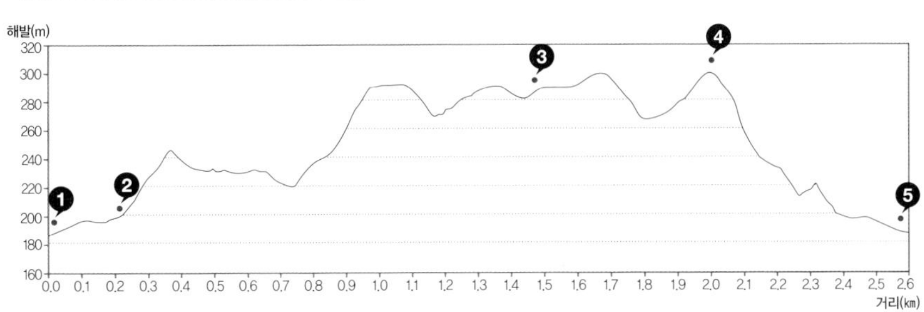

길잡이

삼년산성 코스는 주차장~서문지~동문지~동북치성~서북치성~서문지~주차장의 원점회귀 코스. 총 거리는 2.6㎞, 1시간 30분 걸린다. 서문지를 기준점으로 시계반대 방향으로 산성을 한 바퀴 돈다. 길은 굴곡이 심하지만, 걷기에는 비교적 무난하다.

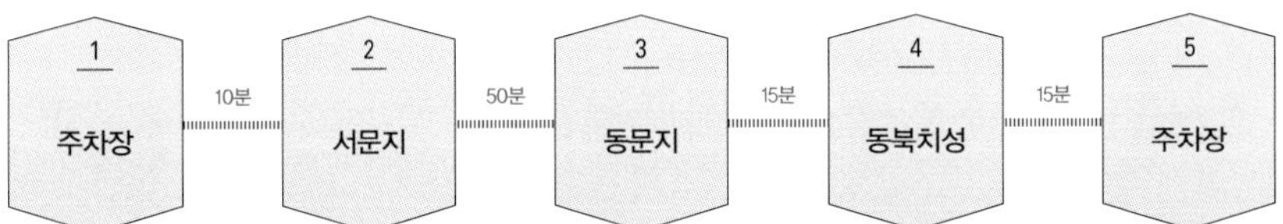

course map

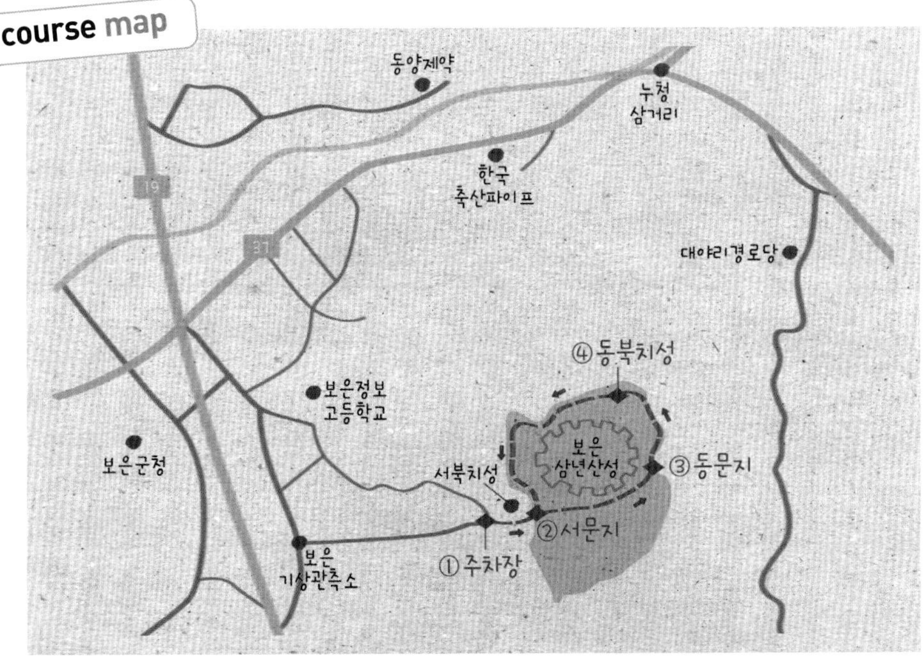

코스 가이드

장소	경상북도 봉화군 명호면 관창리
코스	입석~축융봉~입석
걷는 거리	5.1㎞
걷는 시간	3시간
난이도	무난해요
좋을 때	사계절

공민왕의 전설이 서린 밀성대에 서면 청량산 일대의 조망이 한눈에 펼쳐진다.

퇴계가 흠모하던 청량산 속살을 엿보다

봉화 청량산성

경상북도 봉화는 원시적 자연이 숨 쉬는 청정 고장이다. 민족의 영산 태백산에서 내려온 산줄기가 첩첩 고을을 휘감아 산세가 수려하고, 닭실마을 등의 양반 고택들이 둥지를 틀었다. 봉화가 자랑하는 청량산(870m)은 낙타의 등처럼 생긴 12봉우리(육육봉)의 웅장한 기상이 일품이다. 산길은 청량사와 하늘다리를 둘러보는 길이 유명하지만, 건너편 청량산성에 바라보면 청량산의 숨은 절경을 훤히 들여다볼 수 있다.

공민왕의 애환이 깃든 청량산성

중부 내륙의 첩첩산중에서 청량산의 아름다움을 알아본 사람은 퇴계 이황이었다. 청량산 자락이 흘러내린 안동 토계리에서 태어난 퇴계는 낙동강을 산책하고 멀리 우뚝한 청량산을 바라보며 자랐다. 청년기부터 청량산을 유람했고, 말년에는 자신의 호를 아예 '청량산인'으로 고쳐 불렀다.

청량산 입구에서 낙동강을 건너 들어가면 청량사 입구와 입석①이 차례로 나온다. 맨 마지막에는 청량산성으로 가는 길이 열려 있다. '산성 입구' 이정표에서 호젓한 오솔길을 10여 분 따르면 청량산성 안내판과 함께 제법 큰 돌을 쌓아 만든 산성을 만난다. 여기서 산성 위로 올라서면서 본격적인 산성길이 시작된다.

삼국시대에 처음 쌓은 청량산성은 고려 공민왕이 2차 홍건적의 난을 피해 왔을 때 대대로 개축됐고, 임진왜란 이후 다시 보수했다. 오랜 세월에 걸쳐 산성을 쌓은 것은 이곳이 천혜의 군사적 요새였기 때문이다. 청량산 서쪽으로 낙동강 상류가 휘감아 돌고 깎아지른 절벽으로 둘러싸인 산세는 외부의 침입을 방어하기에 그만이었다.

박석이 깔린 것 같은 산성길은 성인 서너 명이 나란히 걸어가도 넉넉하다. 당시에는 말 5필이 동시에 나란히 다닐 수 있는 넓은 도로가 성을 따라 나 있었고, 특정 구간에서는 산성이 도로 역할을 했다. 그래서 이를 '오마대도五馬大道'라고 불렀다고 한다. 2009년 말끔하게 복원한 산성은 험로에 나무데크를 깔아 걷기 수월하게 했다. 작은 언덕을 오르면 밀성대②가 나오면서 시원한 조망이 열린다.

밀성대는 청량산에 있는 12개 대臺 중 하나로, 공민왕이 청량산성에 주둔했을 당시 죄인을 이곳에서 처형했다고 한다. 건너편으로 기암절벽 금탑봉 아래 제비집처럼 자리한 응진전의 모습이 경이롭다. 밀성대를 지나면 산성은

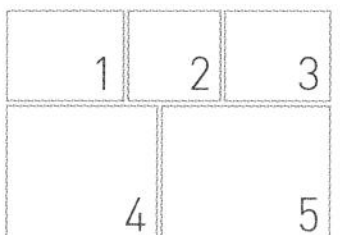

1 입석에서 좀 더 계곡을 따르면 산성 입구가 나오고 여기서 본격적인 산성 트레킹이 시작된다. **2** 산성 곳곳에 가을 꽃들이 그득하다. **3** 청량산성 중턱에 자리한 공민왕 사당. **4** 부드러운 산성의 흐름이 일품이 밀성대. **5** 청량산 육육봉의 비경이 한눈에 펼쳐지는 축융봉 정상. 멀리 낙타의 등처럼 생긴 두 봉우리 사이에 걸린 하늘다리가 보인다.

정량산성의 성곽 위는 말 5필이 나란히 다닐 수 있을 만큼 넓었다고 한다.

조망 좋은 산성길.

완만하게 고도를 올리면서 은근슬쩍 토성으로 바뀐다. 호젓한 숲길이 한동안 이어지다 갑자기 하늘이 넓게 열리면서 축융봉③(845m) 정상에 올라선다.

정상 조망은 거침이 없다. 청량산의 12봉 중에서 장인봉, 선학봉, 탁필봉, 경일봉 등 11개의 수려한 봉우리들이 병풍처럼 펼쳐진다. 특히 선학봉과 자란봉 사이에 걸린 하늘다리의 모습은 감동적이고, 장인봉 왼쪽으로 유장하게 흘러가는 낙동강의 모습이 아스라하다.

축융봉에서 조망을 즐기며 호연지기를 길렀으면 하산은 공민왕 사당 방향으로 잡는다. '공민왕 사당'이 적힌 이정표를 따른다. 40분쯤 구불구불한 임도길을 따라 내려가면 공민왕 사당④이 나타난다. 왼쪽 작은 건물은 산신각이고, 오른쪽이 공민왕 사당이다. 안동시 도산면 가송리 주민들은 청량산에 머물다 환도한 후 비운으로 생을 마감한 공민왕을 위해 매년 제를 올렸다고 한다. 매년 정월 대보름, 칠월 백중에 정성으로 마을 제사를 드린다. 사당에 절을 올리고 30분쯤 임도를 따르면 출발점인 산성 입구의 입석⑤을 만나면서 청량산성 걷기는 마무리된다.

course data

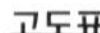

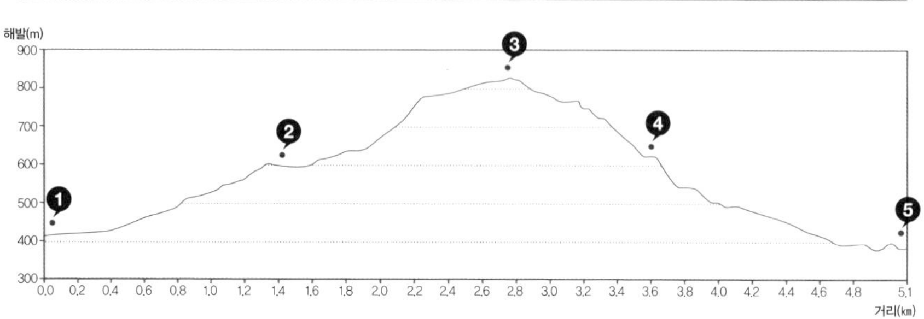

길잡이

청량산성 코스는 입석~산성 입구~밀성대~축융봉~공민왕 사당~입석. 총 거리는 5.1㎞, 3시간 걸린다. 갔던 길을 되짚어오는 원점회귀 코스지만, 올라갈 때는 산성 위를 걷고 내려올 때는 임도를 선택하는 것이 좋다. 밀성대에 서면 멀리 청량산의 비경을 조망하기에 좋다.

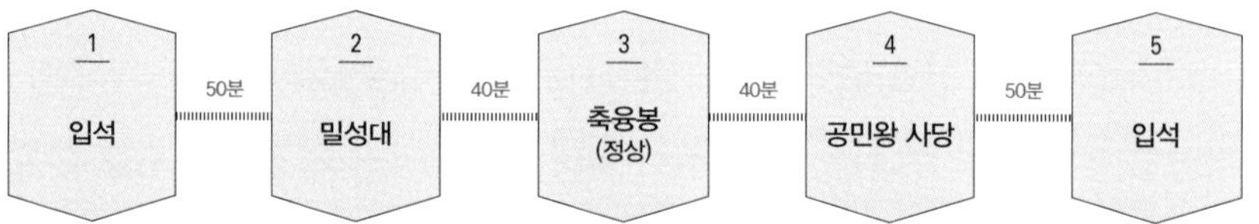

숙식

봉화의 맛은 고기와 송이버섯이다. 솔봉이식당(054-673-1090)은 갖은 나물요리와 함께 나오는 송이돌솥밥 정식이 일품이다. 한약우프라자(054-674-3400)는 봉화 약한우를 비교적 저렴하게 먹을 수 있다. 봉성의 오시오식당(054-672-9012)은 숯불돼지고기로 일가를 이룬 집이다.

유곡리의 닭실마을은 안동 앞내, 풍산 하회, 경주 양동과 함께 삼남의 4대 길지로 꼽히는 곳이다. 500여 년 전통의 한과가 유명하며 고택에서 민박을 할 수 있다. 문의 054-674-0963. 청량산도립공원은 청량산캠핑장을 운영한다. 예약 054-674-3381~2.

course map

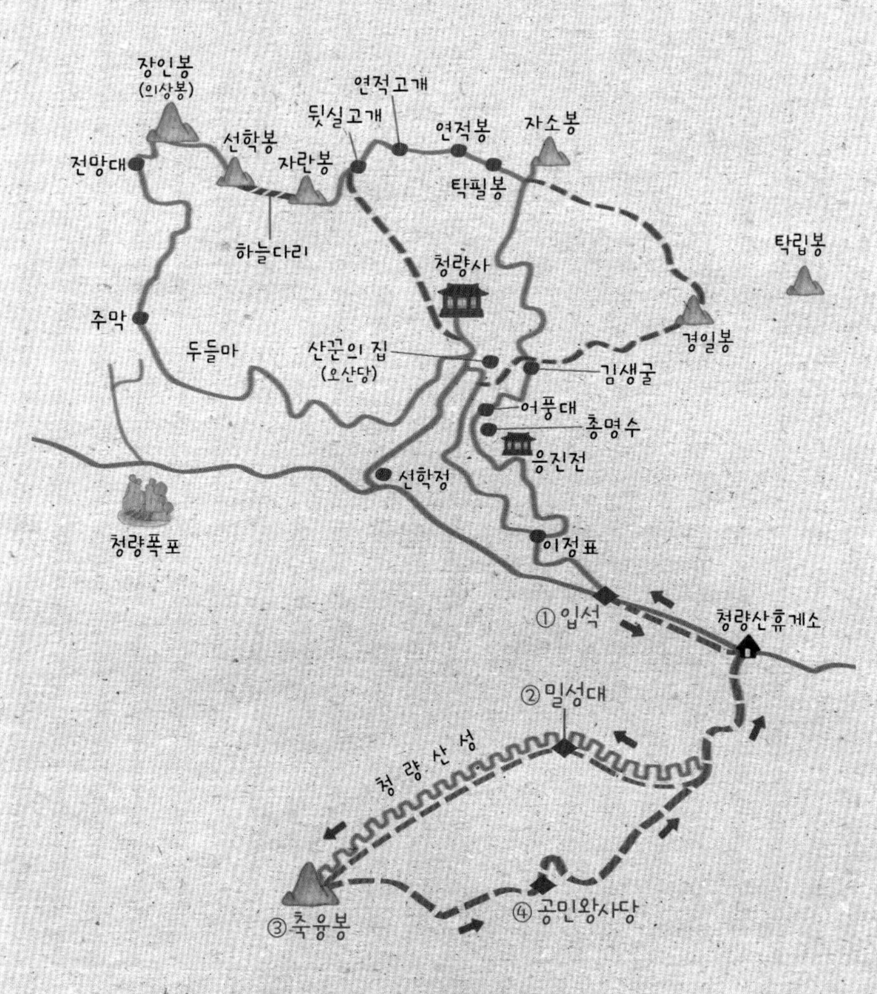

교통 자가용은 중앙고속도로 풍기IC로 나와 영주를 거쳐 봉화에 이른다. 동서울터미널 → 봉화행 버스는 07:40~18:20, 1일 6회 다닌다. 봉화버스터미널에서 청량산 가는 시내버스는 09:40~17:40, 1일 3회 다닌다. 문의는 영주여객 054-633-0011.

코스 가이드

장소	충청북도 단양군 영춘면 하리
코스	주차장~남문~주차장
걷는 거리	2.9㎞
걷는 시간	1시간 40분
난이도	무난해요
좋을 때	사계절

온달산성 남문에서 바라본 소백산 구봉팔문의 웅장한 산세.

소백산과 남한강에 서린 온달장군의 기개

단양 온달산성

단양 영춘면의 온달산성은 1,400여 년 전 고구려와 신라가 치열한 전투를 벌인 현장이다. 산성에는 '바보 온달'로 알려진 온달 장군과 평강 공주의 슬픈 사랑 이야기가 전해온다. 주차장①을 출발해 산성 입구②에서 20분쯤 가파른 길을 오르면 작은 돌을 촘촘히 쌓아 만든 석성의 동문③이 보인다. 산성의 길이는 불과 683m. 20분이면 한 바퀴 돌 수 있는 작은 규모지만, 삼국시대 산성 중 보존 상태가 가장 좋다.

동문에서 가파른 비탈을 올라 남문④에 도착하면 통쾌한 조망이 펼쳐진다. 유장한 남한강이 굽이굽이 흐르고, 그 너머 영월 태화산이 우뚝하다. 그 풍경을 가만히 바라보면 있으니, 저절로 주먹에 힘이 들어가면서 "어딜 넘보느냐~ 올 테면 와 봐라!" 쩌렁쩌렁 울리는 온달 장군의 기개 넘치는 목소리가 들리는 듯하다.

사람들은 대개 남한강 조망에 만족하고 발길을 돌리지만, 온달산성의 진가는 구봉팔문 조망에 있다. 산성에서 가장 높은 남문 뒤쪽으로 첩첩 산줄기가 펼쳐진다. 백두대간 소백산 구간이 하늘에 마루금을 그리고, 국망봉에서 내려온 산줄기는 부챗살을 펼치듯 구봉팔문九峰八門을 빚어 놓는다. 특히 겨울에 눈이 쌓이면 산과 골이 더욱 뚜렷하게 보인다. 구봉은 마치 소백산의 늑골처럼 보이고, 자세히 보면 4봉 뒤시랭이문봉 아래 구인사가 숨어 있는 것을 확인할 수 있다. 온달산성에서 바라보는 소백산 구봉팔문의 모습은 자연과 법문이 어우러진 우리 산악의 명풍경이라 해도 과언이 아니다. 다시 온 길을 되짚어 돌아가 주차장⑤에 닿으며 트레킹을 마무리한다.

교통 자가용은 중앙고속도로 북단양 나들목으로 나와 단양읍, 가곡면을 거쳐 구인사에 이른다. 청량리 → 단양행 기차는 06:40~21:13, 1일 9회 다니며 2시간 10분쯤 걸린다. 동서울터미널 → 구인사행 버스는 07:00~16:40, 1일 6회 운행하며 3시간쯤 걸린다.

맛집

마늘돌솥밥은 단양의 대표 별미 중 하나로 돌솥에 마늘을 비롯해 흑미, 기장, 찹쌀, 백미 네 가지의 곡식과 밤, 대추, 은행, 콩 등을 함께 넣고 짓는다. 장다리식당(043-423-3960)이 잘한다.

1 온달산성 입구의 온달 동상. 2 온달산성은 주변의 험준한 산들과 어우러져 강건하게 보인다. 뒤로 가장 높은 봉우리가 영월의 마대산이다. 3 온달산성에 오르면 유장한 남한강과 대화산을 비롯한 첩첩 산줄기가 펼쳐진다.

course data

고도표

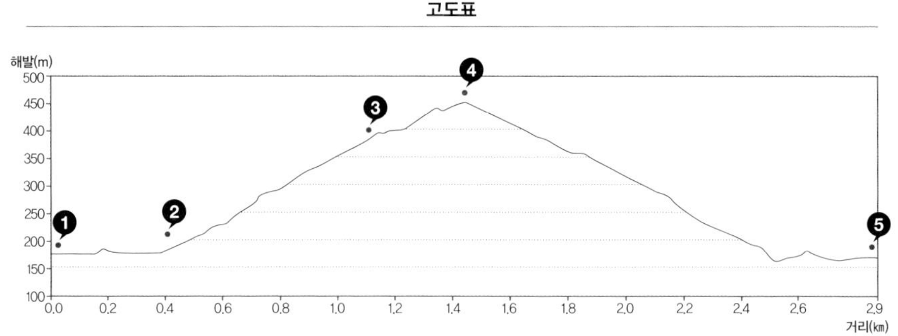

길잡이

온달산성 코스는 주차장~드라마 세트장~정자~동문~남문~주차장 원점 회귀. 산성으로 오르는 길이 좀 험하지만, 계단이 잘 놓여 있어 어렵지 않게 오를 수 있다. 북문에서 남한강만 보고 발길을 돌리지 말고 남문에 올라 남한강과 소백산 구봉팔문 조망을 감상하는 것이 포인트다.

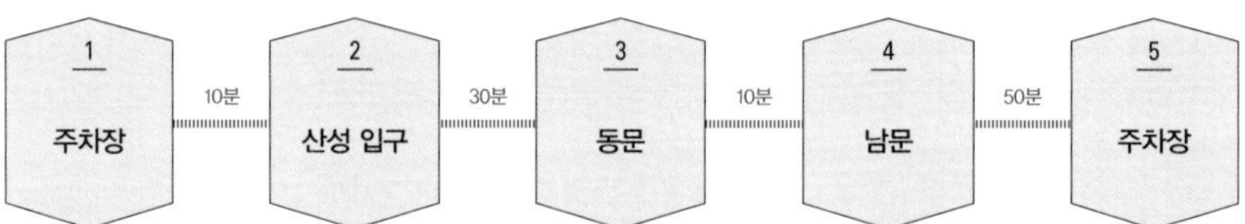

course map

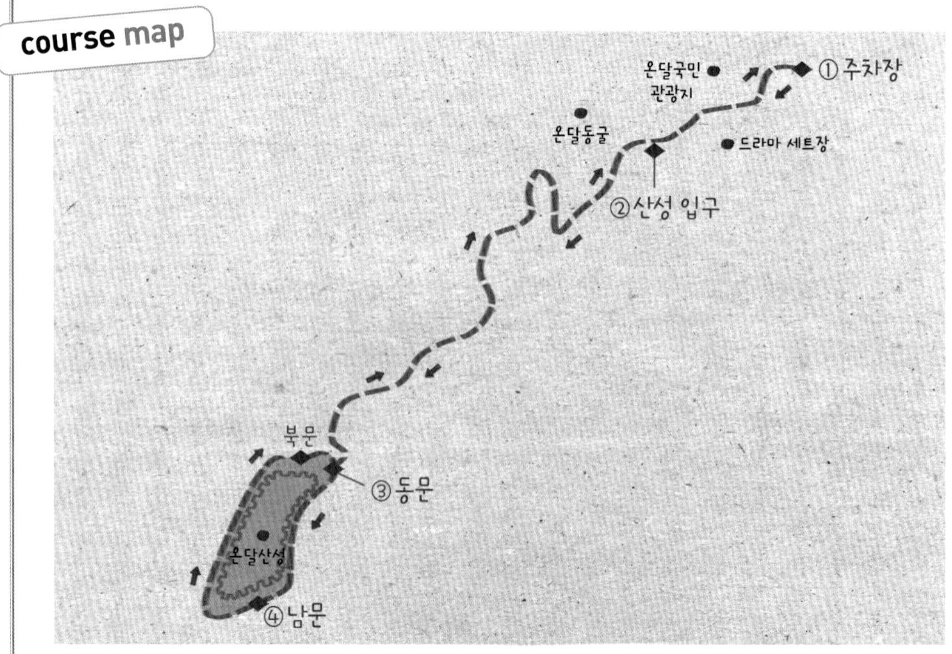

테마편

일출 트레킹

부지런한 여행자를 위한 자연의 선물

SUNRISE

코스 가이드

장소	제주도 제주시 봉개동
코스	관리사무소~정상~관리사무소
걷는 거리	2.8㎞
걷는 시간	1시간 30분
난이도	쉬워요
좋을 때	사계절

설눌오름 전망대에서 바라본 일출. 멀리 오름들 사이로 해가 떠오른다.

토박이들만 알고 즐기는 일출 명소 제주

절물오름

제주시에서 가까운 절물오름은 절물자연휴양림으로 더 유명하다. 절물자연휴양림은 전국 자연휴양림 중 방문객이 가장 많은 녹색 쉼터다. 특히 삼나무가 빽빽하고, 소나무와 팽나무 등 다양한 수종의 나무가 그득해 삼림욕장으로 주목받고 있다. 제주 토박이들에게 절물오름은 일출 명소로 유명하다. 정상에 오르면 한라산이 시원하게 펼쳐지며, 오름들 위로 떠오르는 일출은 감동적이다.

굼부리 한 바퀴 돌며 조망을 즐기는 즐거움

절물오름은 가까이 절이 있었던 데서 유래해 절물이라 불리며, 한자로는 사악寺岳이라고 한다. 절의 위치와 이름은 알려지지 않았고, 지금은 약수암이 자리하고 있다. 옛문헌에는 단하봉丹霞峰, 단라악丹羅岳 등으로 나와 있다. 높이는 696.9m, 비고 147m, 둘레는 2,459m, 면적은 39만 7,123m², 모양은 원형으로 돼 있다. 정상부에 원형의 굼부리가 있어 한 바퀴를 돌 수 있다.

절물오름 트레킹의 출발점은 절물자연휴양림①이다. 휴양림에 묵었다면, 절물약수 옆의 등산로 입구를 찾으면 된다. 관리사무소에서 길은 세 갈래로 갈라진다. 왼쪽은 만남의 길(숲속의 집 방향), 오른쪽은 삼울길(산림휴양관 방향), 가운데 길이 건강산책로(절물오름 방향)다. 건강산책로는 널찍하고 길섶에는 삼나무가 가득하다. 이 길이 끝나는 지점에 커다란 연못이 있다. 연못 뒤로 절물오름이 봉긋 솟아 있다. 연못을 지나면 오름 입구②가 나온다. 어둑새벽에는 입구가 눈에 잘 띄지 않기에 주의해야 한다. 여기서 오름 정상③까지는 800m. 흙길과 나무 계단이 어우러진 아기자기한 길이다. 완만한 길은 잠시 급경사가 이루다가 능선에 올라붙는다. 능선에서 오른쪽으로 조금 돌면 정상이 나온다. 정상에는 2층짜리 정자가 세워져 있다.

일출 포인트는 정자 일대. 특히 정자 2층에서 보는 것이 가장 좋다. 절물오름은 제법 큰 굼부리가 형성돼 있다. 굼부리 가운데가 푹 꺼진 덕에 시야가 트여 조망이 제법 좋다. 멀리 오름들이 부드러운 곡선을 그리고, 해는 그 곡선 위로 봉긋 솟아오른다. 매년 1월 1일에는 제주 시민들이 이곳에 많이 모여 일출을 감상한다. 산악회 단체에서는 따뜻한 음료와 음식을 관광객들에게 나눠주기도 한다.

일출을 감상했으면, 오른쪽으로 고개를 돌려 아침빛에 찬란하게 빛나는 한라산을 쳐다보자. 웅장한 자태가 온통 흰 눈으로 치장한 모습이 장관이다. 그 앞쪽으로 오름들이 자유분방하게 흩어진 모습도 멋지다. 이제 굼부리를

1
2

1 절물오름 정상에 자리한 전망대. **2** 빽빽한 삼나무 숲 사이를 걷는 절물자연휴양림 삼울길.

한 바퀴 돌 차례다. 능선은 호젓한 숲길이 이어지고 나뭇가지 사이로 조망이 열린다. 10분쯤이면 한 바퀴를 돌 수 있다.

오름 입구로 하산했으면, 절물자연휴양림을 구석구석 둘러보자. 입구에서 오른쪽으로 가면, 절물약수터와 숲속의 집을 거쳐 관리사무소④에 이른다. 왼쪽 길은 약수암, 산림휴양관, 삼나무 산책로, 관리사무소가 차례로 나온다. 초행이라면 삼나무들이 멋진 왼쪽 길을 추천한다.

고도표

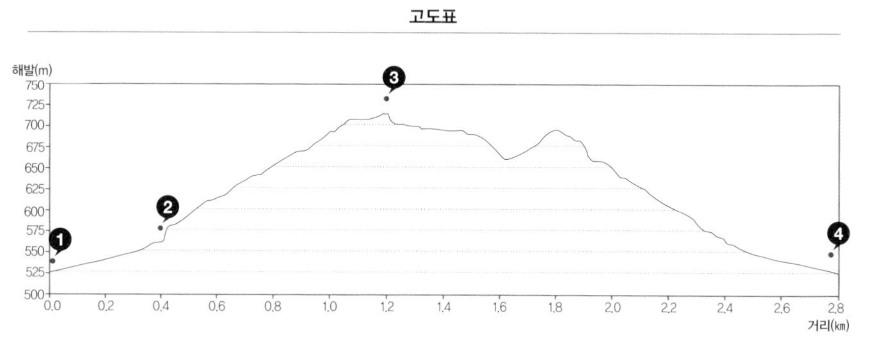

길잡이

절물오름 트레킹 코스는 절물자연휴양림 관리사무소~건강산책로~오름 입구~정상~오름 입구~절물자연휴양림 관리사무소. 누구나 부담 없이 다녀올 수 있는 코스다. 제주 토박이들이 즐겨 찾는 일출 명소. 1월 1일에도 사람이 많지 않아 좋다. 휴양림 안에 삼나무 산책로인 삼울길도 꼭 걸어보자.

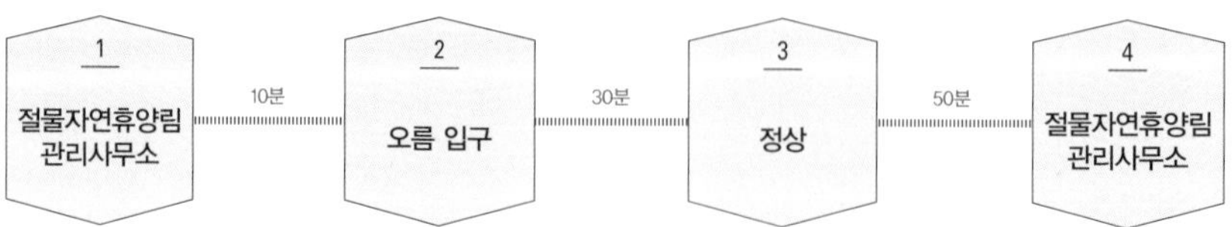

course map

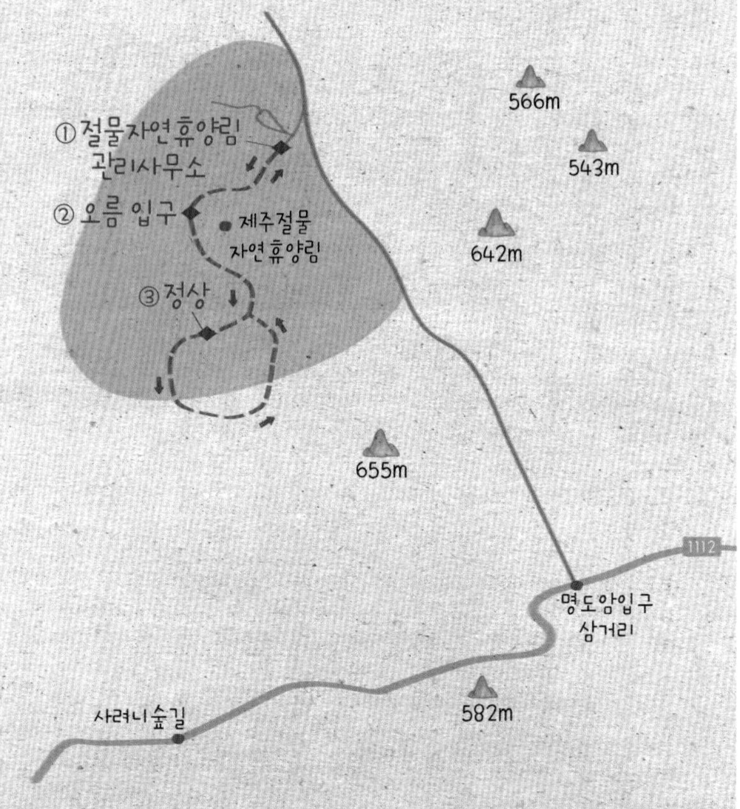

교통 자가용은 제주시에서 번영로(97번 도로)를 타고 봉개에서 명도암 방향을 따른다. 제주시외버스터미널과 제주국제공항에서 340번 또는 341번 버스가 06:30~20:50, 1일 26회 운행한다. 제주버스터미널 064-753-1153, 제주버스정보시스템 bus.jeju.go.kr.

맛집

절물자연휴양림 근처 명도암의 '명도암정식'(064-723-5254)은 저렴하면서도 알찬 정식으로 유명한 맛집이다. 돼지숯불구이정식, 손순두부정식 등이 있다. 제주시 연동의 동도원(064-747-9996)은 고등어조림과 해물뚝배기 등이 나오는 푸짐한 정식을 내온다.

숙소 절물자연휴양림은 자연휴양림이란 이름에 걸맞은 흔치 않은 휴양림이다. 시설이 깔끔하고, 무엇보다 절물오름의 풍요로운 자연을 오롯이 느낄 수 있다. 숙소는 숲속의 집과 산림휴양관으로 나눌 수 있다. 숙소로 가는 길에 자연스럽게 삼림욕을 할 수 있다. 예약은 숲나들e(www.foresttrip.go.kr). 빈 방은 전화로 예약할 수 있다. 문의 064-721-7421.

코스 가이드

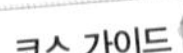

장소	경남 남해군 상주면 상주리 일대
코스	복곡탐방지원센터~금산~복곡탐방지원센터
걷는 거리	3.6㎞
걷는 시간	2시간 30분
난이도	무난해요
좋을 때	사계절

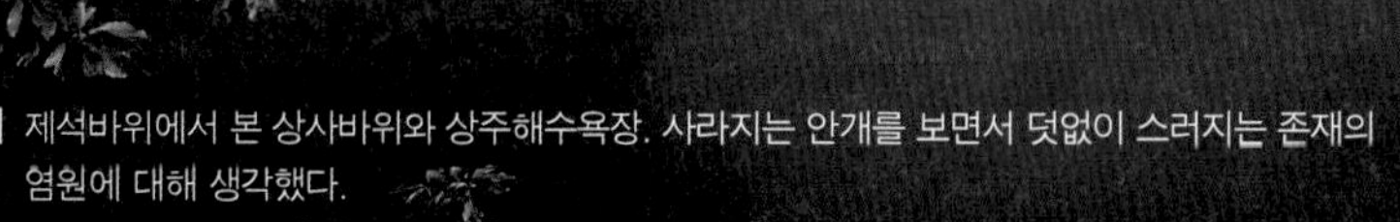

제석바위에서 본 상사바위와 상주해수욕장. 사라지는 안개를 보면서 덧없이 스러지는 존재의 염원에 대해 생각했다.

덧없이 스러지는 존재를 위한 기도

남해 금산

국립공원

남해에서 두 번째로 높은 금산(681m)은 대부분 금산이라 부르지 않고 꼭 '남해 금산'으로 부른다. '남해'라는 발음에서 눈부신 바다가 떠오르고, '금산'이란 말에서 느닷없이 솟구친 산을 그려보기 때문이다. 물론 '한 여자 돌 속에 묻혀 있었네'로 시작하는 이성복의 시 '남해 금산'의 유명세도 그 이름이 굳어지는 데 한몫했다. 금산을 더욱 빛나게 하는 건, 기도 도량으로 유명한 보리암이다. 금산의 수려한 바위미에 빠져보고, 보리암에서 간절한 기도를 올려보자.

보광산이 금산으로 바뀐 사연

복곡탐방지원센터①에 차를 세우고 길을 나선다. 마을에는 비가 그치고 해가 떴지만, 산에는 지독한 안개가 꼈다. 앞에 사람이 지나가는 것도 간신히 보일 정도다. 아무것도 볼 게 없다고 생각했지만, 안개 자체가 그윽한 풍경을 만든다. 느릿느릿 구름 속을 산책하는 맛이 운치 있다. 보리암 입구 삼거리②에 다다랐다.

보리암은 동해의 낙산사 홍련암과 서해 강화도 보문사와 함께 우리나라 3대 관음도량이다. 금산의 본래 이름은 이 암자에서 나왔다. 683년 원효대사가 보리암 자리에 보광사寶光寺를 지으며 산 이름도 보광산이 되었다. 대자대비한 마음으로 중생을 구하는 관세음보살이 있는 보광궁의 뜻을 담은 이름이다.

보광산이 지금의 금산으로 바뀐 내력에는 이성계와 관련된 전설이 내려온다. "이 땅의 왕이 되겠습니다." 그 옛날 이성계가 보리암에서 간절한 백일기도를 올렸다. 자신이 왕이 된다면 그 보답으로 산을 비단으로 두르겠다고 굳게 약속한다. 조선이 건국되자 이성계는 정말로 산을 비단으로 덮으라는 명을 내린다. 하지만 신하들이 도저히 그렇게는 할 수 없으니 차라리 이름을 바꾸자는 상소문을 올린다. 이러한 우여곡절 끝에 산 이름이 바뀌었다.

보리암에서 대웅전 역할은 하는 전각이 보광전이다. 보광전 아래 작은 공터에 해수관세음보살상③과 고려시대의 삼층석탑 등이 자리한다. 이곳이 보리암에서 가장 기가 센 곳으로 알려졌다. 나이 지긋한 아주머니들이 보리암 앞마당의 해수관세음보살상에 연방 절을 올린다. 그들의 간절한 마음을 아는지 모르는지 관세음보살은 입가에 살포시 미소를 지으며 남해 먼바다를 굽어보고 있다.

SNS 핫플레이스, 금산산장

해수관세음보살상에서 산허리를 따라가면 금산산장으로 갈 수 있다. 금산을 통틀어 가장 아름다운 숲길이다. 돌계단을 좀 내려오면 쌍홍문④을 만난다.

1 보리암 일출. 기도발이 좋은 것으로 유명한 보리암은 일출 명소이기도 하다. 2 안개가 가득 낀 보리암 가는 길. 3 쌍홍문 굴 안에서 본 남해의 올망졸망한 섬들.

상주리에서 등산로를 따라 올라오면 쌍홍문을 통해 금산으로 들어온다. 굴속에서 바라보는 남해의 작은 섬들과 멀리 두미도와 욕지도 풍광이 일품이다. 굴 밖으로 나가서 돌아보면, 쌍홍문은 마치 그리스의 투구처럼 보인다. 원효대사가 두 굴이 쌍무지개 같다고 하여 쌍홍문이란 아름다운 이름이 붙었다.

쌍홍문에서 조금 오르면 제석바위에 닿는다. 바위에 올라서자 안개의 철옹성이 무너지기 시작했다. 철옹성에 금이 가자, 무너지는 건 순식간이다. 스르르~ 풀리는 안개는 바위들을, 금산산장을, 나무들을 핥고 쓰다듬고 사라졌다. 그 모습을 바라보며 덧없이 스러지는 존재에 대해 생각했다.

어떤 존재라도 사라지는 모습은 처연하게 아름다운 법이다. 덧없이 사라지는 존재의 염원이 성취되기를 기원했다. 아련하게 일렁거리는 먼바다가, 보리암에서 보았던 해수관음보살상의 옅은 미소가 염원을 들어줄 것 같다.

금산산장⑤은 SNS 핫플레이스다. 한때 산장 앞 벤치에서 막걸리와 파전을 올린 사진이 유명했다. 하지만 국립공원 지역이라 음주가 금지되어 이제는 컵라면으로 바뀌었다. 아직도 심심치 않게 젊은 연인들이 찾는다. "컵라면 먹는 데가 어디예요?" 길에서 이렇게 물어본 젊은 처자를 만난 적도 있다.

금산산장 위쪽에 금산 최고 절경으로 꼽히는 상사바위⑥가 있다. 조심조심 바위에 오르면 조망이 시원하게 열린다. 바위 아래는 아찔한 낭떠러지다. 상사병으로 죽은 머슴의 혼백이 뱀이 되어 주인집 딸의 몸을 칭칭 동여맸다가 이곳에서 한을 풀고 벼랑 아래로 떨어졌다는 이야기가 내려오는 곳이다. 어쩌면 이성복은 상사바위에서 시의 모티브를 떠올렸을지도 모른다.

한 여자 돌 속에 묻혀 있었네
그 여자 사랑에 나도 돌 속에 들어갔네
어느 여름 비 많이 오고
그 여자 울면서 돌 속에서 떠나갔네…
남해 금산 푸른 바닷물 속에 나 혼자 잠기네
(이성복 '남해 금산')

이성복의 시선으로 바라보는 남해 금산은 실연의 산이다. 그는 금산의 아름다운 기암괴석에 슬픈 염원이 담겨 있음을 직감했다. 그리고 상상의 날개를 펼치고 그것을 사랑 노래로 신비롭게 풀어냈다. 상사바위에서 금산 정상은 멀지 않다. 돌계단을 따라 조금 오르자 봉수대가 있는 정상⑦이 나온다. 정상에서 바다를 굽어보고 내려오면, 다시 보리암 입구 삼거리⑧를 거쳐 복곡탐방지원센터⑨에 닿으면서 트레킹이 마무리된다.

4	6
5	7

4 제석바위에서 바라본 보리암. **5** 수려한 바위와 어우러진 금산산장. **6** 금산 정상에 놓인 커다란 봉수대. **7** 안개에 묻힌 해수관세음보살상이 옅은 미소를 띠고 있다.

course data

고도표

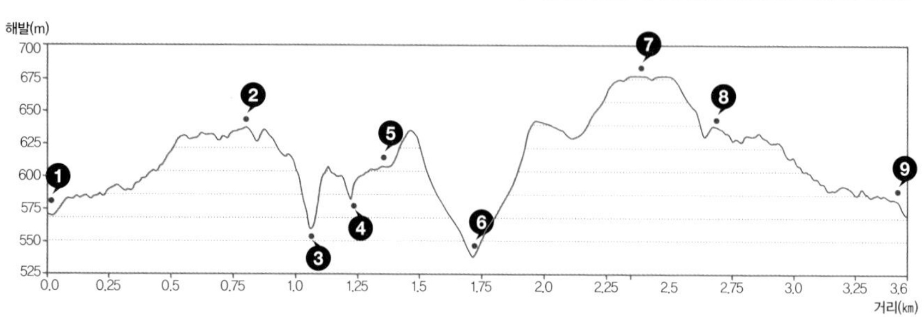

길잡이

금산은 정상보다 보리암, 금산산장, 상사바위 일대의 풍광과 조망이 더 빼어나다. 복곡탐방안내소를 들머리로 보리암 일대의 명소들을 천천히 둘러보는 걸 추천한다. 제대로 산행하려면 상주리 금산탐방안내소를 들머리로 하면 된다. 금산탐방안내소~보리암 코스는 약 2㎞, 1시간쯤 걸린다. 시종일관 오르막 돌계단이다.

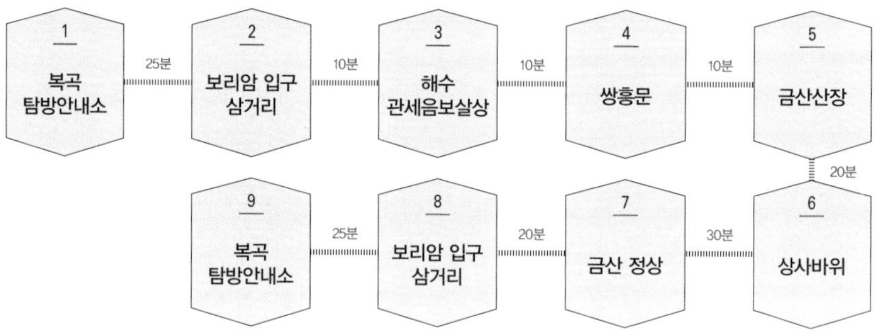

교통

자가용은 복곡탐방안내소 주차장에 세운다. 서울에서 남해 가는 버스는 서울남부터미널에서 하루 6회(07:10~19:30) 운행, 4시간 30분쯤 걸린다. 남해에서 복곡탐방안내소 가는 버스는 없고, 금산탐방안내소로 가는 남해-미조행 버스가 다닌다. 문의: 서울남부터미널 1688-0540, 남해공용버스터미널 055-863-5056.

맛집

멸치는 남해의 대표적 특산품으로 멸치쌈밥이 일품이다. 남해 토박이가 추천하는 먹는 방법은 배추나 상추에 멸치 하나 넣고 마늘 하나 넣고 싸 먹는 것. 남해 마늘은 맵지 않고 단맛이 난다. 남해 사랑채(055-863-5244)는 멸치쌈밥을 시키면 멸치회무침도 함께 나온다. 그 밖에 노량포구식당(055-863-0389)은 회덮밥, 스포츠가든(010-4846-5676)은 장어탕을 잘한다.

course map

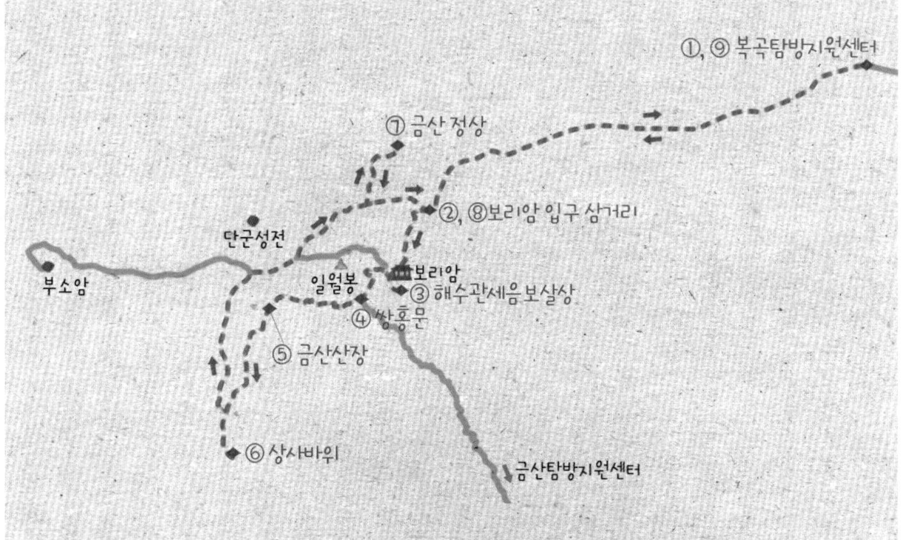

주변명소

이순신순국공원_ 관음포에 자리한 이순신순국공원은 영상관, 위령탑, 조형물, 식당 등을 갖춘 대규모 시설이다. 특히 영상관은 벽면과 지붕 전체가 스크린인 입체 영상관으로 노량해전의 격전을 실감나게 감상할 수 있다. 이순신 장군 유해가 맨 처음 육지에 올라온 '관음포 이충무공 전몰유허'를 남해 사람들은 이락사라 부른다. 이순신이 순국한 역사적 사건이 더욱 비장하게 느껴진다. 이락사에는 조그만 비각과 유허비가 있다.

숙소

남해편백자연휴양림(055-867-7881)은 울창한 편백과 삼나무 숲에 하룻밤 보낼 수 있고, 남해스포츠파크 호텔(055-862-7900)은 바닷가 코앞이고 시설도 훌륭하다. 아난티 남해(055-860-0100)는 남해 최고의 고급 숙소다.

코스 가이드 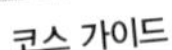

장소	서울특별시 강북구·경기도 고양시 덕양구
코스	도선사 광장~백운대~도선사 광장
걷는 거리	4.6㎞
걷는 시간	3시간
난이도	무난해요
좋을 때	사계절

북한산에서 바라본 도심의 여명 속 야경. 먼 하늘에 로맨틱한 분홍 띠가 둘러져 있다.

조선의 수호신 등에 올라 보는 서울의 일출과 야경 서울

북한산 백운대

국립공원

서울에 사는 즐거움 중에 하나가 북한산의 존재다. 마음만 먹으면 출근 전, 퇴근 후 아무 때나 훌쩍 다녀올 수 있다. 대도시에 솟은 큰 산은 세계적으로 드물기에 우리의 축복이 아닐 수 없다. 북한산은 너무 가까이 있어 오히려 그 진가가 발견되지 않은 산이다. 북한산은 미끈하게 잘 빠진 화강암 봉우리가 매력적이다. 836.5m 높이의 최고봉 백운대, 신라 진흥왕이 한강 유역을 점령하고 순수비를 세운 비봉, 인수봉과 보현봉 등 총 32개의 봉우리가 짜릿한 바위미를 자랑한다.

미끈하게 잘 빠진 32개 화강암 봉우리들

북한산은 서울시 강북·성북·종로·서대문·은평구와 경기도 고양시 덕양구까지 걸쳐 있는 서울의 진산이다. 예로부터 백두산, 원산, 낭림산, 두류산, 분수치, 금강산, 오대산, 태백산, 속리산, 장안산, 지리산과 더불어 12종산宗山

중의 하나로 숭배됐다.

북한산 백운대 일출 트레킹 코스는 가장 고전적인 코스를 따른다. 우이동에서 시작해 정상을 오르내리는 길이다. 출발점은 우이동 버스 종점에서 2.5km쯤 떨어진 도선사 광장①. 도선사와 등산로가 갈라지는 지점이다. 광장 가운데 미소석가불이 자비로운 웃음을 띠고 있다. 석가불 뒤편에 큰 화장실이 있고, 그 옆으로 등산로가 나 있다. 여기서 숨이 깔딱 넘어간다는 깔딱고개까지 시종일관 오르막이다.

탄탄한 돌계단이 이어진 길을 30분쯤 오르면 깔딱고개②에 닿고 불쑥 인수봉이 인사를 건넨다. 인수봉에서 불어오는 차가운 바람에 옷깃을 여미면서 왼쪽으로 굽어진 길을 따르면 인수야영장이다. 이곳은 북한산의 유일한 야영장으로 암벽 등반을 하는 산꾼들이 주로 이용한다. 인수야영장을 지나면 경찰구조대와 인수암이 마주보고 있다. 산길은 그 사이를 따르고, 그늘져 미끄러운 계곡길을 15분쯤 더 오르면 백운산장에 닿는다.

우리나라 최초의 산장, 백운산장

인수봉과 백운대가 올려다 보이는 백운산장③은 우리나라 최초의 산장이다. 돌로 쌓은 외관이 제법 근사하다. 이현엽·김금자 부부가 산장을 지키며 3대째 가업을 이었다. 수많은 조난자들을 구했고, 보살폈다. 그러나 앞으로는 국립공원관리공단에서 운영할 예정이다.

백운산장에서 다시 10분쯤 급경사를 오르면 북한산성 위문이다. 위문 앞

1	3
2	

1 정상에서 본 인수봉. 뒤로 도봉산, 오른쪽으로 수락산과 불암산이 펼쳐진다. **2** 정상에서 바라본 북한산의 수려한 산세. 왼쪽 봉우리가 만경대이고, 그 뒤로 능선이 뻗어내려 보현봉까지 이어진다. **3** 깔딱고개에 올라서면, 불쑥 인수봉이 고개를 내민다.

백운대를 오르면서 바라보면 풍만한 바위덩어리가 일품이다.

오른쪽 길이 백운대 방향이다. 계단이 끝나면 철난간을 잡고 오르는데, 여기서 바라본 백운대의 풍만한 바위미가 일품이다. 암벽을 기어가다시피 해서 10분쯤 오르면 대망의 백운대④에 올라선다. 앞쪽으로 인수봉이 발아래 놓이고 그 뒤로 도봉산이 품을 활짝 연다. 오른쪽으로 길 건너편으로 수락산과 불암산이 펼쳐지고, 도봉구·노원구·강북구 일대의 아파트들이 빼곡하다.

정상 직전에는 평퍼짐한 마당바위가 있어 주저앉아 쉬기 좋다. 여기서 바라보는 도심 풍경이 멋지면서도 애잔하다. 다시 위문으로 내려와 문을 통과하면 급경사 계단이 나온다. 계단을 좀 내려가면 왼쪽으로 용암문 방향의 길이 나온다. 만경대를 우회하는 길로 산악인들은 '낭만길'이라 부른다. 수려한 암봉인 만경대의 7~8부 능선을 타고 돌기에 풍경이 좋다. 길이 응달져 미끄러운 것이 흠. 쇠난간을 잡고 암릉을 이리저리 타고 넘으면 용암문⑤에

눈이 소복하게 내린 날, 낭만길에 눈꽃이 가득 피었다.

이른다.

용암문에서 능선을 버리고 하산이다. 한동안 급경사 돌계단을 내려오면 길이 순해진다. 도선사가 보이기 시작하면 거의 다 온 것이다. 왼쪽에 도선사를 끼고 빙 둘러 내려오면 도선사 경내로 들어온다. 도선사는 862년 신라 말기 도선이 창건한 고찰이다. 경내에서 볼 만한 것은 마애불입상. 도선이 조각했다는 마애관세음보살상으로, 높이가 8.43m나 된다. 영험하다는 이야기가 전해 내려와 축수객들이 끊이질 않는다. 도선사를 나오면 출발했던 도선사 광장⑥에 다시 이른다.

course data

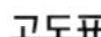

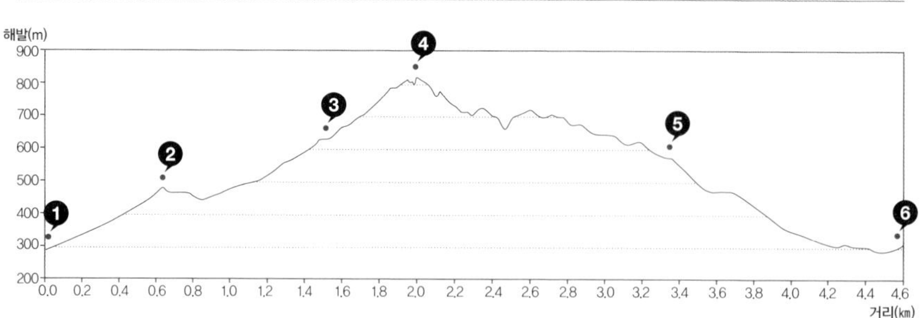

길잡이

북한산 백운대 코스는 도선사 광장~깔딱고개~백운산장~백운대~위문~낭만길~용암문~도선사광장을 밟는 원점회귀 코스. 총 거리는 4.6km, 3시간쯤 걸린다. 고전적 루트로 정상을 향해 난 최단 코스다. 어둑새벽에 시작하면 정상에서 일출을 감상할 수 있다. 일출 감상 포인트는 백운대 혹은 백운대 직전 마당바위. 도심의 일출과 야경을 보기에 좋다.

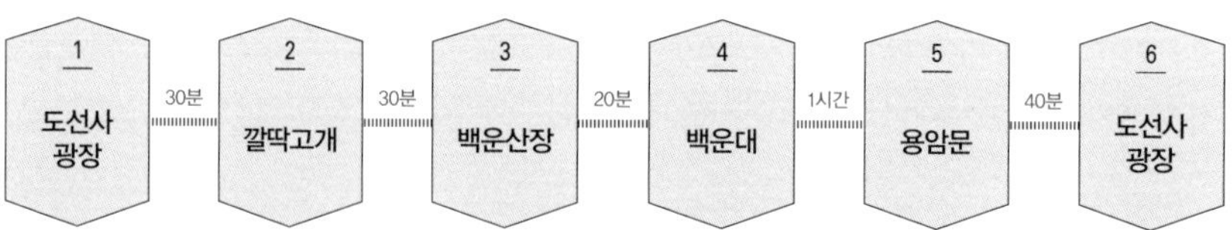

교통 우이신설선 북한산우이역에 내린다. 또는 지하철 4호선 수유역 3번 출구로 나와 120번, 153번 버스를 타고 우이동 종점에서 내린다. 우이동에서 2.2㎞ 떨어진 도선사 광장까지는 걷거나 택시를 이용한다. 자가용은 도선사 광장에 무료로 주차할 수 있다.

맛집 우리콩순두부(02-995-5918)는 우이동에서 유명한 맛집으로 파주 콩밭에서 직접 재배한 콩을 사용한다. 대추나무집(02-997-8393)은 닭백숙, 오리백숙 등으로 몸 보신하기 좋은 집이다.

course map

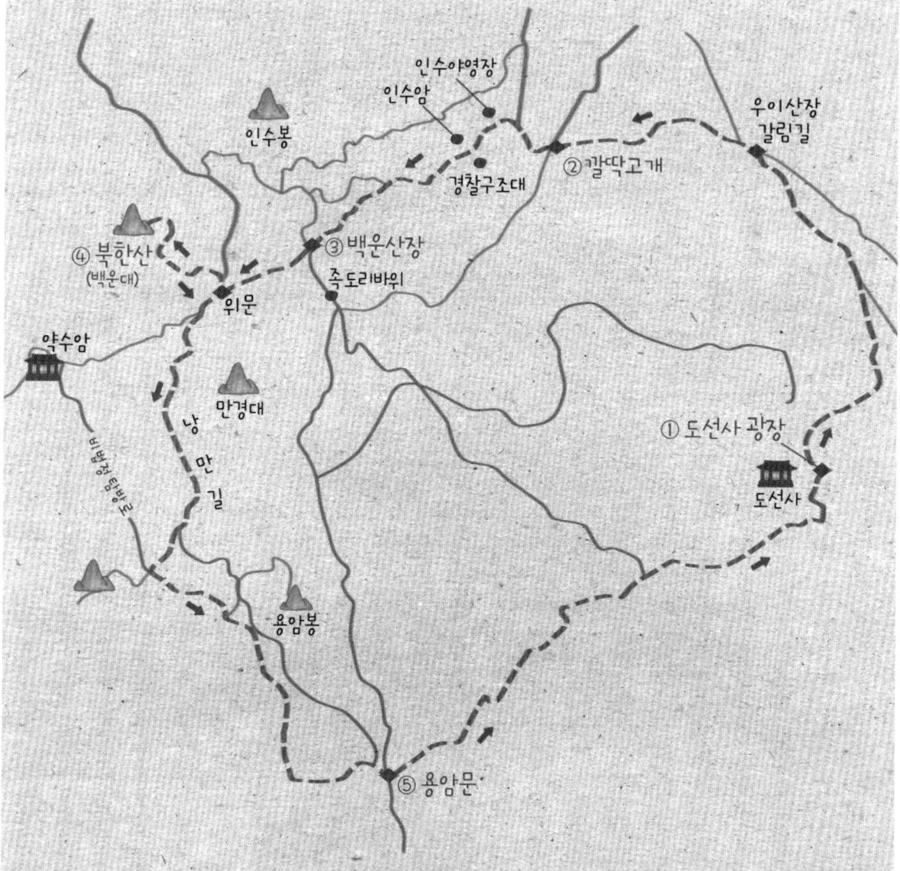

인수야영장
인수암
인수봉
경찰구조대
② 깔딱고개
우이산장 갈림길
④ 북한산 (백운대)
③ 백운산장
족도리바위
위문
약수암
만경대
낭만길
비봉정 탐방로
① 도선사 광장
도선사
용암봉
⑤ 용암문

주변 명소

봉황각(鳳凰閣)_

우이동 등산로 입구에는 봉황각이 숨어 있다. 이곳은 1912년 의암 손병희 선생이 세운 천도교의 수도원·교육시설이다. 일제에 빼앗긴 국권을 찾기 위해 천도교 지도자를 훈련한 곳으로, 의창수도원이라고도 부른다. 손병희 선생은 봉황각에서 3·1운동을 계획했다고 한다. 봉황각은 총 7칸 규모로 목조 기와로 된 2층 한옥이며 건물은 을(乙)자형이다.

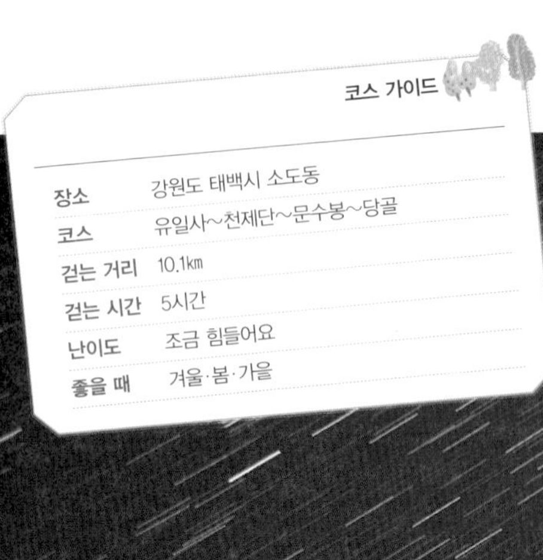

코스 가이드

장소	강원도 태백시 소도동
코스	유일사~천제단~문수봉~당골
걷는 거리	10.1㎞
걷는 시간	5시간
난이도	조금 힘들어요
좋을 때	겨울·봄·가을

깊은 밤 천세난에는 태초의 시간이 흐른다. 마치 제단에서 무수한 별이 쏟아져 나온 듯하다.

민족의 시원이자 주목의 고향 강원

신년에는 민족의 시원始原이 흐르는 태백산이 좋다. 예로부터 태백산은 하늘과 소통하는 신성한 공간이었다. 구한말 민족의 수난기에 접어들자 하늘과 산신에게 지내던 태백산 제사의 대상이 단군으로 바뀐다. 어둑한 새벽 길을 헤치고 천제단 일출에 도전해보자. 찬란하고 따뜻한 아침 해를 받으며 무당할미들처럼 간절하게 소원을 빌어보자.

태백행 밤기차를 타고 가는 맛

태백으로 가는 밤기차에 몸을 싣는다. 커다란 배낭을 메고 막차 타는 심정은 자못 비장하다. 강원도에 내린 눈은 밤 사이 그쳤다. 비록 눈은 없지만, 기차는 깊은 어둠 속으로 빨려 들어갔다. 졸다 깨다를 반복하면, 어느새 태백역이다. 역을 빠져나오자 기다렸다는 듯 매서운 추위가 덮친다. 서둘러 택시를 타고 유일사 입구에 내린다. 트레킹의 출발점은 유일사 매표소①다. 천제단에서 일출을 보려면 어둑새벽에 부지런히 출발해야 한다.

딸각! 헤드랜턴을 켜자 눈길이 빛난다. 이미 한 무리의 사람들이 지나가 신설을 밟는 행운은 놓쳤다. 갈림길을 지나면 낙엽송 지대를 통과하고 널찍한 임도가 이어진다. 산길에는 뽀득~ 빠득~ 눈 밟는 경쾌한 소리와 허연 입김 내뿜는 자신의 숨소리뿐이다. 잠시 발길 멈추고 하늘을 올려다본다. 저마다 랜턴을 켠 별들이 운행하면서 지상을 내려다보고 있다.

밤이면 오래된 주목은 주렁주렁 별꽃을 달고

유일사②를 지나면 능선에 올라붙는다. 한동안 능선을 따라 오르면 하나둘 주목이 나타나고, 장군봉 아래 주목 군락지로 들어선다. 좋은 자리를 잡아 헤드렌턴을 끈다. 어둠과 별빛이 동시에 밀려온다. 주목과 눈, 그리고 어둠과 별이 어우러진 분위기가 신성하면서도 환상적이다. 배낭에서 침낭을 꺼내 덮고 주목 아래 아예 드러눕는다. 스멀스멀 주목들은 하늘을 향해 기지개를 켠다. 온몸을 벌린다. 몸 부르르 떨면 가지마다 별꽃이 핀다. 별꽃은 주목이 하늘과 내통하는 신호다. 태백산을 떠도는 무당할미와 순례자의 간절한 염원들, 천제단에 올랐던 수많은 산꾼들의 소원들은 주목을 타고 하늘로 전해진다. 한 가지 소원이 접수될 때마다 반짝! 별은 빛난다.

주목 군락지가 끝나는 지점이 장군봉③이다. 태백산은 1,566.7m 높이의 장

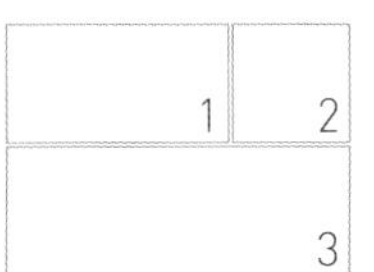

1 장군봉 아래의 주목 군락지에는 오래되고 기품 있는 주목들은 모여 있다. 왼쪽에 보이는 산이 함백산이다. **2** 문수봉으로 가는 길은 자박자박 눈을 밟는 재미가 있고, 자작나무과인 사스래나무가 울창하다. **3** 태백의 젊은이들이 천제단에서 춤을 추는 모습이 아름답다.

군봉이 최고봉이지만, 그 옆 1,560.6m의 천제단[④]이 주봉 역할을 한다. 조망이 좋고 태백산의 성역인 천제단이 있기 때문이다. 한밤의 천제단 일대는 신의 시간이 흐르듯 고요하다. UFO처럼 생긴 제단 위로 유독 별이 총총하다. 마치 제단에서 수많은 별을 쏘아 올린 듯하다.

태양을 밀어 올리는 신비로운 기운

시나브로 동쪽 하늘의 어둠이 허물어진다. 천제단은 이미 무당할미와 순례자들이 진을 쳤고 산꾼들도 제법 자리 잡았다. 태백산 일출은 유명하지만, 유명세만큼 드라마틱한 장면이 펼쳐지는 건 아니다. 해는 문수봉 뒤로 살짝 낀 구름 위로 다소 밋밋하게 떠올랐다. 일출을 기다리던 사람들 모두 두 손을 모으고 기도를 올린다. 해가 두둥실 떠오르자 복장이 한 무리 선남선녀 청년들이 천제단 앞에서 노래와 율동을 한다. 투명한 해를 받으며 노래하고 춤추는 태백의 청년들. 그들 덕분에 태백산 일출이 맑게 느껴진다.

해가 뜨면 깨어나는 산하를 감상할 차례. 찬란한 빛을 받으며 첩첩 산줄기들이 꿈틀거린다. 산맥들이 사방에서 나를 향해 달음질쳐 오는 듯하다. 우리 땅에 대한 벅차오르는 감동, 선인들은 이것을 호연지기라고 불렀다.

대부분은 천제단에서 망경사를 거쳐 당골로 하산한다. 하지만 문수봉까지 자박자박 설원 능선을 밟는 재미를 빼놓을 수 없다. 앞쪽 멀리 보이는 봉우리가 문수봉. 자세히 보면 정상의 돌탑이 보인다. 문수봉 이정표를 따라 능선을 따르면 천제단 하단下壇으로 내려선다. 태백산의 제단은 상단 격인 장군봉의 제단, 천제단, 하단으로 이루어져 있다. 하단 주변은 주목이 무성하고 지형적으로 바람이 없는 평온한 공간이다.

하단을 지나면 갈림길. 문수봉과 백두대간이 갈린다. 문수봉 방향이 지름

부쇠봉에서 본 천제단(왼쪽)과 장군봉. 우리 민족 어머니의 젖가슴이다.

길이고, 백두대간 방향은 부쇠봉을 거쳐 문수봉으로 이어진다. 조금 돌더라도 백두대간 방향으로 나아가면, 앞쪽으로 첩첩 산줄기가 펼쳐진다. 그곳을 자세히 보면 유독 부드러운 능선이 하늘에 마루금을 그리는 것이 보인다. 그곳이 소백산이다. 예로부터 소백산에서 태백산까지 구간을 양백지간으로 불렀다. 역동적이면서도 부드러운 산세가 일품이다.

문수봉으로 이어진 조붓한 눈길

부쇠봉⑤은 문수봉과 백두대간이 갈라지는 지점이다. 부쇠봉 아래 널찍한 헬기장은 백패커들의 야영장소로 널리 이용된다. 부쇠봉에서 문수봉까지는 걷기 좋은 능선이다. 이곳에 자작나뭇과의 사스래나무들이 군락으로 자란다. 강원도 추운 땅에만 자생하는 귀한 나무들이다. 햇빛에 빛나는 허연 나뭇가지들이 싱그럽다.

문수봉[6] 직전에 잠시 배낭을 내려놓는다. 그대로 눈이불에 눕는다. 끝없이 펼쳐진 시퍼런 하늘을 보고 있자니 속이 후련해 깔깔 웃음이 터진다. 엉덩이 털고 일어나 끙끙거리며 비탈을 오르면 대망의 문수봉이다. 문수봉은 정상 일대가 검은 바위들로 가득차 신비롭다. 앞쪽으로 장군봉~천제단~부쇠봉 능선이 한눈에 잡힌다. 천제단과 장군봉은 어머니 젖가슴처럼 보이고, 제단은 영락없이 젖꼭지다. 태백산은 두 가슴으로 배달민족을 길러냈다.

하염없이 겨울 태백산을 바라보다가 하산길에 든다. 문수봉을 내려오면 곧장 당골로 내려가는 길과 소문수봉을 거쳐 가는 길로 갈린다. 소문수봉 길이 편하고 걷기 수월하다. 소문수봉은 아담해서 마음이 편하다. 마지막으로 함백산과 태백 시내 조망을 즐긴다. 산길은 능선을 따르다가 슬그머니 고도를 내린다. 구불구불 울창한 숲길을 걷는 맛이 괜찮다. 울창한 낙엽송 지대를 통과하면 눈꽃축제로 시끌벅적한 당골[7]이다. 버스를 타고 태백역으로 돌아가는 길, 내 안에 가득한 알 수 없는 신비로운 힘에 몸이 훈훈하다.

course data

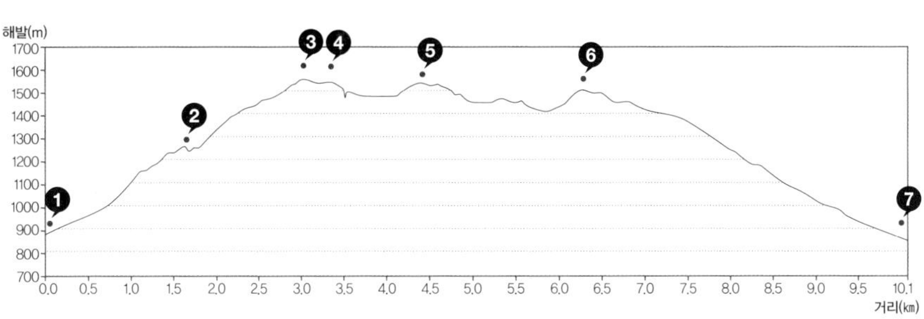

길잡이

태백산 일출 트레킹은 유일사 매표소~유일사~주목 군락지~장군봉~천제단~부쇠봉~문수봉~소문수봉~당골 코스가 가장 좋다. 총 거리 10.1㎞, 5시간쯤 걸린다. 아침 일찍 서둘러 천제단에서 일출을 맞게 일정으로 계획을 짠다. 천제단에서 망경사~당골 방향으로 하산하는 방법도 있지만, 더 여유롭게 부드러운 능선을 밟으려면 부쇠봉~문수봉~당골 하산코스가 좋다.

교통 자가용은 중앙고속도로 제천IC로 나와 찾아간다. 기차는 청량리역에서 07:05~23:20, 1일 6회 운행하며 3시간 30분~4시간쯤 걸린다. 태백행 버스는 동서울터미널(1688-5979)에서 06:00~22:30, 1일 16회 운행하며 3시간쯤 걸린다. 태백시외버스터미널 → 유일사는 06:25~19:00, 1일 10회 다닌다. 당골행은 07:38~22:25, 1일 24회 다닌다. 태백버스터미널 033-1588-0585.

맛집

태백은 연탄불에 구워먹는 한우가 별미다. 질 좋은 갈빗살과 주물럭을 연탄불에 구워 더욱 맛있다. 원조태성실비식당(033-552-5287)과 태백한우골(033-554-4599)이 유명하다.

course map

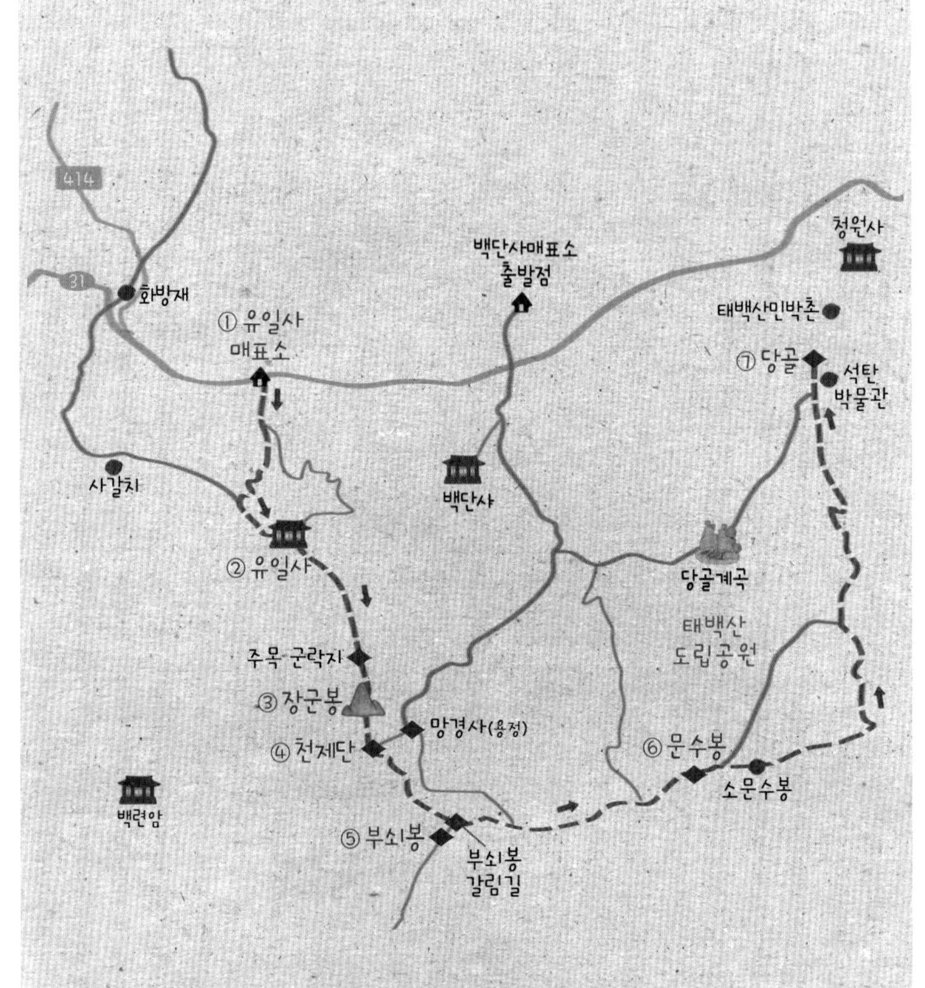

숙소 백병산 품에 안긴 태백고원자연휴양림(033-582-7440)이 태백 여행의 베이스캠프로 좋다. 태백산의 들머리인 당골광장 근처 태백산 민박촌(033-553-7440)은 가성비가 좋다. 예약은 국립공원 통합예약시스템(reservation.knps.or.kr)에서 한다.

테 마 편
문화유적 트레킹
옛 사람들의 의미 있는 흔적을 찾는
HISTORIC SITE

코스 가이드

장소	강원도 삼척시 미로면 활기리
코스	주차장~준경묘~주차장
걷는 거리	3.6㎞
걷는 시간	1시간 40분
난이도	쉬워요
좋을 때	사계절

울창한 솔숲 사이를 지나 준경묘로 가는 길은 감탄이 절로 나는 풍경이다.

삼척

조선 왕조가 태동한 금강소나무 왕국

준경묘

준경묘는 백두대간 두타산이 시작되는 댓재 고갯마루 남서쪽 자락에 숨겨져 있다. 깊은 산중이면서 민가와 그리 멀리 떨어지지 않는 절묘한 지점이다. 준경묘의 미덕은 장대한 금강소나무숲에 있다. 미끈하게 뻗은 20~30m 높이의 소나무들이 온통 빽빽하다. 이곳 소나무 중 '미인송'은 충북 보은의 정이품 소나무와 혼례를 올렸고, 다른 건장한 나무들은 광화문과 숭례문 복원공사에 사용됐다. 우리나라에서 준경묘濬慶墓만큼 소나무가 좋은 곳은 거의 없다.

조선 태조 탄생의 전설 '백우금관'이 서린 곳

준경묘는 조선 태조 이성계의 5대조 이양무 장군의 무덤이다. 이양무는 조선 건국의 유구함과 조상들의 성덕을 찬송한 『용비어천가』 첫 장에 등장하는 목조穆祖 이안사의 아버지다. 목조는 전주에서 살 때 산성별감과 한 기생을 두고 다투다 사이가 나빠지자 처가인 강원도 삼척으로 피해왔다.

활기리 산골로 이주해온 1년 뒤 부친상을 당하자, 어느 도인의 말에 따라 이곳에 묘를 썼다. 도인은 "소 100마리를 잡아 제사를 지내고, 황금관을 쓰면 후대에 왕이 탄생할 것"이라고 했지만, 목조는 소 100마리와 황금으로 만든 관을 구할 방도가 없었다. 그는 소 백百 마리는 흰 백白 자에 한 일一 자를 더한 것으로 해석해 흰 소 한 마리로 대신하고, 금관은 황금색의 귀리 짚으로 대신해 장사를 치러 해결했다. 이것이 후일 태조가 탄생해 조선 왕조를 건국했다는 '백우금관百牛金冠'의 전설이다.

준경묘 트레킹의 출발점은 널찍한 준경묘 주차장[1]이다. 조금 오르면 차량 통제 차단기를 지나고, 한동안 오르막이 이어진다. 팍팍한 시멘트 도로가 고비다. 15분쯤 걸어 능선에 올라서면 흙길로 바뀌며 길도 순해진다. 이제 휘파람 절로 나오는 임도를 따르면 하나둘 미끈한 소나무가 보이기 시작한다. 오른쪽으로 키 큰 금강송 한 그루가 눈에 들어온다. 수령 100여 년, 높이 30m쯤 되는 이 소나무는 지난 2001년 보은의 정이품송과 혼례를 올렸다.

당시 산림청 임업연구소는 노쇠해 가는 정이품송의 혈통을 보존하기 위해 수형·체격·생식력·우수형질 유전 여부 등을 따져 신부를 물색했다. 이곳 준경묘에서 두 그루, 울진 소광천에서 두 그루, 평창에서 한 그루 이렇게 모두 다섯 그루를 찾아냈다. 이 소나무는 그 다섯 그루 중에서 최후에 간택된 우리나라 최고의 '미인송'이다. 미끈한 자태와 어딘지 모르게 서린 위엄에서 '과연~' 하는 감탄이 나온다.

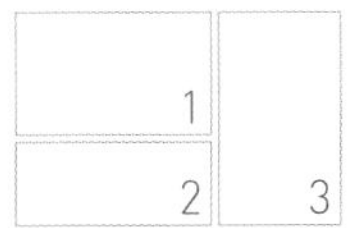

1 주차장을 지나면 한동안 오르막길이 이어진다. **2** 소복하게 눈이 쌓인 준경묘. **3** 속리산 정이품송과 혼례식을 치른 미인송. 미끈한 나무들 중에서도 군계일학이다.

미인송을 지나면 길이 왼쪽으로 굽이치고, 소나무 사이로 준경묘②가 눈에 들어온다. 길과 나무, 묘가 어울린 풍경이 서정적이다. 잠시 꿈길 같은 길을 걷다보면 준경묘로 들어간다. 묘 주변을 금강송이 온통 감싸 안고 있다.

조선을 세운 이성계는 왕위에 오른 뒤 조상의 음덕에 보답하기 위해 이양무 장군의 무덤을 찾으려 했으나 실패했다. 그러다 세종 때 겨우 무덤을 찾아낸 뒤 성종 때 봉분을 보완하다가 여러 논란으로 공사를 중지했다. 그리고 1899년에야 지금의 규모로 조성했다. 조선 말기의 성역화 작업 덕분에 이곳의 금강송 군락지가 지금까지 잘 보존될 수 있었다.

준경묘는 2005년 환경단체 '생명의 숲'이 지정한 '아름다운 천년의 숲' 대상을 차지하기도 했다. 또한 준경묘의 금강송은 2008년에는 불에 탄 국보 1호 숭례문(서울 도성 정문)과 광화문(조선 정궁 경복궁의 정문) 복원에 사용하기도 했다. 그만큼 준경묘의 소나무가 뛰어나다는 방증이다. 묘 주변을 어슬렁거리다 보면, 어느샌가 솔 향기에 취해 몽롱해진다. 하산은 왔던 길을 되짚어 준경묘 주차장③으로 향한다.

교통 대중교통은 불편해 자가용을 이용하는 게 좋다. 동해고속도로 동해IC로 나와 찾아간다. 하정리와 천기리를 거쳐 활기리 준경묘에 이른다. 준경묘 입구에 큰 주차장과 깨끗한 화장실이 있다.

맛집

준경묘에서 가까운 등봉동의 부일막국수(033-573-5931)는 삼척에서 알아주는 집이다. 막국수와 수육이 모두 일품이다. 묵호등대 아래 해안도로의 동해바다곰치국(033-532-0265)은 곰치국·생선조림·생선구이를 잘하고, 오부자횟집(033-533-2676)은 물회가 전문이다.

숙소 망상해수욕장에 있는 망상오토캠핑리조트(033-534-3110)는 오토캠핑, 카라반, 롯지 등 다양한 시설을 갖추고 캠핑족을 유혹한다.

course data

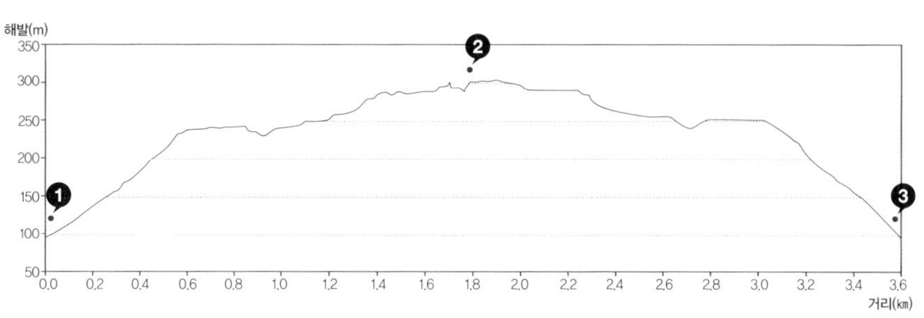

길잡이

준경묘 트레킹 코스는 준경묘 주차장~미인송~준경묘~준경묘 주차장. 총 거리 3.6㎞, 1시간 40분쯤 걸린다. 초반 시멘트 도로가 좀 힘들지만, 누구나 쉽게 다녀올 수 있는 길이다. 준경묘에서 여유 있게 시간을 보내며 우리 땅 최고의 금강송을 즐겨보자.

course map

성문교
황기교
둔곡교
활기리
마을회관
① 주차장
장승교
미인송
② 준경묘

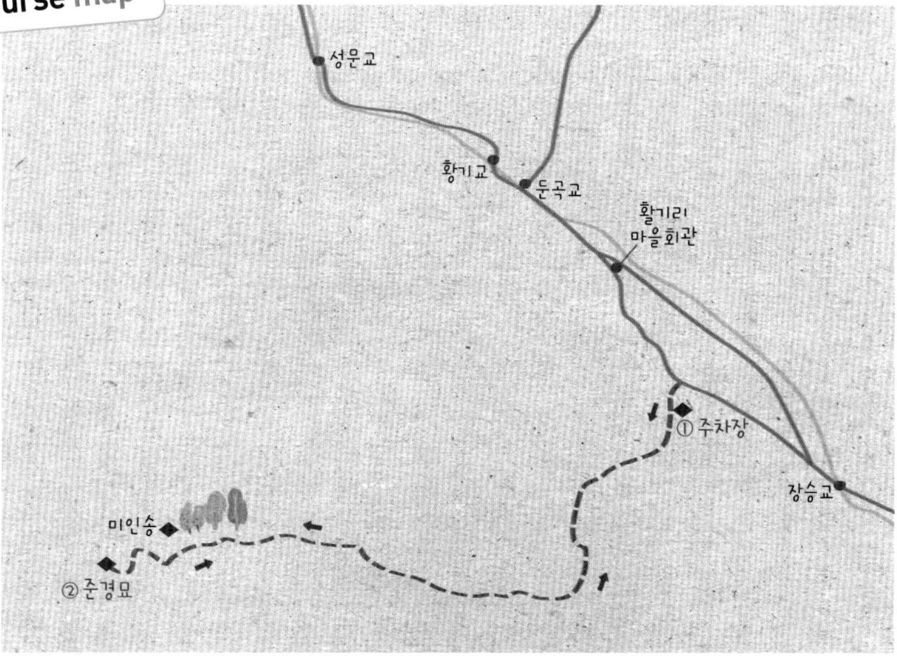

코스 가이드

장소	경상북도 경주시 탑동
코스	삼릉~금오봉~용장마을
걷는 거리	6.9㎞
걷는 시간	3시간 30분
난이도	무난해요
좋을 때	사계절

상사바위 근처에서 내려다본 삼릉계곡 마애석가여래좌상. 뒤로 난석산 줄기가 시원하게 펼쳐진다.

경주 남산

보물 불상 찾으며 천년고도를 느끼다

국립공원

경주 남산은 신라와 운명적으로 얽힌 산이다. 신라의 시조인 박혁거세가 알에서 태어난 나정과 신라의 종말을 가져온 포석정이 남산 북서쪽 자락에 함께 자리한다. 또한 초기 왕궁, 나을신궁奈乙神宮, 왕릉을 비롯해 도성을 지켜온 남산신성과 4곳의 산성, 화려한 불교유적 등이 서려 있기에 신라의 흥망성쇠가 모두 남산에 담겨 있다 해도 과언이 아니다.

신라의 흥망성쇠가 담긴 산

『삼국유사』에서 옛 경주 서라벌을 이렇게 표현한다. “절들은 밤하늘의 별처럼 총총하고寺寺星張 탑들은 기러기처럼 줄지어 늘어섰다塔塔雁行.” 경주 남산에는 이 말이 지금까지 고스란히 적용될 정도로 불교유적이 즐비하다. 현재 왕릉이 13기, 절터가 147곳, 불상 118기, 탑 96기 등 문화유적의 수가 무려 670여

개에 이른다. 이처럼 다양한 문화유적이 산재한 노천 박물관은 2000년 12월 세계문화유산으로 지정됐다.

남산은 북쪽 금오산(468m)과 남쪽 고위산(494m)을 중심으로 남북의 길이가 8km, 동서의 폭이 4km에 이르는 비교적 아담한 규모의 산이다. 최고봉은 고위산이지만, 황금빛 거북등 형상이라는 금오산이 역사적으로 산의 중심축을 이룬다. 매월당 김시습은 전국을 떠돌다가 남산 용장사에 머물며 우리나라 최초의 한문 소설『금오신화』를 썼고, 그 이름은 금오산에서 따왔다.

최근 남산에서는 '남산 7대 보물찾기' 트레킹이 유행이다. KBS 예능프로그램 '1박 2일'의 경주 유적답사 편에서 유홍준 교수의 설명과 함께 '남산 7대 보물'이 방영된 덕분이다. 남산은 예로부터 불교유적을 둘러보는 '문화유적 탐방' 테마 코스가 진행돼 왔기에, 방송에서 소개한 코스가 새삼스러운 것은 아니다. 사실 방송에서 선정해 소개한 7대 보물을 모두 만나려면 7시간 이상의 고된 산행을 각오해야 한다. 따라서 아이들을 데리고 가거나 산행 초보자에게는 무리다. 이보다는 신라문화원에서 권장하는 삼릉~금오봉~용장마을 코스가 좋다.

산행의 출발점은 삼릉주차장①. 남산의 인기를 말해주듯, 거대한 주차장이 차들로 가득하다. 등산로 입구 경주국립공원사무소에서 남산 지도를 받고 출발하면, 곧 그윽한 솔숲이 펼쳐진다. 사진작가 배병우의 소나무 사진으로 유명한 바로 그 솔숲이다. 솔숲 끝자락의 계곡은 3개의 능이 자리 잡고 있어

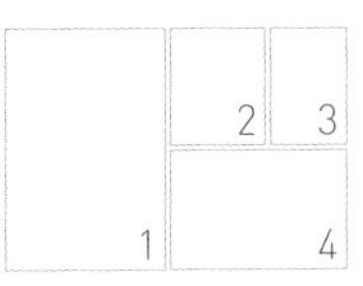

1 일명 '몸짱 부처'로 통하는 삼릉계 석조여래좌상. **2** 삼릉계곡 선각여래좌상. **3** 삼층석탑 아래 숨어 있는 마애여래좌상의 자애로운 미소. **4** 바위에 생생하게 선으로 그린 선각육존불.

용장사곡 삼층석탑. 시원한 산 조망과 어우러진다.

삼릉계곡이라 하는데, 여름에도 찬 기운이 돌아 냉골이라고 불린다.

삼릉은 서쪽부터 각각 신라 제8대 아달라이사금, 제53대 신덕왕, 제54대 경명왕 등 박씨 3왕의 능이라고 전해진다. 하지만 후대 기록이 확실하지 않아 시대를 달리하는 세 왕이 무슨 이유로 함께 나란히 있는지 수수께끼다. 삼릉에서는 무덤 주변을 한 바퀴 도는 것이 좋다. 자유로운 곡선을 그리며 휘어진 무수한 소나무들과 어울린 고분의 모습이 참으로 절묘하다. 삼릉을 구경했으면 삼릉계곡으로 출발이다. 이곳에는 11개의 절터와 15구의 불상이 남아 남산 중에서도 가장 많은 유적이 산재한 곳이다.

삼릉계곡에서 가장 먼저 만나는 불상은 삼릉계 석조여래좌상이다. 길가 바위에 잠시 쉬는 사람처럼 털석 앉아 있는 모습이 친근하다. 안타깝게도 손과 머리가 파손됐지만, 왼쪽 어깨에서 흘러내려 매듭진 가사끈과 매듭이 매우 사실적으로 표현된 걸작이다. 여기서 가파른 왼쪽 산길을 100m쯤 오르면 마애관음보살상이 돌기둥 돌출한 바위에 돋을새김돼 있다. 보일 듯 말 듯한 미소를 담은 부처의 얼굴이 수수하다.

보살상에서 내려와 등산로를 따르면 선각육존불을 알리는 이정표를 만난다. 그 방향을 20m쯤 따르면 불쑥 육중한 바위가 나타난다. 이 바위에 삼릉계곡 선각육존불②(경북 유형문화재 제21호, 남산 7대 보물 중 제1보물)이 새겨져 있다. 앞쪽 큰 바위에 부처 3점, 뒤의 바위에 3점이 있어 육존불이다. 바위에 선으로 부처를 그렸는데, 마치 살아 움직이는 것처럼 생생하다.

자연과 일체를 이루는 용장사곡 삼층석탑

육존불에서 진행 방향은 다시 등산로로 내려가는 것이 아니라, 선각육존불 바위 위로 올라가야 한다. 안내판이 없으니 길 찾기에 주의해야 한다. 육존불 위를 지나 5분쯤 오르면 삼릉계곡 선각여래좌상(경북 유형문화재 제159호, 남산 7대 보물 중 제2보물)이 살포시 미소짓고 있다. 얼굴 부분이 크게 표현된 것이 전형적인 고려시대 부처의 모습이다. 여기서 산비탈을 따라 내려오면 삼릉계 석조여래좌상(보물 제666호, 남산 7대 보물 중 제3보물)이 나타난다. 몸이 아주 튼튼하게 표현돼 일명 '몸짱 부처'로 통한다. 예전 시멘트로 덧칠한 것을 뜯어내고 새로 복원했다고 하여 문화해설사들 사이에서는 '성형 부처'라고도 불린다.

여기서 가파른 돌계단을 오르면 상선암이고, 100m쯤 더 가면 삼릉계곡 마애석가여래좌상③(경북 유형문화재 제158호, 남산 7대 보물 중 제4보물)이 우뚝하다. 화강암 바위에 새겨진 좌상은 높이가 무려 6m인 대작으로, 눈을 반쯤 뜨고 속세의 중생을 굽어보는 듯한 형상이다. 좌상 앞 작은 암반 위에는 한 중년 여인이 방석도 없는 맨땅에서 연신 절을 올리고 있다. 무슨 소원을 저리 간절하게 비는 것일까.

삼릉계곡 마애석가여래좌상을 지나 좀 더 오르면 드디어 능선에 올라붙는다. 능선 갈림길에서 상사바위는 오른쪽이지만, 잠시 왼쪽으로 이동해 조망 좋은 바둑바위를 다녀오는 것이 좋다. 바둑바위에 오르면 경주 들판과 시내 조망이 거침없이 펼쳐진다. 신도산 아래의 무열왕릉, 오릉과 나정, 대능원 계림 등이 한눈에 잡힌다. 들판 사이를 흐르는 형산강의 유연한 곡선도 일품이다.

다시 갈림길로 돌아와 상사바위를 지나면 금오산 정상④에 올라붙는다. 정상은 조망이 없고 밋밋해 볼 것이 없다. 곧바로 내려와 한동안 임도를 따르다 용장사지로 내려가는 길을 만난다. 이 길은 길섶에 화강암 바위들이 널려 있기에 주의해서 걸어야 한다.

정상에서 40분쯤 내려오면 용장사곡 삼층석탑⑤(보물 제186호, 남산 7대 보물 중 제5보물)의 당당한 모습을 만날 수 있다. 자연석을 기단 삼아 올린 단아한 석탑은 건너편 고위산과 멀리 첩첩 산들과 기막히게 어우러진다. 이처럼 남산의 석불과 석탑은 자연과 일체를 이루는 데 그 묘미가 있다. 석탑 아래에는 삼륜대좌 위에 올라선 석조여래좌상과 바위에 새겨진 마애여래좌상이 있다. 석조상은 머리가 없어 안타깝지만 옷의 형상이 사실적이고, 마애상은 전혀 예상하지 못한 길가에 새겨졌다. 그래서 모르고 지나쳤다가 뒤돌아보면 '나 여기 있지~' 하며 미소를 짓는 듯하다. 남산 불상 보물찾기는 여기까지다. 대나무가 하늘거리는 용장사 절터를 구경하고 계곡을 따라 내려오면 종착점인 용장마을⑥이다.

조망이 일품인 바둑바위에서 바라본 경주 시내

소나무의 곡선과 고분이 절묘하게 어울리는 삼릉

course data

고도표

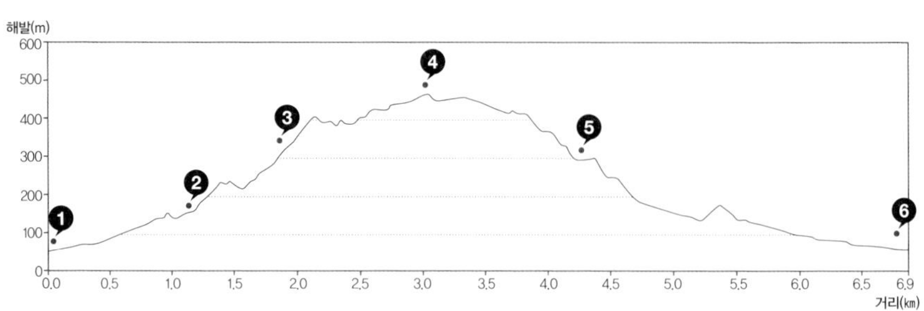

길잡이

경주 남산은 다른 산과 달리 정상 등정이 목적이 아니라 불교 문화유적을 둘러보는 '문화유적 트레킹'이 주종을 이룬다. 코스는 삼릉~삼릉계곡 선각육존불~상선암~상사바위~금오산 정상~용장사곡 삼층석탑~용장마을. 총 거리는 6.9㎞, 3시간 30분쯤 걸린다. 코스를 모두 지나오면 '남산 7대 보물(방송에서 선정한 보물. 실제로는 국보 1점, 보물 3점, 문화재 3점)' 중 5개의 보물을 만날 수 있다.

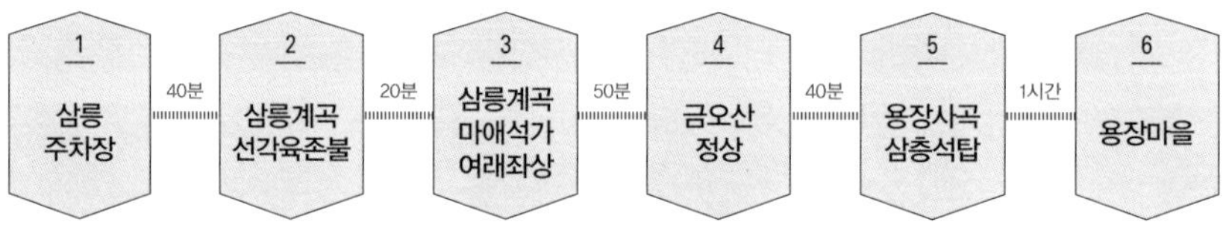

교통 자가용은 경부고속도로 경주IC로 나와 찾아간다. 수도권에서는 기차를 이용하는 것이 편리하다. 서울역 → 신경주행 KTX는 05:15~21:30, 1일 19회 운행하며 2시간이 좀 넘게 걸린다. 경주시외버스터미널, 경주역 등에서 삼릉 가는 500번 버스가 운행한다. 경주시 교통정보센터 its.gyeongju.go.kr.

맛집 황남동의 도솔마을(054-748-9232)이 담백하고 푸짐한 정식을 내놓는다. 숙영식당(054-772-3369) 찰보리비빔밥 정식을 잘한다. 팔우정해장국 거리에는 싸고 저렴한 해장국 식당이 즐비하다.

숙소 경주 시내에는 게스트하우스 북촌경주(054-777-3060), 한옥 숙소인 행복한옥마을 서블(010-7305-8609) 등 개성적인 숙소가 많다. 보문관광단지에는 호텔과 콘도 등이 몰려 있다.

course map

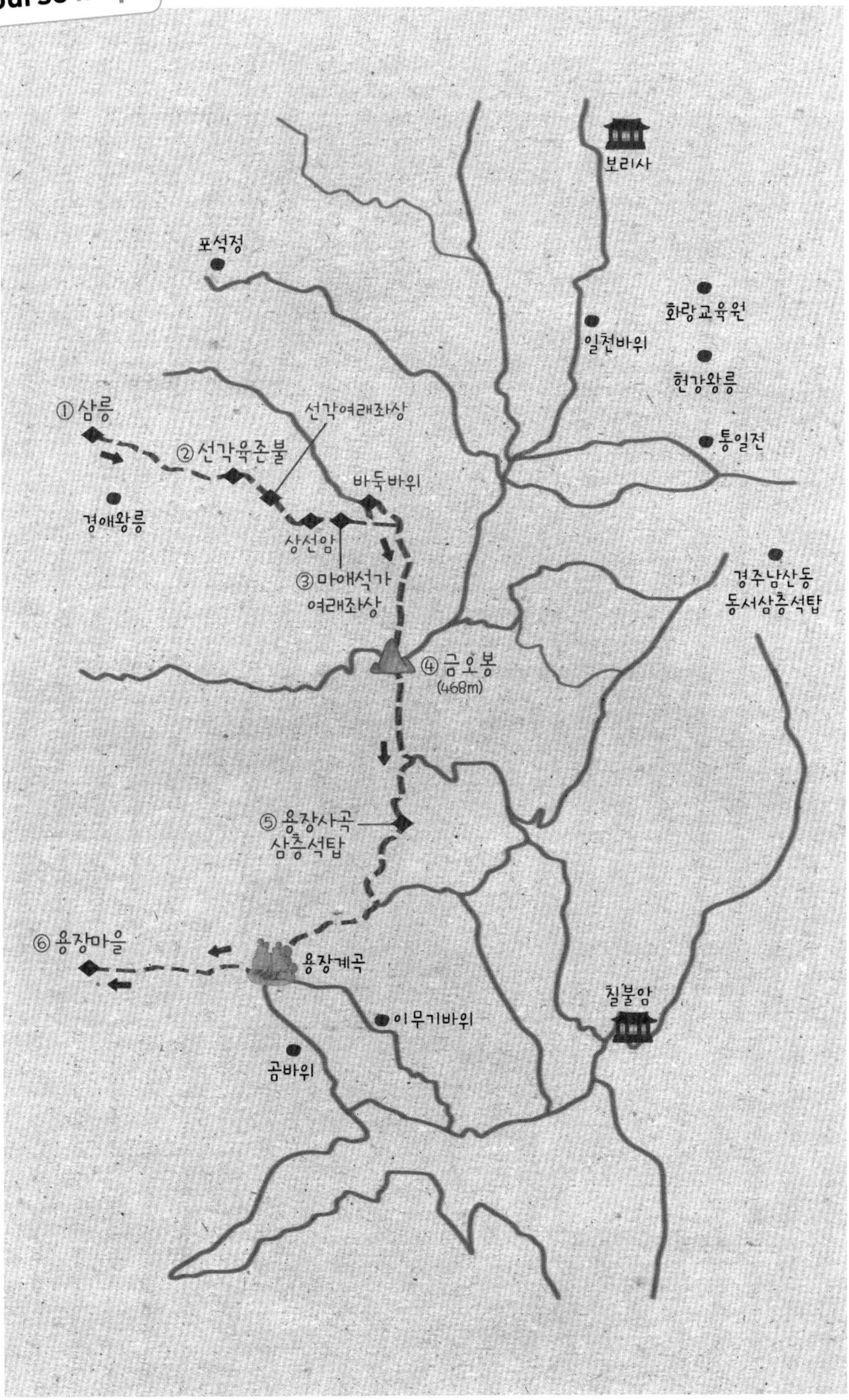

보리사
포석정
화랑교육원
일천바위
헌강왕릉
① 삼릉
선각여래좌상
② 선각육존불
통일전
바둑바위
경애왕릉
상선암
③ 마애석가
여래좌상
경주남산동
동서삼층석탑
④ 금오봉
(468m)
⑤ 용장사곡
삼층석탑
⑥ 용장마을
용장계곡
칠불암
이무기바위
곰바위

코스 가이드

장소	서울특별시 종로구 부암동·평창동·성북구 성북동
코스	세검정~팔각정~혜화문
걷는 거리	6.7㎞
걷는 시간	3시간
난이도	무난해요
좋을 때	4월 중순~하순(벚꽃), 11월 초(단풍)

숙정문 입구에서 도성을 만나는 호젓한 숲길

벚꽃 흐드러진 도심 속 비밀 정원 서울

북악산·백사실계곡

북악산은 의외로 넓다. 우리가 잘 아는 곳은 북악산 남쪽인 청운동, 삼청동 일대. 하지만 북쪽으로 부암동과 동쪽 성북동까지 넓게 걸쳐 있다. 서울 시민이라면 경복궁 뒤로 봉긋 솟은 북악산의 모습을 쉽게 떠올리지만, 북악산의 뒷모습을 아는 사람은 드물다. 봄철이면 북악산은 우리가 잘 모르는 곳에 벚꽃 흐드러진 절경을 펼쳐놓는다.

북악산 비밀의 문, 백사실계곡

북악산은 서울의 주산[主山]이다. 서쪽의 인왕산, 남쪽의 남산, 동쪽의 낙산과 함께 서울의 내사산 중 북쪽의 산이다. 거대한 화강암 덩어리가 봉긋 솟아 위엄과 권위가 서려 있고, 서울의 진산인 북한산이 남쪽으로 흘러 북악산으로 이어진다. 이러한 연유로 북악산은 서울의 주산으로 낙점됐고, 경복궁이 그 아래 자리했다. 북악산 정상은 한양도성의 시작점이다. 도성은 북악산을 중심으로 동쪽으로 일주하며 쌓았다.

4월 말이면 북악산에 벚꽃이 절정이다. 북악산 북쪽인 세검정을 출발점으로 백사실계곡~팔각정~와룡공원~한성대입구역으로 이어진 길은 봄꽃 트레킹 코스로 그만이다. 북악산 정상까지 오르지는 않지만, 벚꽃과 어우러진 북악산의 숨은 절경을 둘러보는 멋진 길이다.

출발점인 세검정①은 동네 이름이 아니라 종로구 신영동에 있는 정자 이름이다. 정자 앞으로 홍제천이 흐르는데, 설악산 계곡처럼 매끈한 암반이 펼쳐진다. 세검정 일대는 도성 북방 방어에 핵심 지역이었다. 조선 영조 때 총융청摠戎廳을 이곳에 옮겨 서울의 방비를 엄히 하는 한편, 북한산성의 수비까지 담당하게 했다. 총융청을 이곳으로 옮기면서 군사들이 쉴 수 있게 정자를 지은 것이 바로 세검정. 당시 총융청감관으로 있던 김상채가 지은 『창암집』을 보면 세검정은 육각정자로, 1747년(영조 23)에 지어졌다. 인조반정 때 이귀와 김류 등의 반정 인사들이 이곳에 모여 광해군의 폐위를 의논하고, 칼을 갈아 씻었던 자리라고 해서(『궁궐지』) 세검정이라 이름 지었다. 실록이 완성되면 세검정 앞 개울에서 반드시 세초를 했고, 장마가 지면 해마다 도성 사람들이 이곳에 와서 물 구경을 했다고 한다.

세검정 안에는 들어갈 수 없다. 가까이 가면 감시 센서가 삑삑거린다. 정자 왼쪽으로 난 오솔길을 따르면 작은 공원이 나오고, 홍제천을 따라 길이

1 팔각정 아래 성북전망대에서 본 숙정문과 서울 도심. 산과 빌딩, 도성이 어우러진 서울의 모습을 볼 수 있다. **2** 벚꽃이 만개한 현통사. **3** 백사실계곡의 별서 정원. 제법 넓은 연못 주변으로 고목들이 가득하다. **4** 벚꽃 흐드러진 삼청각. 요정으로 유명했던 건물로 지금은 식당과 찻집으로 개방됐다. **5** 팔각정에서는 시원하게 펼쳐진 북한산 비봉능선이 장관이다. **6** 인조반정이 시작된 세검정.

이어진다. 다리를 건너면 자하슈퍼. '내조의 여왕' 등 여러 드라마에 나온 단골 촬영지다. 자하슈퍼 앞을 지나면 불두佛頭라고 써진 거대한 비석이 서 있다. 그 골목으로 들어서면, 계곡을 건너 골목길이 미로처럼 이어진다. 그 끝에 현통사가 있다. 현통사 일대는 벚꽃과 신록으로 눈이 부시다.

현통사부터 호젓한 오솔길이 이어진다. 점점 깊은 숲으로 들어가면서 백사실계곡[2]의 별서 정원이 펼쳐진다. 거대한 연못과 제법 큰 본채가 자리했음을 알려주는 주춧돌. 누구일까? 도심에서 가까운 비밀스러운 숲 속에 낙원을 꾸민 사람은. 이 정원의 주인은 지금까지 백사 이항복으로 알려졌지만, 최근 추사 김정희가 이곳을 소유했음이 밝혀졌다.

팔각정에서 바라보는 도심

정원을 더욱 아름답게 하는 것은 나무들이다. 연못을 따라 울창한 느티나무들이 가득하고 산비탈에는 벚꽃이 화룡점정을 찍는다. 그 공간에 앉아 있는 것만으로도 행복이 밀려온다. 정원 위쪽 바위에 새겨진 '백석동천' 글씨를 찾아본다. 하얀 돌이 많고 경치 좋은 곳이란 뜻이다. 낙원의 주인이 입구에 새겨놓은 모양이다. 북악산 일대에는 삼청동천, 백운동천, 백석동천이 있었다. 문헌에서는 그중 삼청동천이 가장 아름답다고 전한다.

이제 '팔각정' 이정표를 따른다. 계곡을 건너면 산길로 올라붙는다. 굽이굽이 오솔길을 휘돌면 그윽한 솔숲을 지나 약수터에 닿는다. 부암동 주민들이 물을 뜨는 곳으로, 물맛이 괜찮다. 다시 산길을 걸으면 북악스카이웨이를 만난다. 도로 옆 산책로가 걷기에 좋다. 20분쯤 더 걸으면 팔각정[3]에 이른다.

팔각정 앞에서는 북한산 비봉능선이 두 날개를 활짝 펼쳐놓았다. 가장 높은 보현봉에서 문수봉~사모바위~비봉~향로봉으로 이어진 흐름은 참으로 장관이다. 팔각정을 구경했으면 하산은 남쪽이다. 도로를 건너 군부대 입구 오른쪽으로 길이 이어진다. 나무데크를 따라 가면 곧 성북전망대다. 북악산에서 내려온 능선으로 도성이 이어지고, 그 너머 고층 빌딩이 우뚝한 도심이 펼쳐진다. 전망대에서 내려오는 길은 다소 경사가 급하지만, 도심을 바라보며 걷는 맛이 좋아 힘들지 않다. 앞쪽 능선에 숨어 있는 숙정문을 찾아보는 것도 재미있다.

서울한양도성 사소문 중 북소문인 혜화문.

삼청각 전망대에서 삼청각과 성북동 일대를 감상하고 내려오면 숙정문④ 안내소 앞 사거리이다. 이곳에서 와룡공원 방향으로 계속 직진하면 된다. 제법 굴곡이 심한 나무데크를 따르면 서울도성이 앞에 보인다. 이어지는 사거리에서 오르막길은 도성 위로 올라간다. 추천하고 싶은 길은 산비탈을 따라 도는 길이다. 편안한 길이기도 하고, 길섶에 흐드러지게 핀 벚꽃도 감상할 수 있다. 벚꽃과 신록이 어우러진 숲은 마치 임에게 가는 꿈길처럼 몽환적이다. 15분쯤 이어진 길은 도성을 만나고, 곧 와룡공원⑤에 닿는다.

와룡공원부터는 성벽 위를 걷는다. 도성은 긴 곡선을 그리며 도심이 아우른다. 도성은 600년 넘게 우리와 단단하게 어우러져 있다. 그야말로 길 위의 박물관이다. 성북초등학교 앞에서 도로를 만나고, 도성길은 경신고등학교 담벼락을 따라 이어진다. 그 골목을 이리저리 휘돌면 혜화문에 이르고 지하철 4호선 한성대입구역⑥에 닿으며 트레킹이 마무리된다.

course data

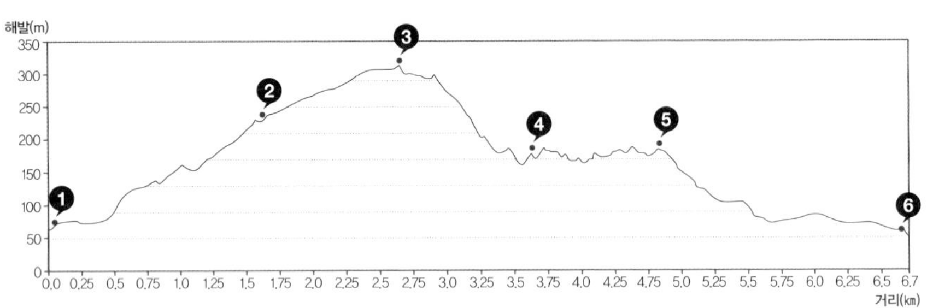

길잡이

북악산 트레킹 코스는 북악산 뒤편에 숨은 백사실계곡을 감상하고 팔각정에서 내려와 도성을 따르는 길이다. 이 코스는 봄철 북악산 벚꽃이 만개할 때 가장 아름답다. 북악산 일대에서 가장 경치가 좋다는 별서 정원은 연못을 따라 가득한 느티나무로 인해 단풍이 드는 가을에도 풍경을 감상하기에 좋다. 추천하는 코스는 세검정~현통사~백사실계곡~팔각정~숙정문 입구~와룡공원~혜화문~한성대입구역. 총 거리는 6.7㎞, 3시간 10분 정도다.

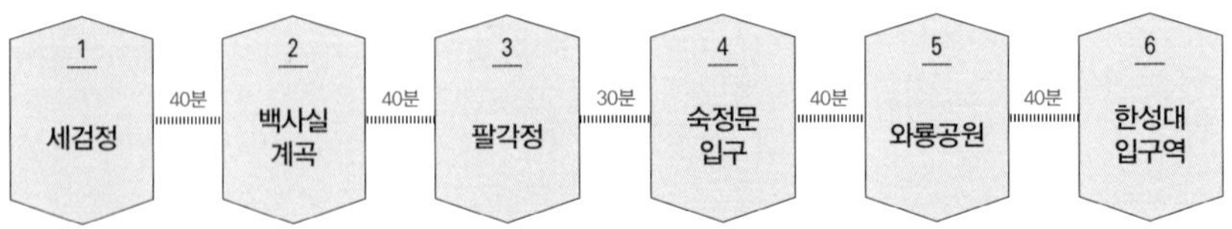

교통 3호선 경복궁역 3번 출구로 나와 1020, 7022, 1711번 등을 타고 세검정 또는 상명대입구역에서 내린다.

맛집 트레킹 도중에 식당이 마땅치 않다. 도시락을 준비하는 게 좋다. 하산 지점인 한성대입구역에 맛집이 많다. 국시집(02-762-1924)은 50년 전통의 안동식 칼국수 전문집으로 국수와 한우 수육 등이 좋다. 성북동구포국수(02-744-0218)는 국수가 맛있고, 안주가 좋아 하산주 하기 좋다.

course map

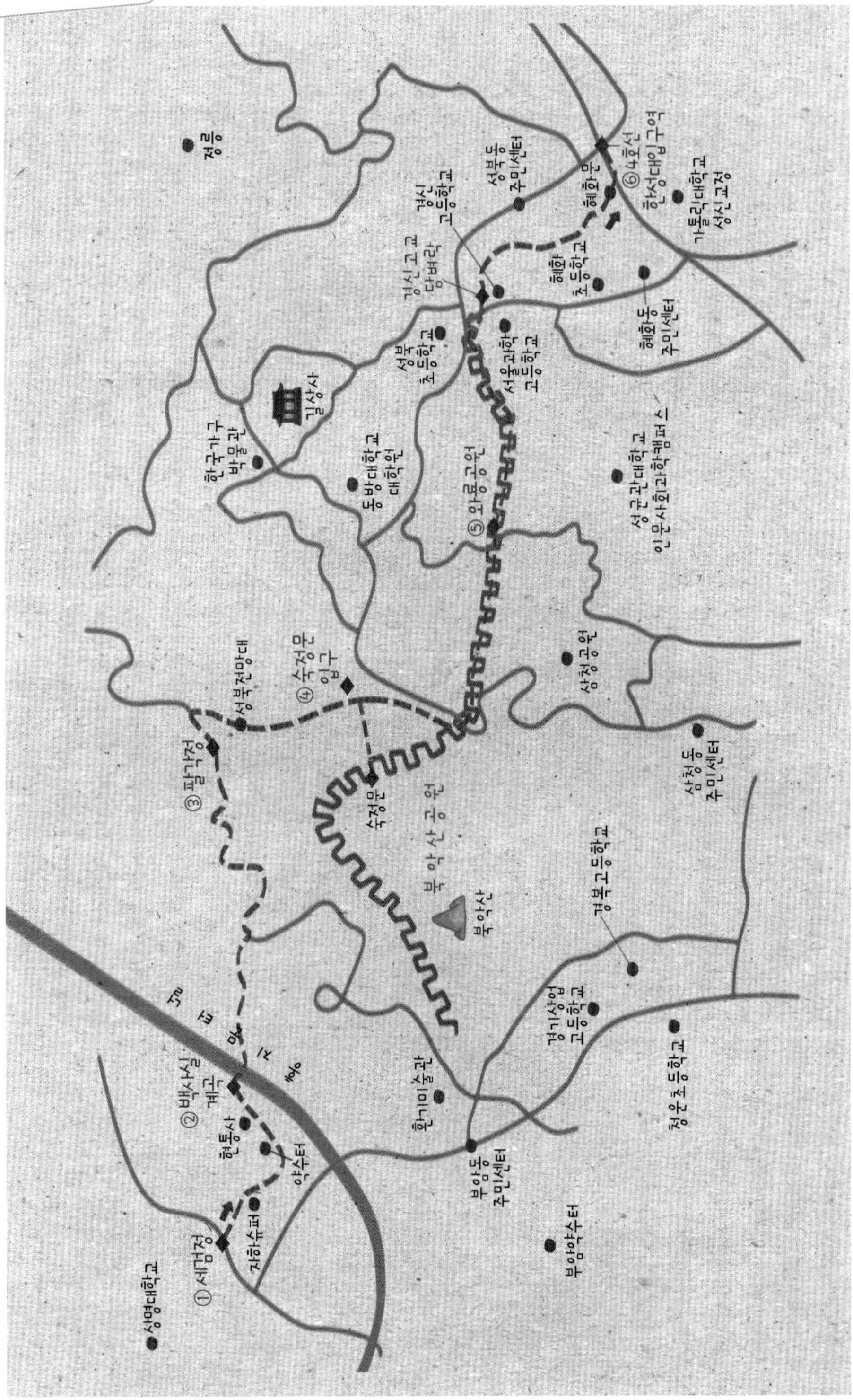

상명대학교
① 세검정
② 백사실 계곡
③ 팔각정
홍지문터널
현통사
자하슈퍼
약수터
성북전망대
④ 숙정문 입구
숙정문
한국가구 박물관
길상사
정릉
동방대학교 대학원
성북 초등학교
경신고교 담벼락
경신 고등학교
북악산공원
북악산
환기미술관
부암동 주민센터
부암약수터
⑤ 와룡공원
서울과학 고등학교
성북동 주민센터
경기상업 고등학교
경복고등학교
청운초등학교
삼청공원
삼청동 주민센터
성균관대학교 인문사회과학캠퍼스
혜화 초등학교
혜화문
혜화동 주민센터
⑥ 4호선 한성대입구역
가톨릭대학교 성신교정

코스 가이드

장소	전라남도 구례군 마산면 황전리
코스	화엄사~청계암~화엄사
걷는 거리	3.1㎞
걷는 시간	1시간 50분
난이도	무난해요
좋을 때	봄, 가을

흑매라 불리는 화엄매. 각황전을 중수한 벽파선사가 그 기념으로 심었다고 전해진다.

구례

지리산 자락 호젓한 봄꽃길

화엄사 사찰순례

국립공원

구례는 예로부터 '세 가지가 크고 세 가지가 아름다운 땅'이라 하여 삼대삼미三大三美의 고장이라 했다. 삼대는 지리산·섬진산·구례들판, 삼미는 수려한 경관·넘치는 소출·넉넉한 인심을 말한다. 이중환은 『택리지』에서 구례를 두고 "봄에 볍씨 한 말을 논에 뿌리면 가을에 예순 말을 수확할 수 있다"고 예찬하기도 했다.

4월 초순, 구례는 울긋불긋 꽃대궐을 이룬다. 연둣빛 머금은 섬진강이 유유히 흐르며 온갖 기화요초가 만발하다. 벚꽃이 바람에 날릴 때, 화엄사 화엄매는 꽃망울을 터트리고 구층암 모과나무는 아기손가락처럼 어여쁜 새순을 내민다. 화엄사계곡을 따라 이어진 연기암과 청계암 등을 둘러보는 암자 순례는 지리산 봄철 트레킹으로도 그만이다.

각황전 옆 만발한 검붉은 화엄매

화엄사는 지리산이 거느린 사찰 중에서 가장 규모가 크고 장엄하다. 544년(신라 진흥왕 5년)에 연기조사가 창건한 이후 의상, 도선 등 수많은 고승들이 머무르면서 우리나라 화엄종의 중심사찰로 자리 잡았다. 화엄사 주차장①에서 출발해 '지리산 화엄사' 현판이 붙은 문을 지나면 경내로 들어선다. 금강문과 불이문을 지나면 어디선가 향기가 진동한다. 만월당 앞의 매화나무다. 그 앞에서 잠시 암향에 취하다가 보제루에 이른다. 보제루를 오른쪽으로 돌아가면, 화엄사의 중심 영역으로 들어선다. 이곳에 대웅전, 오층석탑, 각황전(국보 제67호) 등이 펼쳐진다. 일반적인 사찰은 보제루 건물 밑으로 들어가서 대웅전 영역으로 입장한다. 화엄사가 보제루를 돌아 들어가게 한 것은 각황전의 규모가 대웅전보다 크기 때문이다. 덕분에 대웅전보다 규모가 큰 각황전이 혼자 두드러지지 않는다. 각황전은 우리나라 목조 건물 중 최대 규모로, 숙종 25년(1699년)에 공사를 시작해 4년 만에 완공했다. 거대 규모이면서도 안정된 비례로 위엄과 기품이 흐른다.

화엄매는 각황전 옆에서 붉다 못해 검은빛을 토해내고 있다. 그래서 '흑매黑梅'라고도 부른다. 꽃은 작은 홑꽃이며 향이 짙다. 수령은 약 300~400년으로 추정하고 있다. 조선 숙종 때 각황전을 중건하고 이를 기념하기 위하여 벽파선사가 심었다고 전해진다.

각황전 왼쪽으로 동백꽃이 가득한 108계단을 오르면 사사자삼층석탑(국보 제35호)이 서 있다. 인간 세상의 희로애락을 상징하는 네 마리의 돌사자가

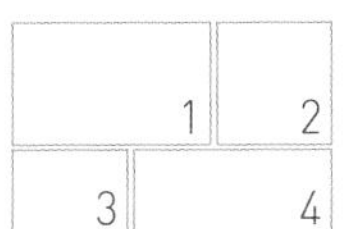

1 우리나라 최대 목조 건물인 각황전은 안정된 비례로 위엄과 기품이 흐른다. **2** 화엄사에서 구층암으로 가는 호젓한 대숲길. **3** 황전리 주민들이 기우제를 지냈던 용소. **4** 구층암 옆에 있는 길상암은 하룻밤 묵어가고 싶은 예쁜 암자다.

석탑을 지탱하고, 돌사자들 한가운데엔 합장한 스님상이 조각돼 있다. 석탑 앞의 석등 안에는 차를 공양하는 보살이 앉아 있다. 전하는 이야기에 의하면 스님상은 화엄사를 창건했다는 연기조사이고, 보살은 연기조사의 어머니라고 한다. 효심 깊었던 연기조사가 어머니의 명복을 빌기 위해 공양하는 자신의 모습을 석등의 형태로 조각하도록 했다는 것이다. 그래서 석탑이 있는 이 공간을 효대孝臺라고 부른다.

아름다운 모과나무가 사는 구층암

효대를 내려와 대웅전 뒤로 경내를 빠져나가면 구층암② 가는 길이다. 대나무가 그윽한 오솔길이 운치 있다. 구층암에서는 모과나무를 자세히 봐야 한다. 철불보전 앞에 모과나무 두 그루가 당당하게 서 있다. 재밌게도 왼쪽 승방 기둥이 모과나무다. 나무를 다듬지 않고 통째로 기둥으로 사용한 것이다. 그 옆으로 살아 있는 모과나무가 줄기를 뻗어내고 있다. 살아 있는 모과나무에 새순이 돋으면, 죽은 모과나무의 몸도 간지럽지 않을까. 구층암을 지키는 덕제스님은 승방에서 차를 대접한다.

맛난 지리산 야생녹차를 맛보고 길을 나서면 대숲을 지나 길상암에 이른다. 손바닥만한 마당이 예쁜 암자로 하룻밤 묵어가고 싶은 생각이 절로 나는 곳이다. 길상암 앞에는 천연기념물인 백매白梅가 서 있다. 수령 약 450년으로 추정되는 야생매화로 향기가 진한 것으로 유명한데, 안타깝게도 최근에는 꽃이 피지 않는다.

백매 앞의 오솔길을 계속 따르면 화엄사계곡을 만난다. 계곡을 건너면 등산로를 만난다. 이 길이 노고단으로 향하는 산길이며 지리산국립공단에서 꾸민 생태탐방로다. 이제 탐방로를 따라 암자 순례를 하게 된다. 길은 인적

모과나무를 통째로 사용한 구층암 선방. 산 나무와 죽은 나무가 묘한 울림을 준다.

이 뜸해 호젓하다. 노고단을 오르는 산꾼들은 대개 쉬운 성삼재 코스를 따르기 때문이다. 검팽나무 쉼터를 지나 용소 쉼터에서 계곡으로 내려선다. 용이 승천했다는 용소는 화엄사 아래 황전리 주민들이 기우제를 지내기도 했던 곳이다. 작은 폭포 아래 제법 소가 넓다. 계곡에 손을 담그자 생각보다 차지 않다. 산에도 봄이 오고 있나 보다.

나무다리를 건너면 서어나무쉼터다. 여기서 15분쯤 더 오르면 가장 높은 암자인 연기암③에 닿는다. 문수보살의 기도 도량인 연기암은 화엄사의 원찰이다. 연기조사가 화엄사를 창건하기 전에 토굴을 짓고 가람을 세운 곳이다. 안타깝게도 건물은 최근에 중수해 옛 흔적이 남아 있지 않다. 날이 맑을 때는 섬진강과 구례들판이 멋지게 보인다.

연기암을 내려오면 다시 서어나무 쉼터 앞이고, 여기서 올라온 길이 아닌 왼쪽 길을 따른다. 시멘트 도로가 이어진 길이지만, 차도 사람도 인적이 없

다. 진달래 붉게 핀 모습을 보며 내려오면, 청계암·내원암④·금정암을 차례로 지난다. 화엄사를 만나기 직전에 지장암⑤이란 작은 암자는 꼭 들러야 한다. 350여 년 수령을 자랑하는 천연기념물 올벚나무가 있기 때문이다.

올벚나무는 화엄사를 중창한 벽암스님이 심은 것이다. 병자호란이 끝난 후 조정에선 유사시에 대비하여 민간에 벚나무를 많이 심게 했다. 벚나무 껍질은 창이나 칼의 자루 등에 쓰이는 귀중한 군수자원이었기 때문이다. 벚나무 껍질은 특히 습기를 막는 효과가 있어 활의 바깥을 감쌀 땐 반드시 필요했다. 의승을 이끌고 전투에 참가한 경험이 있던 벽암대사는 화엄사 주변에 올벚나무를 많이 심었다. 그때 심은 나무 중에 지금까지 살아남은 게 바로 이 나무다. 아담한 지장암 건물 위의 올벚나무는 4월 5일 전후로 만개한다. 흰 꽃그늘 아래서 멀리 화엄사 건물을 바라보는 맛이 일품이다. 꽃 품에 폭 안기며 화엄사 사찰순례를 마무리한다.

5	6

5 연기조사가 처음으로 자리 잡은 연기암은 화엄사의 원찰이다. **6** 지장암 위의 올벚나무. 나뭇가지 사이로 화엄사가 보인다.

course data

고도표

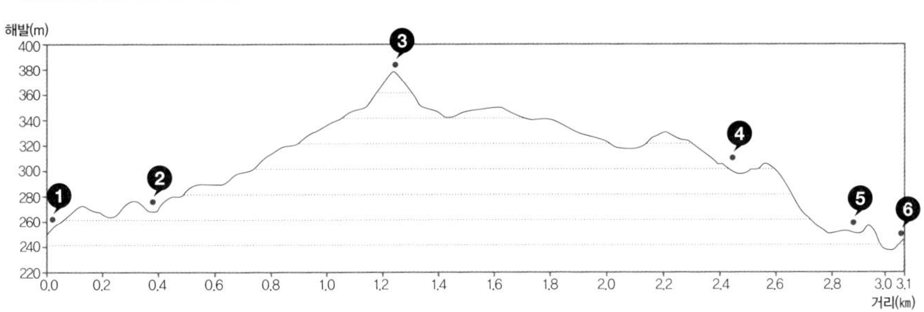

길잡이

화엄사 사찰 순례 코스는 화엄사 주차장~각황전 화엄매~효대~구층암~길상암~용소~연기암~미타암~내원암~지장암~화엄사 주차장 원점회귀 코스다. 암자를 찾아가는 호젓한 길로 구층암, 지장암은 반드시 들러보자. 연기암 오르는 길이 조금 힘들다(문의 화엄사 종무소 061-782-7600).

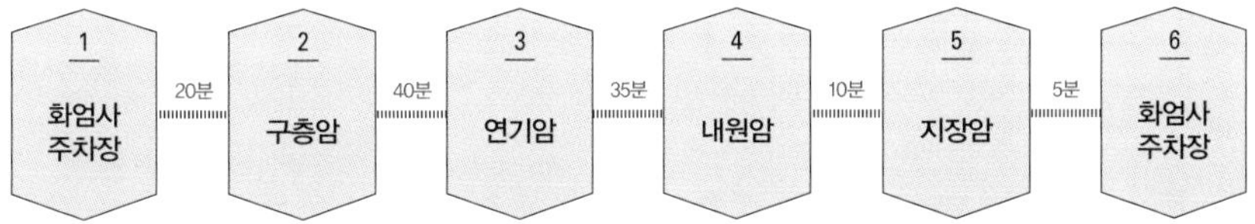

교통 자가용은 순천완주고속도로 구례화엄사IC로 나와 찾아간다. 서울·용산역에서 구례구행 기차는 05:45~22:45, 1일 17회 운행한다. 서울남부터미널(1688-0540) → 구례행 버스는 06:40~19:30, 1일 9회 있다. 구례공용버스터미널 → 화엄사행 버스는 03:40~16:20, 1일 6회 운행한다.

맛집

구례의 대표 음식은 지리산 자락에서 뜯어 온 각종 나물로 차린 산채정식이다. 구례의 산채정식은 마치 강진 한정식처럼 상다리가 부러질 정도로 반찬 가짓수가 많다. 화엄사 앞 상가단지에는 예로부터 맛집이 많았다. 예원(061-782-9917)과 그옛날 산채식당(061-782-4439)이 유명하다. 구례 시내의 서울회관(061-782-2326)도 괜찮다.

숙소 화엄사 입구에 상가단지 근처에 있는 한화리조트 지리산(061-782-2171)이 쾌적하고, 휴양림을 좋아한다면 산수유로 유명한 산동면에 구례산수유자연휴양림(061-780-2897)도 좋다.

course map

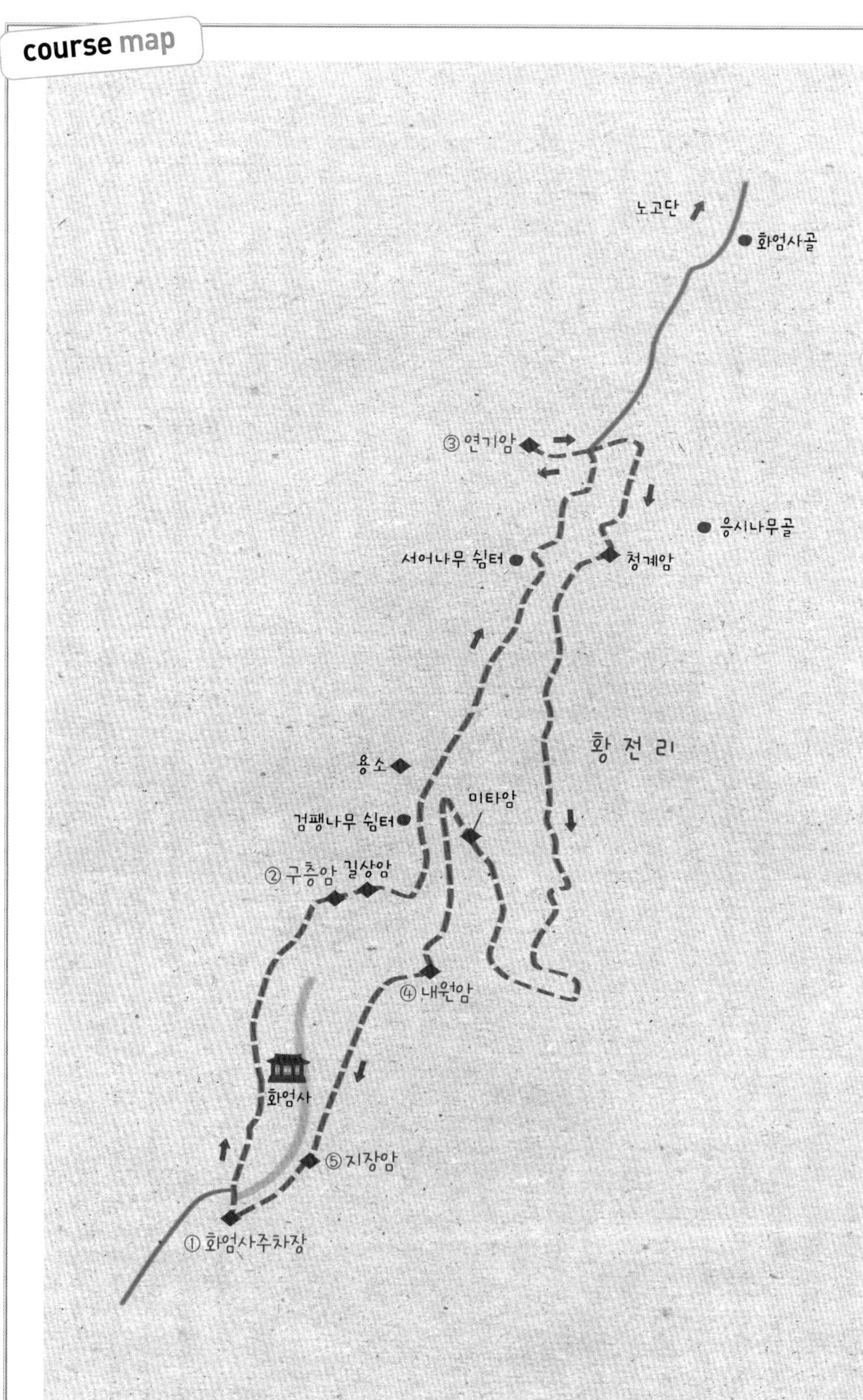

노고단
화엄사골
③ 연기암
응시나무골
서어나무 쉼터
청계암
황 전 리
용소
미타암
검팽나무 쉼터
② 구층암
길상암
④ 내원암
화엄사
⑤ 지장암
① 화엄사주차장

국사스님과 법정스님 만나러 가는 '무소유의 길'

순천

송광사 암자순례길과 굴목이재

도립공원

는 16명의 국사스님을 배출해 승보사찰로 불린다.

코스 가이드

장소	전남 순천시 송광면 송광사안길
코스	탑전~불일암~굴목이재~선암사
걷는 거리	10㎞
걷는 시간	4시간 30분
난이도	힘들어요
좋을 때	11월(단풍)

순천 조계산은 낮지만 깊은 산이다. 산자락 양편으로 태고종찰 선암사와 승보사찰 송광사를 품었다. '춘마곡 추갑사'란 말을 빌리면 '춘선암 추송광'이라 할 만하다. 선암사는 봄 풍경이 화려하고, 송광사는 가을빛이 눈부시다. 송광사는 탑전(오도암), 불일암, 감로암, 광원암 등의 암자를 품고 있는데, 그곳을 한 바퀴 도는 길이 가을 산책 코스로 좋다. 불일암에서 법정스님의 흔적을 찾을 수 있고, 송광사가 배출한 국사들의 부도를 구경하는 것도 매력적이다. 송광사에서 투박한 2개의 굴목이재를 넘으면 선암사로 넘어갈 수 있다. 제법 험한 길이지만, 송광사와 선암사를 걸어서 잇는 보람이 크다. 길 중간쯤 가장 맛있게 느껴지는 보리밥 정식을 먹을 수 있는 건 보너스다.

은목서 향기 맡으며 송광사로 입장

송광사는 보조국사 지눌(1158~1210)이 주석하며 대대적으로 중창했고,

지눌의 법맥을 있는 16명의 국사스님을 배출해 승보사찰로 불린다. 16국사 중 일곱 국사의 부도가 송광사 일대에 퍼져 있다. 그래서 송광사 암자 순례는 국사들의 부도를 찾아가는 길이기도 하다.

송광사 일주문①을 지나자 달콤한 향기가 코끝을 간질인다. 무심코 지나치다가 다시 돌아와 킁킁거리며 향기를 좇는다. 향기의 주인공은 은목서다. 짙은 녹색 잎사귀 아래에 손톱만 한 흰 꽃이 총총 피었다. 가까이 코를 들이대니 훅~ 끼쳐오는 진한 향기. 단풍철에 피는 향기로운 흰 꽃은 참으로 특별하다. 덕분에 송광사로 입장이 향기롭다.

청량각을 건너지 않고 계곡을 따르는 길이 송광사로 가는 옛길이다. 얼마 지나지 않아 왼쪽으로 '불일암, 광원암' 이정표가 보인다. 그런데 이상하다. 말끔한 포장도로가 아닌가. 법정스님이 다니던 오솔길은 어딜까? 매표소로 다시 돌아와 물어봐도 아는 사람이 없다. 불일암을 먼저 가려는 계획을 바꿔 감로암으로 향한다.

그윽한 삼나무 군락지를 통과하면 탑전(오도암)②에 이른다. 탑전은 구산 수련스님(1909~1983)의 사리탑을 모신 곳이다. 탑전의 입구를 구산선문이라 하는데, 형태가 특이하다. 문 중앙에 작은 고목을 파서 다시 작은 문을 만들었다. 이곳을 들어가려면 누구나 고개를 숙이고 허리를 굽혀야 한다. 문을 넘으면 적광전과 부도전이 나온다. 경내는 인적이 없어 고요하다.

감로암은 탑전에서 오른쪽이다. 돌담이 정겨운 완만한 오르막에는 갈참나

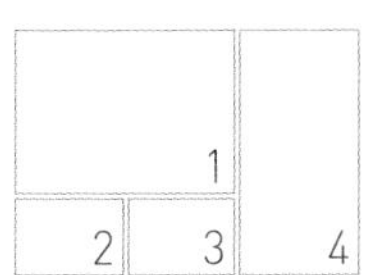

1 율원에서 감로암 가는 길에 가을이 깊었다. 길에서 만난 스님과 보살은 극진하게 합장을 나눈다. **2** 탑전의 구산선문은 특이한 대문이다. 허리와 고개를 숙이지 않으면 들어갈 수 없다. **3** 시원한 대숲을 통과하면 법정스님이 머물던 불일암이 나온다. **4** 소담한 채소밭이 인상적인 불일암. 법정스님은 낮에 일하고 밤에 글을 썼다.

무, 단풍나무, 은행나무들이 어우러져 고운 빛을 내뿜는다. 한 스님이 길에서 만난 보살에게 먼저 합장을 올린다. 보살도 서둘러 합장을 올려 두 사람은 함께 허리를 숙이고 있다. 살랑살랑 단풍잎이 그 허리에 내려앉는다.

율원 옆의 부도암 담장 뒤에는 29기의 부도와 5기의 비가 층층 모여 있다. 이어 구불구불한 길을 따르면 거북좌대에 앉은 당당한 비와 감로암③을 만난다. 비는 6세 국사인 원감대사 충지의 탑비다. 감로암을 세운 충지는 19세에 장원급제해 10여 년 외교관으로 봉직하기도 했다.

감로암부터는 산비탈을 타고 돈다. 낙엽 수북한 산길이 한동안 이어지다가 불쑥 대숲이 나타난다. 대숲 앞에 키 낮은 대나무 사립문이 한쪽 문만 열려 있다. 몸가짐을 단속하고 조심히 들어서면 잠시 컴컴한 대숲 터널을 지난다. 그리고 환한 빛이 폭포처럼 쏟아지는 불일암④ 경내로 들어선다. 암자는 고요하다 못해 적막하다.

무소유의 삶을 일군 법정스님의 불일암

법정스님은 1975년부터 이곳에 머물며 낮에는 채소밭을 일구고, 밤이면 글을 썼다. 그의 명징하고 아름다운 글은 『무소유』란 책으로 널리 알려졌다. 그가 영화 「빠삐용」을 보고 만들었다는 '빠삐용 의자'에는 책갈피와 사탕 바구니가 놓여 있다. 의자 앞의 후박나무 아래에 법정스님이 잠들어 있다.

책갈피에는 "삶은 소유물이 아니라 순간순간의 있음이다. 영원한 것은 어디 있는가? 모두 한때일 뿐, 그러나 그 한때를 최선을 다해 최대한으로 살 수 있어야 한다. 삶은 놀라운 신비요, 아름다움이다"라는 법정스님의 깨달음 같은 글이 적혀 있다. 법정스님은 소유하지 말라고 했다. 자신의 책도 만들지 말고 암자도 없애라고 했다. 하지만 사람들은 스님의 무소유를 소유하고 싶었을

까. 책이 나오고 불일암은 스님을 추억하는 장소가 되었다. 불일암 한쪽에는 7세 국사 자정대사의 부도가 있다. 본래 불임암은 자정대사가 창건했다.

불일암을 나와 대숲 길을 통과하면 광원암을 만난다. 암자 뒤편 조망 좋은 자리에 2세 국사 진각대사의 부도가 앉아 있다. 진각대사는 지혜가 뛰어나고 시문에 능했다고 전한다. 부도에 조각된 작은 동물들이 귀엽다. 부도에서 바라보면 앞산이 포근하게 암자를 감싸주는 느낌이다. 광원암을 내려오면 편백나무 숲 앞에서 포장도로와 오솔길이 갈린다. 오솔길이 법정스님이 다니던 일명 '무소유의 길'이다. 순하고 부드러운 길을 휘휘 돌아내려오면 탑전 앞이다. 불일암으로 가는 오솔길을 한참 찾았는데, 놀랍게도 출발점 옆이었다.

다시 길을 나서 우화각을 건너 송광사⑤ 경내로 들어선다. 능허교 위에서 잠시 멈춰 시원한 계곡 물에 근심을 씻어 낸다. 송광사에는 국보와 보물 등이 수두룩하니 천천히 둘러보자. 송광사에서 빼놓을 수 없는 곳이 1세 보조국사 지눌의 부도인 감로탑이다. 관음전 뒤편의 가파른 계단 위를 오르면 감로탑이 나온다. 이곳은 가히 송광사 최고의 전망대다. 빽빽하게 들어찬 송광사 전각들이 한눈에 들어온다. 자유로운 지붕 선들이 건너편 가을산과 어우러져 장관을 이룬다.

5 6

5 원감국사 충지의 당당한 탑비. 뒤에 자리한 암자가 감로암이다. **6** 보조국사 지눌의 부도인 감로탑은 송광사가 한눈에 내려다보이는 명당에 자리 잡았다.

맛있는 굴목이재와 인연

송광사를 둘러봤으면 굴목이재를 넘어 선암사로 갈 차례다. 특별히 볼거리가 있는 것은 아니지만, 단풍 곱게 물든 옛길이 매혹적이다. 송광굴목이재⑥를 넘으면 보리밥집⑦이 기다린다. 순전히 여기서 보리밥을 먹기 위해 이 길을 걷는 사람들도 많다. 남도의 흙에서 자란 각종 푸성귀를 넣고 고추장에 쓱쓱 비벼 먹는 맛은 황홀하다. 여기에 막걸리 한 잔을 걸치면 세상 부러울 것이 없다.

보리밥집 앞을 서성거리는 중년의 영국인 사내와 늦은 점심을 함께했다. 그는 어떤 사연을 품고 여기까지 혼자 왔을까. 그에게 막걸리 한 잔을 따라줬다. 그가 멋쩍게 웃는다. 저 미소가 어쩐지 낯익다. 어쩌면 우리는 전생에 선암사와 송광사에서 중노릇했을지도 모른다. 굴목이재에서 만나 선암사가 좋다, 송광사가 좋다 티격태격했을지도 모른다.

그가 길을 묻는다. '송광사'라고 크게 써서 그에게 줬다. 이 글씨만 따라가면 길을 잃지 않는다고 했다. 그가 작별을 고한다. 나는 손을 흔들었다. 그의 출발점이 나의 종착점이고, 나의 출발점이 그의 종착점이다. 또 선암굴목이재⑧를 넘어 서둘러 하산 길을 밟는다. 선암사⑨에 도착하자 어둑어둑 땅거미가 번진다. 버스정류장으로 내려가면서 트레킹을 마무리한다.

7	8

7 송광사와 선암사를 연결하는 송광굴목이재. **8** 보리밥집에 가을이 내려앉았다. 영국에서 온 사내가 늦은 점심을 먹고 있다.

course data

고도표

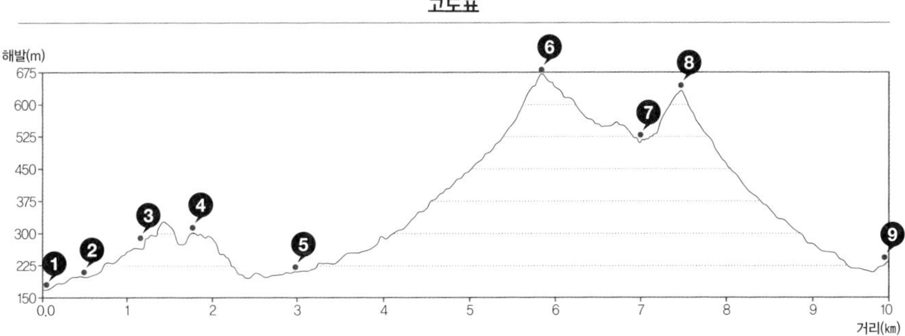

길잡이

송광사 암자순례길은 탑전(오도암)을 기점으로 불일암, 광원암, 부도암, 감로암 등을 한 바퀴 도는 길이다. 그중 법정스님이 수시로 산책하던 탑전~불일암 길을 '무소유의 길'이라 한다. 암자들을 한 바퀴 도는 데 1시간 30분쯤 걸린다. 송광사에서 굴목이재를 넘어 선암사를 잇는 길을 천년불심길이라 부른다. 이정표가 잘 나 있고 7㎞, 3시간쯤 걸린다. 가볍게 산책하려면 암자순례길이 좋고, 원 없이 걸어보고 싶다면 내처 선암사로 넘어가는 걸 추천하다.

교통

자가용으로는 호남고속도로 주암나들목으로 나와 송광사를 찾아간다. 대중교통은 KTX 순천역을 기점으로 한다. 순천역에서 송광사행 버스는 05:40~21:05, 1일 약 30분 간격으로 21회 다닌다. 1시간 30분쯤 걸린다. 순천시 버스정보시스템(http://bis.sc.go.kr/) 참조.

course map

주암호
④ 불일암
③ 감로암
송광사 버스터미널
① 송광사 일주문
② 탑전
⑤ 송광사
⑥ 송광굴목이재
조계산
소장군봉
⑦ 보리밥집
⑧ 선암굴목이재
⑨ 선암사
조계봉
연산봉
천자암산
깃대봉
용마봉
15
이읍리
장안리
장안치

맛집

굴목이재에는 몇 개의 보리밥집이 있는데, 아랫보리밥집(064-754-4170)을 으뜸으로 친다. 송광사 앞의 길상식당(061-755-2173)은 밥상 가득 채우는 전라도 산채정식의 진수를 보여준다. 선암사에서 가까운 진일기사식당(061-754-5320)은 15가지 넘는 반찬이 나오는 백반 한 가지 메뉴를 고집하는 맛집이다.

테마편
섬과 강 트레킹
탁 트인 전경으로 가슴이 뻥 뚫리는
ISLAND·RIVER

코스 가이드 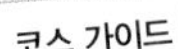

장소	전라남도 진도군 조도면 창유리
코스	산행마을~돈대봉~읍구마을
걷는 거리	2.6㎞
걷는 시간	2시간
난이도	쉬워요
좋을 때	사계절

돈대봉 손가락바위의 암봉은 다도해 풍광이 어우러져 절경을 이룬다.

다도해의 154개 섬을 아우른 특급 전망대

조도 돈대봉

국립공원

우리나라에서 세 번째로 큰 섬 진도. 사람들은 진도가 큰 섬인 줄은 알지만 무려 230여 개 섬으로 이루어진 것은 잘 모른다. 우리나라에서 가장 많은 섬을 거느린 군은 전라남도 신안군으로 829개, 가장 많은 섬을 거느린 면은 진도군 조도면으로 154개다. 조도군도의 중심인 하조도 돈대봉에 오르면 154개 섬이 흩뿌려진 다도해의 절경을 감상할 수 있다.

154개 섬을 거느린 진도 조도면

다도해해상국립공원은 크게 흑산도·홍도, 비금·도초도와 우이도, 조도와 관매도로 나눈다. 그중 홍도가 가장 유명하고, 관매도는 KBS 예능프로그램 '1박 2일'을 통해 소개되면서 유명세를 치르고 있다. 다도해해상국립공원 중에서 잘 알려지지 않았지만, 비경을 품고 있는 곳이 조도다. 조도는 154개 섬을 거느린 조도군도의 중심으로 상·하조도로 나누고, 두 섬은 '한국의 아름다운 길 100선'에 선정된 조도대교로 연결되어 있다.

하조도의 돈대봉은 그간 알려지지 않았으나, 최근에 면사무소에서 산길을 정비하면서 육지 산꾼을 불러 모으고 있다. 특히 손가락바위를 비롯한 기이한 암봉에서 바라보는 다도해의 절경이 일품이다. 트레킹 코스는 산행마을~손가락바위~돈대봉~투스타바위~읍구마을이다. 총 거리 2.6km로 넉넉하게 2시간 걸린다.

조도로 가는 여객선은 진도 팽목항에서 다닌다. 팽목항은 한반도 최남단인 해남 '땅끝마을'보다 자동차로 20~30분 더 걸릴 만큼 먼 항구다. 그곳에서 다시 뱃길로 40분쯤 가면 하조도 창유(어류포항)에 닿는다. 배가 닿기 전에 어류포항 뒤로 우뚝한 돈대봉의 모습이 믿음직하다. 코스의 출발점은 면소재지에서 서쪽으로 1km 정도 떨어진 산행마을①이다. 농로를 타고 10분쯤 들어가면 나오는 공터에서 산길로 접어든다. 10분쯤 숲길을 오르면 능선에 올라붙으면서 엄지손가락을 닮은 바위가 보인다. 이곳이 조도의 명물 손가락바위②다.

손가락바위 왼쪽으로 이어진 길을 따르면 이정표가 나온다. 이정표 왼쪽으로 돈대봉 정상으로 가는 길이 나온다. 오른쪽에는 가운데에 동굴이 뚫린 암봉이 보인다. 암봉의 생김새는 마치 변산 채석강의 해식절벽처럼 날카롭다. 손가락바위에서 이어진 암봉들 중에 가장 높은 봉우리다. 예전에는 동굴로 들어갈 수 있도록 나무사다리가 놓여 있었는데, 지금은 어찌 된 일인지

1 돈대봉 능선은 발을 멈춘 곳이 곧 전망대다. 상조도 너머 조도군도 섬들이 보석처럼 흩어져 있다. **2** 마을에서 올려다본 돈대봉. **3** 돈대봉의 명물 손가락 바위.

사라졌다.

동굴을 구경하려면 오른쪽 바위 비탈을 타고 올라야 하는데, 길이 위험하므로 주의해야 한다. 조심조심 오르면 정상에 이르고, 와~ 절로 탄성이 터져 나온다. 정상은 가로, 세로 20m가량의 정사각형 형태의 암반이다. 정면으로 평화로운 하조도와 상조도, 그 너머 조도군도의 섬들이 한눈에 펼쳐진다. 많은 섬을 가봤지만 이렇게 많은 섬이 펼쳐진 곳은 처음이다.

해식동굴에서 보는 관매도의 아름다움

정상에서 내려오면 왼쪽으로 동굴 입구가 보인다. 동굴 속에 들어가 바라보면 색다른 풍경이 펼쳐진다. 동굴 입구가 다도해를 향해 열린 천연의 창문처럼 보인다. 그 창문으로 관매팔경으로 유명한 관매도가 아스라하다. 동굴 밖은 수십 미터는 족히 될 듯한 낭떠러지다. 발이 미끌어지지 않도록 각별히 주의해야 한다.

동굴 암봉에서 내려와 돈대봉으로 향하면 제법 가파른 비탈이 시작된다. 곳곳에 로프와 계단이 놓여 있어 걷기는 어렵지 않다. 야트막한 봉우리 2~3개를 넘으면 돈대봉 정상③에 올라선다. 정상 조망은 평범한 편이지만, 정상에서 10m쯤 내려서면 전망 포인트가 등장한다. 동쪽으로 그동안 보지 못했던 죽항도, 슬도, 독거도 등이 두둥실 떠 있는 모습이 일품이다. 여기서 데크 계단을 내려오면 약수터 길이 갈린다. 그곳을 따르면 약수터를 지나 면소재지로 하산할 수 있다.

갈림길에 서면 상어 이빨처럼 날카로운 침봉들이 늘어선 암릉이 앞을 가로막는다. 일명 '투스타바위'인데 이름 유래가 오리무중이다. 그 침봉들 중 한 곳에 올라보니 숨어 있던 읍구마을이 그림처럼 나타난다. 돈대봉을 등지

손가락바위 위쪽에는 해식동굴이 뚫려 있다. 동굴 밖으로 관매도가 펼쳐진다.

고 바다를 바라보는 모습이 고향의 정취를 떠올리게 한다.

투스타바위를 오른쪽으로 우회하면 다시 작은 암릉이 나온다. 여기서 마지막으로 읍구마을④을 바라보고 내려오면 관매도를 바라보며 하산하게 된다. 암릉 끝 지점에서 완만한 능선이 이어지고 15분쯤 가면 도로를 만나면서 트레킹이 마무리된다. 여기서 읍구마을을 거쳐 면소재지까지는 1km쯤 걸린다. 면소재지로 가는 고갯마루에 신금산 등산로가 나 있다. 아쉬움이 남아 좀 더 길게 걷고 싶다면 신금산을 거쳐 등대까지 종주하는 코스를 소화해보자. 뿌듯한 하루 트레킹이 될 것이다.

course data

고도표

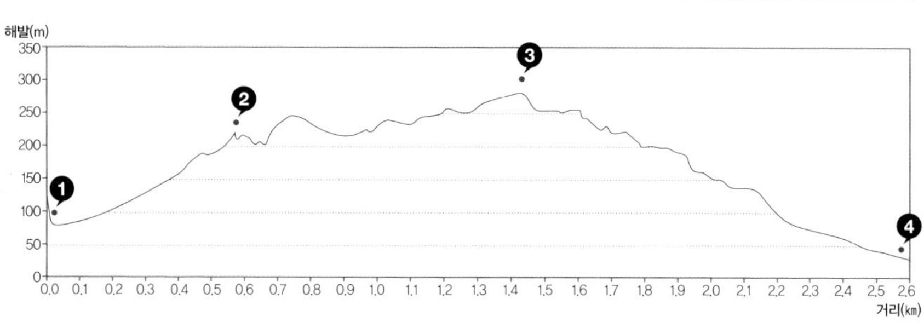

길잡이

조도 돈대봉 코스는 산행마을~손가락바위~해식동굴~정상~투스타바위~읍구마을. 총 거리 2.6㎞, 넉넉하게 2시간 걸린다. 멋진 조망을 감상하는 포인트는 두 곳이다. 돈대봉 정상에서 10m 내려선 곳, 그리고 해식동굴 안이다. 해식동굴로 오르는 길이 다소 위험하므로 주의해야 한다.

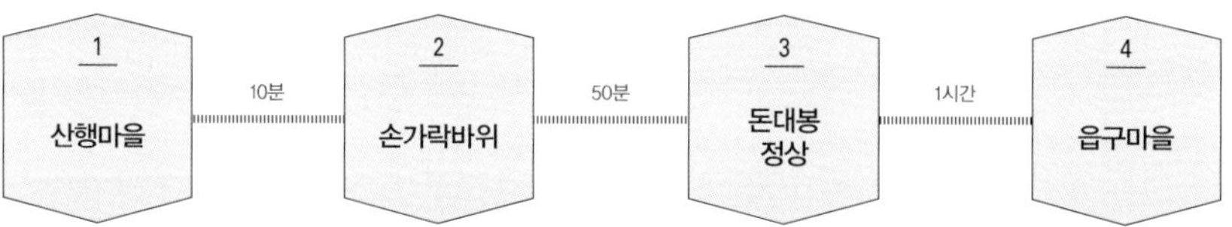

교통 자동차는 서해안고속도로 목포 톨게이트로 나와 진도 팽목항을 찾아간다. 팽목항에서 하조도 창유항 가는 배는 07:30~18:00, 1일 8회 운행한다. 문의 서진도농협조도지점 061-542-3771.

맛집 하조도 창리 시내의 부흥식당(061-542-5021)은 우럭지리탕으로 유명한 맛집이다. 반찬으로 나오는 톳무침도 별미다.

숙소 민박과 모텔뿐이다. 어유포항에 버드아일랜드민박(010-3666-5022)이 시설이 깔끔하다. 캠핑족은 신전해수욕장을 이용하면 좋다.

course map

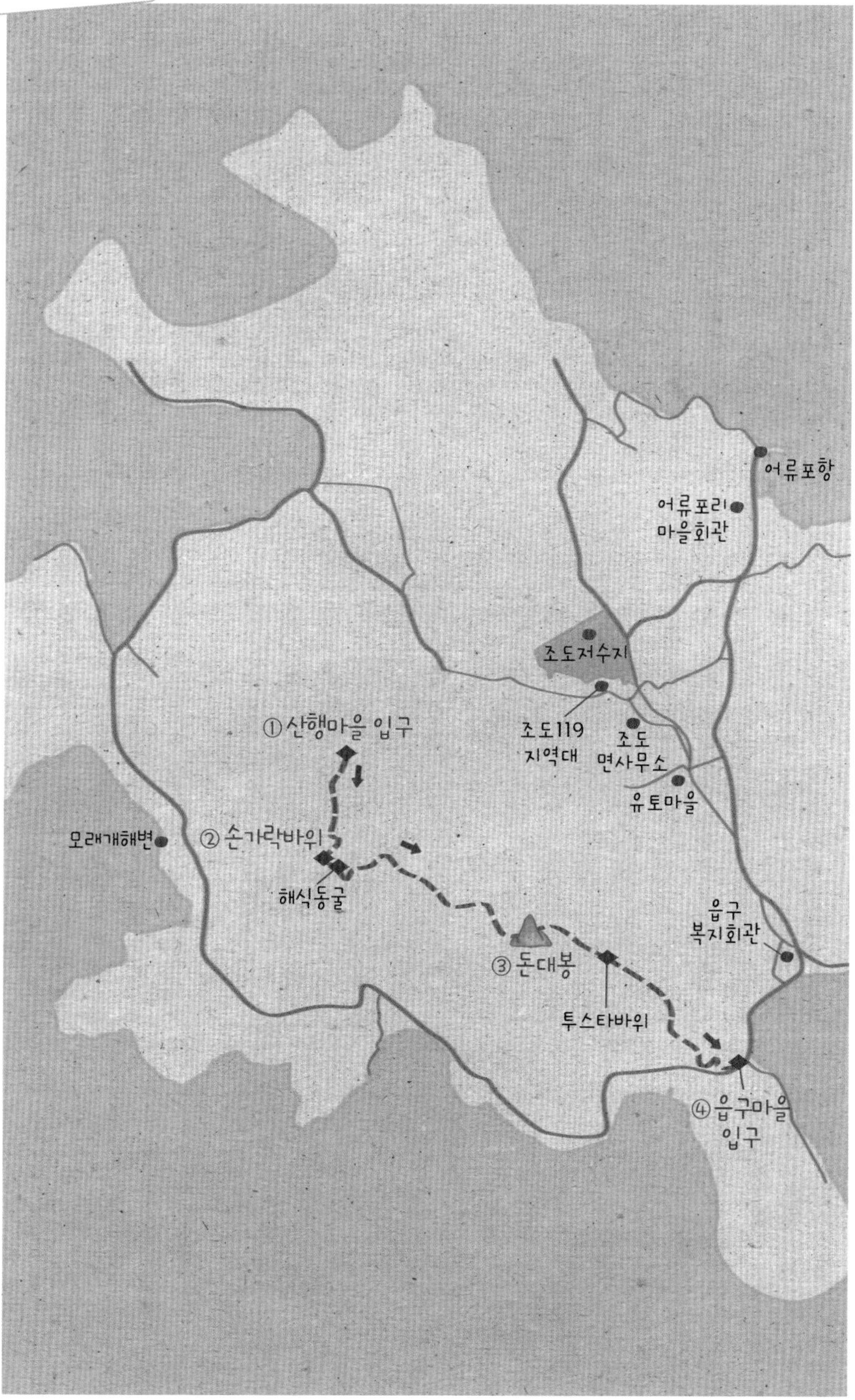

어류포항
어류포리 마을회관
조도저수지
①산행마을 입구
조도119 지역대
조도 면사무소
유토마을
모래개해변
②손가락바위
해식동굴
읍구 복지회관
③돈대봉
투스타바위
④읍구마을 입구

코스 가이드

장소	충청북도 단양군 단성면 하방리
코스	제비봉 탐방안내소~정상~제비봉 탐방안내소
걷는 거리	4.1㎞
걷는 시간	2시간 30분
난이도	무난해요
좋을 때	사계절

제비봉 정상에서 바라본 충주호. 금수산, 구담봉, 옥순봉 등 명봉들과 어울려 장관을 이룬다.

단양 제비봉

충주호 바라보던 제비, 날개를 펴다

태백 검룡소에서 발원한 남한강이 정선, 영월, 단양의 골짜기를 우당탕 굴러 내려와 잠시 숨을 고르는 곳이 충주호다. 제천, 충주, 단양에 걸쳐 있어 '내륙의 바다'로 불리는 충주호(청풍호)가 아름다운 이유는 월악산, 금수산, 제비봉, 구담봉, 옥순봉 등의 명봉들이 호반을 병풍처럼 두르고 있기 때문이다. 그중 제비봉은 충주호 조망이 가장 빼어나다는 평가를 받는다.

장회나루 위에 솟은 특급 조망대

충주호에서 가장 풍광이 아름다운 곳은 장회나루 일대다. 호수 건너 왼편에 천길 벼랑을 이루며 구담봉이 솟아 있고, 오른편에는 기암괴석이 일품인 둥지봉과 말목산이 우뚝하다. 그뿐이 아니다. 말목산 뒤로 수려한 가은산이 있으며, 가장 높은 곳에는 하늘을 찌를 듯 솟구친 금수산이 버티고 섰다. 이 봉우리들이 충주호와 어우러진 모습은 가히 천하일품인데, 이를 감상하는 천혜의 전망대가 장회나루 뒤쪽(남쪽)의 제비봉(710m)이다.

제비봉은 충주호 전망뿐 아니라 정상을 향해 치솟은 기운찬 암릉과 분재와 같은 많은 노송이 어우러져 한 폭의 동양화를 연상케한다. 제비봉의 옛 이름은 연자봉燕子峰이다. 구담봉 방면에서 이 산을 보면 제비가 날개를 활짝 펴고 하늘을 나는 모습처럼 보여 붙여진 이름이다. 제비봉 트레킹은 장회나루에서 출발해 정상을 오르내리는 코스가 정석이다.

코스의 출발점은 장회나루 건너편 제비봉 탐방안내소① 앞이다. 그 옆으로 가파른 나무계단이 놓여 있다. 길은 초장부터 급경사다. 왼쪽과 오른쪽 산비탈을 번갈아 오르면, 나무데크를 깔아놓은 전망대에 올라선다. 여기까지만 와도 조망은 최고다. 구담봉과 말목봉 사이의 호수를 유람선이 느릿느릿 지나는 모습이 기막히다. 다시 길을 나서면 작은 봉우리에 오르며 서 암릉이 시작된다.

바위에 뿌리내린 노송 사이를 걸으며 오른쪽으로 월악산에서 소백산으로 향하는 백두대간 능선을 바라보는 맛이 각별하다. 정면으로는 마치 설악산 용아장성릉 같은 분위기인 암릉이 정상으로 치솟으며 으르렁거린다. 암봉 정상 아래에는 젓가락처럼 보이는 나무 계단도 눈에 들어온다.

암릉 시작점에서 200m 정도 오르면 20m쯤 되는 나무계단이 시작된다. 계단에서 뒤를 돌아보면 충주호가 시원하게 펼쳐진다. 충주호 조망도 좋지

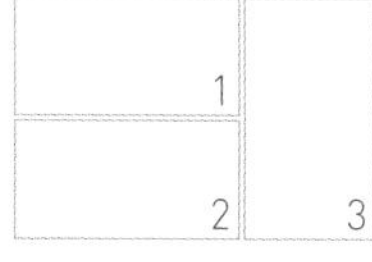

1 기생 두향의 무덤이 있는 것으로 알려진 말목산. **2** 정상에서 바라본 소백산 줄기. 가운데 푹 꺼진 곳이 죽령이고 왼쪽 철탑이 세워진 곳이 연화봉이다. **3** 정상으로 가는 길에는 거목 소나무와 활엽수가 어우러졌다.

만, 오른쪽 멀리 엄지손가락처럼 툭 튀어나온 월악산 영봉과 하늘에 마루금을 그리며 펼쳐지는 백두대간 능선도 장관이다. 30m쯤 되는 두 번째 계단은 경사가 더욱 급하다. 계단이 끝나는 지점부터는 평탄한 암릉이다. 10분쯤 가면 삼각점이 있는 545m봉에 닿는다. 545m봉을 지나면 터는 평탄한 암릉길이다. 이어 안내판(제비봉 0.8km, 매표소 1.5km)을 지나면 산길은 운치 있는 노송군락으로 이어진다. 20분쯤 호젓한 숲길을 따르면 대망의 제비봉 정상②에 선다. 정상에는 수풀이 우거졌지만, 나뭇가지 사이로 충주호와 소백산 일대가 잘 보인다. 하산은 다시 왔던 길을 되짚어 내려가는데, 시종일관 충주호의 모습을 바라보게 된다.

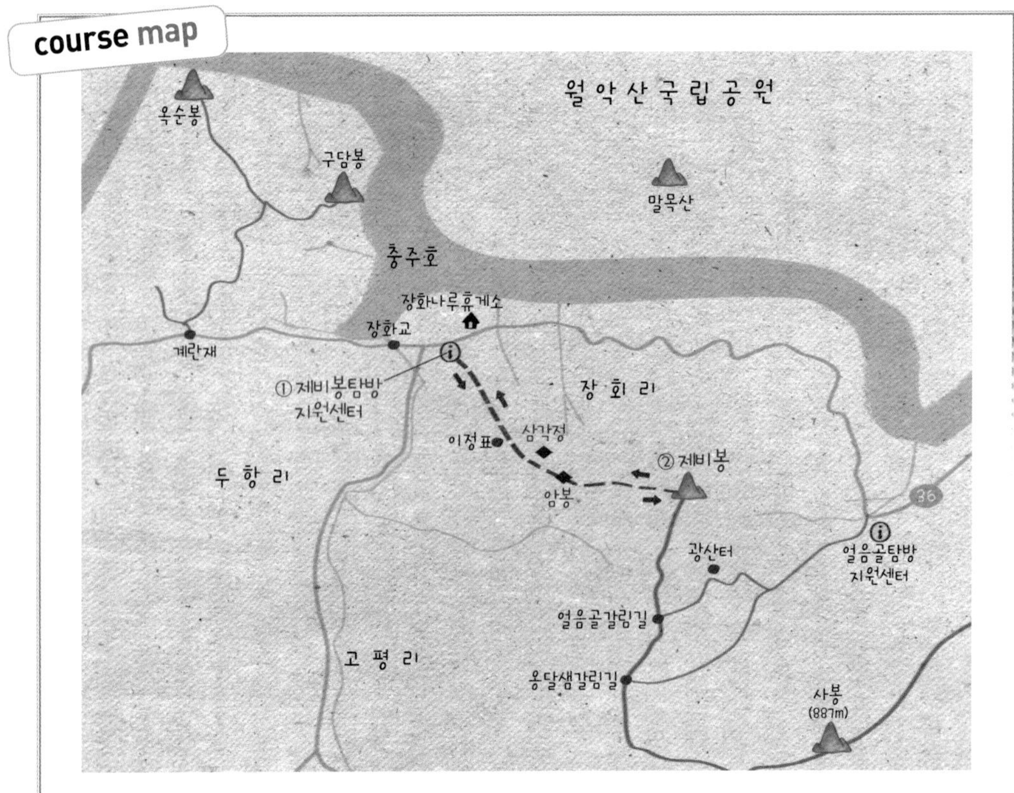

course data

고도표

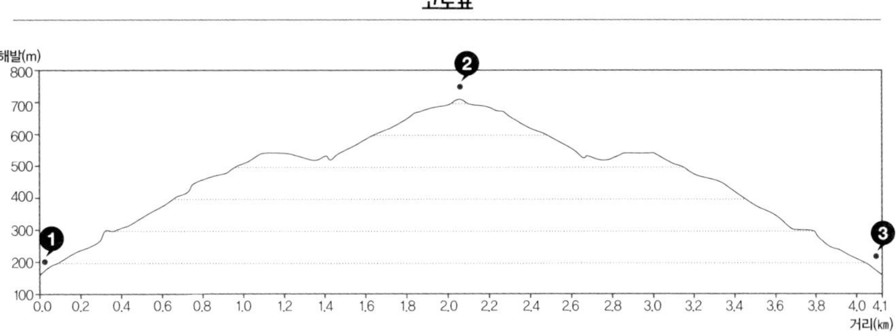

길잡이

단양 제비봉 코스는 장회나루에서 시작해 정상을 오르내리는 원점회귀 코스가 일반적이다. 정상 북쪽으로 충주호 조망이 시원하게 열린다. 왕복 거리는 약 4.1㎞, 2시간 30분쯤 걸린다. 장회나루 건너편 제비봉 탐방안내소가 출발점이다. 탐방안내소 앞에는 작은 무료 주차장이 있다.

교통 자가용은 중앙고속도로 단양IC로 나와 단성면을 거쳐 장회나루에 닿는다. 동서울터미널에서 출발하는 단양행 버스는 07:00~16:40, 1일 6회 운행하며 2시간 30분쯤 걸린다. 단양버스터미널 앞 버스정류장에서 장회나루 가는 버스는 06:45~18:50, 1일 6회 있다. 문의는 단양버스 043-422-2866.

맛집 장회나루에서 단양 쪽으로 3㎞ 거리에 자리한 얼음골맛집(043-422-6315)은 매운탕과 토토리묵밥이 유명하다. 단양 시내의 장다리식당(043-423-6660)은 마늘돌솥밥으로 일가를 이룬 집이다. 장회나루에서 가까운 단양 대강면 장림리에는 유명한 대강양조장(043-422-0077)이 있다. 故 노무현 대통령이 만찬주로 사용해 유명한 집으로 동동주와 막걸리 맛이 일품이다.

코스 가이드

장소	충청북도 단양군 단성면 장회리(구담봉)· 제천시 수산면 괴곡리(옥순봉)
코스	계란재~구담봉~옥순봉~계란재
걷는 거리	5.5㎞
걷는 시간	3시간
난이도	조금 힘들어요
좋을 때	사계절

거북이 등 같은 바위가 널린 구담봉 정상. 왼쪽 말목산 아래 두향의 무덤에서 은은한 거문고 소리가 들리는 듯하다.

퇴계와 두향의 로맨스를 지켜보던 봉우리

단양

구담봉·옥순봉

연이어 관직을 고사하던 퇴계는 어느 날 단양군수를 자청해 부임했다. 인생의 장년기에 접어드는 48세의 일이다. 그는 단양 구석구석을 돌아다니며 수많은 일화를 남겼는데, 관기官妓 두향杜香과의 운명적 로맨스가 일어난 것도 바로 이때다. 두 사람은 장회나루 건너편 강선대에서 거문고를 퉁기며 풍류를 즐겼다. 그 모습을 말없이 지켜보던 봉우리가 구담봉(330m)이다. 옥순봉은 구담봉 옆의 봉우리로 옛 청풍 땅에 속했는데, 퇴계가 당시 청풍부사를 졸라 단양8경에 넣었다.

퇴계가 가장 좋아했던 구담과 도담

충주호(청풍호)에서 가장 빼어난 절경이라는 장회나루에서 바라보면, 수려한 암봉 사이로 남한강 물길이 그림처럼 흘러간다. 그중 왼쪽 봉우리가 단양8경 중 하나인 구담봉龜潭峰이다. 거북이를 닮은 봉우리를 구봉龜峰, 물속에 있는 바위를 거북무늬가 새겨진 구담龜潭이라 했는데, 둘을 합쳐 구담봉이라 부른다. 퇴계의 장손 이안도의 기록에 의하면 퇴계가 단양에서 가장 좋아한 곳은 도담과 구담이다. 도담은 도담삼봉, 구담은 구담봉을 말한다. 안타깝게도 충주호가 들어서면서 구담은 물에 잠겨 더 이상 볼 수가 없다.

장회리 계란재①는 구담봉과 옥순봉 코스의 출발점이다. 이곳 공터에 차를 세우고 트레킹을 시작한다. 시멘트로 포장된 농로를 20분쯤 가면 커다란 비닐하우스가 세워진 농장터에 닿는다. 공터에는 금계국 군락이 활짝 피어 발걸음을 가볍게 한다. 본격적인 산길로 접어들자 구담봉 0.9km 이정표가 나온다. 이어지는 솔숲 공터가 삼거리②다. 여기서 옥순봉과 구담봉이 갈린다. 구담봉 가는 길은 작은 암릉을 오르내리는 제법 험한 길이고, 옥순봉 길은 순한 능선이다.

사실 퇴계와 두향의 로맨스는 의심스러운 구석이 많다. 과연 성리학 대가인 퇴계가 당시 하찮은 신분이었던 기생을 가까이했을까? 당시 퇴계는 두 번째 부인과 사별하고 2년간 독수공방을 하던 때였다. 퇴계는 여인들과의 인연이 이상하게 박복했다. 그는 가정적으로 행복한 사람은 아니었다. 퇴계는 두 번이나 결혼했으나 두 여인 모두 사별했다. 그러므로 퇴계가 두향을 만나 운우지정을 나눈 것이 비도덕적인 행위는 아니었다.

두 사람의 사랑은 퇴계가 풍기군수로 부임하면서 이별을 맞는다. 퇴계가

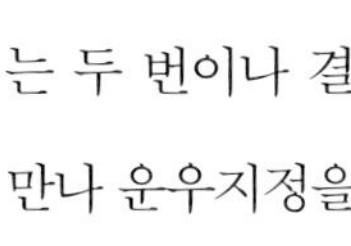

1 충주호 명봉들이 펼쳐지는 옥순봉. **2** 구담봉과 옥순봉 트레킹이 시작되는 계란재. **3** 옥순봉 정상에서는 유유자적 배들이 다니는 평화로운 모습이 펼쳐진다. **4** 구담봉 정상 바위에는 신비롭게도 거북 문양이 그려져 있다. **5** 옥순봉 전망대에서 바라본 청풍대교.

옥순봉 가는 길에 바라본 충주호.

떠나자 두향은 퇴계를 위해 종신 수절했다. 불과 9개월의 짧은 만남이었지만 두향은 퇴계만을 사랑했고, 퇴계만을 섬겼다. 퇴계가 풍기군수로 떠나자 신임 사또에게 기적妓籍에서 빼달라고 청원하여 마침내 관기에서 벗어나 자유의 몸이 되었다. 허나 밀려오는 퇴계에의 그리움을 이겨내지 못하고 두향은 자살을 선택하고 만다.

갈림길에서 구담봉 방향으로 내려서면 시야가 조금씩 열리며 구담봉과 충주호가 보이기 시작한다. 길은 안부까지 내려왔다가 다시 가파르게 구담봉을 오르게 된다. 비탈길에는 철기둥이 박혀 있지만, 워낙 경사가 가파르기 때문에 조심해야 한다. 15분쯤 험난한 길을 오르면 구담봉③ 정상석이 반긴다. 진짜 정상은 비석 위의 암봉이다. 조심스레 그곳에 오르면 비로소 시야가 넓게 열린다.

멀리 월악산에서 소백산까지 백두대간 줄기가 병풍처럼 둘러싸고, 앞으로는 제비봉과 말목산이 충주호를 품고 있다. 장회나루 건너편 말목산이 호수와 만나는 지점에 두향의 묘가 있지만, 이곳에서는 잘 보이지 않는다. 충주호는 퇴계와 두향의 추억이 서린 강선대를 삼켜놓고 아무 말이 없다. 적막한 호수에 유람선 한 척이 미끄러지며 물결을 일으키자, 두향이 연주하던 거문고 소리가 은은하게 울리는 착각에 빠진다.

옥순봉을 넣어 완성한 단양8경

단양에 제15대 군수로 온 퇴계는 단양의 빼어난 절경에 감탄하여 『단양산수기』란 기행문을 지었다. 불과 9개월밖에 머물지는 않았지만 퇴계는 단양을 몹시 사랑한 듯하다. 직접 빼어난 절경에 이름을 붙였다. 도담삼봉, 석문, 사인암, 상·중·하선암, 구담봉, 그리고 옥순봉의 8경을 지정하고 일일이 그곳에 이름을 명명하고 그 모습을 산수기에 묘사했던 것이다.

퇴계는 옥순봉을 지정함으로써 단양8경을 완결할 수 있었는데, 여기에는 재미난 에피소드가 전해진다. 원래 옥순봉은 단양 땅이 아니라 청풍의 괴곡리에 속했다. 퇴계는 직접 청풍부사를 찾아가 옥순봉이 있는 괴곡리를 단양에 양보해줄 것을 청원했다. 그러나 냉정하게 거절당한 퇴계는 빈손으로 돌아오면서 그 경계에 '단구동문丹邱洞門'이라 각명했다. 단구는 단양의 옛 이름이고, 이 각명의 뜻은 '신선으로 통하는 문'이라는 뜻이었다. 훗날 청풍부사가 남의 땅에 군계를 정한 자가 누구인가를 알아보려고 옥순봉을 찾았다가 퇴계가 쓴 글씨임을 뒤늦게 알고 옥순봉을 단양에 양보했다고 한다.

삼거리④에서 이어지는 능선은 완만한 내리막길이고, 막판에 살짝 옥순봉⑤으로 올라선다. 정상에 서면 충주호가 거침없이 넓게 열리는데, 꼭 호수 가운데 선 느낌이다. 퇴계는 아래에서 뱃놀이하며 옥순봉을 감상했겠지만, 정상에서 내려다보는 맛도 괜찮다. 저 멀리서 유람선이 느릿느릿 다가와 옥순대교 아래를 미끄러지듯 지나는 모습이 그야말로 한 폭의 그림이다. 그 뒤로 첩첩 산줄기들이 시나브로 호수 속으로 몸을 숨긴다.

하산은 부드러운 능선을 되짚어 내려간다. 걸어가는 방향이 바뀌면서 풍경도 새롭다. 삼거리를 지나면 계란재⑥가 코앞이다.

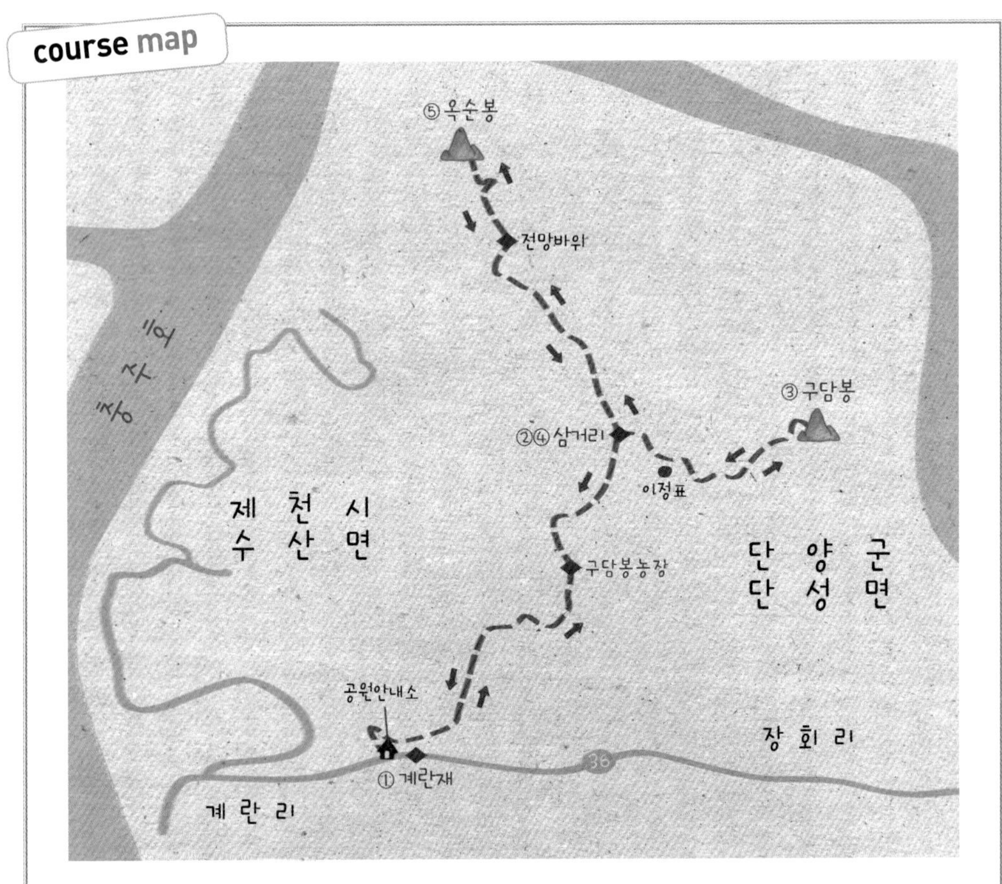

course data

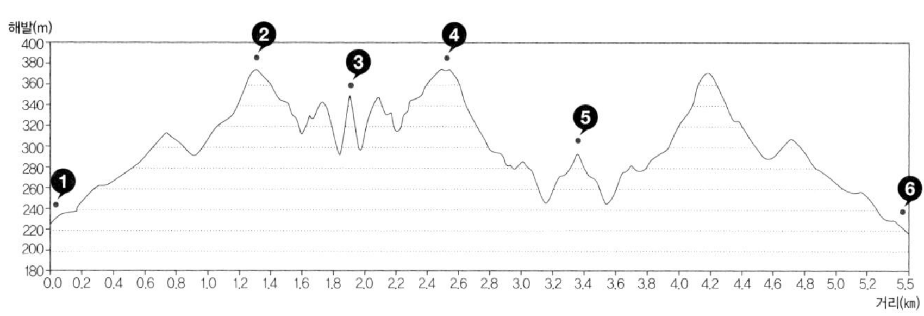

길잡이

코스는 계란재~삼거리~구담봉~삼거리~옥순봉~계란재. 구담봉 오르는 길이 다소 위험하다. 노약자나 어린이는 옥순봉만 다녀오는 것이 좋겠다. 계란재에 차를 주차할 공간이 있다. 월악산국립공원에서 속한 구담봉과 옥순봉 일대는 훼손을 막기 위해 5.1~6.30(61일), 9.1~11.30(91일), 예약제를 시행한다. 예약은 국립공원 예약통합시스템 reservation.knps.or.kr

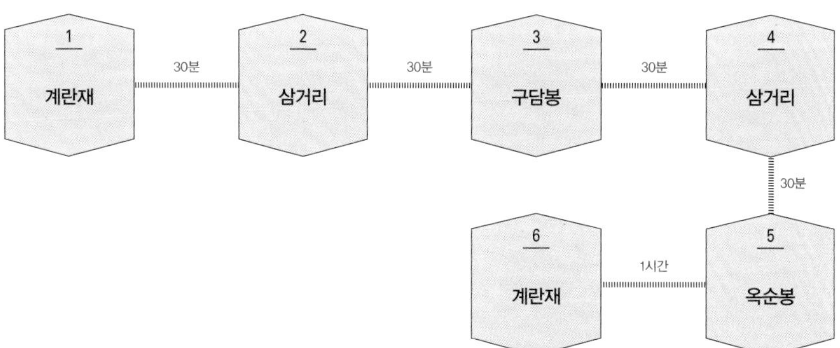

교통 자가용은 중앙고속도로 단양IC로 나와 단성면과 장회나루를 거쳐 계란재에 닿는다. 동서울터미널에서 출발하는 단양행 버스는 07:00~16:40, 1일 6회 운행하며 2시간 30분쯤 걸린다. 단양버스터미널 앞 버스정류장에서 장회나루 가는 버스는 06:45~18:50, 1일 6회 있다. 문의: 단양버스 043-422-2866.

맛집 단양IC에서 가까운 고향집두부(043-421-0150)는 국산콩으로 만든 두부요리를 잘하는 맛집이다. 장회나루 근처 얼음골맛집(043-422-6315)은 매운탕과 토토리묵밥이 유명하다. 단양 시내의 장다리식당(043-423-6660)은 마늘돌솥밥으로 일가를 이룬 집이다.

코스 가이드

장소	전라남도 신안군 흑산면 가거도리
코스	항리2리~독실산~항리2리
걷는 거리	7.2㎞
걷는 시간	4시간 30분
난이도	제법 힘들어요
좋을 때	사계절

독실산 정상 아래의 전망대에서 본 시원한 조망. 푸른 바다 빛이 신비롭다.

강건한 기상 넘치는 국토 최서남단

가거도 독실산

우리나라 최서남단 가거도는 멀다. 오죽했으면 조태일 시인이 "가고, 보이니까 가고, 보이니까 또 가서/마침내 살 만한 곳"이라고 했을까. 홍도가 여성적으로 아기자기한 맛이 있다면, 가거도는 강건한 남성적인 기상이 넘친다. 가거도의 진수를 맛보려면 걷고 또 걸어야 한다. 바다에서 수시로 피어나는 해무를 친구 삼아 독실산과 가거도등대 등을 둘러보자.

신안군의 수많은 섬 중 가장 높은 독실산

목포에서 가거도까지 항해 거리는 약 240km, 시간은 4시간 30분쯤 걸린다. 목포에서 남서쪽으로 136km쯤 떨어져 있지만, 중간에 흑산도·상태도·중태도·하태도 등을 거쳐야 해서 더 멀게 느껴진다.

섬에 내리자 구름이 무겁다. 섬의 높은 곳을 모두 삼키고 마을과 산비탈

후박나무까지 야금야금 베어 물고 있다. 회룡산에서 내려온 바위가 바다에 잠겨 절경을 이룬다. 첫인상이 울릉도와 비슷한 것 같기도, 아닌 것 같기도 하다. 미리 예약한 민박집에서 나온 픽업 트럭을 타고 섬의 북동쪽 항리2구로 이동한다. 급경사 언덕을 오르면 샛개재, 여기서 3.5km쯤 산비탈을 따르면 항리2구다.

가거도의 크기는 여의도보다 조금 큰 9.18km^2. 해안선 길이가 22km로 제법 큰 섬이다. 예로부터 가가도可佳島, 가가도家假島 등으로 불렸으며 '가히 살 만한 섬'이라는 뜻의 가거도可居島라고 불린 것은 1896년부터이다. 소흑산도小黑山島는 일제강점기에 붙여진 이름이다. 섬 전체가 후박나무로 뒤덮여 있고, 대부분 해안은 단애 절벽을 이룬다. 가거도 트레킹은 항리2구를 베이스캠프 삼아 섬등반도, 독실산과 백년등대를 둘러보는 코스가 좋다.

가거도 독실산 트레킹은 항리마을에서 시작해 독실산과 가거도 백년등대를 찍고 마을로 돌아오는 힘든 길이다. 출발은 섬누리민박① 바로 위에서 항리2구 마을로 이어진 길부터 시작한다. 길은 언덕 위의 폐가로 이어진다. 폐가는 섬등반도가 잘 보이는 기막힌 자리에 서 있다. 마당에는 잡초가 무성하고, 방에는 아이들 장난감이 나뒹굴고 있다.

폐가를 나오면 15가구쯤 살고 있는 마을길로 이어진다. 2구의 집들은 산비탈에 자리한 탓에 돌담을 쌓아 바람을 막았다. 구불구불 이어진 돌담길이 정겹다. 마을이 끝나면서 본격적인 산길로 이어진다. 길섶에 빨간 산딸기가 가득하다. 탐스러운 열매를 따 입에 넣으니 날치알처럼 톡톡 터진다. 길은

1 가거도에서 조망이 가장 좋은 신선대. **2** 신안군 1,004개 섬 중에서 가장 높은 독실산 정상은 그닥 볼품이 없다. **3** 너른 터에 자리한 가거도 백년등대. **4** 노을전망대에서 항리2구로 내려오는 멋진 길.

컴컴한 후박나무숲 사이로 이어진다. 예전 주민들은 독실산에 가득한 후박나무의 껍질을 벗겨 팔았다고 한다. 복통에 좋다는 후박나무껍질의 효능 때문이다. 숲으로 들어서자 알 수 없는 곤충들이 흰 날개를 휘날리며 날아다닌다. 영락없는 숲의 요정처럼 보인다. 가만가만 다가가 나뭇잎에 앉은 녀석들을 살펴본다. 생김새는 다리가 긴 거미와 왕모기를 합쳐놓은 듯하다.

한동안 급하게 이어지던 산길은 완만한 산비탈을 타고 돈다. 바위에 낀 이끼, 나무에 붙은 콩자개, 고비와 관중들을 구경하며 걷다보면 이윽고 능선에 올라붙는다. 능선에서 좀 더 오르면 갈림길. 왼쪽이 백년등대, 오른쪽이 정상으로 가는 길이다. 휘파람 불며 부드러운 능선을 15분쯤 걸으면 정상②에 올라붙는다.

1907년 첫 불 밝힌 가거도 백년등대

손바닥만 한 정상 일대는 옹색하다. 정상 옆에 공군 레이더기지 건물이 서 있다. 건물 계단에 서자 비로소 시원한 조망이 열린다. 동쪽으로 끝없는 망망대해에서 상태도와 하태도, 만재도가 콩알만 하게 보인다. 만재도의 오른쪽 멀리 섬인 듯, 구름인 듯 아스라이 나타나는 것이 보여 정상 초소의 군인에게 물어본다. 제주도라고 한다. 가거도에서 남서쪽으로 직선거리로 약 125km 떨어진 제주도를 보니 가슴이 뭉클하다.

정상에서 다시 갈림길로 돌아오는 길에 전망 좋은 곳 안내판이 있다. 그 길로 5분쯤 들어가면 암반이 펼쳐지며 시원하게 시야가 열린다. 다시 능선을 타고 가면 곧 올라왔던 갈림길. 여기서 등대 방향으로 완만한 능선이 이어진다. 1시간쯤 숲길 능선을 걸으면 신선봉 갈림길. 이어지는 산길은 급경사다. 곤두박질치듯 내려서면 대밭 사이로 하얀 등대가 나타난다.

가거도 백년등대[3]는 1907년 12월에 처음 불을 밝혔다. 100년이 훌쩍 넘었지만 견고하게 지어져 물샐 틈없다. 마침 등대지기가 돌아와 등대 문을 열어준다. 탕탕 철계단을 타고 오르자 철새의 낙원인 구굴도와 거문여 등이 잘 보인다. 말로 표현할 수 없는 바다의 깊고 맑은 빛이 감동적이다.

등대에서 항리마을로 돌아가는 길은 독실산에서 내려온 길만큼 힘들다. 해변에 경사가 워낙 심해 산의 8부 능선까지 올라와야 하기 때문이다. 비지땀을 흘리며 거의 능선 가까이 오르면 신선봉 갈림길. 신선봉[4]은 독실산에서 가장 조망이 좋다. 항리마을과 구굴도가 양쪽으로 펼쳐진다. 잠시 서서 땀을 식히고 신선봉을 내려오면 비교적 쉬운 길이 이어진다. 조망 좋은 노을전망대는 지나면 항리2구 마을[5]이다. 마을을 지나 섬누리민박에 이르자 다시 해무가 몰려와 산과 바다를 집어삼킨다.

5 정상에서 바라본 독실산 능선. 능선 뒤로 구굴도가 살짝 보인다. 6 항리2구의 돌담길. 돌담 틈새에 인동초가 폈다.

course data

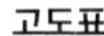

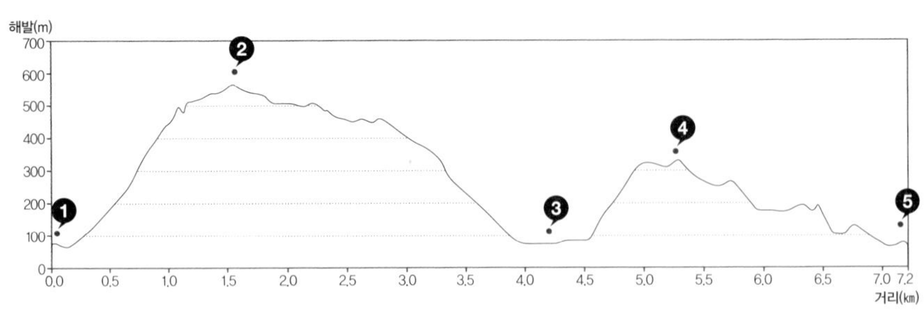

길잡이

가거도 트레킹은 항리2구 섬누리민박 앞에서 출발한다. 코스는 섬누리민박(항리2리)~항리2구 마을~정상~백년등대~신선봉~항리2구 마을~섬누리민박. 총 거리 7.2㎞, 4시간 30분쯤 걸린다. 정상 직전 삼거리 근처의 전망대는 꼭 들러보는 것이 좋고, 백년등대 오가는 길은 경사가 매우 급하다.

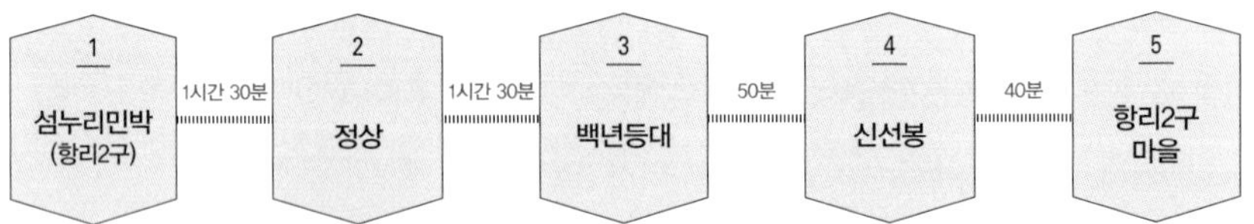

교통 서울역·용산역 → 목포 KTX가 05:10~22:25, 1일 18회 다니며, 3시간 20분 걸린다. 센트럴시티터미널 → 목포행 버스는 05:35~23:55, 1일 17회 운행하며 3시간 50분쯤 걸린다. 목포연안여객터미널(061-240-2111) → 가거도행 배가 08:10, 15:00에 있으며 4시간~4시간 30분쯤 걸린다. 문의 남해고속 061-244-9915 가거도에는 대중교통이 없다. 대개 민박집 트럭을 이용한다.

숙식 풍광이 빼어난 향리2리에 베이스캠프를 마련하는 게 좋다. 섬누리민박(061-246-3418)과 다희네 민박(061-246-5513)이 좋다. 바쁜 시기에는 영업을 안 할 수 있기에 사전에 확인해야 한다. 가거도항에 자리한 둥구펜션(010-2929-4989)은 최근에 오픈해 시설이 좋고 식사도 가능하다.

course map

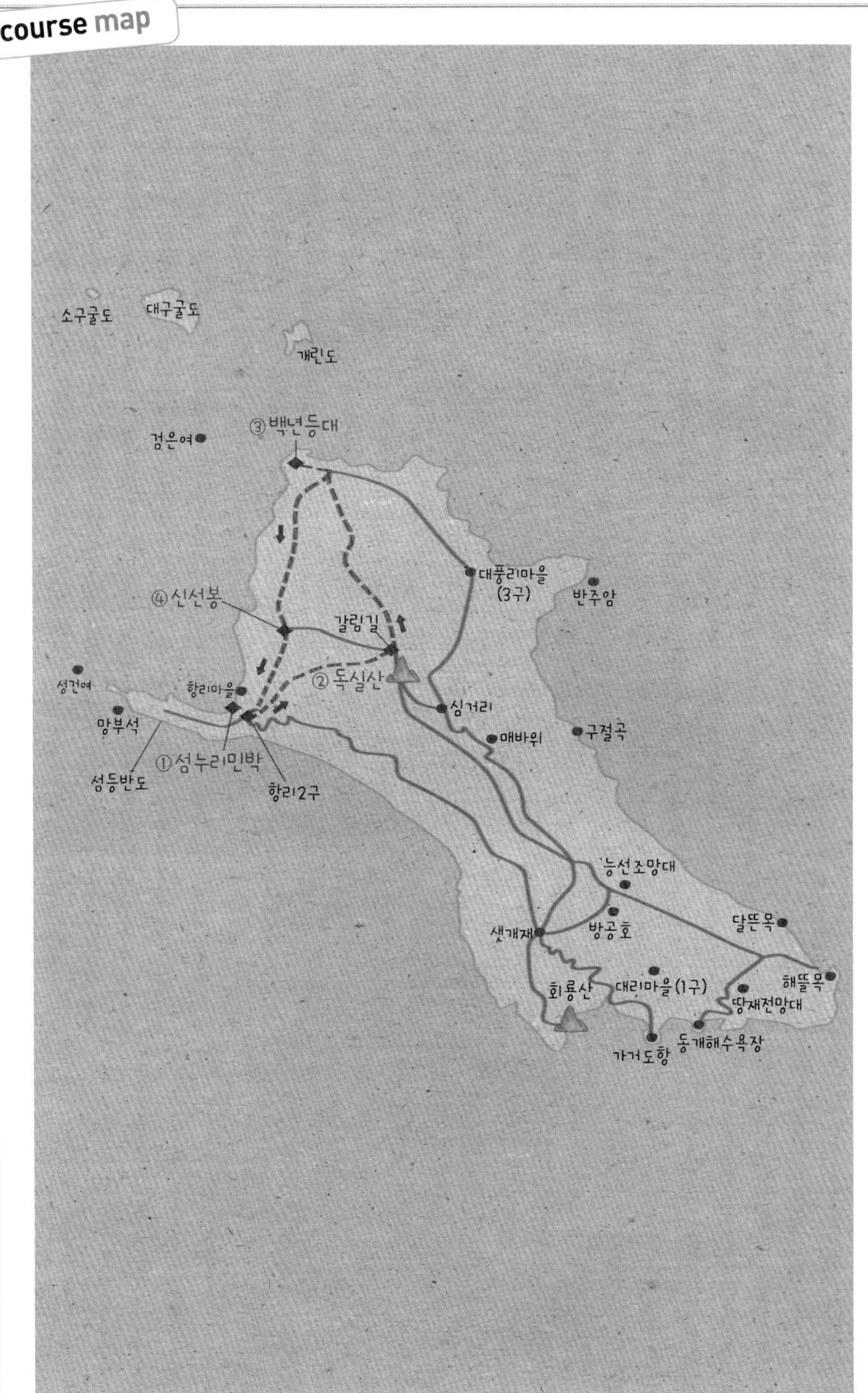

소구굴도
대구굴도
개린도
검은여
③ 백년등대
대풍리마을
(3구)
반주암
④ 신선봉
갈림길
② 독실산
성건여
항리마을
망부석
① 섬누리민박
섬등반도
항리2구
심거리
매바위
구절곡
능선조망대
방공호
샛개재
달뜬목
대리마을(1구)
해뜰목
회룡산
땅재전망대
가거도항
동개해수욕장

코스 가이드

장소	전북 순창군 동계면 어치리 일대
코스	용궐산 치유의 숲 주차장~용궐산 하늘길~ 용궐산 치유의 숲 주차장
걷는 거리	2.5㎞
걷는 시간	1시간 30분
난이도	무난해요
좋을 때	사계절

용궐산 하늘길과 어우러진 섬진강. 용궐산의 수려한 암반 너머로 유장하게 흐르는 강의 모습이 일품이다.

섬진강 굽어보는 짜릿한 잔도 **순창**

용궐산 하늘길

2021년 4월 개장한 용궐산 하늘길이 순창을 넘어 전국에서 손꼽히는 핫플레이스로 떠올랐다. 용궐산 하늘길은 새롭다. 용궐산의 거대한 수직의 암반에 잔도처럼 나무 데크를 깔았다. 암벽 등반해야 만날 수 있는 풍경을 누구나 쉽게 걸어서 만날 수 있게 했다. 약 550m쯤 이어지는 용궐산 하늘길의 나무 데크는 그 자체가 하나의 작품이며 유장하게 흘러가는 섬진강을 조망이 일품이다.

용궐산 치유의 숲 주차장에서 출발

용궐산 하늘길의 들머리는 용궐산 치유의 숲 주차장①이다. 널찍한 주차장이 평일임에도 거의 찼다. 아직도 주말에는 차가 많아 되돌아갈 정도라니 되도록 평일에 찾는 게 좋겠다. 주차장에서 거대한 암반에 나무 데크로 만든 용궐산 하늘길이 올려다보인다. 어떻게 바위에 저런 길을 냈는지 신기하다.

화장실 앞에 용궐산 안내판이 붙어 있다. 여기서 지도를 보며 코스를 그려 보는 게 좋다. 용궐산 하늘길을 둘러보고 옛 등산로를 따라 내려오는 동선이 좋다. 화장실을 지나 '용궐산 하늘길'② 이정표를 따라가면 된다. 돌계단이 시작되는 지점의 나뭇가지에는 전국 각지의 산악회 리본이 매달려 있다. 가히 용궐산 하늘길의 인기를 실감할 수 있다.

돌계단 길은 용궐산 하늘길을 만들면서 새로 개통한 등산로다. 가파른 산비탈에 놓였으니 쉬엄쉬엄 오르는 게 좋다. 거대한 암반이 보이기 시작하면 용궐산 하늘길이 가까웠다는 뜻이다. 등산 용어로 평평하고 매끄러운 넓은 바위를 슬랩(slab)이라 하는데, 북한산의 '대슬랩'이 부럽지 않은 규모다. 암벽 등산 애호가라면 군침을 흘릴 정도로 반질반질한 화강암 바위가 매혹적이다.

바위를 한 번 만져보고 힘을 내 오르면 드디어 용궐산 하늘길 시작점을 만난다. 나무 계단을 오르면 시야가 넓게 열린다. 유장하게 흘러가는 섬진강의 모습에서 탄성이 터져 나온다.

계단이 끝나면 길은 수평으로 이어진다. 여기가 하이라이트다. 수평의 데크 길은 짧으니 천천히 풍경을 감상하며 걷는 게 좋다. 수직의 바위에 만든 수평의 길은 마치 허공에 붕 떠 있는 느낌이다. 임실 덕치면에서 흘러온 섬진강이 용궐산을 적시고, 순창 적성면 쪽으로 흘러가는 모습이 일품이다. 섬진강 주변으로 펼쳐진 첩첩 산들은 풍경을 깊고 그윽하게 만든다. 이 풍경을 바라보며 걷다 보면, 전망대가 나온다. 여기서 아래를 내려다보니, 출발

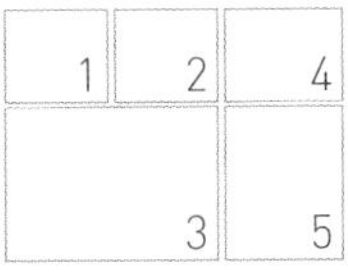

1	2	4
3		5

1 돌계단을 오르다 보면 용궐산의 거대한 암반이 보이기 시작한다. **2** 거돌계단이 시작되는 지점에 전국 산악회에서 붙어놓은 리본이 달려 있다. **3** 드론으로 본 용궐산 하늘길. 길 자체가 하나의 작품이다. **4** 용궐산 치유의 숲 화장실 앞에 용궐산 안내판이 있다. **5** 용궐산 하늘길에서 바라본 임실 방향의 섬진강.

했던 주차장의 차들이 성냥갑처럼 보인다.

용궐산을 적시고 굽이치는 섬진강

전망대 앞 벤치에서 쉬던 아저씨가 아는 체를 하며 말을 건넨다. "지난 주말에 왔다가 차 막혀 되돌아갔당께. 다시 오길 잘했구먼. 절경은 절경일세." 입구 화장실부터 앞서거니 뒤서거니 하면서 걷던 광주에서 온 나이 지긋한 부부다. 얼마나 이곳이 인기가 있는지 실감난다. 부부가 뿌듯하게 섬진강을 바라보는 모습이 보기 좋다.

전망대를 지나면 데크 길이 끝나면서 삼거리③가 나온다. 용궐산 정상과 옛 등산로를 따라 하산하는 길이 갈리는 지점이다. 정상까지는 약 40분쯤 걸리며 시종일관 오르막길이다. 용궐산 하늘길 감상이 목적이라면 삼거리에서 내려오는 게 좋다. 나무 데크를 따라 되돌아 내려가는 것보다 옛 등산로를 따라 하산하는 걸 추천한다. 이정표에 나온 '산림휴양관' 방향을 따르면 된다.

길은 호젓한 오솔길이다. 다소 가파르지만 조심조심 내려가면 어려움이 없다. 울창한 솔숲 사이를 구불구불 내려가면 이름 모를 무덤이 보인다. 무덤을 지키는 문인상이 제법 크고 볼 만하다. 무덤 주인은 아마도 지체가 높은 분이었나 보다.

무덤을 지나면 시원한 물소리가 들리고, 야자수 매트가 깔린 길을 만난다. 여기서 주차장 반대 방향으로 조금 가서 어치계곡을 구경하고 가는 게 좋다. 100m쯤 가면 쏴~ 시원한 물소리가 들리고 수려한 어치계곡④을 만난다. 등산화를 벗고 발 담그며 피로를 푼다. 어치계곡에서 한숨 돌리고 느릿느릿 걸어 용궐산 치유의 숲 주차장⑤을 만나면서 트레킹을 마무리한다.

순창 방향의 섬진강을 바라보며 걷는 길

하산 길에 만나는 어치계곡

course data

고도표

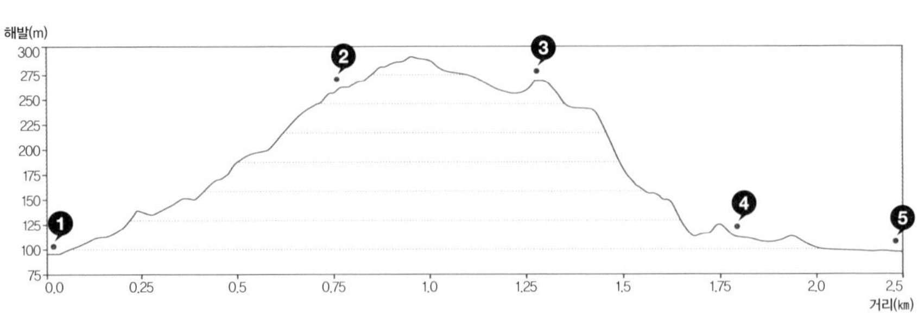

길잡이

용궐산 하늘길이 목적이라면 본문에 소개한 코스가 좋다. 정상까지 둘러보려면, 하늘길의 삼거리에서 정상으로 향한다. 약 40분쯤 걸린다. 하산은 내룡재, 요강바위를 둘러 주차장으로 오는 코스가 좋다. 산행은 12㎞, 4시간 30분쯤 걸린다. 용궐산 하늘길만 둘러보더라도 등산화를 신고, 무릎이 안 좋은 사람은 스틱을 사용하는 게 좋다.

1 용궐산 치유의 숲 주차장 — 30분 — 2 용궐산 하늘길 시작점 — 15분 — 3 용궐산 하늘길 끝 지점(삼거리) — 30분 — 4 어치계곡 — 15분 — 5 용궐산 치유의 숲 주차장

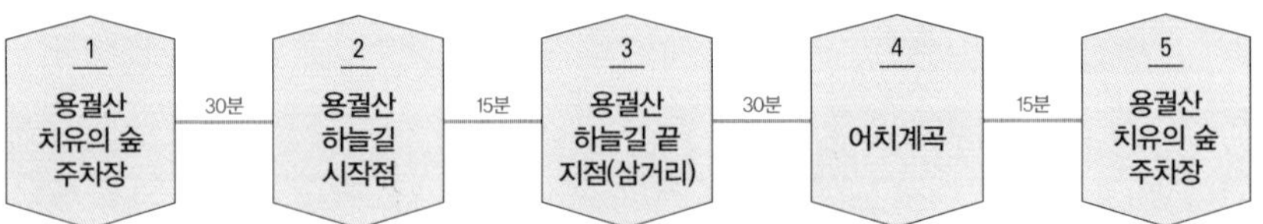

교통

자가용은 용궐산 치유의 숲 주차장에 차를 댄다. 순창 가는 버스는 서울 센트럴시티터미널에서 하루 5회(09:30~17:10) 운행한다. 순창공용버스터미널에서 장군목 가는 군내 버스가 하루 1회(13:50) 운행한다. 택시 요금은 약 2만 원쯤 나온다.

맛집

용궐산 근처에는 마땅한 식당이 없다. 적성면의 채계산멧돼지식당(063-652-8660)은 우거지해장국을 잘하고, 순창읍의 2대째순대(063-653-0456)집은 순댓국이 유명하다. 풍산면의 향가산장(063-653-6651)은 매운탕으로 일가를 이룬 집으로 참게매운탕이 일품이다.

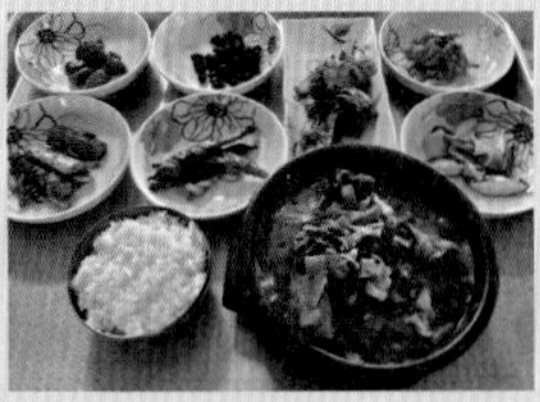

course map

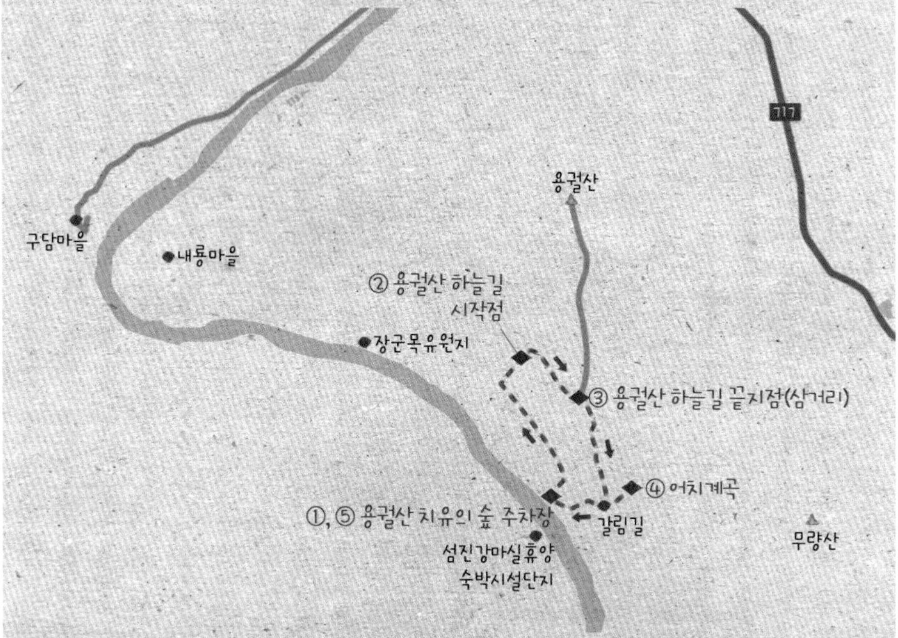

주변명소

채계산 출렁다리_ 용궐산과 가까운 적성면에 채계산 출렁다리가 있어 함께 둘러보기 좋다. 주차장에서 10분쯤 오르면 두 봉우리에 걸린 빨간색의 출렁다리가 눈에 들어온다. 출렁다리는 주탑이 없는 현수교이며 길이는 무려 270m다. 다리 위에 서니 오금이 저리고 어질어질하다. 출렁다리를 건너면 바로 위에 있는 정자에 올라보는 게 좋다. 정자에 서면 풍요로운 순창의 가을 들판이 평화롭게 펼쳐진다.

숙소

용궐산에서 섬진강 건너편에 자리한 섬진강마실휴양숙박시설단지(010-9474-6785)는 캠핑장과 펜션형 숙소를 운영한다. 국립회문산자연휴양림(063-653-4779)은 멀지 않고, 순창읍의 금산여관(063-653-2735)은 오래 전통을 간직한 숙소다.

코스 가이드

장소	전남 신안군 증도면 병풍리
코스	소악도 선착장~소기점도~대기점도 선착장
걷는 거리	10.2㎞
걷는 시간	3시간 40분
난이도	무난해요
좋을 때	봄 · 가을 · 겨울

대기점도 선착장에 자리한 1번 베드로의 집

5개 섬에 흩어진 12개 예배당을 찾아서

신안 12사도 순례길

유네스코 세계자연유산(갯벌)

이 길은 길이면서 길이 아니다. 갯벌에 난 길은 바닷물이 들어오면 사라지고, 물이 빠지면 다시 생긴다. 일명 '기적의 순례길'이라 불리는 것도 이런 이유다. 신안의 12사도 순례길은 진섬, 딴섬, 소악도, 소기점도, 대기점도를 연결하는 노두길을 따른다. 노두길은 섬 주민들이 돌을 놓아 만들었고, 지금은 시멘트로 포장됐다. 흔하고 팍팍한 시멘트 포장길이 섬에서는 없어서는 안 될 생명줄이다. 노두길 따라 '싸목싸목' 5개 섬에 흩어진 12개의 작은 예배당을 찾아보자.

볼품없는 섬의 화려한 변신

전남 신안은 섬의 천국이다. 우리나라에서 가장 많은 섬이 신안군 바다에 흩어져 있다. 1,004개의 섬이 있어 '천사의 섬, 신안'으로 부른다. 이 많은 섬 중에서 기점도와 소악도 등은 존재감이 없었다. 하지만 그것도 옛말이다.

2018년 전라남도의 '가보고 싶은 섬'으로 지정됐고, 국내외 공공미술가와 설치미술가들이 12개의 작은 예배당을 지었다. 덕분에 기점도와 소악도는 신안에서 가장 핫한 섬으로 떠올랐다.

압해읍 송공항에서 올라탄 여객선 천사아일랜드 호는 천사대교 아래로 미끄러진다. 목을 뒤로 젖히면 천사대교의 웅장함이 드러난다. 2019년 천사대교 개통 덕분에 자은도, 암태도, 팔금도, 안좌도, 증상도, 자라도 등이 육지와 연결됐다.

당사도를 경유한 배는 점점 드넓게 나타난 갯벌 지대를 피해 진섬 소악도 선착장에 닿는다. 본래 계획은 대기점부터 걸을 생각이었으나, 물때가 소악도 선착장에 내리는 것이 유리했다. 소악도 선착장①부터 순례길을 시작한다. 논과 밭, 새우 양식장, 시멘트 길 등이 나타나는 섬 풍경은 너무나 평범하다. 바다가 없으면 섬이라는 생각도 들지 않았을 것이다.

첫 번째 나온 예배당은 10번 유다 다대오의 집. 흰 벽에 뾰족뾰족한 지붕, 작고 푸른 문, 기하학적 무늬의 대문 등이 어우러져 예쁘다. 내부는 타일이 깔려 단정하다. 한두 명이 마주 앉아 기도하기에 딱 좋다. 예배당은 모두에게 열린 공간으로 예배당이라기보다는 여행자의 쉼터에 가깝다. 다음에 나온 11번 시몬의 집은 빨간 창문과 조개 부조가 앙증맞았다. 특이하게 대문이 없어 건물 가운데가 뻥 뚫려, 그곳으로 바다가 보였다. 바다를 들여놓기 위해 대문을 없앴을까?

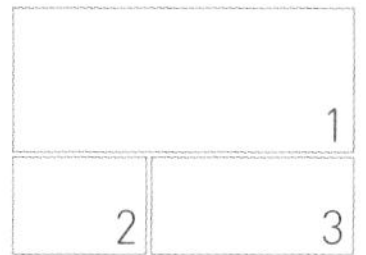

1 섬으로 가는 여객선에서 본 천사대교. **2** 11번 시몬의 집. **3** 대기점도에서 병풍도로 가는 노두길.

노두길과 연결된 섬과 섬들

시몬의 집을 나와 호젓한 대숲 길을 지나면, 갯벌 너머로 손바닥만 한 딴섬이 손짓한다. 딴섬에는 빨간 벽돌의 화려한 고딕 양식의 예배당이 자리 잡고 있다. 12번 가롯 유다②의 집이다. 딴섬은 바닷물이 들어오면 가장 먼저 잠긴다고 하니, 서둘러 방문하는 게 좋겠다. 순례길은 진섬에서 소악도로 넘어간다. 섬과 섬을 연결하는 노두길은 지금은 시멘트 포장이 됐지만, 예전에는 주민들이 갯벌에 돌을 던져 만들었다고 한다.

이제 진섬에서 소악도로 넘어간다. 섬과 섬은 노두길로 연결되어 있다. 노두길을 건너면 소악도에서 9번 작은 야고보의 집③이 반긴다. 마치 동화 속에 나올 듯하게 예쁘다. 프랑스와 스페인 예술가의 작품으로 프로방스 지방의 오두막에서 영감을 받았다고 한다. 안에는 샤갈의 그림에 나오는 듯한 물고기 모양의 청색 스테인드글라스가 환상적인 빛을 내뿜는다. 열린 문 뒤로 흑백 사진처럼 갯벌이 펼쳐진다. 왠지 마음이 편안해 오래 머물렀다.

소악도 다음은 소기점도다. 작은 언덕에서 두 섬을 이어주는 노두길이 보인다. 차 한 대가 지나가다 말고 후진을 하더니 주민 한 분이 내린다. 나를 보고 일부러 차를 세운 것이다.

"여기가 소악도라요. 저기 보소. 소악도는 사자가 웅크린 모습이라 하지라우. 사자가 건너편 소기점도를 보는 형상이요. 소기점도의 형상은 범이 웅크리고 있는 모습이라요. 저기가 범바위요. 형세가 이러하니 마을 총회나 이장 뽑든지 하면 소악도 사람이 이기지라."

그의 말대로 사자 형상의 소악도가 기점도를 노려보는 듯하다. 아저씨는 마을의 재미있는 비밀을 들려주고 다시 길을 떠났다. 두 섬을 이어지는 긴 노두길 가운데 8번 마태오의 집④이 있다. 이 집은 황금빛 양파 지붕 덕분에

모스크 같기도 하고, 러시아 정교회 같기도 하다. 안으로 들어서자 큰 창문으로 시원한 바람이 불어온다.

소기점도로 넘어오자 세련된 게스트하우스 건물이 보인다. 게스트하우스 왼쪽 야트막한 언덕에 7번 토마스의 집이 솔숲에 안겨 있다. 집은 바닥이 보석처럼 빛났고, 호수 위에 자리한 6번 바르톨로메오의 집은 색유리로 만들어 물에 비추는 모습이 아름다웠다.

4	5
6	7

4 12번 가롯 유다의 집. **5** 노두길에 자리한 8번 마태오의 집. **6** 9번 작은 야고보의 집의 스테인드 글라스. **7** 저수지 위에 자리한 6번 바르톨로메오의 집.

대기점도의 장대한 갯벌

소기점도에서 대기점도로 넘어가면 독특한 곡선과 외형을 뽐내는 5번 필립의 집⑤이 서 있다. 프랑스 남부의 전형적인 건축 형태로 적벽돌과 갯돌로 외벽을 꾸몄다. 마치 물고기 비늘 같고, 높은 첨탑은 물고기 꼬리처럼 보였다. 물고기처럼 파닥거리며 갯벌로 뛰어들 것 같다.

대기점도 북촌마을이 가까워지자 드넓은 갯벌이 나타난다. 이렇게 장대한 갯벌을 본 적이 있었던가. 대지를 달군 해가 지쳐 갯벌로 떨어지고, 시나브로 갯벌을 붉게 물들인다. 배 속에서 꼬르륵 소리가 들렸지만, 위대한 자연의 선물 앞에서 갯벌을 떠나지 못했다. 땅거미가 질 때까지 하염없이 노을을 감상했다.

민박집에 여장을 풀었다. 보름달이 휘영청 밝아 병풍도로 이어지는 노두길로 달마중을 나갔다. 마침 해무가 대기점도의 둥근 야산을 집어삼키기 직전이다. 달빛은 갯벌에 산산이 부서져 있었다. 둠벙에는 달빛 가루가 윤슬로 반짝인다. 멀리서 쏙독새가 밤하늘을 쪼고 있다.

다음 날 아침, 해무가 이미 마을 절반을 집어삼켰다. 시간이 흐르면서 해무는 마을을 조금씩 뱉어낸다. 어제 못 본 4개의 예방을 둘러본다. 먼저 북촌마을 앞동산에 자리한 2번 안드레아의 집에 들렀다. 둥근 민트색 지붕이 이국적이고, 실내는 해와 달의 공간으로 나뉘었다. 창문으로 갯벌이 들어온다. 3번 야고보의 집⑥은 붉은 기와 같은 지붕과 나무 기둥을 양쪽에 세운 모습이 예배당보다는 절집 같다.

남촌마을에는 등대 같기도 하고 첨성대 같기도 한 4번 요한의 집⑦이 있다. 이 집은 오지남 할아버지가 죽은 할머니를 위해 매일 기도하는 장소다. 예배당 안에서 할머니의 무덤이 보여 가슴이 뭉클해진다. 이 건물을 지은 박

영균 작가가 일부로 그렇게 설계했다고 한다. 선착장에 자리한 1번 베드로의 집은 그리스 산토리니풍의 둥글고 푸른 지붕과 내부에 수채화 꽃그림이 예쁜 집이다. 집 앞에 종이 있어 덩덩 종을 두들기며 순례길을 마무리한다.

8 대기점도 앞의 장대한 갯벌. **9** 4번 요한의 집 안에서 본 할머니 무덤. **10** 대기점도 선착장의 1번 베드로의 집.

각양각색의 12개의 예배당.

숙식

홀로 여행자는 게스트하우스(061-246-1245)가 적당하다. 민박은 대기점도의 대기점민박(010-3360-2093), 노두길민박(010-3726-9929) 등이 있다. 게스트하우스와 민박은 모두 식사가 가능하고, 민박집에서는 섬의 별미인 낙지 요리를 먹을 수 있다.

대기점민박의 낙지볶음

소기점도에 자리한 게스트하우스

course data

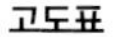

고도표

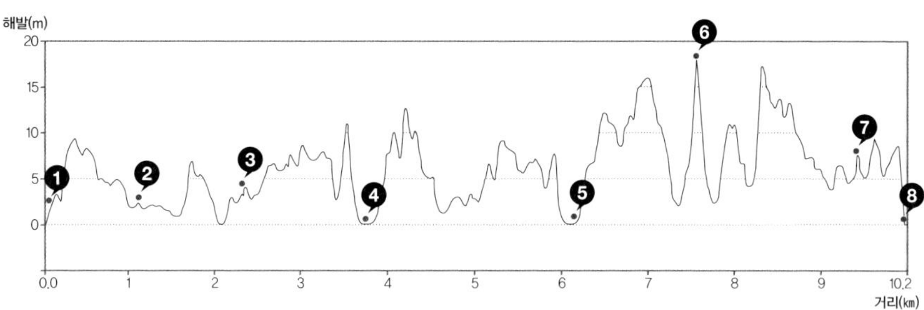

길잡이

12사도 순례길 코스는 소악도 선착장에서 내려 진섬, 딴섬, 소악도, 소기점도, 대기점도를 차례로 방문하고, 대기점도 선착장에서 섬을 떠나는 코스다. 반대 코스도 가능하다. 이 길을 제대로 걸으려면 사전에 물때를 점검해야 한다. 만약에 노두길에 물이 차면 억지로 건너지 말아야 한다. 3~4시간 기다리면 다시 길이 열린다. 물때는 국립해양조사원 홈페이지(www.khoa.go.kr)에서 확인한다. 하룻밤 묵으면서 섬의 정취를 만끽하는 1박 2일 코스를 추천한다. 소악도와 대기점도 선착장에서 전기자전거를 빌려 둘러봐도 된다. 자전거 대여 010-6612-5239. 자세한 정보는 마을 홈페이지(www.기점소악도.com)를 참고한다.

교통 우선 신안군 압해읍의 송공여객터미널로 가야 한다. 수도권에서 자가용으로 4시간쯤 걸린다. 배편은 송공 → 소악도 또는 대기점도 선착장 06:50, 09:30, 12:50, 15:30. 문의는 해진해운(송공)(061-244-0803). 사전에 운항 시간을 꼭 확인해야 한다.

course map

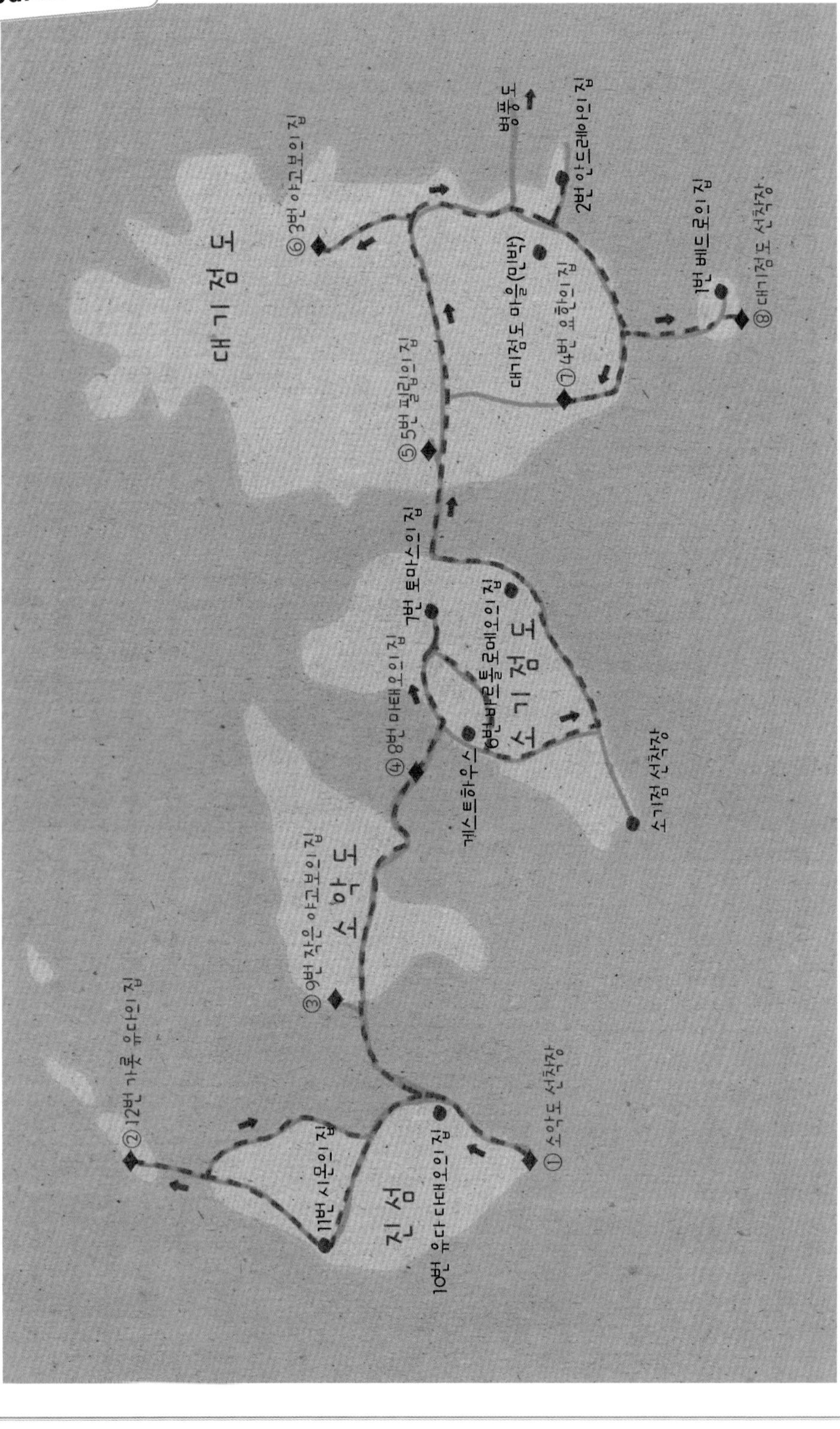

② 12번 가롯 유다의 집
11번 시몬의 집
진섬
10번 유다 다대오의 집
① 소악도 선착장
③ 9번 작은 야고보의 집
소악도
④ 8번 마태오의 집
7번 토마스의 집
게스트하우스
6번 바르톨로메오의 집
소기점도
소기점 선착장
⑤ 5번 필립의 집
대기점도
⑥ 3번 야고보의 집
대기점도 마을(민박)
병풍도
⑦ 4번 요한의 집
2번 안드레아의 집
1번 베드로의 집
⑧ 대기점도 선착장

테마편
캠핑&휴양림 트레킹
답답한 도심을 벗어나 즐기는
CAMPING·
FOREST

코스 가이드

장소	강원도 양구군 남면 가오작리
코스	광치자연휴양림~옹녀폭포~광치자연휴양림
걷는 거리	5.1㎞
걷는 시간	2시간
난이도	쉬워요
좋을 때	여름(계곡), 가을(단풍)

광치계곡 최고의 절경인 옹녀폭포. 폭포가 쏟아지는 바위가 옥문처럼 보인다.

오지 청정 계곡을 통째로 빌리다

양구

광치계곡 옹녀폭포

광치자연휴양림은 2006년 6월 강원도 양구군에서 세운 휴양림이다. 대암산 남서쪽 광치령 아래 자리해 자연환경이 쾌적하고 양구 시내에서 불과 15km밖에 떨어져 있지 않아 접근성이 좋다. 또한 광치터널을 통해 인제로 연결돼 설악산, 동해를 함께 돌아보기에도 좋다. 해발 800m의 광치령 일대는 원시림이 울창하고 청정 계곡을 품고 있다. 그 청정함을 그대로 누릴 수 있는 트레킹 코스가 광치자연휴양림에서 시작해 옹녀폭포까지 이어진 청정계곡길이다.

광치계곡의 신비로움을 찾아서

광치자연휴양림의 최고 보물은 휴양림 옆구리를 적시며 흘러가는 광치계곡이다. 휴양림에서 광치계곡을 거슬러 2.5km쯤 오르면 계곡의 최고 절경인 옹녀폭포가 숨어 있다. 옹녀폭포로 가는 계곡길은 풍광이 빼어나고 길이 완만해 가족 트레킹으로 좋다.

출발점은 광치자연휴양림①에서 200m쯤 오르면 도로가 끝나는 지점. 이곳에 운동 시설이 있고, '양구에 오시면 10년 젊어집니다'라는 문구가 적힌 대암산 생태탐방로 안내판이 있다. 그 옆에는 '양구 10년 장생길'을 알리는 팻말도 서 있다. 이곳에서 후곡약수터, 솔봉, 대암산 등 다양한 산길이 이어지고, 옹녀폭포는 중간에 반드시 들르게 된다.

숲으로 들어서면 상쾌한 공기가 가득하고 콸콸 계곡 소리가 듣기 좋다. 길은 한 사람이 지날 수 있는 조붓한 오솔길이다. 휘파람 불며 걷다보면 '옹녀폭포 2.5km' 이정표가 보이고, 길은 산비탈로 이어진다. 잠시 산비탈을 돌던 길은 다시 계곡으로 내려온다. 작은 계곡을 건너면 길섶에서 멧돼지가 빤히 쳐다봐 화들짝 놀란다. 알고 보니 모형이다. 계곡에는 호랑이, 사슴, 부엉이 등 다양한 모형 동물이 예고 없이 나타난다. 처음에는 놀라지만, 나중에는 은근히 기다려진다.

약수터②에 잠시 들러 숨을 고른다. 이끼가 낀 돌무더기 아래에 약수가 퐁퐁 솟는다. 시원하게 한두 모금 들이켜고 다시 길을 떠나 계곡을 건넌다. 물이 적당히 있어 징검다리를 밟고 건너는 맛이 상쾌하다. 계곡을 오른쪽으로 끼고 길이 이어지고, 분위기 좋은 낙엽송 군락지가 나타난다. 쭉쭉 뻗은 나무 사이를 통과하면 잠시 가파른 길이 나타났다가 나무다리③를 만난다. 다리 주변에서 바라보는 계곡 풍광이 제법 수려하다.

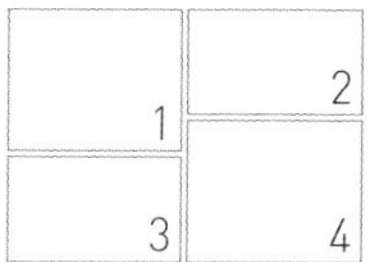

1 광치계곡은 원시적 느낌을 물씬 풍기는 청정 계곡이다. **2** 옹녀폭포 가는 길 중간쯤에 낙엽송 군락지를 지난다. **3** 총 8개의 방이 있는 휴양관. **4** 휴양림의 숙소는 모두 광치계곡을 끼고 있어 쾌적하다. 휴양림의 명물 이글루방.

휴양림 옆으로 수려한 광치계곡이 흐른다.

다리를 건너면 커다란 고비, 관중의 양치류가 원시적인 분위기를 자아낸다. 다시 다리를 건너면 물길 따라 굽이굽이 휘돌면서 기이하게 생긴 고로쇠나무를 만난다. 밑동에 굵은 혹이 붙었고, 안에는 동굴처럼 구멍이 뚫렸다. 가지는 S자로 휘어 물가 쪽으로 기울어졌다. 나무 앞에는 '옹녀폭포 0.66km' 이정표가 서 있다. 힘을 내서 다시 산길을 걸으면 '강쇠바위' 안내판을 만난다. 바위는 이름에서 주는 느낌과는 다르게 전혀 남성의 상징물처럼 보이지는 않는다. 아마도 옹녀폭포에 짝을 맞추려 지은 이름으로 보인다.

강쇠바위에서 조금 더 오르면 숲 사이로 물줄기가 쏟아지는 게 보인다. 옹녀폭포④에 가까이 다가서면 둥근 바위 사이로 시원한 물줄기가 뿜어져 나온다. 바위는 영락없이 여성의 옥문처럼 보인다. 특정인의 이름을 딴 옹녀폭포보다 옥문폭포가 더 어울려 보인다. 폭포 아래 넓은 소에 발을 담그면 그동안 피로가 풀리며 기분이 좋아진다. 옹녀폭포에서 즐거운 시간을 갖고 천천히 온 길을 되짚는다. 하산길은 생각보다 빨라 50분이면 출발했던 광치자연휴양림에 닿는다.

주변 명소

· 두타연_

두타연계곡은 민통선 안쪽에 있어 휴전 이후 50여 년 비공개였다가 지난 2006년에야 민간인에게 개방됐다. 내금강과 35km 떨어진 이곳은 그 옛날 금강산을 오가던 유람객들이 경관을 감탄하며 쉬어가던 곳이다. 지금은 우리나라 최대 열목어 서식지로서 '평화 지향의 생명지대'로 각광 받고 있다(문의 양구군청 033-480-2278).

course data

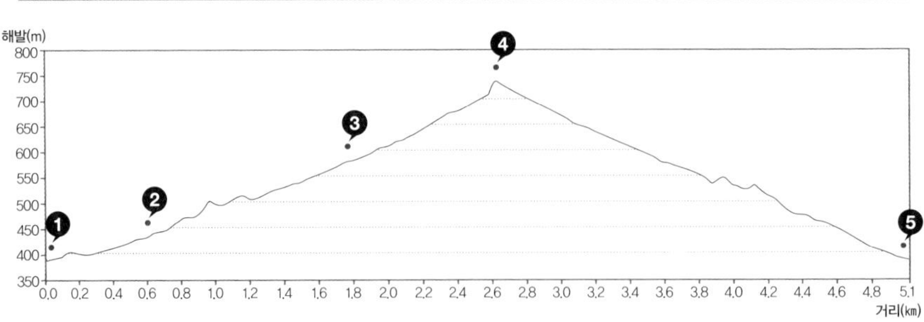

길잡이

광치계곡 트레킹 코스는 광치자연휴양림~옹녀폭포~광치자연휴양림. 총 거리 5.1㎞, 2시간쯤 걸린다. 휴양림에서 도로를 따라 걸어서 10분쯤 올라가면 계곡 입구가 나온다. 주차장이 넓어 차를 가져와도 좋다. 줄곧 계곡을 따라 오르고, 옹녀폭포를 구경하고 내려오면 된다.

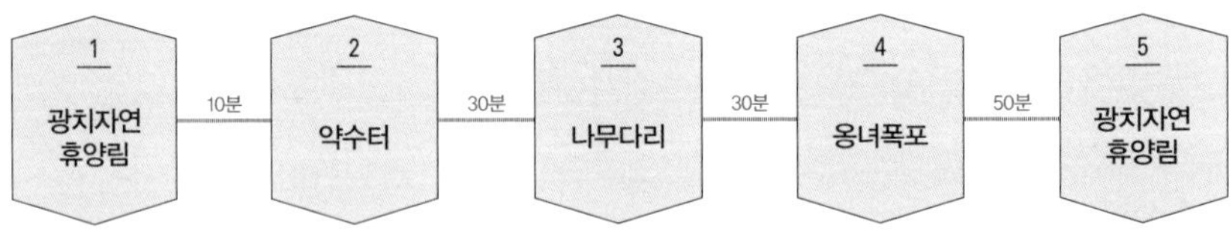

교통 자가용으로 가려면 서울양양고속도로 남춘천IC로 나와 찾아간다. 또는 수도권에서는 경춘로를 이용해 찾아갈 수 있다.

맛집

휴양림 입구인 광치리의 광치막국수(033-481-4095)는 양구에서도 손꼽히는 집이다. 강원도 옛 막국수의 순수하고 질박한 맛을 아직까지 잘 간직하고 있다. 막국수에 편육, 민들레전, 감자전 등을 함께하면 금상첨화.

course map

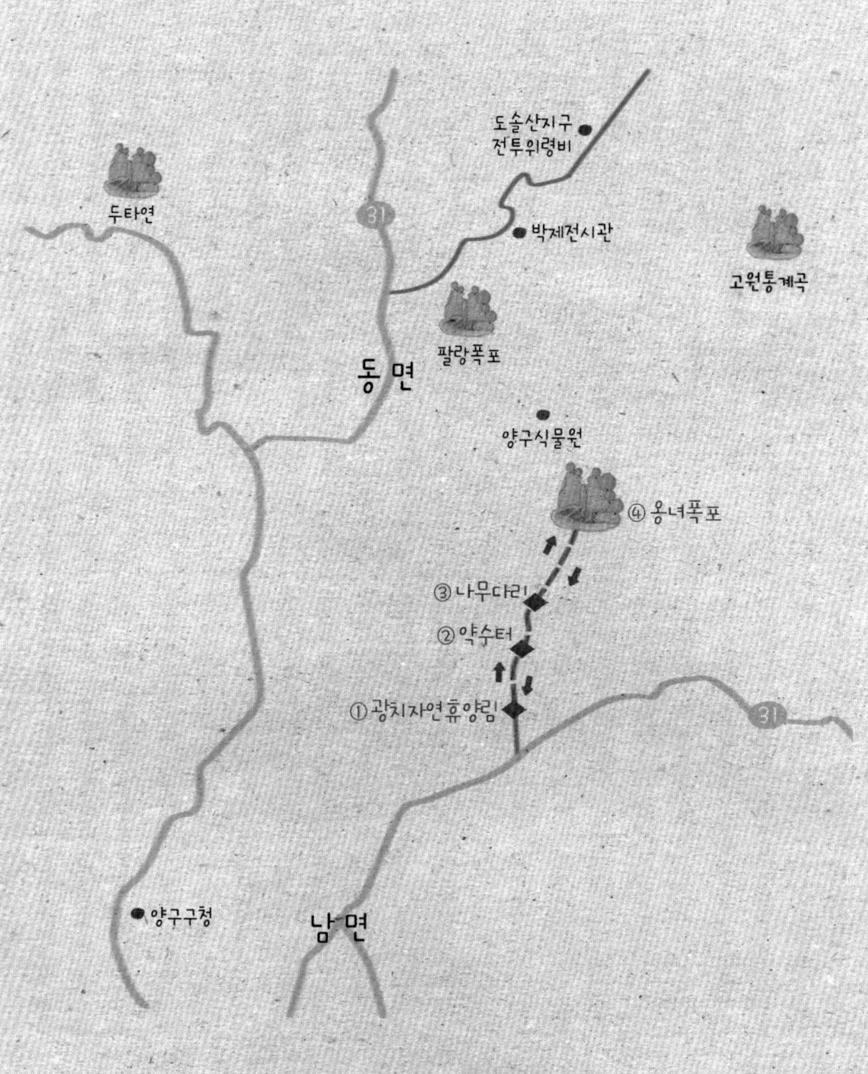

숙소

광치자연휴양림_ 휴양림 건물은 모두 광치계곡을 옆에 끼고 있다. 어느 곳에서든 콸콸 물소리가 들리고, 계곡에서 물놀이를 할 수 있다. 수영장은 없지만, 천연 풀장이 있어 여름철에 특히 좋다. 숲속의 집과 휴양관은 모두 바비큐 시설을 완비했다. 아쉬운 점은 야영장이 없다는 점이다. 예약 숲나들e(www.foresttrip.go.kr), 문의 033-482-3115.

코스 가이드

장소	전남 진도군 조도면 관매도리
코스	관매도해변~꽁돌~방아섬~관매도해변
걷는 거리	11㎞
걷는 시간	3시간 30분
난이도	쉬워요
좋을 때	봄·여름·가을

수려한 해안과 어우러진 관매팔경 3경 꽁돌.

다도해해상국립공원의 캠핑과 트레킹 천국 진도

관매팔경 트레킹

국립공원

우리나라에서 세 번째로 큰 섬 진도의 조도면에 속한 관매도는 섬 여행자들 사이에서 천국으로 통하는 섬이다. 수려한 백사장과 너른 솔숲이 평화롭고, 구석구석 숨은 명소가 가득해 며칠을 머물러도 지루하지 않다. 관매도의 가장 큰 장점은 다도해해상국립공원에 포함되면서도 관매도의 해변의 솔숲에서 무료로 캠핑할 수 있다는 점이다. 캠핑 마니아 사이에서 5성급 호텔로 통하는 관매도 해변에서 야영하면서 느릿느릿 걸으며 관매팔경을 찾아보자.

관매도해변에 텐트 치고 베이스캠프 마련

관매도의 아름다움은 '관매팔경'으로 요약할 수 있다. 1경 관매도해변(해수욕장), 2경 방아섬(남근바위), 3경 돌묘와 꽁돌, 4경 할미중드랭이굴, 5경 하늘다리, 6경 서들바굴폭포, 7경 다리여, 8경 하늘담(벼락바위) 등이 그것이다. 예전에는 배를 타고 섬 주변을 한 바퀴 돌아야 관매팔경을 볼 수 있었지만, 지금은 관매도 곳곳에 사통팔달로 개설된 마실길(매화길, 해당화길, 봉선화길 등)을 통해 일부를 걸어서 둘러볼 수 있다.

관매도에 가려면 진도 팽목항에서 배를 타야 한다. 팽목항은 한반도 최남단인 해남 '땅끝마을'보다 자동차로 20~30분 더 걸릴 만큼 먼 항구다. 그곳에서 다시 뱃길로 24km, 1시간쯤 가야 관매도에 닿는다. 배를 타고 상조도와 하조도를 연결한 조도대교 아래를 지나면서 다도해 풍경을 감상하는 맛이 각별하다.

관매도 부두에 도착하면 아름드리 곰솔(해송)들이 가득한 해수욕장이 먼저 반긴다. 수령 50~100년 된 곰솔들은 약 2km 관매도해변①을 따라 길게 늘어서 있다. 소나무는 모래가 날리는 것을 막기 위한 방사림으로 조성됐다. 이 솔숲은 400여 년 전 나주 사람 함재춘이 관매도에 들어와 곰솔 한 그루를 심은 것이 시초라고 한다. 이곳이 2010년 산림청이 선정한 '올해 가장 아름다운 숲'이다.

우선 해수욕장 해송 숲에 텐트를 쳐 베이스캠프를 마련한다. 캠핑장과 해수욕장 입장료는 없다. 해송 숲 아무 곳에나 텐트를 칠 수 있고 식수대, 화장실, 샤워실 등이 잘 갖춰져 있어 그야말로 캠핑의 천국이다. 바다가 잘 보이는 아름드리 소나무 아래 텐트를 치니, 관매도 모두가 내 것이 된 듯 뿌듯하다.

관매팔경을 둘러보는 요령은 선착장을 중심으로 오른쪽 관호마을~꽁돌

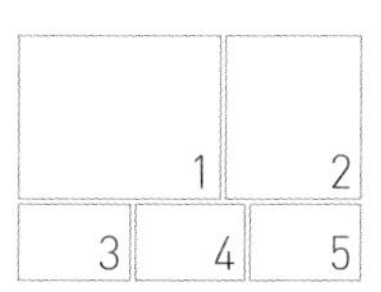

1 관매도해변은 떡처럼 단단한 '떡모래밭'이라 촉감이 좋고 맨발로 걷거나 놀기에도 좋다. **2** 관매도해변의 울창한 솔숲. 2010년 산림청이 선정한 '올해 가장 아름다운 숲'이다. **3** 관매팔경 2경인 방아섬(남근바위). 아이를 갖지 못하는 여인들이 기도하면 소원이 성취된다는 전설이 내려온다. **4** 하늘다리로 가는 길. 가운데쯤 꽁돌이 보인다. **5** 관매팔경 5경인 하늘다리에서 본 해안 절벽. 바위에 원추리가 가득 피었다.

해변 솔숲에 텐트를 치고 해먹에 누우니 세상 부러운 것이 없다.

~하늘다리 코스, 왼쪽으로 관매도해변~독립문바위~방아섬 코스로 나누는 것이다. 우선 하늘다리 코스를 밟기 위해 관호마을②로 이동한다. 선착장에서 모퉁이를 돌자 주홍색 지붕들이 인상적인 마을이 눈에 들어온다. 관호마을은 아담한 포구를 앞에 끼고, 뒤로 수려한 암봉이 펼쳐진 평화로운 마을이다. 주민들이 포구 앞에서 자연산 톳을 말리고 있다. 톳은 일본으로 수출되는 주민들의 주요 소득원이다.

관호마을 수놓은 돌담길과 벽화

마을에서 꽁돌③로 가는 길은 두 가지인데, 빠른 길로 가지 말고 관호마을 돌담길을 거쳐 가는 것이 좋다. '관호 돌담길' 이정표를 따라 고래가 그려진 골목길로 들어서면 돌담길이 나온다. 크고 작고 모나고 둥글고 울퉁불퉁 제각각인 돌들이 모여 이루어진 돌담은 그 자체로 아름답고, 감싸고 있는 집 주인의 내력을 도란도란 들려주는 것 같다.

"지붕은 언제 바꾸셨어요."

"면에서 전부 바꿔줬당께."

팽나무 그늘 아래서 바람 쐬는 할머니와 이러저런 이야기를 나누다가 주홍색 지붕의 비밀을 풀었다. 본래는 슬레이트 지붕이었는데, 2011년 '국립공원 1호 명품마을'로 지정되면서 바꾸었다고 한다. 마을 우물에서 시원한 물을 들이켜고 길을 나서면 바다를 만나는 지점에서 거대한 돌담을 만난다. 이 돌담을 우실이라고 한다. 우실은 드센 바닷바람으로부터 농작물과 마을을 지키기 위해 세운 것으로 마을로 들어오는 재액과 역신을 차단하는 역할을 한다.

돌담이 아름다운 관호마을의 벽화. 주홍색 지붕과 바다가 어울려 이국적 정취를 물씬 풍긴다.

우실 돌담을 나오면 파도소리와 함께 시원한 바람이 얼굴을 후려친다. 왼쪽으로 관매도 최고봉 돈대산(230.8m)이 우뚝하고, 오른쪽 해변으로는 꽁돌이 구슬처럼 작게 보인다. 설렁설렁 해변 길을 내려가면 꽁돌 앞이다. 가까이 다가서자 꽁돌은 설악산 흔들바위처럼 거대하다. 지름이 4~5m쯤 되는데, 신기하게도 표면에 손바닥 자국이 선명하다. 꽁돌 왼쪽 옆에는 무덤이라 전하는 자그마한 돌묘가 있다.

꽁돌에는 재미있는 전설이 내려온다. 꽁돌은 하늘나라 옥황상제가 애지중지하던 보물이었다. 두 왕자가 꽁돌을 가지고 놀다가 실수로 지상으로 떨어뜨리자 옥황상제는 하늘장사에게 명하여 꽁돌을 가져오게 하였다. 하늘장사가 왕돌끼미에 도착해 왼손으로 꽁돌을 받쳐들려고 하던 차에 주위에 울려퍼지는 거문고 소리에 매혹되어 넋을 잃고 말았다. 그러자 옥황상제는 두

명의 사자를 시켜 하늘장사를 데려오게 하였으나 두 명의 사자마저 거문고 소리에 매혹되어 움직일 줄을 모르니 옥황상제가 진노하여 그들이 있던 자리에 돌무덤을 만들어 묻어 버렸다는 전설이 그것이다.

꽃돌에서 해변과 산길을 30분쯤 더 가면 관매팔경 중 5경 하늘다리④를 만난다. 다리 아래를 내려다보면 까마득한 천길 벼랑이 펼쳐진다. 섬이 거친 파도에 갈라져 틈이 생긴 것이다. 바다에서 보면 두부 자르듯 쩍 갈라진 틈을 볼 수 있다. 절벽에는 노란 원추리가 가득하다. 하늘다리에서 다시 베이스캠프인 관매도해변⑤으로 돌아오자 집에 돌아온 것처럼 편안하다. 그날 일몰은 수평선 근처에 짙은 구름이 껴 밋밋했는데, 해가 지고 나서 강렬한 노을이 해변을 붉게 물들였다. 전혀 예상하지 못한 강렬한 노을에 한동안 넋을 잃었다.

독립문바위 해식 절벽과 남근바위 우뚝한 방아섬

다음 날 둘러볼 곳은 방아섬 코스. 우선 해변 오른쪽 모래사장이 끝나는 지점에는 변산 채석강을 닮은 해식 절벽이 형성돼 있다. 수만 권의 책을 켜켜이 쌓아놓은 듯한 절벽 아래에는 억겁의 세월 동안 파도와 비바람에 깎이고 씻겨 생겨난 해식 동굴이 여기저기에 뚫려 있다. 여기서 해변을 따르면 독립문바위까지 갈 수 있지만, 파도가 드세기에 조심해야 한다.

관매해변 뒤쪽 솔숲을 지나면 장산편마을 사거리. 여기서 방아섬으로 가는 길을 따른다. 호젓한 숲길을 15분쯤 따르면 독립문바위⑥와 방아섬 갈림길. 우선 독립문바위를 먼저 들러보는 것이 순서다. 10분쯤 가면 작은 데크가 보이고 길이 끊긴다. 독립문바위는 데크에서 동쪽 벼랑으로 조금 내려서야 보인다. 흰 포말을 일으키는 거대가 파도가 독립문바위 일대를 때리는

해식 절벽과 그 앞의 거친 파도가 일품인 독립문바위.

모습이 장관이다. 다시 갈림길로 돌아와 20분쯤 숲길을 따르면 방아섬⑦ 앞이다. 방아섬은 옛날에 선녀가 내려와 방아를 찧었으며, 정상에는 남자의 상징처럼 생긴 바위가 우뚝 솟아 있다. 아이를 갖지 못한 여인들이 정성껏 기도하면 아이를 갖게 된다는 전설이 전해진다.

방아섬에서 왔던 길을 되짚지 말고, 섬 북쪽 숲길을 따른다. 주민들이 다니던 오솔길은 서정적 정취가 넘친다. 15분쯤 가면 넓은 해변 앞에 자리한 집 한 채를 만난다. 여기서 뒤돌아본 방아섬의 모습이 근사하다. 여기서 해변 길은 갑자기 사라진다. 길은 집 위쪽 고개로 이어진다. 전봇대를 따라 이어진 길이 슬그머니 고도를 올리면서 은근슬쩍 고갯마루를 넘는다. 고개를 내려오면 장산편마을 사거리다. 베이스캠프인 관매도해변⑧으로 돌아오면서 관매도 트레킹은 마무리된다.

course data

고도표

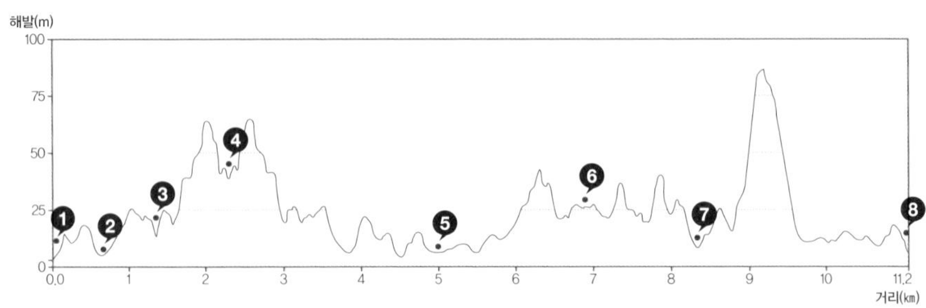

길잡이

관매도 트레킹은 관매팔경을 중심으로 둘러보는 길이다. 관매팔경을 둘러보는 요령은 베이스캠프 관매도해변을 중심으로 왼쪽 하늘다리 코스(관매도해변~관호마을~돌담길~꽁돌~하늘다리), 오른쪽 방아섬 코스(관매도해변~독립문바위~방아섬)로 나누는 것이다. 관매도 마실길은 매화길, 돌담길, 봉선화길, 가락타는길, 파도소리길, 해당화길 등 섬 구석구석에서 이름을 달고 있지만, 워낙 많아 어디가 어딘지 헷갈린다. 마실길보다 관매팔경 이정표를 따라 움직이는 게 편하다.

• **캠핑사이트:** 관매팔경 중 1경 관매도해변의 그윽한 솔숲이 캠핑사이트다. 솔향기 가득하고 코앞이 해수욕장이라 여름철 가족 단위 피서객이 많이 찾는다. 무료로 운영되며 화장실, 식수대 등이 잘 갖추어져 있다. 국립공원에서 운영하는 시설이라 쾌적하다.

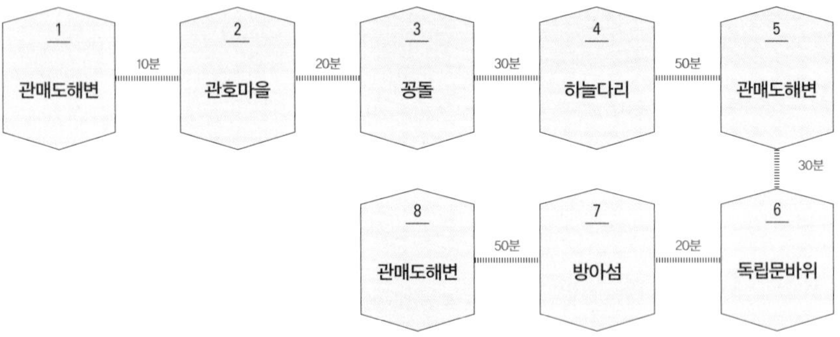

교통

관매도 가는 여객선은 목포여객터미널과 진도 팽목항 등에서 운항한다. 계절과 요일에 따라 운항 편수가 달라지니 꼭 배편과 시간을 확인해야 한다. 예매는 '가보고 싶은 섬' 홈페이지(https://island.haewoon.co.kr)와 애플리케이션에서 할 수 있다. 관매도 안에는 택시나 정기 노선버스는 없다. 슬슬 걷거나 자전거를 빌리면 된다.

course map

숙식

관매도해변에 텐트를 치고 베이스캠프를 마련하는 것이 좋다. 캠핑 장비가 없으면 민박을 이용한다. 관매도해변의 솔밭식당(061-544-9807), 송백정(061-544-4433)에서 민박이 가능하다. 톳칼국수와 갑오징어볶음 등이 별미다. 관매도 명품마을(061-544-0400, www.gwanmaedo.co.kr)에서도 민박과 펜션 등을 소개한다.

코스 가이드

장소	전라남도 강진군 신전면
코스	주작산자연휴양림~덕룡봉~주작산자연휴양림
걷는 거리	3.7㎞
걷는 시간	2시간
난이도	쉬워요
좋을 때	10월(억새), 4월(진달래)

덕룡봉의 억새 군락지. 하늘거리는 억새 너머로 주작공룡능선과 강진만이 시원하게 펼쳐진다.

강진 주작산

강진의 봉황, 날개를 펴다

해남과 강진에 걸친 주작산(475m)과 덕룡산(433m)은 봉황이 날개를 펴고 강진만을 향해 비상하는 형상이다. 주작산이 봉황의 머리, 왼쪽 날개는 덕룡산 능선, 오른쪽 날개는 오소재로 이어진 암릉이다. 특히 양날개 격인 능선에는 공룡능선 부럽지 않을 정도로 기암괴석이 가득해 만물상을 떠올리게 한다. 봄철이면 흰 바위 사이로 진달래가 타오르고, 가을에는 억새가 물결치는 절경을 선사한다. 2007년 개장해 시설이 깔끔한 주작산자연휴양림은 트레킹의 베이스캠프로 제격이고, 강진만을 바라보며 한가롭게 휴식을 즐기기에 좋다.

걷기 좋고 볼거리 많은 휴양림 코스

주작산 억새 트레킹은 주작산자연휴양림 원점회귀 코스가 좋다. 최근 명소로 떠오른 흔들바위를 거쳐 덕룡봉에 올랐다가 작천소령을 거쳐 휴양림으로 내려오는 코스다. 산길이 어렵지 않아 휴양림에 묵으면서 가족단위로 찾기에 좋다.

트레킹 출발점은 주작산자연휴양림① 휴양관 건물 오른쪽 숲이다. 잔디밭을 지나면 '↑산책로, 흔들바위 1.3km, 덕룡봉 1.5km' 이정표가 서 있다. 산비탈을 둘러가는 호젓한 숲길을 20분쯤 가면 흔들바위② 앞이다. 지름이 4m가 넘는 둥그런 바위가 절벽 끝에 위태롭게 서 있는 모습에 탄성이 터져 나온다. 바위는 약간 경사진 바닥에 세워져 있는데, 바위가 구르지 않도록 70~80cm가량 되는 조그만 바위가 떡 받치고 있는 것도 신기하다. 수양리 주민들은 둥글둥글하다고 '동구리 바위' 혹은 '장군 바위'라고 부른다. 가뭄과 재난이 마을에 닥쳤을 때 소원을 들어준다는 믿음을 갖고 있다. 바위 옆에 서면 휴양림이 속속 들여다보이고, 강진만도 손에 잡힐 듯 가깝다.

흔들바위에서 산길은 능선으로 올라붙는다. 휴양림으로 내려가는 갈림길을 지나면 완만한 능선은 점점 급경사로 바뀐다. 20분쯤 가파르게 산길을 타고 오르면 쑥부쟁이와 구절초가 반기면서 억새 물결이 바람결에 출렁거린다. 억새밭에 잠시 머물며 함께 간 사람들과 카메라 렌즈에 억새를 담는다. 바람인지 억새인지 산들산들 얼굴을 스치는 촉감을 충분히 느끼고 억새밭을 지난다. 덕룡봉③ 정상에 오르자 와~ 탄성이 터져 나온다. 시야가 넓게 열리면서 공룡 이빨 같은 주작산 암릉이 나타나고, 그 너머로 누런 남녘의 들판과 강진만이 펼쳐진다. 오른쪽 멀리 해남 두륜산이 난공불락의 성채처럼 버티고 선 모습도 장관이다.

1 주작산에서 본 강진만 일출. **2** 휴양림의 명소로 떠오른 흔들바위. 예로부터 가뭄과 재난에서 수양리 마을을 지켜주는 수호신 역할을 했다. **3** 도암면에서 휴양림으로 들어오면서 만난 덕룡산 암릉.

하산은 두륜산을 바라보며 계속 능선을 따르면 된다. 억새풀 사이로 얼굴을 내민 구절초는 다른 어느 산보다 꽃이 크고 탐스럽다. 억새 물결 따라 능선을 굽이쳐 내려가면 임도를 만나면서 작천소령④(난농장)에 닿는다. '←오소재 7.3km, ↓휴양림 0.3km, 덕룡산(서봉) 4.7km' 이정표를 확인하고 휴양림 방향을 따라 10분쯤 내려오면 주작산자연휴양림⑤ 관리사무소가 보이며 트레킹이 마무리된다.

course data

고도표

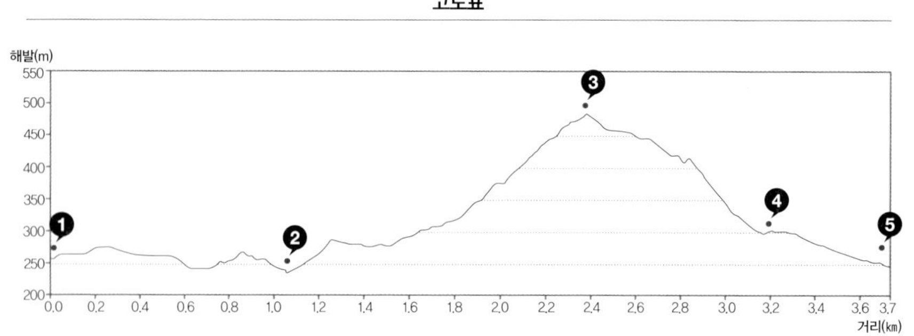

길잡이

주작산과 덕룡봉 트레킹은 주작산자연휴양림을 중심으로 다양한 코스를 잡을 수 있다. 휴양림을 중간 기착지로 삼으면 소석문~덕룡산~휴양림(1박)~주작산~오소재 코스가 좋다. 휴양림에서 묵고 떠난다면 휴양림~오소재 암릉 코스가 제격이다. 거리는 7.5km, 4시간쯤 걸린다. 휴양림 원점회귀 코스는 휴양림~흔들바위~덕룡봉~작천소령~휴양림. 총 거리 3.7km, 2시간 걸린다.

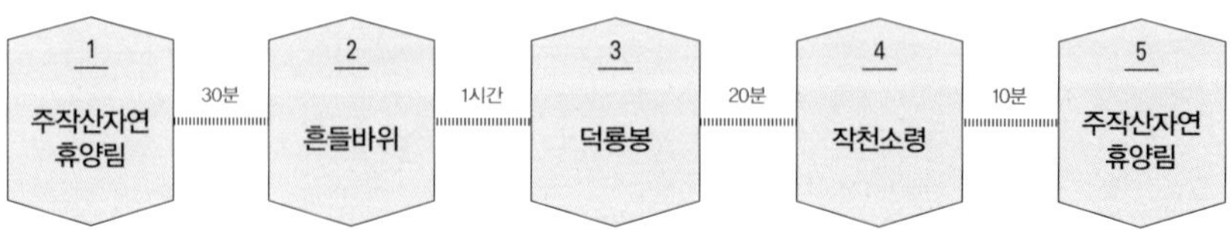

course map

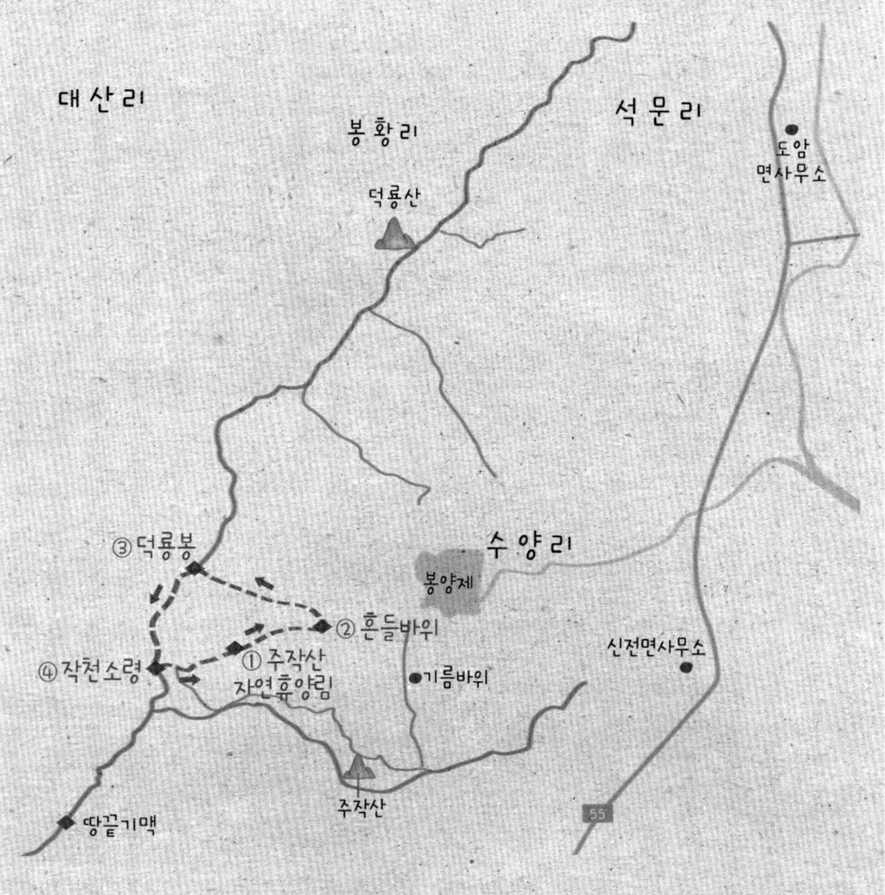

교통 자가용은 강진무위사IC로 나와 찾아간다. 서울 → 강진 버스는 센트럴시티터미널에서 07:30~17:40, 1일 4회 운행하며 4시간 30분쯤 걸린다. 강진에서 주작산자연휴양림까지는 대중교통이 불편해 택시를 타는 게 좋다.

맛집 강진은 남도 한정식의 고향이다. 육회, 불고기, 꼬막무침, 회무침, 가오리찜, 삼합, 각종 전류 등 산해진미가 한상 차려진다. 군동면의 청자골종가집(061-433-1100), 강진읍의 예향(061-433-5777)과 명동식당(061-434-2417) 등이 유명하다.

숙소 **주작산자연휴양림_** 도암만 조망이 시원한 언덕에 자리한 휴양림이다. 숲속의 집(온돌형, 침대형) 8동과 자연휴양관(9실), 한옥펜션(10동), 야영장 등을 잘 갖추었다. 예약은 숲나들e(www.foresttrip.go.kr).

코스 가이드

장소	전라북도 진안군 백운면 신암리
코스	데미샘자연휴양림~데미샘~데미샘자연휴양림
걷는 거리	2.5㎞
걷는 시간	1시간 30분
난이도	쉬워요
좋을 때	사계절

신비로운 분위기가 물씬 풍기는 데미샘 가는 길

깊은 산 속에서 듣는 힘찬 강물 소리

진안 데미샘

데미샘은 선각산 인근의 천상데미(1,080m) 봉우리 7부 능선에 자리한 섬진강 발원지다. '데미'란 이름은 본래 더미(봉우리)의 전라도 사투리로 천상데미에서 나왔다. 천상데미 일대의 물이 모두 모여 이룬 데미샘은, 너덜지대가 넓고 참나무 숲이 우거져 신성한 분위기를 물씬 풍긴다.

섬진강이 발원하는 데미샘

섬진강은 여느 강처럼 도심이나 평야를 거치지 않기에 아직까지 순정어린 고향 풍광을 잘 간직하고 있다. 길이 223.86km, 유역 면적 4,959.79km²로 남한에서 4번째로 크며 전북, 전남, 경남 3개의 도와 10개의 시·군에 걸쳐 있다. 그 장대한 물줄기가 시작하는 곳이 바로 데미샘이다. 평퍼짐한 천상데미 봉우리에서 흘러온 물이 데미샘에서 모이고, 그 물줄기는 진안·임실·순창·

남원·곡성을 적신 뒤 구례·광양·하동을 지나 광양만으로 흘러든다.

데미샘자연휴양림 입구인 진안 백운면 원심암 마을 일대는 가로수가 온통 벚나무이다. 봄철이면 십여 리에 펼쳐진 벚꽃터널이 장관을 이룬다. 생태건강도시를 추구하는 진안군은 매년 4월 말 신암리에서 '데미샘 벚꽃축제'를 열어 데미샘과 진안의 아름다움을 널리 알리고 있다.

트레킹의 출발점은 데미샘자연휴양림① 수영장 위의 '데미샘 입구' 안내판. 숲속의 집에서 가깝다. 여기서 다리를 건너면서 트레킹이 시작된다. 길은 오르막 산죽밭으로 빨려 들어가고, 호젓한 숲길이 이어진다. 조금씩 고도를 올리면서 왼쪽으로 휴양림이 내려다보인다. 구불구불 이어진 길을 따르다 계곡을 건너면 삼거리다. 왼쪽으로 가면 산림휴양관으로 이어지고, 오른쪽은 데미샘 방향. '데미샘 0.69km' 이정표를 따른다. 완만한 길은 울창한 참나무 숲 사이로 이어지고, 오른쪽 계곡의 바위에는 이끼가 가득하다. 장마철에는 가리왕산 이끼계곡 부럽지 않을 정도로 풍성한 이끼가 펼쳐진다. 참나무 숲이 원시적인 산죽밭으로 변하면 데미샘이 가까워졌다는 뜻이다. 한동안 이어진 산죽밭이 다시 참나무 숲으로 바뀌면서 대망의 데미샘②이 나온다.

샘 주변은 흰빛이 나는 돌들로 넓은 너덜지대를 형성하고 있다. 샘 테두리는 돌을 쌓았고 진안군에서 세운 '섬진강 발원지(데미샘)' 비석이 서 있다. 바가지로 물을 떠 마시자 시원한 첫 맛이 나중에는 깊은 맛으로 울려온다. 섬진강의 발원지답게 신비한 물맛이다. 데미샘은 솟는 샘이 아니다. 데미샘을 포근하게 품은 천상데미의 물들이 흘러들어 비로소 데미샘에 모인다.

1 데미샘자연휴양림에서 데미샘으로 가는 길. 휴양림의 수영장 위쪽에서 출발한다. **2** 천상데미 봉우리의 물이 모이는 섬진강 발원지 데미샘. **3** 선각산 줄기가 포근하게 감싸고 있는 숲속의 집. **4** 데미샘 너덜지대의 벤치에 앉으면 눈 앞에 선각산 줄기가 펼쳐지고, 아래에서는 물소리가 들려온다.

섬진강의 발원지는 현재 자타공인 데미샘이지만, 『택리지』에는 마이산, 일제시대에는 부귀산, 백과사전에는 팔공산 등으로 알려졌다. 그러다가 1983년 하천연구가 이형석 씨가 직접 섬진강을 걸으면서 발원지를 계측해 데미샘이 강 하구로부터 가장 먼 발원지임을 밝혀냈고, 국립지리원으로부터 '데미샘이 원조'라는 인증을 받았다.

볕이 잘 드는 데미샘 앞 벤치에 앉으면 기분이 좋아진다. 나뭇가지 사이로 선각산 줄기가 보이고 너덜지대의 돌 아래에서 '굴렁굴렁'하는 물소리가 잘 들린다. 가만히 눈을 감으면 이곳이 산인지 강인지 헷갈린다. 과연 섬진강의 발원지답게 산에도 강물이 떠오른다. 데미샘에서 천상데미까지는 0.67km, 20분쯤 걸린다. 제법 급경사가 이어지고 정상 조망도 없어 추천하고 싶지 않다. 데미샘의 신성한 분위기를 마음껏 즐기고 왔던 길을 되짚어 내려온다.

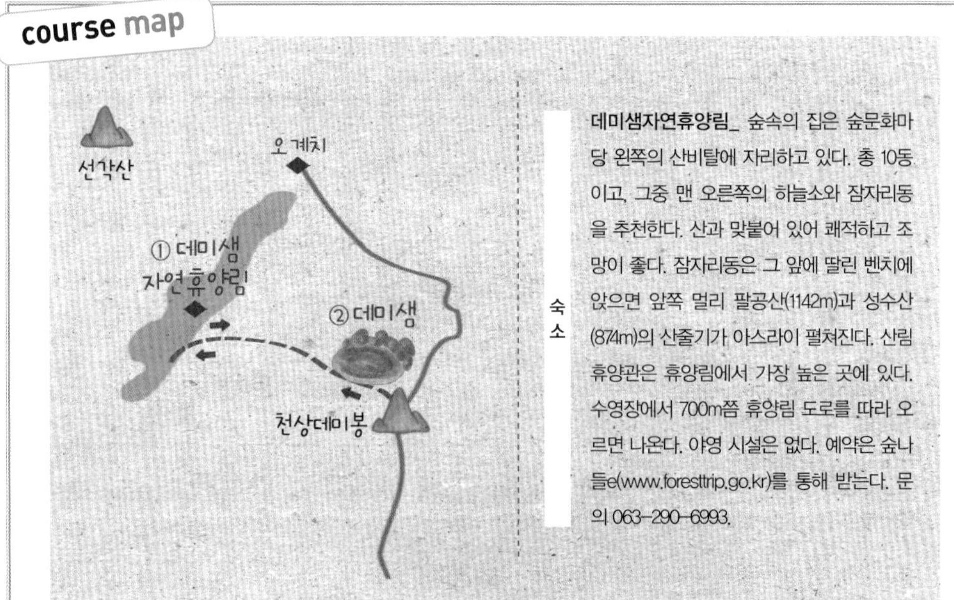

숙소

데미샘자연휴양림_ 숲속의 집은 숲문화마당 왼쪽의 산비탈에 자리하고 있다. 총 10동이고, 그중 맨 오른쪽의 하늘소와 잠자리동을 추천한다. 산과 맞붙어 있어 쾌적하고 조망이 좋다. 잠자리동은 그 앞에 딸린 벤치에 앉으면 앞쪽 멀리 팔공산(1142m)과 성수산(874m)의 산줄기가 아스라이 펼쳐진다. 산림휴양관은 휴양림에서 가장 높은 곳에 있다. 수영장에서 700m쯤 휴양림 도로를 따라 오르면 나온다. 야영 시설은 없다. 예약은 숲나들e(www.foresttrip.go.kr)를 통해 받는다. 문의 063-290-6993.

course data

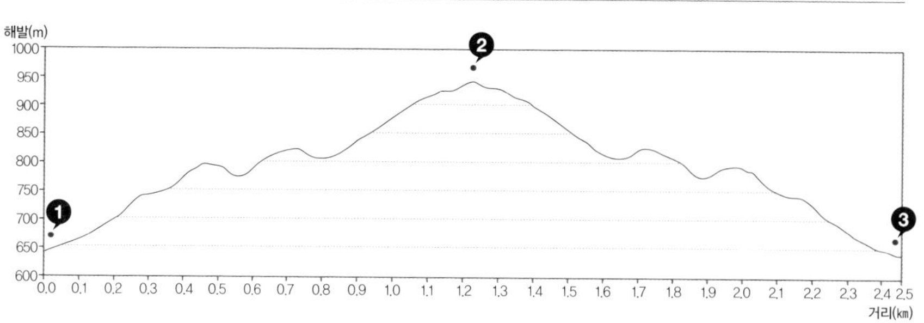

길잡이

데미샘 트레킹 코스는 데미샘자연휴양림~데미샘~데미샘자연휴양림. 어린아이가 있는 가족도 부담 없이 즐길 수 있는 가족 트레킹 코스다. 출발점은 휴양림의 수영장 바로 위 이정표. 전체적으로 비교적 완만하지만, 중간중간 제법 가파른 구간도 있다. 데미샘은 물맛도 좋고, 섬진강의 발원지답게 주변 풍광이 신성한 기운으로 가득하다.

교통 자가용으로 가려면 익산포항고속도로 진안IC로 나온다. 마이산 남부 주차장 입구와 백운면을 지나 신암삼거리에서 좌회전. 원심암을 지나 데미샘자연휴양림에 이른다. 순천완주고속도로를 이용하면 상관IC로 나와 관촌면을 지나 휴양림에 이른다.

진안은 제주와 더불어 흑돼지가 맛있는 고장이다. 시내 우체국 옆의 열린숯불갈비(063-433-1202)는 주민들이 즐겨 찾는 맛집이다. 고기가 부드러워 아이들이 더 좋아한다. 마이산 남부 주차장 위의 식당가에는 고기 굽는 냄새가 진동한다. 그중 초가정담(063-432-2469)과 벚꽃마을(063-432-2007) 유명하다. 산채비빔밥, 등갈비, 목살, 도토리묵이 모두 나오는 2인 세트를 추천한다.

한눈에 보는 대한민국 트레킹 코스(가나다 순)

강원도

경기도

경상남도

경상북도

대구광역시

서울특별시

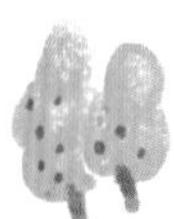

우리 산천에서 즐기는 아웃도어 여행의 모든 것

중앙books × 대한민국 가이드 시리즈

대한민국 꽃 여행 가이드 황정희

이른 봄 매화부터 한겨울 동백까지 사계절 즐기는 꽃나들이 명소 60

대한민국 드라이브 가이드 이주영 · 허준성 · 여미현

서울에서 제주까지 모든 길이 여행이 되는 국내 드라이브 코스 45

대한민국 섬 여행 가이드 이준휘

걷고, 자전거 타고, 물놀이 하고, 캠핑하기 좋은 우리 섬 50곳

대한민국 자전거길 가이드 이준휘

언제든 달리고 싶은 우리나라 최고의 물길, 산길, 도심길 자전거 코스